Bettina Hünersdorf

Der klinische Blick in der Sozialen Arbeit

Bettina Hünersdorf

# Der klinische Blick in der Sozialen Arbeit

Systemtheoretische Annäherungen
an eine Reflexionstheorie
des Hilfesystems

VS VERLAG FÜR SOZIALWISSENSCHAFTEN

Bibliografische Information der Deutschen Nationalbibliothek
Die Deutsche Nationalbibliothek verzeichnet diese Publikation in der
Deutschen Nationalbibliografie; detaillierte bibliografische Daten sind im Internet über
<http://dnb.d-nb.de> abrufbar.

1. Auflage 2009

Alle Rechte vorbehalten
© VS Verlag für Sozialwissenschaften | GWV Fachverlage GmbH, Wiesbaden 2009

Lektorat: Stefanie Laux

VS Verlag für Sozialwissenschaften ist Teil der Fachverlagsgruppe
Springer Science+Business Media.
www.vs-verlag.de

Das Werk einschließlich aller seiner Teile ist urheberrechtlich geschützt. Jede Verwertung außerhalb der engen Grenzen des Urheberrechtsgesetzes ist ohne Zustimmung des Verlags unzulässig und strafbar. Das gilt insbesondere für Vervielfältigungen, Übersetzungen, Mikroverfilmungen und die Einspeicherung und Verarbeitung in elektronischen Systemen.

Die Wiedergabe von Gebrauchsnamen, Handelsnamen, Warenbezeichnungen usw. in diesem Werk berechtigt auch ohne besondere Kennzeichnung nicht zu der Annahme, dass solche Namen im Sinne der Warenzeichen- und Markenschutz-Gesetzgebung als frei zu betrachten wären und daher von jedermann benutzt werden dürften.

Umschlaggestaltung: KünkelLopka Medienentwicklung, Heidelberg
Druck und buchbinderische Verarbeitung: Krips b.v., Meppel
Gedruckt auf säurefreiem und chlorfrei gebleichtem Papier
Printed in the Netherlands

ISBN 978-3-531-16322-2

# Inhalt

Abkürzungsverzeichnis ............................................................................ 9
Einleitung ............................................................................................... 11
I. Grundbegriffe der Systemtheorie ..................................................... 19
II. Die Bedeutung der symbolisch generalisierten
    Kommunikationsmedien für die Genese des Hilfesystems ............. 33
   II.1   Das symbolisch generalisierte Kommunikationsmedium
          der Liebe in der Familie ......................................................... 34
   II.2   Die Genese des Hilfesystems ................................................. 41
      II.2.1   Das vernachlässigte Kind als Medium des
              Hilfesystems .................................................................. 42
      II.2.2   Pflegschaft als Ersatzerziehung und die
              Generalisierung des symbolisch generalisierten
              Kommunikationsmediums der Liebe ............................ 43
   II.3   Das symbolisch generalisierte Kommunikationsmedium
          der Macht im politischen System ........................................... 44
   II.4   Die Jugendstrafanstalt als Kerkersystem ............................... 61
      II.4.1   Der zügellose, „halbstarke" Jugendliche ...................... 63
      II.4.2   Staatliche Ersatzerziehung und die Generalisierung
              des symbolisch generalisierten
              Kommunikationsmediums der Macht ........................... 64
III. Wissen und Macht ........................................................................... 67
   III.1   Medizinalisierung und ihr Beitrag zur Ausbildung eines
           autonomen Gesundheitssystems ............................................ 68
   III.2   Gesundheitsfürsorge als systemspezifische Umwelt des
           Gesundheitssystems ............................................................... 69
      III.2.1   Der sozialhygienische Blick ....................................... 69

|      | III.3  | Die Organisation der Gesundheitsfürsorge zwischen privater und öffentlicher Wohlfahrtspflege ................. 73 |
| ---- | ------ | ------ |
|      | III.3.1 | Abwehr des übermäßigen Eingriffs des Staats ............ 74 |
|      | III.3.2 | Der Anspruch des untergeordneten Gemeinwesens auf Förderung ................................................................... 75 |
|      | III.4  | Gesundheitsfürsorgerische Intervention und der Wechsel der Zuständigkeit von der Medizin zur Sozialen Arbeit .................................................................... 79 |
|      | III.5  | Die Bedeutung der Prävention in der Gesundheitsfürsorge ........................................................ 83 |
|      | III.6  | Gesundheitsfürsorge als Durchgangsort zur systematischen Ermöglichung eines Funktionssystems Gesundheit ............................................................................ 87 |
| IV.  | Der klinische Blick in der Sozialen Arbeit durch Lebensweltorientierte Sozialpädagogik ............................................. 91 |
|      | IV.1   | Lebensweltorientierte Sozialpädagogik als Hilfe zur Lebensbewältigung ........................................................ 94 |
|      | IV.2   | Milieuorientierung in der Lebensweltorientierten Sozialpädagogik ................................................................ 100 |
|      | IV.3   | Der kritische Blick in der Lebensweltorientierten Sozialpädagogik ................................................................ 103 |
|      | IV.4   | Moralische Kommunikation als Schauspiel der Sozialpädagogik ................................................................ 106 |
| V.   | Erziehungswirklichkeit ...................................................................... 111 |
|      | V.1    | Die Entwicklung eines autonomen Ichs des Jugendlichen ....................................................................... 112 |
|      | V.2    | Die Entwicklung der Autonomie des Sozialpädagogen ............ 114 |
|      | V.3    | Sozialpädagogische Wissensgenerierung ........................... 116 |
| VI.  | Jugendfürsorge als (sozial-)politisch vermittelte Bildungswirklichkeit ......................................................................... 119 |
|      | VI.1   | Die diskursive Praxis der Bildungswirklichkeit ................. 124 |

VI.2　Die Einheit der Differenz zwischen Wille und Wohl des Jugendlichen als Thema der diskursiven Praxis der Bildungswirklichkeit .................................................................. 125

VI.3　Sozialpädagogische Methode als individualisierter Unterricht: Die Einheit der Differenz von Methodik und Didaktik ........................................................................................... 132

VII. Hilfewirklichkeit: Jugendfürsorge als umweltoffene Organisation ............ 137

VIII.　Die Evolution der Jugendfürsorge von einer Organisation der Hilfe zu einer Organisation der Sozialen Arbeit ............................ 143

　　VIII.1　Variation durch die Konstituierung einer Bildungswirklichkeit ................................................................ 143

　　VIII.2　Selektion durch die Konstituierung einer Hilfewirklichkeit ..................................................................... 144

　　VIII.3　Restabilisierung .................................................................. 145

IX.　Sozialpädagogik als empirische Wissenschaft ............................... 149

　　IX.1　Teilnehmende Beobachtung ................................................. 155

　　IX.2　Analyse der Protokolle ......................................................... 162

　　IX.3　Exemplarisches Beispiel einer ethnographischen Forschung sozialpädagogischer Wirklichkeit ........................... 165
　　　　IX.3.1　Protokoll ................................................................. 165
　　　　IX.3.2　Protokollanalyse .................................................... 167
　　　　IX.3.3　Zusammenfassung der Ergebnisse ....................... 193

X.　Hilfeplanung ........................................................................................ 203

　　X.1　Die Etablierung von Sprecherpositionen im KJHG ................. 204

　　X.2　Hilfeplanung als Interventionssystem: der klinische Ort des Hilfesystems ..................................................................... 209

　　X.3　Sozialpädagogische Reflexionstheorie der Hilfeplanung: der klinische Blick ..................................................................... 213
　　　　X.3.1　Anamnese als Erziehungswirklichkeit .................... 214
　　　　X.3.2　Sozialpädagogische Diagnose als Bildungswirklichkeit ................................................... 222

| | X.3.3 | Intervention durch Kontraktmanagement als Hilfewirklichkeit | 229 |
| --- | --- | --- | --- |
| | X.3.4 | Evaluation zur Restabilisierung sozialpädagogischer Wirklichkeit | 239 |
| XI. | | Schlussfolgerungen | 245 |
| Literatur | | | 251 |
| Anhang | | | 281 |

# Abkürzungsverzeichnis

Luhmann

| | |
|---|---|
| AdR: | Ausdifferenzierung des Rechts der Gesellschaft |
| EdG: | Das Erziehungssystem der Gesellschaft |
| GdG: | Die Gesellschaft der Gesellschaft |
| KdG: | Die Kunst der Gesellschaft |
| OuE: | Organisation und Entscheidung |
| PdG: | Die Politik der Gesellschaft |
| RtdG: | Das Recht der Gesellschaft |
| RdG: | Religion der Gesellschaft |
| SozSys: | Soziale Systeme |
| SuM: | Die Soziologie und der Mensch |
| WdG: | Die Wissenschaft der Gesellschaft |

Sonstige Abkürzungen

| | |
|---|---|
| ASD: | Allgemeiner Sozialdienst |
| BverfGE: | Entscheidungen des Bundesverwaltungsgerichts |
| BGB: | Bürgerliches Gesetzbuch |
| JWG: | Jugendwohlfahrtsgesetz |
| KJHG: | Kinder- und Jugendhilfegesetz |
| RJWG: | Reichsjugendwohlfahrtsgesetz |
| SGB: | Sozialgesetzbuch |
| RSTGB: | Reichsstrafgesetzbuch |
| SGB VIII: | Kinder- und Jugendhilfegesetz |
| SGB X: | Verwaltungsverfahren/Datenschutz |

# Einleitung

Die Verwendung des aus der Medizin entliehenen Begriffs der klinische Blick könnte den Verdacht nähren, dass sich die Soziale Arbeit an der Medizin orientiert in der Hoffnung, das Erfolgsmodell der Professionalisierung des 19. Jahrhunderts zu wiederholen. Die Ausrichtung auf den klinischen Blick verwundert, da die Distanzierung der Sozialen Arbeit von der Medizin von Beginn an systematisch vollzogen wurde (vgl. Nohl 1965a). Der Blick zur Seite diente vornehmlich dem Interesse, einerseits von Anregungen profitieren zu können, andererseits durch die Gegenüberstellung systematisch Differenzen aufbauen und sich im Hilfesystem profilieren zu können. Hervorgehoben wurde bei dieser Differenzierung von Anbeginn folgendes:
1. Der klinische Blick in der Sozialen Arbeit geht von Gesundheit, und nicht – wie vielleicht erwartet –, von Krankheit aus (vgl. Wendt 2000: 4). „Der Konflikt zwischen Medizin und Pädagogik entflammt sich am Sinnüberschuss der Modelle gesunden Lebens" (Sting 2000: 56). Seit dem 19. Jahrhundert ging es im Kontext der Hygiene zum einen darum, Reinlichkeit in naturwissenschaftlich-technische Wissensformen der wissenschaftlichen Hygiene und Bakteriologie in den Kontext der Medizin zu überführen, sich dadurch von der Moralität zu lösen und Anspruch auf Wissenschaftlichkeit einfordern zu können. Im Vordergrund stand dabei die Krankheitsbekämpfung (Labisch 1989). Der Pädagogik hingegen ging es um Gesundheitserziehung, die auf Sittlichkeitserziehung basierte. Es sollten bürgerliche Tugenden aufgebaut werden, die ein selbständiges Leben in der bürgerlichen Gesellschaft ermöglichten. Reinlichkeit sollte den Aufstieg in der Gesellschaft eröffnen[1].
2. Die Soziale Arbeit scheint im Gegensatz zur Medizin keinen systematischen Ort der Vermittlung von Theorie und Praxis wie die Klinik zu haben. Vielmehr wurden Modelle zum Theorie-Praxis-Verhältnis entwickelt, die versuchten, das Vermittlungsproblem dadurch zu lösen, dass sie die pädagogische bzw. sozialarbeiterische Verantwortung des Professionellen forderten.

---

[1] In den Schriften zur „Volksgesundheitspflege", deren Leserschaft aus dem qualifizierten, aufstiegsorientierten Teil der Fabrikarbeiterschaft bestand, wurde ihr die „körperliche Reinlichkeit als Mittel der Gesundheit, der Selbstachtung und des Strebens nach Verbesserung der Lebenssituation ans Herz" (Frey 1997: 231) gelegt.

Die stellvertretende Deutung des Sozialpädagogen/-arbeiters für den Klienten, und die paradoxe Aufforderung an den Sozialpädagogen/-arbeiter (Rauschenbach/Ortmann/Karsten 1993: 9), zur Autonomie des Kindes bzw. des Adressaten beizutragen (Dewe 2002a; Dörr 2002; Haupert 2002; Oevermann 1997; Kraimer 2002; Crefeld 2002)[2], sollte das funktionale Äquivalent zu der alten Form der Professionalisierung in der Medizin sein. Systemtheoretisch kann der klinische Blick als Selbstbeschreibung eines Funktionssystems bezeichnet werden. Wenn Selbstbeschreibungen Reflexionstheorien sein wollen, müssen sie Formulierungen enthalten, die in sich konsistent sind. Sie konstituieren eine imaginäre Realität. „Anders können sie die logischen Probleme des Sich-Selbst-Enthaltens nicht lösen. Aber das schließt nicht aus, daß ihre Projektionen im System akzeptiert werden, zumal es keine anderen Möglichkeiten der Selbstvergewisserung gibt" (EdG: 203).

Reflexionstheorien haben sich – soziologisch betrachtet – im Übergang von stratifikatorischen zu funktional differenzierten Gesellschaften in allen zentralen Funktionssystemen entwickelt (vgl. EdG: 201). „Die Korrelation ‚funktionale Differenzierung' (Struktur) und ‚Reflexionstheorie' (Semantik) gilt universell, das heißt: für alle Funktionssysteme" (EdG: 201f.). Reflexionstheorien haben sich als Korrelat funktionaler Differenzierung durchgesetzt.

Während die soziologische Beschreibung des Hilfesystems in der funktional differenzierten Gesellschaft sehr weit vorangetrieben wurde[3], ist die Beschreibung der Reflexionstheorie des Hilfesystems in der Systemtheorie erst in den Anfängen. Es muss das Problem gelöst werden, dass die soziologische Fremdbeschreibung des Hilfesystems selbst keinen Bauplan für die Selbstbeschreibung des Hilfesystems gibt. Die spezifizierende Selbstbeschreibung kann nur systemintern als Reflexionstheorie erfolgen (vgl. Kurtz 2004: 15).

Bisherige Versuche der Entwicklung einer Reflexionstheorie können als problematisch angesehen werden. Als Hauptproblem kann konstatiert werden, dass der Moral- und der Kulturbegriff, die für die Sozialpädagogik grundlegend

---

[2] Die Ansätze unterscheiden sich dadurch, dass Crefeld (2002), Ansen (2000), Mühlum (2002) die psychosoziale Unterstützung durch psychosoziales Assessment, soziale Diagnose, soziale Beratung, Soziotherapie und Rehabilitation bei Menschen mit schwerwiegenden psychosozialen Störungen aufgrund psychischer und somatischer Krankheiten betonen, während Dewe (2002), Haupert (2002), Oevermann (1996) von der klinischen Soziologie ausgehend Soziale Arbeit weniger als Heilberuf verstehen, sondern es ihnen vielmehr um die Generierung autonomer Lebenspraxis geht.
[3] Es wurde die Kontroverse ausgetragen, ob das Hilfesystem als sekundäres Hilfesystem (vgl. Baecker (1994); Kleve (1997); Bommes/Scherr (2000a)) bzw. als primäres Hilfesystem (vgl. Merten (1997); Weber/Hillebrandt (1999)) bezeichnet werden kann.

sind, von den genannten Autoren in ihrer Bedeutung unterschätzt werden, da beide Begriffe in der Systemtheorie selbst nur peripher auftauchen[4].

Merten (1997) unternahm zwar den Versuch, eine Reflexionstheorie der Sozialen Arbeit zu entwickeln, er wechselte aber gerade in dem Moment den Referenzrahmen, als es ihm um die Herausarbeitung eines Verständnisses von Sozialer Arbeit als Disziplin bzw. als Profession ging. Während er sich für die Funktionsbestimmung den systemtheoretischen Rahmen zu nutze machte, verband er auf der Ebene der Reflexionstheorie eine systemtheoretische mit einer akteurtheoretischen Perspektive. Es stellt sich die Frage, ob dieser Wechsel wirklich notwendig ist, oder ob die Systemtheorie nicht doch Möglichkeiten bietet, diesen Aspekt zu beleuchten.

Fuchs (2004) hat in diesem Zusammenhang systematisch Bezug auf die Bedeutung der Moral für das Hilfesystem genommen und diese als für das Hilfesystem notwendig herausgearbeitet. Zugleich warnte er aber deutlich davor, die Moral zu hoch zu bewerten, geschweige denn, sie an den Ausgangspunkt einer sozialpädagogischen Reflexionstheorie zu setzen.

Letzteres ist von Cleppien (2000) versucht worden, indem er sich auf eine systemtheoretische Analyse im erziehungswissenschaftlichen Diskurs stützte und sie für die Sozialpädagogik fruchtbar machte. Ich werde diesen von Cleppien eingeschlagenen Weg in den folgenden Ausführungen fortsetzen, wenn auch auf eine andere Art und Weise.

Die Reflexionstheorie zeigt eine theoretisch begründete Distanz zu den Notwendigkeiten der Praxis, weswegen auch von professioneller Praxis gesprochen werden kann. Die professionelle Praxis zeichnet sich durch „Mikrodiversität" (EdG: 202) oder – um es im Jargon der klinischen Sozialarbeit zu sagen – durch Fallbezug aus (vgl. Dewe 2002; Kraimer 2002; Dörr 2002). Das heißt, sie setzt das Interaktionsgeschehen zwischen Professionellen[5] der Sozialen Arbeit und den Klienten voraus. Im Unterschied zu Merten, der darstellt, dass der Begriff „(professionelle) Praxis" den kommunikativen Vollzug solcher Dienstleistungen – gleichsam uno actu – bezeichnet (vgl. Merten 2002a: 181), kann, so meine These, nicht der kommunikative Vollzug der Dienstleistung selbst schon als professionelle Praxis bezeichnet werden, sondern es setzt eine Reflexion voraus. Durch Hilfeplanung – als einem eigenen Interventionssystem – wird der Dienstleistungsvollzug reflexiv gesteuert. Hilfeplanung als eigenes Interventionssystem, welches durch Verfahren konstituiert wird, übernimmt die

---

[4] Burkart bringt die periphere Bedeutung des Begriffs Kultur für die Systemtheorie auf den Punkt, wenn er konstatiert: „Kultur ist kein Grundbegriff der Systemtheorie – und diese ist sicherlich auch keine Kulturtheorie im engeren Sinne" (Burkart 2004: 11).
[5] Profession meint die Angehörigen einer bestimmten, formal zertifizierten und qualifizierten

strukturelle Sicherung der Funktion des Hilfesystems, um Hilfe zur Selbsthilfe zu leisten.

Das Ziel dieser Veröffentlichung ist es, Sozialpädagogik als Reflexionstheorie des Hilfesystems aus systemtheoretischer Perspektive zu beschreiben. Ich werde zeigen, dass es der sozialpädagogischen Reflexionstheorie um die Generierung der Einheit der Differenz von Autonomie und Heteronomie durch einen Fallbezug geht. Im Unterschied zu einer an Oevermann ausgerichteten klinischen Sozialarbeit konstituiert sich die sozialpädagogische Reflexionstheorie als Kulturtheorie, die mit dem Kulturbegriff betont, was der Begriff impliziert: wechselseitige Anerkennung, Autonomie und Verantwortlichkeit. Diese werden durch Hilfeplanung als Bildungs„system" des Hilfesystems gestaltet. Die Hilfeplanung ermöglicht eine Distanzierung von den Erwartungen, die bei der Durchführung der Hilfe an den Adressaten bzw. den Leistungsberechtigten gerichtet werden. Zwar hat der Hilfeplaner die Pflicht, Dienstleistungen zum Wohl der Publikumsrolle zu organisieren, er kann sich aber von dieser Pflicht distanzieren, sofern es der Willensbildung als Einheit der Differenz von Wille und Wohl dient. Dadurch wird es der Publikumsrolle möglich, die Steuerung des Hilfeprozesses selbstreferentiell zu attribuieren. Die damit einhergehende Relativierung von Kontexten führt zur Symmetrisierung von Sprecherpositionen, die anstatt zu Eindeutigkeiten zu mehr Anschlussfähigkeit führt. Die sozialpädagogische Reflexionstheorie trägt dazu bei, dass die Sozialpädagogik als Leitprofession im Hilfesystem, zumindest im Kontext der Jugendhilfe auftaucht. Es werden dabei diejenigen Berufsgruppen, die zur „Produktion der Hilfe" beitragen, daraufhin kontrolliert, inwieweit sie dem Adressaten gerecht werden (vgl. Stichweh 1997).

Zur Begriffsverwendung: Im Kontext dieser Habilitationsschrift werde ich die Begriffe Soziale Arbeit, Sozialarbeit und Sozialpädagogik wie folgt gebrauchen: Wenn es um den Hilfevollzug zwischen der Leistungs- und der Publikumsrolle geht, werde ich von Sozialarbeit sprechen. Der Begriff Sozialpädagogik bezeichnet dagegen Reflexionstheorie der Intervention („Theorie des sozialpädagogischen Handelns"). Diese erfolgt, sobald aufgrund eines Widerstandes der Publikumsrolle der Hilfevollzug in Frage gestellt und dieses Ereignis als Ausgangspunkt der Generierung von Autonomie oder Heteronomie des Klienten genommen wird. Von Sozialer Arbeit spreche ich, wenn es um die Einheit der Differenz von Sozialpädagogik und Sozialarbeit geht.

*Aufbau der Arbeit:* Der Klinische Blick geht mit der Möglichkeit eines klinischen Ortes einher, so dass der klinische Blick und der klinische Ort als komplementär verstanden werden können. Sie bedingen sich und setzen sich wechselseitig voraus[6]. Um diesen wechselseitigen Zusammenhang zu beschreiben beziehe ich mich auf die Systemtheorie, die mir den begrifflichen Rahmen bereitstellt, um die Genese dieses Wechselverhältnisses darstellen zu können. Aus diesem Grunde skizziere ich zunächst in Kapitel I systemtheoretische Begriffe, die für die Argumentationsstruktur der Arbeit grundlegend sind. Dabei gehe ich insbesondere auf die Kommunikationstheorie und die symbolisch generalisierten Kommunikationsmedien der Systemtheorie ein, da diese für die Genese des Hilfesystems von zentraler Bedeutung sind.

In Kapitel II zeige ich auf, dass für das Hilfesystem die symbolisch generalisierten Kommunikationsmedien der Liebe und der Macht relevant sind, obwohl sie der Familie bzw. dem politischen System zuzuordnen sind. Das Hilfesystem kann also nicht auf ein eigenes, symbolisch generalisiertes Kommunikationsmedium zurückgreifen. Das deutet darauf hin, dass das Hilfesystem kein autonomes Funktionssystem ist. Um diese Entwicklung der Autonomie des Hilfesystems als komplementäres Verhältnis von klinischem Ort und klinischem Blick herauszuarbeiten, zeige ich zunächst auf, wie das symbolisch generalisierte Kommunikationsmedium der Liebe in der Familie Anschlussfähigkeit erzeugt und wie dieses als Modell auch für die Pflegschaft vernachlässigter Kinder genommen wird, auch wenn Liebe dort unwahrscheinlicher ist. Anschließend erläutere ich, welche Bedeutung das symbolisch generalisierte Kommunikationsmedium Macht für die Herausbildung des wohlfahrtsstaatlich orientierten Nationalstaats hatte und welche zentrale Bedeutung der Disziplinarmacht in diesem Kontext zugesprochen werden kann. Ich zeige auf, dass die materialen Gestaltungsabsichten des Wohlfahrtsstaates eine Kooperationsbereitschaft des Publikums voraussetzen, welche durch die Disziplinarmacht ermöglicht werden sollte. Die damit einhergehende Technisierung der Macht brachte als Nebenfolge den Delinquenten hervor. Da in der staatlichen Ersatzerziehung mit nur kleinen Variationen dieses Modell übernommen wurde, brachte diese Institution selbst das

---

Berufsgruppe, die eine spezifische, durch die Reflexionstheorie geprägte Perspektive (klinischer Blick), auf die Praxis werfen und sich gerade dadurch gegenüber anderen Professionen auszeichnen (vgl. Merten 2002a: 181).
6 Foucault zeigt in seiner Schrift „Die Geburt der Klinik" auf, dass der ärztliche Blick an der Wende vom 18. zum 19. Jahrhundert Ausdruck einer „epistemologischen Reorganisation der Krankheit [ist; B.H.], in der die Grenzen zwischen dem Sichtbaren und dem Unsichtbaren neu gezogen werden" (Foucault 1999: 206). Dadurch würde eine pathologische Desorganisation des Körpers ins Licht treten. Die Krankheit verliere den „Geruch des Übels" und erscheine in einem positiven Gehalt (vgl. Foucault 1999: 207). Das setzte voraus, dass der wissenschaftliche Diskurs über das Individuum den Tod in die Epistemologie der medizinischen Erfahrung integrierte. Die Krankheit konnte durch den sezierenden Blick und die Sprache entziffert werden, so dass ein rationaler Umgang mit Krankheit und Tod möglich wurde. Dieser klinische Blick hatte aber zugleich Konsequenzen, die über die unmittelbare Behandlung der Krankheit hinausgingen, da mit ihm eine Reorganisation der Organisationen des Gesundheitswesens einherging.

Problem mit hervor, zu dessen Problemlösung sie eingeführt wurde. Einen Wandel zur Kooperationsbereitschaft des Publikums des Nationalstaats vollzog sich erst als sich Wissen mit Macht verknüpfte und das Ziel verfolgt wurde, Abweichung zu verhindern (Prävention).

Dazu erläutere ich in Kapitel III am Beispiel der Gesundheitsfürsorge, wie sich das Hilfesystem als Umwelt des Gesundheitssystems zu Beginn des 20. Jahrhunderts und vor allem in der Weimarer Republik konstituierte. Ich beschreibe wie sich durch die Medizin im Bereich der Gesundheitsfürsorge ein sozialhygienischer Blick herausbildete, der eine Ausrichtung auf Prävention ermöglichte. Das heißt, während das Gesundheitssystem auf Behandlung ausgerichtet ist, ist die Gesundheitsfürsorge präventiv orientiert. Damit geht einher, dass Adressaten der Gesundheitsfürsorge als Risikoverhaltensträger konstituiert werden und es sowohl im Interesse des Nationalstaates als auch im Interesse des Einzelnen liegt, möglichst gesund zu sein. Durch die mit dem sozialhygienischen Blick einhergehende Verfachlichung wird Macht im Unterschied zur Disziplinarmacht des Panopticons annehmbarer, zumindest wenn mit dem sozialhygienischen Blick keine unmittelbare Kontrolle einhergeht. Letzteres setzt auf der Ebene der Organisation das Subsidiaritätsprinzip als Vorrang der privaten vor der öffentlichen Fürsorge voraus. Dadurch war trotz Einbindung in eine wohlfahrtsstaatliche Organisation eine gewisse Unabhängigkeit der Sozialarbeit von der Sozialpolitik möglich. Auf der Ebene der Interaktion kann sich aber eher in der Selbstbeschreibung der Sozialarbeiterinnen (geistige Mütterlichkeit) als im gesellschaftlichen Vollzug eine autonome Profession konstituieren, da die Möglichkeiten zur Selbststeuerung des Hilfeprozesses kaum vorhanden war. Das Interesse der Sozialarbeit an der Entwicklung einer eigenen Handlungsmethode kann als Reaktion auf diese Tatsache gelesen werden.

In Kapitel IV zeige ich auf, wie durch eine systemtheoretische Reformulierung Lebensweltorientierter Sozialpädagogik eine sozialpädagogische Reflexionstheorie des Hilfesystems entwickelt werden kann, die diesem Problem Rechnung trägt. Bei der Lebensweltorientierten Sozialpädagogik geht es um die Umstellung von fremd- auf selbstreferentielle Attribuierung. Dabei spielt die Semantik der Liebe eine zentrale Rolle, die sich im Hilfesystem in der Form der moralischen Kommunikation darstellt. Moralische Kommunikation entsteht auf Grund einer Abweichung der Publikumsrolle von den Erwartungen der Leistungsrolle im Interaktionssystem. Moralische Kommunikation trägt dazu bei, dass sich eine strukturelle Kopplung zwischen dem sozialen und dem psychischen Systemen (Scherr 2001) vollzieht. Wenn die Differenz von Gesellschaft und Mensch in der Gesellschaft in der Form der Humanisierung der Gesellschaft oder in Form der Zivilisierung des Menschen beobachtbar wird (vgl. Baecker 2003: 125), kann von Kultur gesprochen werden. Ich werde zeigen, dass die strukturelle Kopplung eine Problemlösungsform ist, welche die Einheit der Differenz von Autonomie (Humanisierung durch das symbolisch generalisierte Kommunikationsmedium der Liebe) und Heteronomie (Zivilisierung durch das symbolisch generalisierte Kommunikationsmedium der Macht) konstituiert, je nach dem in welcher Weise sich die moralische Kommunikation vollzieht. Sie trägt dazu bei, dass sich ein sekundärer Prozess der Zivilisation vollzieht.

In Kapitel V wird durch eine systemtheoretische Redescription der geisteswissenschaftlichen Pädagogik dargestellt wie sich in der Erziehungswirklichkeit Autonomie durch abweichendes Verhalten der Publikumsrolle generiert. Im Kapitel VI wird geschildert wie im Kontext der Jugendfürsorge die Bildungswirklichkeit als individualisierter Unterricht durch die Konstituierung der Einheit der Differenz von Wille und Wohl eine entscheidende Rolle spielt. Sie ermöglicht eine Distanzierung von dem, auf das Wohl der Publikumsrolle ausgerichteten sozialhygienischen Blick, indem sie den Konflikt zum Gegenstand der Auseinandersetzung als Beitrag zur Selbstsorge des Adressaten macht. In Kapitel VII wird beschrieben wie Bildungswirklichkeit Ausgangspunkt für die Aushandlungen in der Hilfewirklichkeit ist, in der es um die adressatengerechte Gestaltung der Durchführung der Hilfe geht.

Darauf folgend wird in Kapitel VIII aus evolutionstheoretischer Perspektive dargestellt unter welchen Bedingungen die Jugendfürsorge zu einem autonomen Hilfesystem sich entwickeln kann.

Die Steuerung des Hilfesystems durch das Bildungs„system" ist bis in die 60erJahre des 20. Jahrhunderts sehr rudimentär, da strukturelle Voraussetzungen für die Ausdifferenzierung des Bildungs„systems" im Hilfesystem noch nicht systematisch gegeben sind. Als strukturelle Voraussetzungen können die Konstituierung der Sozialpädagogik als empirsche Wissenschaft (Kapitel IX.) sowie die Sicherstellung des Bildungs„systems" im Hilfesystem durch Organisation (Kapitel X.) benannt werden.

In Kapitel IX zeige ich auf, wie Sozialpädagogik als empirische Wissenschaft entwickelt werden kann. Da ich die sozialpädagogische Reflexionstheorie als Kulturtheorie entfaltet habe, überrascht es nicht, dass sich die ethnographische Forschung in diesem Kontext als relevant erweist. Ich stelle aus systemtheoretischer Perspektive einen methodologischen Zugang zur ethnographischen Forschung dar. Am Beispiel einer Studie im Altenpflegeheim werde ich das empirische Vorgehen exemplarisch veranschaulichen. Zugleich wird dieses Beispiel verdeutlichen, dass es einer bestimmten Organisationspraxis bedarf, um eine Kulturalisierung des Hilfesystems sicher zu stellen.

In Kapitel X begründe ich, dass durch die Gesetzesformen der Jugendhilfe in den 1990er Jahren die sozialpädagogische Reflexionstheorie insbesondere im Bereich der Hilfeplanung Relevanz gewinnen konnte. Hilfeplanung ist als Interventionssystem somit gerade jene Organisationspraxis, die für den Bereich der Hilfen zur Erziehung die Konstituierung einer sozialpädagogischen Wirklichkeit wahrscheinlicher werden lässt. Ich entfalte Hilfeplanung als einen individualisierten Unterricht, der durch das Kontraktmanagement zur adressatenorientierten Flexibilisierung der Jugendhilfe beitragen kann. Im Kontext der Hilfeplanung können Einrichtungen der Jugendhilfe einzelfallorientiert daraufhin evaluiert werden, inwieweit sie im Wettbewerb mit anderen bessere Bedingungen bereitstellen, um dieses Ziel zu erreichen.

In Kapitel XI stelle ich zusammenfassend dar, dass durch die Hilfeplanung als organisierte Praxis einerseits und Sozialpädagogik als empirische Wissenschaft andererseits, das Hilfesystem als autopoietisches System konstruiert werden kann. Als Immunsystem des Hilfesystems entfaltet das „Moratorium" der Hilfeplanung eine salutogenetische Wirkung, da sie es ermöglicht, dass der Adressat als autonomer Bürger hervorgebracht wird, obwohl bzw. auch wenn er Hilfe annimmt. Dadurch kann das „doppelte Mandat" der Sozialen Arbeit, zwischen Hilfe und Kontrolle zu stehen (vgl. Gildemeister 1992: 128), in Richtung Hilfe verschoben werden.

# I. Grundbegriffe der Systemtheorie

Um aus systemtheoretischer Perspektive eine Reflexionstheorie der Sozialen Arbeit entwickeln zu können, ist zunächst eine Einführung in die systemtheoretischen Grundbegriffe notwendig, die für eine Reflexionstheorie des Hilfesystems relevant sein werden. Dabei muss die Systemtheorie zunächst als ein differenztheoretischer Ansatz ausgewiesen werden, der sich aus der System-Umwelt-Differenz ergibt. Soziale Systeme, und zwar nicht nur das Interaktionssystem, sondern darüber hinaus auch Organisationen und Funktionssysteme, bestehen aus Kommunikationen, oder anders gesagt: Kommunikationen sind die Elemente, die im sozialen System miteinander verknüpft werden (vgl SozSys: 59). Das heißt, dass geklärt werden muss, was unter Kommunikation zu verstehen ist. Da die Reflexionstheorie des Hilfesystems insbesondere auf das Interaktionssystem fokussiert ist, hat die Frage, in welcher Relation das soziale und das psychische System stehen, eine entscheidende Bedeutung. Darüber hinaus muss geklärt werden, was unter Erleben und Handeln zu verstehen ist, wenn die Kommunikation sich einzig und allein auf den sozialen und nicht auf den psychischen Sinn bezieht, und welche Vorteile es hat, von einer Handlungstheorie auf eine Systemtheorie umzustellen.

Trotz des Fokus auf die Interaktion kann nicht von einem Gesellschaftsbezug abgesehen werden, da Handeln nicht unabhängig vom Funktionssystem beobachtet werden kann. Aus diesem Grunde gehe ich näher darauf ein, wie eine funktional differenzierte Gesellschaft charakterisiert werden kann und welche Bedeutung die symbolisch generalisierten Kommunikationsmedien und die binäre Codierung für die Herausbildung von Funktionssystemen haben.

*Das soziale System als Ausgangspunkt einer Systemtheorie*

Die Systemtheorie kann als ein differenztheoretischer Ansatz bezeichnet werden, da sie systematisch auf der System Umwelt Differenz aufbaut (vgl. SozSys: 23). Systeme sind keine objektiv beschreibbaren Einheiten, sondern sie sind als ein Prozess der Systemkonstitution zu verstehen. Die Theorie autopoietischer Systeme geht davon aus, dass sich Systeme nur durch Selbstreferenz ausdifferenzieren, das heißt, dass Systeme sich in den „elementaren Operationen auf sich selbst" (SozSys: 25) beziehen und dadurch eine eigene „Identität" gewinnen. Das setzt die System-Umwelt-Unterscheidung voraus, die selbstreferentiell reproduziert wird. Durch die „Handhabung der Differenz" kann Offenheit, aufgrund selbstreferentieller Geschlossenheit erzeugt werden (vgl. SozSys: 24ff.). „Ein System kann man als selbstreferentiell bezeichnen, wenn es die Elemente, aus denen es besteht, als Funktionseinheiten selbst konstituiert und in allen Beziehungen zwischen diesen Elementen eine Verweisung auf diese Selbstkonstitution mitlaufen lässt, auf diese Weise die Selbstkonstitution also laufend reproduziert" (SozSys: 59). Dadurch können Strukturen generiert werden, die die Selbstorganisation des Systems ermöglichen. Strukturen sind nichts Festes, sondern werden immer wieder neu reproduziert, indem Kommunikation als Element des sozialen Systems an Kommunikation anschließt.

Es muss zwischen der System-Umwelt-Differenz, wie sie im System gebraucht wird, und der Beobachtung, wie diese Differenz im System verwendet wird, unterschieden werden. Der Beobachter selbst kann nur selbstreferentiell fungieren, wodurch auch er genauso wie das System, das er beobachtet, einen blinden Fleck aufweist (vgl. SozSys: 25).

*Kommunikation als Element sozialer Systeme*

Äußerungen bekommen einen sozialen Sinn, der nicht auf die Äußerungen der Individuen zurückführbar ist. Äußerungen können unerwartete Reaktionen hervorrufen und zu einer Kommunikation führen, die von keinem intendiert wurde (vgl. Bommes/Scherr 2000: 67).

Jeder soziale Kontakt wird als soziales System aufgefasst. Das heißt, dass jedes soziale System aus Kommunikation besteht. Soziale Systeme sind keine starren, sondern dynamische Gebilde. Indem sich Kommunikatikon an Kommunikation anschließt, reproduzieren sie sich einerseits fortlaufend, verändern sich andererseits aber gleichzeitig.

Kommunikation ist die Einheit der Differenz von Information, Mitteilung und Verstehen. Die Begriffe werden ohne direkte psychische Referenz gebraucht. „Nicht die Selektion des ‚Senders', was er ‚senden' will, oder die Selektion des ‚Empfängers', was er ‚empfangen' will, ist in der Kommunikation wirksam, sondern die Selektion der Kommunikation selbst, die selektiert, was als anschlussfähiges Element fungieren soll und was nicht" (Weber/Hillebrandt 1999: 21; vgl. SuM: 115). Während die Information aus unterschiedlichen Verhaltensmöglichkeiten selektiert (vgl. SuM: 49), selektiert die Mitteilung aus unterschiedlichen Sachmöglichkeiten (vgl. SuM: 50). Die „Unterscheidung von Mitteilung und Information ist konstitutiv für alle Kommunikation (im Unterschied zu bloßer Wahrnehmung), und sie wird daher als Bedingung der Teilnahme aufgenötigt" (SuM: 49f.). Das setzt aber nicht voraus, dass man Näheres über den Mitteilenden weiß (vgl. SuM: 50). Möglich ist nur festzustellen, *dass* andere wahrnehmen, aber nicht *wie* sie wahrnehmen (vgl. SuM: 50). Dabei ist es relativ unwichtig, wie das Bewusstsein verstanden hat. In der Kommunikation sind die beteiligten Bewusstseinssysteme nicht füreinander transparent, auch wenn man das Gefühl hat, dass es anders sei (vgl. Nassehi 1995: 50).

Es kommt vielmehr darauf an, wie an Kommunikation angeschlossen wird. Die Verstehenskomponente sorgt „für den Anschlußzusammenhang weiterer kommunikativer Ereignisse. Sobald Kommunikation weitergeht, hat die Kommunikation bereits verstanden – sie hat dadurch, daß überhaupt eine Information von einer Mitteilung unterschieden wurde, für Anschlüsse gesorgt, und sie hat dadurch, wie unterschieden wurde, den Fortgang weiterer Informations- und Mitteilungsselektion rekursiv konditioniert" (Nassehi 1997b: 140). Systemtheoretisch kann auch bei Missverstehen bzw. Missverständnissen von Verstehen gesprochen werden. Wenn Missverständnisse kommuniziert werden, geht Kommunikation weiter. Diese Form des operativen Verstehens unterscheidet sich von einem Perfektibilitätsmodell des Verstehens (vgl. Nassehi 1997b: 141).

Diese Selbstreproduktion sozialer Systeme, die dadurch entsteht, dass Kommunikation an Kommunikation angeschlossen wird, wird als die operative Geschlossenheit sozialer Systeme bezeichnet, die sich von der Umwelt der psychischen Systeme abgrenzt.

*Das Verhältnis von sozialen und psychischen Systemen*

„Psychischer Sinn ist bewußtseinsförmiger Sinn, d.h. der Sinn, den ein Bewußtsein gedanklich erzeugt und zuschreibt" (Bommes/Scherr 2000: 69). Ein Bewusstsein ist ein Bewusstsein von Phänomenen und oszilliert damit zwischen Selbst- und Fremdreferenz. Intentionalität macht diese Differenz als Einheit operabel (vgl. SuM: 30). Selbst wenn ich mein Denken zum Gegenstand nehme, mache ich mein Denken zum Objekt, wodurch es zur Fremdreferenz wird, auf die ich mein Denken beziehe. Das Verhältnis zwischen dem psychischen System und dem sozialen System ist asymmetrisch. Denn Bewusstsein ist ohne Kommunikation tätig, aber Kommunikation koinzidiert mit Bewusstsein (vgl. SuM: 40). Das, worüber kommuniziert wird, muss nicht selbst Kommunikation sein. Eine Störung wie Lärm, aber auch ein psychisches Unbehagen können z.B. Einfluss auf die Kommunikation nehmen, indem über den Lärm oder das psychische Unbehagen kommuniziert wird, ohne dass der Lärm oder das psychische Unbehagen selbst Kommunikation sind. Indem über etwas kommuniziert wird, was außerhalb der Kommunikation liegt, kann von einem Wiedereintritt der Unterscheidung zwischen System und Umwelt in das soziale System gesprochen werden. Dabei kann nicht davon ausgegangen werden, dass der Lärm oder ein Gedanke die Kommunikation verursacht (vgl. Bommes/Scherr 2000: 69). Beim Anschluss der Kommunikation an Kommunikation werden Bewusstseinszustände aktiviert, ohne dass die Bewusstseinssysteme direkt aneinander anschließen[7]. Psychische Systeme und kommunikative Systeme haben Sinn zur Voraussetzung. Dabei ist Sinn das Medium für psychische und kommunikative Systeme. Sinn verweist auf Möglichkeiten, die in der Voraussetzung von Gedanken oder in der Fortsetzung von Kommunikation aktualisiert werden können. Jede Äußerung ist entsprechend eine „selektive Aktualisierung einer strukturellen Möglichkeit aus dem Horizont von Möglichkeiten" (Bommes/Scherr 2000: 70).

Sinn als Differenz von Aktualität und Möglichkeit erzeugt mit jeder Aktualität, das heißt, der je konkreten Äußerung, auch die andere Seite, die diese Äußerung profilieren kann (vgl. Bommes/Scherr 2000: 70). „Jede einzelne Kommunikation reduziert dadurch, dass sie Bestimmtes sagt, den Bereich der Anschlussmöglichkeiten, hält aber zugleich dadurch, dass sie dies in der Form von Sinn tut, ein weites Spektrum möglicher Anschlusskommunikation offen mit Einschluss der Möglichkeit, die mitgeteilte Information zu negieren, umzudeuten, für unwahr und unerwünscht zu erklären. Die Autopoiesis sozialer Systeme ist nichts weiter als dieser ständige Prozess des Reduzierens und Öffnens von Anschlussmöglichkeiten" (SuM: 40).

Anfang und Ende von Kommunikation kann nur durch einen Beobachter festgestellt werden (vgl. SuM: 41). Auch die Unterteilung in Episoden, die z.B. auch einem Zweck bestimmt sein können, lassen sich nur durch einen Beobachter konstruieren. Aber wenn eine Episode beendet ist, ist die Möglichkeit gegeben, andere Kommunikationsmöglichkeiten anzuschließen.

Das Zusammenspiel von Bewusstseinssystemen und Kommunikationssystemen vollzieht sich, indem Bewusstseinssysteme Kommunikation beobachten und Kommunikationssysteme Bewusstseinssysteme beobachten (vgl. SuM: 47). Dadurch entsteht eine strukturelle Kopplung, durch die sich der Kontakt eines sozialen Systems zur Umwelt des psychischen Systems vollzieht (vgl. GdG: 92). Die strukturelle Kopplung ermöglicht wechselseitige Irritation des sozialen und des psychischen Systems (vgl. GdG: 113f.), ohne dass das psychische System operativ durch das soziale System erreicht werden könnte (vgl. Kade 2004: 202). Dadurch erhält „die Einheit und Komplexität (im Unterschied

---

[7] Die radikale Differenz zwischen der Selbstreproduktion des psychischen Systems und der Selbstreproduktion des sozialen Systems wird als doppelte Kontingenz bezeichnet. Diese ist zirkulär: „Wenn du das tust, was ich will, tue ich das, was du willst" (Luhmann 2002: 320). Damit wird ein hierarchisches Modell auf zeitliche Ordnung umgestellt. Das heißt, derjenige, der zuerst handelt, definiert das Thema, an dem sich die anderen abarbeiten müssen, was nicht bedeutet, konkret zu folgen (vgl. Luhmann 2002: 320). Es geht darum zu rekonstruieren, wie daraus eine für die Interaktion strukturbildende Ordnung entsteht: Es geht um die Rekonstruktion der Bedingungen der Möglichkeit sozialer Ordnung (vgl. Luhmann 2002: 321).

zu: spezifischen Zuständen und Operationen) des jeweils anderen eine Funktion" (SuM: 51). Durch strukturelle Kopplung werden psychische Systeme mit sozialen Systemen sozialisiert (vgl. Luhmann 1996: 51). Soziale Bedingungen müssen für das psychische System anschlussfähig sein, um eine Auswirkung haben zu können (vgl. Luhmann 1996: 52). Während Kommunikation in ihrer „elementaren Einheit der Selbstkonstitution sozialer Systeme" (Krause 1999: 29) nicht beobachtbar ist, ist Handeln als selektiver Akt des Mitteilens beobachtbar (Krause 1999: 29).

*Erleben und Handeln*

Erleben und Handeln sind „körperbedingte und dadurch sequentialisierte Vollzüge" (Luhmann 1981b: 68). Sie unterscheiden sich durch differente „Richtungen der Zurechnung [...] Intentionales Verhalten wird als Erleben registriert, wenn und soweit seine Selektivität nicht dem sich verhaltenden System, sondern dessen Welt zugerechnet wird. Es wird als Handeln angesehen, wenn und soweit man die Selektivität des Aktes dem sich verhaltenden System selbst zurechnet" (Luhmann 1981b: 68f.). Es ist keine „Eigenschaft des Verhaltens" (Luhmann 1981b: 70). Wenn sich der Erlebende fragt, ob er die Inhalte seines Bewusstseins selbst selektiert hat oder ob sie durch Fremdselektion zustande gekommen sind, strukturiert die Differenzierung von Erleben und Handeln ihrerseits das Erleben (vgl. Luhmann 1981b: 72). „Mit solchen Zurechnungsdifferenzierungen lässt sich die phänomenale Einheit des Verhaltens unterlaufen und in Bezugskomponenten zerlegen, deren Zusammensetzung dann erst den besonderen Sinn bestimmter Verhaltensweisen verständlich macht" (Luhmann 1981b: 72). Man kann aber nicht von einem Konsens bezüglich der Zurechnung ausgehen. Wenn jemand sich als erlebend erlebt, ein anderer das aber als handelnd deutet und deswegen nicht handelt, da er sieht, dass das Problem durch eigenes Handeln hervorgerufen wurde, gibt es Konflikte (vgl. Luhmann 1981b: 73).

Luhmann macht darauf aufmerksam, dass in Konflikten übermäßig Handlungszurechnung erfolgt (vgl. Luhmann 1981b: 73). Es bestehe die Tendenz, sich selbst eher Erleben, anderen eher Handeln zu unterstellen (vgl. Luhmann 1981b: 73).

Zurechnungsweisen können einer Logik der Systeme oder einer Logik der Situationen folgen. Wenn es aber zu Generalisierungen auf der Ebene des Systems kommt, müssen diese offen für Situationen sein. Das heißt, einer Leistungsrolle wird eher Handeln zugerechnet und einer Publikumsrolle eher Erleben, aber situationsspezifisch wie bei der Anerkennung des anderen als anderen kann es sich auch genau umgekehrt verhalten (vgl. Luhmann 1981b: 74).

Zwar weist der Schematismus von Erleben und Handeln eine formale Symmetrie auf, aber er erzeugt Ungleichheitseffekte. Die Systemzurechnung als Handeln erzeugt Ungleichheit, die als Erleben Gleichheit. Die Zurechnung zu erleben, setzt sich selbst und andere unter die Erwartung, gleich zu erleben (vgl. Luhmann 1981b: 74). Hingegen wird mit der Zurechnung auf Handlung für sich selbst und für andere die Freiheit verbunden, auch anders handeln zu können (vgl. Luhmann 1981b: 74).

Während Handeln, weil es dem System selbst zugerechnet wird, zu stärkeren Engagements und zur Bindung der Zukunft führt, ist Erleben leichter reversibel, so dass sich Irrtümer leichter zugestehen lassen (Luhmann 1981b: 75). „Wer Handlungszurechnungen wählt, schreibt die Situation stärker fest, distanziert zugleich aber auch ‚alle anderen' von dem, dem das Handeln zugerechnet wird. Änderungen nehmen dann die Formen eines Gegenhandelns an, während im Falle des Erlebens eine Revision der als gemeinsam unterstellten Prämissen notwendig ist" (Luhmann 1981b: 75). In der Sozialen Arbeit wird den Sozialarbeitern und Sozialpädagogen tendenziell Handeln und den Klienten Erleben selbst- und fremdreferentiell zugerechnet.

Luhmann macht den Vorteil in dieser systemtheoretischen Betrachtungsweise gegenüber dem Humanismus, d.h. gegenüber der am Menschen orientierten Weltanschauung darin aus, dass sie es ermögliche, Schuld bei Konflikten nicht in Personen, sondern in der Kommunikation zu suchen und zugleich zu sehen, wie Personen als schuldig attribuiert werden. Diese Form der Distanzierung sei sonst nicht möglich. Professionen ständen sonst in der Gefahr, etwas besser zu wissen als die Leute selbst. Zwar können sie erkennen, wie Attribuierungen sich vollzogen haben und welchen Beitrag Strukturen an dieser Situation haben, aber damit ist das Problem der personalen Zurechnung nur auf die Ebene des Beobachtens zweiter Ordnung verschoben (vgl. SuM: 36).

*Relation Kommunikation – Handlung und ihr Bezug zum Gesellschaftssystem*

„Handlungen sind stets dichter gebaut und in ihrer Zurechnungsform kontingenter als das, was die Systemtheorie mit dem Kommunikationsbegriff zum Ausdruck bringen will" (Nassehi 2004: 108).

Was die Theorie funktionaler Differenzierung leistet, ist die „Bedingung von Handlungsformen" (Nassehi 2004: 108) zu bestimmen. Dadurch wird Handeln erst als Handeln im sinnhaften Horizont des Hilfesystems zurechenbar bzw. sichtbar (vgl. Nassehi 2004: 109). „Der gesellschaftliche Ort von Handlungen wird erst einer Beobachtung transparent, die jene empirischen Kompaktformen in ein Verhältnis zur kommunikativen Ausdifferenzierung von Funktionssystemen setzt. In Handlungen und in Organisationen, wo solche Kompaktformen auftreten, verschmelzen also die Funktionssysteme nicht – im Gegenteil: die Kompaktheit der Handlung als pralle Form ermöglicht es den Funktionssystemen erst, operativ getrennt zu bleiben" (Nassehi 2004: 109).

Individuen werden auf diese Art und Weise im Funktionssystem zu einer sozialen Adresse, die für das System spezifisch ist. Erst in diesem Zusammenhang werden Mitteilungen erwartbar und verstehbar gemacht. Es geht beispielsweise im Hilfesystem um soziale Inanspruchnahme (vgl. Bommes/Scherr 2000: 77), um die Adressierung von Personen als hilfsbedürftig und um die Erwartung, deshalb auch eine bestimmte Hilfe in Bezug auf ein bestimmtes Problem erwarten zu können. Das heißt, der Klient als soziale Adresse ist nicht ein ganzer Mensch oder ein psychisches System, sondern die Person oder soziale Adresse wird als eine kommunikative Konstruktion des jeweiligen sozialen Systems verstanden, die dabei hilft, Verhaltenserwartungen zu ordnen.

Im Kapitel VI werde ich zeigen, dass es im Kontext des Hilfesystems aber nicht nur um die Attribuierung von Hilfsbedürftigkeit geht, sondern darüber hinaus soziale Adressen in der Interaktion trotz Hilfsbedürftigkeit als autonom, d.h. als selbstbestimmend handelnd bzw. als heteronom konstituiert werden können, was eine strukturelle Kopplung zwischen dem Interaktionssystem und den psychischen Systemen voraussetzt.

*Die moderne Gesellschaft als funktional differenzierte Gesellschaft*

Gesellschaft besteht nur aus Kommunikationen. Sie umfasst zugleich alle Kommunikationen, da alle Kommunikationen zur Autopoiesis der Gesellschaft beitragen (vgl. GdG: 90). Gesellschaft, so definiert Nassehi, ist ein „Horizont aller möglichen Kommunikationen, deren unwahrscheinliche Struktur sich durch die Erhöhung ihrer Annahme- und Ablehnungswahrscheinlichkeit ergibt" (Nassehi 2004: 102).

Das Sozialsystem Gesellschaft ist als umfassendstes Sozialsystem dasjenige, das intern auf unterschiedliche Perspektiven abstellt. Dadurch kontrolliert es weder wie Interaktionen Handlungen über Anwesenheit noch wie Organisationen durch Mitgliedschaftsregeln (vgl. Nassehi 2004: 105). Es ergibt keinen Sinn, die Systemtheorie einer Handlungstheorie gegenüberzustellen[8] und auch nicht die Systemtheorie als makrosoziologische Theorie darzustellen (vgl. Nassehi 2004: 105). Vielmehr wird die Unterscheidung Mikro- und Makroperspektive durch die Differenz von Gesellschaft, Organisation und Interaktion ersetzt. Jede Interaktion, jede Organisation und jedes Funktionssystem der Gesellschaft

---

[8] Im Kontext der Sozialen Arbeit hat Merten diesen Versuch unternommen (vgl. Merten 1997).

trägt durch kommunikative Reproduktion zum Mitvollzug von Gesellschaft bei (vgl. Weber/Hillebrandt 1999: 27).

Interessant ist insbesondere „wie sich innerhalb von Sozialsystemen Ebenenübergänge darstellen, die weder als Vorrang einer Mikro- noch als Vorrang einer Makroebene verstanden werden können" (Nassehi 2004: 106). Die Ebenenübergänge vollziehen sich mittels symbolisch generalisierter Kommunikationsmedien, welche die Selektionskriterien über unterschiedliche Systemebenen bereitstellen (vgl. Nassehi 2004: 106).

Man kann Soziale Arbeit genauso wenig wie Wirtschaft von Gesellschaft trennen, denn es sind bestimmte Möglichkeiten, Gesellschaft zu vollziehen, d.h., es sind bestimmte mögliche Formen der Selbstbeobachtung von Gesellschaft. Gesellschaft als soziales System kann sich gleichzeitig und nacheinander in verschiedener Weise selbst beobachten. In diesem Sinne kann Gesellschaft als „polykontextual" bezeichnet werden (vgl. GdG:87ff.). Wenn von funktional differenzierter Gesellschaft gesprochen wird, ist gemeint, dass Funktionssysteme bestimmte Möglichkeiten der Autopoiesis von Gesellschaft sind.

Was aber sind Funktionen? „Funktionen sind immer Synthesen einer Mehrzahl von Möglichkeiten. Sie sind immer Gesichtspunkte des Vergleichs der realisierten mit anderen Möglichkeiten" (SozSys: 405). Durch Funktionen kann eine Selbstbeschreibung des Systems vollzogen und damit die Differenz zur Umwelt bestimmt werden. Die Selbstbeobachtung eines Systems entsteht durch die Differenz von Beobachten und Handeln, durch welche die Selbstbeobachtungskommunikation fortgesetzt wird, wodurch sich „relativ unwahrscheinliche Funktionsorientierungen einstellen und entsprechende Strukturen selektieren" (SozSys: 408).

Da sich die gesamtgesellschaftliche Perspektive nicht wirklich einnehmen lässt, ist die Betrachtung der Gesellschaft als differenzierte Einheit, die durch die Ausdifferenzierung von Systemlogiken gekennzeichnet ist, eine virtuelle Perspektive (vgl. Nassehi 2004: 103).

Die Gesellschaft, die heute als funktional differenzierte Gesellschaft beschrieben wird, hat aber nicht schon immer als solche bestanden, sondern hat sich erst durch soziokulturelle Evolution von der segmentären über die stratifikatorische zur funktional differenzierten Gesellschaft entwickelt[9]. Während die stratifikatorische Gesellschaft nach Ständen differenziert war, in denen Personen Positionen zugeordnet wurden, sind es jetzt Bezugsprobleme. Diese Bezugspunkte sind Sach- und nicht Sozialprobleme (vgl. GdG: 746; Nassehi 2004: 180). Entsprechend heißen die Funktionssysteme: Gesundheitssystem, Wirtschaftssystem, Rechtssystem etc. und vielleicht auch Hilfesystem. „Als Form gesellschaft-

---

[9] Auf diesen Prozess gehe ich aber in diesem Zusammenhang nicht näher ein, da er umfassend von Weber/Hillebrandt 1999: 47–76) ausgearbeitet wurde.

licher Differenzierung betont funktionale Differenzierung mithin die Ungleichheit der Funktionssysteme. Aber in dieser Ungleichheit sind sie alle gleich" (GdG: 746).

Jedes Funktionssystem monopolisiert für sich eine Funktion und rechnet mit einer für dieses Funktionssystem spezifischen Umwelt. Das heißt, die mit der Herausbildung einer spezifischen Funktion einhergehende Unabhängigkeit geht zugleich mit einer Abhängigkeit zur Umwelt einher. Autonomie führt nicht aus der Gesellschaft heraus,[10] sondern immer mehr in diese hinein, indem sie die funktionale Differenzierung als die Beschreibungsform der modernen Gesellschaft zugleich mitkonstituiert (vgl. Luhmann/Schorr 1988: 25).

*Symbolisch generalisierte Kommunikationsmedien*

Bei der Ausdifferenzierung von Funktionssystemen spielen die symbolisch generalisierten Kommunikationsmedien eine zentrale Rolle. Ihre Funktion ist, bestimmte Formen von Kommunikation mit großer Wahrscheinlichkeit in solchen Fällen erwartbar zu machen, in denen Ablehnung von Kommunikation wahrscheinlich ist (vgl. Nassehi 2004: 101)[11].

Durch die symbolisch generalisierten Kommunikationsmedien werden der operative und damit auch der empirisch ereignishafte Charakter der Gesellschaft betont (vgl. Nassehi 2004: 102). Sie ermöglichen eine evolutionstheoretische Perspektive einzunehmen, durch die Strukturänderungen erkennbar werden (vgl. GdG: 439). „Die Gestalt der funktional differenzierten Gesellschaft ist also nicht einfach durch die fest stehende, stabile Existenz von Funktionssystemen gegeben, sondern durch die operative Anschlussroutine von Kommunikationen, die unterschiedliche Systemzusammenhänge emergieren lassen und sich dadurch füreinander indifferent halten können" (Nassehi 2004: 102). Damit weist Gesellschaft nicht Positionen zu, d.h. funktionale Gesellschaft ist nicht Voraussetzung kommunikativer Operationen, „sondern sie hat sich je neu in Praxis zu bewäh-

---

[10] Damit unterscheidet sich die Systemtheorie z.B. von der geisteswissenschaftlich orientierten Sozialpädagogik Nohls', der die Autonomie der Pädagogik in Differenz zur Gesellschaft forderte.
[11] Symbolische Generalisierung Generalisierung bedeutet „eine Verallgemeinerung von Sinnorientierungen, die es ermöglicht, identischen Sinn gegenüber verschiedenen Partnern in verschiedenen Situationen festzuhalten, um daraus gleiche oder ähnliche Konsequenzen zu ziehen" (Luhmann 2003: 31). Dadurch entsteht eine relative Situationsfreiheit, die es ermöglicht, sich nicht immer völlig neu von Fall zu Fall zu orientieren (vgl. Luhmann 2003: 31). Aufgrund dessen bilden sich Erwartungen heraus, die möglicherweise dazu führen, dass nicht situationsadäquat gehandelt wird (vgl. Luhmann 2003: 32). Symbolisierung ermöglicht, eine komplexe Interaktionslage zu vereinfachen und sie dadurch als Einheit zu konstituieren (vgl. Luhmann 2003: 33). Indem bei der symbolischen Generalisierung reduzierte Komplexität von der Ebene expliziter Kommunikation auf die Ebene des komplementären Erwartens übertragen wird, kann der Kommunikationsprozess entlastet werden (vgl. Luhmann 2003: 36).

ren" (Nassehi 2004: 102). Symbolisch generalisierte Kommunikationsmedien sind jeweils für das Funktionssystem spezifisch, so z.B. Macht für das Politiksystem, Geld für das Wirtschaftssystem etc. „Symbolisch generalisierte Medien transformieren auf wunderbare Weise Nein-Wahrscheinlichkeiten in Ja-Wahrscheinlichkeiten – zum Beispiel: indem sie es ermöglichen, für Güter oder Dienstleistungen, die man erhalten möchte, Bezahlung anzubieten. Sie sind symbolisch insofern, als sie Kommunikation benutzen, um das an sich unwahrscheinliche Passen herzustellen" (GdG: 32). Zugleich erzeugen sie aber Differenzen, insofern nur derjenige etwas bekommt, der zahlen kann. Diese Medien müssen nicht nur symbolisch funktionieren wie Preise für Dienstleistung, sondern sie müssen auch generalisiert sein (vgl. GdG: 320). Wenn sie generalisiert sind, bedeutet es, dass sie personen- und situationsunabhängig sind. Dadurch tragen sie zur Motivation der Annahme von Kommunikation bei (vgl. GdG: 322) und erfüllen damit die Funktion der symbolisch generalisierten Kommunikationsmedien.

Symbolisch generalisierte Kommunikationsmedien lassen sich durch Erleben und Handeln unterscheiden. Anders ausgedrückt: Zurechnungsfragen treten auf, wenn symbolisch generalisierte Kommunikationsmedien eingesetzt werden (vgl. GdG: 337). Dabei ist immer eine spezifische Problemlage, ein Bezugsproblem Voraussetzung dafür „welche Zurechnungskonstellation jeweils aktiviert wird" (GdG: 337). Bezugsproblem und Zurechnungskonstellation konvergieren miteinander (vgl. GdG: 338).

Voraussetzung ist die doppelte Kontingenz, die es erst ermöglicht, Ego/Alter nicht als Ich/Anderer zu verstehen, sondern jeder ist zugleich beides, d.h. Ego und Alter. Soziale Systeme brauchen eine selbstkonstituierte Zweiheit, um strukturdeterminierte Systeme sein zu können (vgl. GdG: 333). Dieses geschieht durch die Zurechnung von Selektionen durch einen Beobachter, der Verhalten als Erleben oder als Handeln attribuiert (vgl. GdG: 333). Durch die Zurechnung kann Kommunikation asymmetrisiert werden. Sie verläuft vom Verstehen her und damit von Alter zu Ego.

Es existieren folgende Möglichkeiten der Schematisierung:

1. „Alter löst durch Kommunikation seines Erlebens ein entsprechendes Erleben von Ego aus;
2. Alters Erleben führt zu einem entsprechenden Handeln Egos;
3. Alters Handeln wird von Ego nur erlebt und
4. Alters Handeln veranlasst ein entsprechendes Handeln von Ego" (GdG: 337).

Diese spiegeln sich in den symbolisch generalisierten Kommunikationsmedien wider:

| Alter\Ego | Erleben | Handeln |
|---|---|---|
| **Erleben** | 1. Ae -> Ee<br>Wahrheit, Werte | 2. Ae -> Eh<br>Liebe |
| **Handeln** | 3. Ah -> Ee<br>Eigentum/Geld/ Kunst | 4. Ah -> Eh<br>Macht/Recht |

(vgl. GdG: 336)

Ich werde im Folgenden zwei Medien herausgreifen und sie näher in Bezug auf ihre Zurechnungskonstellation beleuchten, da gerade diese Medien für Soziale Arbeit, wie im folgenden Kapitel deutlich wird, von entscheidender Bedeutung sind.

Wie im normalen Gespräch auch Handlung (Mitteilung) an Handlung (Mitteilung) anschließt und dadurch eine rhythmische Koordination entsteht, wird auch in der Macht Handlung an Handlung angeschlossen. Die Differenz zum alltäglichen Gespräch besteht aber darin, dass bei der Macht „Das Handeln Alters in einer Entscheidung über das Handeln Egos besteht, deren Befolgung verlangt wird: in einem Befehl, einer Weisung, eventuell in einer Suggestion, die durch mögliche Sanktionen gedeckt ist" (GdG: 355).

In der Liebe wird verlangt, dass wenn Ego liebt, es „sich in seinem Handeln darauf einstellt, was Alter erlebt; und insbesondere natürlich: wie Alter Ego erlebt" (GdG: 344). Es geht darum, für die eigene Weltsicht Zustimmung und Unterstützung zu bekommen. Dabei wird erwartet, alle Eigenheiten einer Person in der Kommunikation Rechnung zu tragen, d.h., sie erlebend hinzunehmen. Dies wird insbesondere in einer Zweierbeziehung erwartet. Das bedeutet, dass mindestens einer bereit ist, sich diesen Eigenheiten hinzugeben, indem er diese als liebevoll erlebt. Dadurch wird das Besondere mit universeller Relevanz ausgestattet (vgl. GdG: 345). Luhmann macht darauf aufmerksam, dass die Unwahrscheinlichkeit der Liebe darin bestehe, dass jede Geste, jede Mimik und jeder Laut Gegenstand der Beobachtung werden und sogar der Beobachtung der Beobachtung von Liebe dienen könnte. Dann bestehe aber die Gefahr, dass eine solche Beziehung pathologisch werde. Anders ausgedrückt: Bei der Liebe geht es um die Anerkennung des anderen, im Sinne des Sicheinlassens auf den anderen, ohne die Absicht zu verfolgen, ihn ändern, erziehen oder Ähnliches zu wollen (vgl. GdG: 346).

„Liebe ist, weil asymmetrisch gebaut, einseitige Liebe und daher oft [...] unglückliche Liebe. Aber jeder kennt die Semantik in ihren konkreten Anforderungen, und jeder kennt das Wort. Insofern binden dann Liebeserklärungen die

Kommunikation" (GdG: 347). In der Liebe sollte aber das Infragestellen der Liebe oder die Frage, ob der andere einem wirklich treu ist, vermieden werden, da schon diese Frage die Liebe in Frage stellt.

Im Kontext der Macht sollen Weisungen zwar auch erlebt, aber vor allem soll danach gehandelt werden. Als kontingente Selektion ist das Befolgen der Weisung nicht zwingend notwendig, und trotzdem soll es wahrscheinlich werden, dass die Weisung in das eigene Verhalten übernommen wird. Andernfalls drohen Sanktionen, die weder von Ego noch von Alter gewollt werden können, so dass die Alternative zur Weisung meistens vermieden wird. „Die Grenze der Macht liegt also dort, wo Ego beginnt, die Vermeidungsalternativen zu bevorzugen, und selbst die Macht in Anspruch nimmt, Alter zum Verzicht oder zur Verhängung der Sanktionen zu zwingen" (GdG: 356).

*Binäre* Codierung

„Ein symbolisches Kommunikationsmedium ist zwar notwendige, aber nicht hinreichende Bedingung dafür, dass sich ein auf Problemkonstellationen der gesellschaftlichen Kommunikation sozialisiertes System bildet. Zur Operationalisierung des Mediums und zur Entschärfung der Problemkonstellation muss die Komplexität weiter reduziert werden, wodurch der Aufbau einer spezifischen Komplexität möglich wird. Für Systembildungsprozesse unerlässlich sind Unterscheidungen, die das Medium schematisieren" (Weber/Hillebrandt 1999: 35). Diese Aufgabe übernimmt die binäre Codierung. Erst durch sie wird ein Funktionssystem ein operativ geschlossenes Funktionssystem.

| *Funktion* | *Codierung* |
|---|---|
| *Vergleich mit funktionalen Äquivalenten ist möglich* | Regelung des Oszillierens zwischen einem positiven und einem negativen Wert |
| *Verteidigung der Überlegenheit der eigenen Operationen* | Reflexion der Kriterienbedürftigkeit der eigenen Operationen |

(vgl. GdG: 749)

Der Code ist eine Struktur „die in der Lage ist, für jedes beliebige Item in ihrem Relevanzbereich ein komplementäres anderes zu suchen und zuzuordnen" (Luhmann 2003: 33).

Der Code ist einerseits ein Universalismus, andererseits eine Spezifikation inhärent. Das bedeutet, dass der Code jedem Item sein entsprechendes Komplement zuordnen kann – so z.B. wahr/unwahr für das Funktionssystem Wissenschaft etc. (vgl. Luhmann 2003: 33). „Dadurch produziert er nur abhängig von

Gelegenheiten [...] systemeigene Koppelungen als Voraussetzung weiterer Operationen" (Luhmann 2003: 34). Die in Betracht kommenden Möglichkeiten werden dupliziert. Jedes Item kann eben z.b. wahr oder unwahr sein. Dadurch wird der Code „reflexiv und als reflexiver im Mediencode reflektiert" (Luhmann 2003: 35). Erst durch die mit der Codierung einhergehende Orientierung an der eigenen Differenz wird der Anschluss der eigenen Operationen an eigene Operationen gesichert. Nur dadurch werden Selektionen durch Operationen durchgeführt. Die Unterbrechung fördert dabei die Fortsetzung der Zirkularität (vgl. GdG: 749f.). Sie erleichtert, vom Wert zum Gegenwert überzugehen und zurückzukehren, was wiederum ermöglicht, dass der Code zu einer invarianten Struktur wird (vgl. GdG: 359ff.). Das bedeutet, dass die Funktionssysteme kontextfreier agieren, indem z.b. Schönheit für Wahrheit keine Rolle spielt etc. Der Code fixiert Präferenzen bzw. Dispräferenzen und dient als Symbol für Anschlussfähigkeit. Zugleich legitimiert dies den Gebrauch des Codes (vgl. GdG: 365). Die Bedeutung der Codierung besteht darin, dass sie rein formal vollzogen wird, wodurch sie eine strukturierende Funktion erhält. Die Konkretisierung hingegen vollzieht sich über die Programmierung. Es geht z.B. im Kontext der Wirtschaft nur um zahlen/nicht zahlen oder, wenn es ein Hilfesystem gäbe, um den binären Code helfen/nicht helfen. Die Entscheidung für den einen oder den anderen Wert des zweiwertigen Codes kann nur in dem jeweiligen Funktionssystem erfolgen, in dem der spezielle Code operativ wirksam ist, sonst würde es sich nicht um ein autopoietisches Funktionssystem handeln, da es nicht sich selbst determinieren, sondern von der Umwelt determiniert würde. Der Code eines Funktionssystems ändert sich nicht. Nur die Programme, die auf diesen Code bezogen sind, ändern sich, da sie die Schematisierung mit Inhalt füllen. Sie tragen zur variablen Konditionierung bei und treten codespezifisch auf (vgl. GdG: 377).

## II. Die Bedeutung der symbolisch generalisierten Kommunikationsmedien für die Genese des Hilfesystems

Ich vertrete die These, dass das Hilfesystem Produkt einer gesellschaftlichen Evolution ist, und diese Evolution von der Entwicklung symbolisch generalisierter Medien abhängt. Ausgehend von Luhmanns Aufsatz „Formen des Helfens im Wandel gesellschaftlicher Bedingungen" (1979) wurde bisher die Frage nach der Bildung von Organisationen gestellt, die im Kontext der Funktionssysteme die Funktion der Hilfe operativ bearbeiten. Die symbolisch generalisierten Kommunikationsmedien spielten bei Luhmanns Ausführungen und den ihm folgenden Autoren eine untergeordnete Rolle, da die These vertreten wurde, dass das Hilfesystem über keine eigenen verfüge. Zugleich wurde darauf hingewiesen, dass die Autonomie des Hilfesystems nicht primär über die symbolisch generalisierten Kommunikationsmedien (vgl. Bommes/Scherr 2000: 102), sondern vielmehr über binäre Codierung möglich sei (vgl. Merten 1997: 97ff.). Dieser Zugang ist zu kritisieren, da Merten (1997), aber auch Weber/Hillebrandt (1999) und Bommes/Scherr (2000) die funktional differenzierte Gesellschaft als Voraussetzung kommunikativer Operationen setzen, anstatt in den Blick zu nehmen, wie sich die funktional differenzierte Gesellschaft durch symbolisch generalisierte Kommunikationsmedien je neu in der Praxis bewährt (Nassehi 2004: 102). Dieses ist für Soziale Arbeit insofern von besonderer Relevanz, weil die Autonomie des Hilfesystems nicht an sich gegeben ist, sondern bei der Genese zunächst einmal andere Funktionssysteme wie das der Politik[12] und der Familie eine zentrale Rolle spiel(t)en[13]. Im Folgenden gilt es deren symbolisch generalisierte Kommunikationsmedien, d.h. Liebe für das System der Familie und

---

[12] Bommes/Scherr gehen im Unterschied zu Merten (1997) und Weber/Hillebrandt (1999) davon aus, dass Soziale Arbeit kein autonomes Funktionssystem ist, sondern vielmehr abhängig vom Politiksystem sei (vgl. Bommes/Scherr 2000: S. 211).

[13] Die Abhängigkeit der Sozialen Arbeit vom Politiksystem wird auch von Merten nicht in Frage gestellt. Im Unterschied zu Bommes/Scherr geht er aber davon aus, dass es aus systemtheoretischer Perspektive kein sekundäres Funktionssystem geben kann. Sekundäre Ordungsbildung könne man lediglich als „zeitliche Sukzession nicht aber als funktionale Ranglage" (Merten 2000: S. 186) verstehen.

Macht für das Funktionssystem der Politik, näher in den Blick zu nehmen, um darauf folgend aufzuzeigen, welche Bedeutung sie im Hilfesystem entfalten.

## II.1 Das symbolisch generalisierte Kommunikationsmedium der Liebe in der Familie[14]

Die Familie hat in der funktional differenzierten Gesellschaft im Unterschied zur stratifizierten Gesellschaft nicht mehr die Funktion einer generellen Inklusionsinstanz. „Sie regelt nicht mehr das, was im Netzwerk sozialer Beziehungen jemand sein oder werden kann. Sie regelt nicht mehr den Zugang zur Höchstform menschlichen Zusammenlebens, zur communitas perfecta der societas civilis. Man braucht nicht zu einer Familie zu gehören, um civis zu sein. Die Inklusionsmechanismen, die Regeln, wie jemand an der Gesellschaft teilnehmen kann, sind auf die Funktionssysteme verteilt. Das heißt auch, dass es nirgendwo zur Inklusion von Gesamtperson in die Gesellschaft kommen kann" (Luhmann 1990a: 208).

Die Familie ist ein Modell von Gesellschaft, das nicht mehr existiert, da die Familie die Personen voll inkludiert. Das bedeutet aber nicht, dass sie außerhalb, sondern durchaus innerhalb der funktional differenzierten Gesellschaft existiert. „Gerade der Umstand, dass man nirgendwo sonst in der Gesellschaft für alles, was einen kümmert, soziale Resonanz finden kann, steigert die Erwartungen und die Ansprüche an die Familie" (vgl. Luhmann 1990a: 208). Diese vollzieht das re-entry der Personen, d.h., dass nicht nur internes Verhalten, sondern darüber hinaus auch externes Verhalten in der Familie relevant wird. „Auch nichtfamilienbezogenes Verhalten wird in der Familie der Person zugerechnet und bildet ein legitimes Thema der Kommunikation" (Luhmann 1990a: 200), ohne dass das System in Gefahr steht, sich aufzulösen. Die Irritation, die scheinbar von der Umwelt herrührt, entsteht „vielmehr als systeminterne Störung, wenn ein System, das in einer Umwelt zu existieren hat, dadurch Schwierigkeiten mit den eigenen Strukturen bekommt" (Luhmann 1990b: 223). In der Familie wird, weil die strukturelle Kopplung funktioniert, mehr an Geräuschen zugelassen, d.h., dass man versucht zu verstehen, wie der andere denkt (vgl. Luhmann 1990b: 223). Das heißt, es wird beobachtet, wie der andere auf Kommunikation reagiert (vgl. Luhmann 1990b: 220). Das Besondere an der Familie ist, dass man das,

---

[14] Die Ausführungen des folgenden Kapitels sind zum großen Teil der folgenden Publikation entnommen: Hünersdorf, Bettina (2004): Die Bedeutung der Familie für die Soziale Arbeit als autopoietisches Funktionssystem. In: Merten, Roland/Scherr, Albert (Hrsg.): Inklusion und Exklusion in der Sozialen Arbeit. Wiesbaden: Verlag für Sozialwissenschaften, S. 33-52.

„was andere einem zumuten, als deren Eigenart auffassen [kann; B.H.], ohne dass die Zumutung immer gleich schon die Bifurkation von Konformität oder Abweichung auslöst" (Luhmann 1990a: 211).

Für die gesellschaftliche Funktion, welche die Familie hat, ist die Liebe oder, genauer gesagt, die romantische Liebe von zentraler Bedeutung. Sie ist ein kultureller Code, der ein überindividuelles Zeichensystem bereitstellt, aber auf der individuellen Ebene durch Erfahrungen variiert wird (vgl. Lenz 2003: 259). Die romantische Liebe ist ein kultureller Code, der nicht nur auf das Entstehungsmilieu des literarischen Zirkels beschränkt bleibt, sondern er hat seit dem 19. Jahrhundert gesamtgesellschaftliche Bedeutung gewonnen (vgl. Lenz 2003: 264f.). Dabei vollzog sich ein Wandel vom literarischen Diskurs über die romantische Liebe zur romantischen Liebe als Beziehungsnorm, die die Semantik des Diskurses realisierte und dabei variierte. Voraussetzung war, dass bestimmte Arbeits- und Lebensbedingungen existierten, die es auch dem Arbeitermilieu seit Beginn des 20. Jahrhunderts erlaubten, diesen kulturellen Code aufzugreifen (vgl. Lenz 2003: 271).

Die Liebe hat eine spezifische Form der Kommunikation, denn es wird vermieden, den Zweifel an der Liebe auszudrücken (vgl. Luhmann 1996a: 168, s. Fußnote 15 und Luhmann 1996a: 179). Denn gerade die Kommunikation, dass man daran zweifelt, ob man liebt, führt dazu, dass das „Treuegelöbnis" in Frage gestellt wird. Genauso wenig kommuniziert man über solche Dinge, bei denen man weiß, dass es im Erleben des anderen dazu führen könnte, an der Liebe zu zweifeln. Es handelt sich also um eine Kommunikationsvermeidungskommunikation, die typisch für die die Familie fundierende Liebe ist (vgl. Luhmann 1996a: 208)[15]. Hier herrscht eine besondere Form der moralischen Kommunikation vor, da man der Liebe wegen versucht, den anderen zu achten, auch dann, wenn man dazu geneigt ist, aufgrund missfallender Verhaltensweise die Achtung zu entziehen. Die Liebe ist auf die Individualität der anderen Person bezogen (vgl. Lenz 2003: 272).

Die Liebe ist im literarischen Diskurs die Einheit einer Zweiheit. Sie bildet eine Einheit, das Dritte, welches aber nur dann zur Liebe wird, wenn zwei Personen an ihr teilnehmen und dabei das, was sie als Persönlichkeiten auszeichnet, aufgeben[16]. Durch Liebe wird eine Sonderwelt begründet, bei der es um mehr als um wechselseitige Beglückung geht. „Es geht um Konstitution einer gemeinsamen Sonderwelt, in der die Liebe sich immer neu informiert, indem sie das, was

---

[15] Je mehr aber heute Offenheit erwartet wird, desto eher besteht die Pflicht, auch Zweifel an der Liebe zu
äußern und Konflikte auszutragen (vgl. Lenz 2003: 273f.).
[16] Dieser literarische Diskurs wird heute in gewisser Weise in Frage gestellt, da er dem Selbstverwirklichungsideal widerspricht (vgl. Lenz 2003: 272).

etwas für den anderen bedeutet, ihrer Reproduktion zu Grunde legt" (Luhmann 1996a: 178). Dadurch gewinnen die Symbole des Kommunikationsmediums, die Reflexivität der Liebe und die Entwicklungsgeschichte des „intimen" Sozialsystems an Bedeutung (vgl. Luhmann 1996a: 170). Die romantische Liebe kommt ohne objektive Kriterien aus (vgl. Luhmann 1996a: 179). Stattdessen werden moralische und ästhetische Kriterien gesetzt. Moralisch in dem Sinne, dass es darum geht, keusch zu sein (d.h. rein in dem Sinne zu sein, dass man nicht anfängt, am Treueschwur bei der Eheschließung zu zweifeln) (vgl. Faulstich 2002: 34), und ästhetisch, da die Form des Liebesausdrucks der idealen Form der romantischen Liebe entsprechen muss, ansonsten würde man als nicht wirklich liebend wahrgenommen werden (vgl. Luhmann 1996a: 176). Aus der Liebesbeziehung heraus kann die Welt anders wahrgenommen werden, als es in der alltäglichen Wahrnehmung geschieht. Die Betrachtung der Welt aus der Perspektive der Liebe ist eine liebende Lesart der Welt, eine Geschichte, die man einander über sich erzählt. Durch die liebende Lesart wird es möglich, verschiedene Erfahrungen des Alltags zu einem Brennpunkt zu bündeln, Erfahrungen, von denen sie sich als nur ein „Liebesspiel" absetzt und an die sie sich als ein „mehr" als ein „Liebesspiel" wieder anschließt. Das Liebesspiel drückt nicht so sehr aus, was geschieht, sondern eher was geschehen würde, „wenn das Leben, was ja nicht der Fall ist, [Liebes-]Kunst wäre" (Geertz 1987: 256)[17].

Die Liebessemantik ist durch die Semantik der romantischen Liebe mit der entsprechenden geschlechtsspezifischen Vorstellung vorbestimmt, die allerdings heute als Beziehungsnorm kaum mehr realisiert wird[18] (vgl. Lenz 2003: 272). Die Frau gibt sich dem Mann hin, wobei das Sichhingeben das ist, was sie als Frau ausmacht. Sie initiiert die Liebe, indem sie sich von den auf sich selbst bezogenen Gefühlen distanziert. Der Mann hat am Liebesritual teil und liebt ihre Hingabe, in der sie zu sich selbst findet. Er wird glücklich, weil er ihr Freude bereitet (vgl. Luhmann 1996a: 174). Die Hingabe selbst und nicht irgendeine Eigenschaft außerhalb der Liebe wird im romantischen Liebesideal als der Grund der Liebe dargestellt.

Liebe allein genügt nicht, um zur Stabilität der Ehe beizutragen. Es sind symbiotische Mechanismen nötig, die stabilisieren helfen. Symbiotische Mechanismen geben Auskunft über

---

[17] Durch dieses Liebesspiel, welches die Fremdheit zum Verschwinden bringt, besteht die Gefahr, dass Liebe zur Enttäuschung wird, da Fremdheit nicht überwunden werden kann (vgl. Lenz 2003: 280).
[18] Die feminisierte Liebe ist durch eine androgyne Liebe ersetzt worden, in der versucht wird, männliche Autonomie und weibliche Affektivität miteinander in Verbindung zu bringen (vgl. Lenz 2003: 273).

1. „die sozial zulässige Verwendung des Körpers,
2. die kommunikative Interpretation körperlichen Verhaltens und
3. die kausalen Einflüsse der ‚Semantik des Körpers' auf ‚Körperempfinden und Körperverwendung'" (Scherr 2001: 264; vgl. auch SozSys: 341).

Im Kontext der Liebe in der Ehe ist die Sexualität die soziale Verwendung des Körpers. Sie dient nicht nur der Beibehaltung und Steigerung der Liebe, sondern darüber hinaus der Reproduktion der Menschheit (vgl. Luhmann 1996a: 188). Symbiotische Mechanismen verbieten Selbstbefriedigung. Durch „Fremdgehen" wie auch durch Masturbation droht die Gefahr, dass die Wirkung des symbiotischen Mechanismus verhindert wird. Die Romantik setzt Askese und damit Befriedigungsaufschub voraus, damit die Sexualität zur vollen Erfüllung in der Ehe führen kann (vgl. Luhmann 1996a: 193).

Einerseits ist die Ehe darauf angewiesen, dass der Liebesausdruck der romantischen Liebe entspricht, andererseits ist es notwendig, dass die Liebe nicht zu leidenschaftlich ist, da sie sonst ihre Funktion, die Reproduktion der Menschheit, gefährdet[19]. Romantische Liebe „feiert mit einer rauschhaften Orgie das Ungewöhnliche – aus Anlaß der Freigabe der Eheschließung aus gesellschaftlichen und familialen Zwängen. Sie trifft aber kaum Vorsorge für den Liebesalltag derjenigen, die sich auf eine Ehe einlassen und sich nachher in einer Situation finden, an der sie selbst schuld sind" (Luhmann 1996a: 187). Dadurch entsteht ein Konflikt: Der Code ist spezialisiert, „unnormales Verhalten als normal erscheinen zu lassen" (Luhmann 1996a: 191). „Unter dem Druck realer psychischer und sozialer Bedingungen" (Luhmann 1996a: 191) normalisiert sich die Liebesbeziehung, wodurch die romantische Liebe an Bedeutung verliert und alltäglich wird. Es tritt Enttäuschung ein. Die Bedeutung der Liebe in der Ehe ändert sich, indem sie das Ideal der romantischen Ehe aufgibt und stattdessen Verständigung für gemeinsames Handeln in den Vordergrund rückt (vgl. Luhmann 1996a: 192). Damit bekommt die Familie den Charakter, der Freundschaft, wie sie im 17. und 18. Jahrhundert üblich war. Der Freund oder in der Familie der Partner/die Partnerin habe die Aufgabe, auf Fehler aufmerksam zu machen, „die man aus Selbstliebe nicht wahrnehmen könne, teils unter dem Gesichtspunkt, daß man am Freunde lernen könne, sich als jemanden zu lieben, der andere liebt" (Luhmann 1993: 32). Das Selbst kann sich nur in Differenz zur Funktionalisierung konstituieren, wodurch ein Bedarf „für ein anderes Selbst – und das heißt – ein anderes anderes und ein anderes eigenes Selbst" (Luhmann 1996a: 194) entsteht, auf das eben die Familie reagiert.

---

[19] Durch das Auseinanderfallen von Liebe und Elternschaft hat die Reproduktionsfunktion der Liebe an Bedeutung verloren (vgl. Lenz 2003: 280f.).

Heute geht es darum, dass in der Familie bzw. in der Ehe die faktische Individualität anerkannt wird, auch wenn die Ehe missraten und nicht etwas Ideales ist (vgl. Luhmann 1996a: 208). In der Suche nach Liebe wird die eigene Selbstdarstellung validiert. Dabei geht es nicht darum, dass man selbst überhöht oder bewundert wird, denn dieses kann als Aufforderung verstanden werden, besser zu sein, als man sich selbst wahrnimmt. Vielmehr geht es darum, dass die eigene Individualität sozial abgestützt und damit wertgeschätzt wird. Die Differenz von Sein und Schein soll nicht aufgegriffen und aufgezeigt, sondern es soll taktvoll mit ihr umgegangen werden. Die Liebe muss den Geliebten zum Erscheinen bringen, um überhaupt eine persönliche Beziehung eröffnen zu können. Aus diesem Grunde komme eine Liebesbeziehung ohne Darstellung gar nicht aus, denn die Liebe ist ein innerer Zustand des jemandem intensiv Zugeneigtseins, der nur vom Liebenden wahrgenommen werden kann (vgl. Iványi/Reichertz 2002: 10). Bei der Darstellung muss zum Ausdruck gebracht werden, was kulturell unter Liebe verstanden wird. „Indem Liebende also die kulturellen Praktiken der Liebesdarstellung aufgreifen und neu in Szene setzen, repräsentieren sie zugleich auch das, was für eine bestimmte Gesellschaft als ‚Liebe' und als Liebesausdruck gilt. Liebende zeigen also nicht nur einander an, welcher Art ihre ‚Liebe' ist, sondern zugleich auch immer der Gesellschaft, oder anders: Indem sie die Liebe dem geliebten Anderen präsentieren, repräsentieren sie diese auch. Liebende (re)präsentieren somit ‚Liebe'" (Iványi/Reichertz 2002: 10).

Dabei sei darauf zu achten, dass man nicht auf Liebe reagiert, sondern dass Liebe aus sich selbst heraus entsteht. „Nur so kann der Liebende seine eigene Freiheit und Selbstbestimmung bewahren, indem er dem, auf den er sich ganz einstellt, zuvorkommt" (Luhmann 1996a: 230). Dabei gibt sich die Liebe ihre eigenen Gesetze und „zwar nicht abstrakt, sondern im konkreten Fall und nur für ihn" (Luhmann 1996a: 223).

Zusammenfassend kann festgestellt werden, dass die Familie davon lebt, dass sie Liebe (re)präsentiert. Damit geht eine „Privatisierung und Emotionalisierung der Familienbeziehungen" (vgl. Walper 2004: 226) einher. Liebe hat die Funktion, die Individualität wertzuschätzen, bzw. sie trägt dazu bei, dass „der Individualitätsanspruch im vollen Umgang eingelöst wird" (Lenz 2003: 280). Darüber hinaus überwindet Liebe scheinbar das Gefühl der Fremdheit, welches für die funktional differenzierte Gesellschaft typisch ist, da sich hier jeweils nur soziale Adressen gegenüberstehen, während in der Liebesbeziehung die „ganze" Person wahrgenommen wird. Die Notwendigkeit, jemanden als „ganze" Person wahrzunehmen, entsteht als Reaktion auf den Aufbau von Umweltkomplexität durch die funktional differenzierte Gesellschaft. Ihre Funktion liegt darin, die Komplexität im „verstehbaren und handhabbaren Sinn zu reduzieren" (Nassehi 1995: 36). Mit der Wahrnehmung der „ganzen" Person geht einher, dass sich kein asymmetrisches, sondern ein reziprokes Beziehungsverhältnis einstellt, das als partnerschaftlich liberal bezeichnet werden kann und sich nicht nur auf die Liebesbeziehung zwischen Eltern, sondern auch der Eltern zu den Kindern charakterisiert (vgl. Walper 2004: 926).

Dabei verschiebt sich die Reflexion. Während im Funktionssystem die soziale Adresse die Innenseite des Systems darstellt, die zugleich die Individualität als die Außenseite voraussetzt, verhält es sich in der Familie bzw. in der Liebesbeziehung genau andersherum. Dort ist die Individualität die „soziale Adresse", die als Außenseite die sozialen Adressen der Funktionssysteme mit sich führt.

Nassehis Kritik, dass in privaten Räumen nicht die „ganze" Person thematisiert werden könne, da es ja offensichtlich sei, dass dies nicht möglich sei (vgl. Nassehi 2003: 30), muss insofern zurückgewiesen werden, da er als ausschließliche Systemreferenz bei dieser Kritik die Gesellschaft vor Augen hat. Aus der Systemreferenz des psychischen Systems, auf die es bei einer theoretischen Bestimmung der Funktion der Familie ankommt, verhält es sich hingegen anders. Denn in der Familie thematisiert sich das psychische System trotz sozialer Fragmentierung als psychophysische Individualität. Individualität stellt sich durch die „Offenheit für die fremdreferentielle Aufnahme multipler Ansprüche der sozialen Umwelt" (Nassehi 1995: 45) ein. Vorausgesetzt wird dabei die operative Geschlossenheit des psychischen Systems. Dabei stellt sich die Individualität psychischer Systeme, die insbesondere in Liebesbeziehungen sozial konstituiert wird, als „die Bedingung der Möglichkeit der Gesellschaft" (Nassehi 1995: 45) dar. Sie wird in der Familie einerseits als herzustellende Möglichkeit vorausgesetzt, andererseits sozial konstituiert, indem erwartet wird, dass die Personen reflexiv mit den standardisierten Karrieren aus den Funktionssystemen umgehen, indem sie die vergangenen Ereignisse aus den Funktionssystemen in Form von Geschichten erzählen[20]. Dadurch werden „die heteronom präformierten Muster durch subjektive Aneignung, Kombination, Interpretation und unmittelbaren Lebensvollzug gleichsam individualisiert" (Nassehi 1995: 13). Diese Geschichten, über die man sich in der Familie austauscht, sind keine psychischen Selbstreferenzen der Beteiligten, sondern sie sind „kommunikative Thematisierungen" von Auseinandersetzungen mit Karrieren (vgl. Nassehi 1995: 63). Die Geschichten, die in den privaten emotionalisierten Beziehungen erzählt werden, machen die andere Seite, die Karrieren zum Thema. Dabei bleiben die Karrieren

---

[20] „Bedingung der Möglichkeit für die biographische Selbstidentifikation einer Person ist die temporale Einheit des Bewusstseins. Sie erlaubt es der Person, ihr Gewordensein nachzuzeichnen und sich im Lichte temporal geordneter Ereignisse selbst zu identifizieren. [...] Ein biographischer Text ist also eine kreative, bewusste und emergente Leistung; seine Kreativität, Bewusstheit und Emergenz besteht in seiner spezifischen Selektionsleistung in der Referenz auf den Lebenslauf" (Nassehi 1995: 29).

die dunkle Seite dieser biographischen Geschichten (vgl. Nassehi 1995: 65). Wenn in der Familie erkannt wird, dass sich die biographische Kommunikation dieser „Zwei-Seiten-Form" verdankt, kann die Differenz zwischen Karriere und Biographie thematisiert werden. Selbstbezüglichkeit durch biographische Kommunikation entsteht, wenn die Fremdreferenz dadurch kompensiert wird, dass eine verstehbare Geschichte produziert wird (vgl. Nassehi 1995: 66). Dadurch entstehen „Personen gewissermaßen als Resultat von biographischen Kommunikationen" (Nassehi 1995: 69). Die Autonomie der Familie entsteht dadurch, dass sie die Individualität vorantreibt, indem sie dazu beiträgt, dass in der emotionalisierten Kommunikation der Partner oder das Kind als Handelnde und weniger als Erleidende konstituiert werden. Indem in der biographischen Thematisierung Abweichung zu Karrieren als Handlungen inszeniert und verstehbar gemacht werden, erreicht die Familie das, was sie zugleich ermöglicht hat. Ihre Funktion ist, zur Individualisierung beizutragen, aber genau wie die anderen Funktionssysteme keinen Anspruch auf Totalisierung zu haben. So wird die Möglichkeit der Familie durch strukturelle Kopplung mit den anderen Funktionssystemen eingeschränkt. Das heißt, sie kann sich der Reproduktionsfunktion gegenüber den anderen Funktionssystemen nicht völlig entziehen.

Vor diesem Hintergrund wird es plausibel, dass weniger die Anpassung an die sozialen Erwartungen in den Funktionssystemen im Vordergrund steht, sondern die Entwicklung von Selbstvertrauen und Selbstbewusstsein als förderliche Entwicklungsbedingungen einer aktiv gestaltenden Person (vgl. Walper 2004: 227ff.). Entsprechend ist es nicht verwunderlich, dass in den Funktionssystemen z.B. in der Schule diese als „unbequeme" Schüler wieder auftauchen (vgl. Walper: 2004: 229). Dadurch entsteht ein Konflikt zwischen dem Anspruch, die Kinder auf die Schule vorzubereiten, und der Orientierung am Kind und seinen Bedürfnissen (vgl. Walper 2004: 293). Die Anforderungen der Funktionssysteme beeinflussen die Kommunikation in der Familie, die dadurch nicht determiniert, aber irritiert wird. So z.B. wenn Eltern in die Schule gebeten werden, da ihr Kind auffällig geworden ist und sie dadurch in ihrer Erziehungs- und Sozialisationsfunktion in Frage gestellt werden (vgl. Walper 2004: 235). Je mehr Probleme bei den Mitgliedern der Familie in den anderen funktional differenzierten Systemen auftauchen, desto mehr besteht die Gefahr, dass die Familie, die diese Probleme bearbeitet, überfordert ist und dadurch die Liebe nicht mehr aufrechterhalten kann. Sie kann zum einen bezogen auf die Menge der anfallenden Probleme, zum anderen aber auch aufgrund der Spezifität der Anforderungen in Bezug auf die ausdifferenzierten Funktionssysteme überfordert sein. Denn je mehr sich die Funktionssysteme verselbständigen, d.h. autonom werden, desto höhere Anforderungen stellen sie an ihre Umwelt (vgl. Luhmann/Schorr 1988: 24).

Dadurch steht die Liebeswirklichkeit ständig in der Gefahr, enttäuscht zu werden, oder anders ausgedrückt: Diese Liebeswirklichkeit ist hoch riskant. Sie kann nicht vorausgesetzt werden, sondern muss immer wieder aktiv hervorgebracht werden, um sein zu können.

## II.2 Die Genese des Hilfesystems

Die Herausbildung der Autonomie des Hilfesystems ist möglicherweise nicht wie in der geisteswissenschaftlichen Pädagogik Nohls' als ein zu vertretenes Recht zu verstehen, sondern als eine möglicherweise aufgezwungene Notwendigkeit durch die Spezifität der Anforderungen der anderen Funktionssysteme (vgl. analog zum Erziehungssystem Luhmann/Schorr 1988: 23). Wenn das Monitoring nicht gelingt und die Familie den Anforderungen der Schule nicht gerecht wird, dann sind Formen der Ersatzerziehung notwendig (vgl. EdG: 111). Während Luhmann noch das Erziehungssystem für das letzte System hält, das sich aus der Vorherrschaft der Familie ausdifferenziert, deutet sich an, was ich später noch ausführen werde, dass das Hilfesystem momentan dasjenige ist, dass sich als Letztes aus der Familie ausdifferenziert hat. Entsprechend gehört die Ersatzerziehung nicht zum Erziehungssystem, das sich mit der Herausbildung der Schulpflicht entwickelte, sondern zum Hilfesystem.

Genau wie das Erziehungssystem bestimmt auch das Hilfesystem nicht primär die gesellschaftliche Evolution, sondern ist als eine Reaktion auf die Ausdifferenzierung der anderen Funktionssysteme zu sehen (vgl. EdG: 111). Das bedeutet, je mehr das Hilfesystem sich etabliert, desto mehr führt es in die Gesellschaft hinein, anstatt aus ihr heraus. Voraussetzung dafür, dass man von einem autonomen Funktionssystem sprechen kann, ist aber, dass das Funktionssystem für jeden bei Bedarf zur Verfügung steht, jeder also prinzipiell die Möglichkeit hat, unter bestimmten Bedingungen inkludiert zu werden. Inklusion in die funktional differenzierte Gesellschaft ergibt sich aufgrund der Komplementär- aber nicht aufgrund der Leistungsrolle. „Eben deshalb ist nicht schon die Ausdifferenzierung der Leistungsrollen, sondern erst die Differenzierung der Gesamtbevölkerung nach Maßgabe funktionsspezifischer Komplementärrollen derjenige Vorgang, der die Schichtungsordnung zerbricht und es ausschließt, dass jeder einem und nur einem Teilsystem der Gesellschaft zugeordnet wird. Inklusion heißt also nicht Mitgliedschaft in der Gesellschaft, sondern heißt Modus vollwertiger Mitgliedschaft: Zugang eines jeden zu jedem Funktionssystem" (Luhmann/Schorr 1988: 31). Das Hilfesystem entwickelt sich also erst durch universale Spezifikation der Hilfe, die sich z.B. als Rechtsanspruch auf Hilfe zeigt und die Ersatzerziehung nicht als Notbehelf, sondern als Rechtsanspruch etabliert.

Da Operationen nur in der je aktuellen Gegenwart stattfinden, gibt es für Kommunikation als operative Kommunikation nie einen Anfang, „weil das System immer schon angefangen haben muß, um seine Operationen aus eigenen Produkten reproduzieren zu können" (GdG: 440). Aber ein Beobachter kann durch die Konstruktion von Vorher/Nachher einen Anfang und ein Ende feststellen. Das setzt eine hinreichende Komplexität des Systems voraus, um sich selbst in der Zeitdimension beschreiben zu können. „Die Bestimmung eines Anfangs, eines Ursprungs, einer ‚Quelle' und eines (oder keines) ‚Davor' ist ein im System selbst gefertigter Mythos" (GdG: 441), der im Folgenden durch eine Sekundäranalyse der historischen Studien zur Sozialpädagogik vollzogen werden soll.

## II.2.1 Das vernachlässigte Kind als Medium des Hilfesystems

Im ländlichen Randmilieu ging es um das vernachlässigte Kind, das „gerettet" werden muss (vgl. Uhlendorff 2003: 264). Erste Anfänge entwickelten sich in den 30er Jahren des 19. Jahrhunderts. Sie basierten auf „freier Liebestätigkeit" im Kontext der Rettungsbewegung (vgl. Peukert 1986: 47). „In dem Rettungsverein kam naturgemäß eine ganz andere Fürsorge- und Erziehungsmentalität zum Ausdruck als bei den staatlichen Zwangserziehungsbehörden [...] die ‚Care-Attitüde' war – ganz in der Tradition Wicherns – von einem sittlichen Erziehungsgedanken geprägt: Man wollte Kinder, die in schlechten (kriminellen oder ‚liederlichen') Milieus aufwuchsen, einer sittlich vorbildlichen Familienerziehung zuführen. Nicht die staatliche Behörde, sondern der Rettungsverein war der Schutzpatron des gefährdeten Kindes; nicht die Anstalt, sondern die sittlich einwandfreie Pflegefamilie bildete den Garanten guter Erziehung" (Uhlendorff 2003: 264).

Kinder, die den bürgerlichen Vorstellungen, wie sich ein Kind zu verhalten hat bzw. Familien, die der Erziehung der Kinder im Sinne einer Orientierung an einer bürgerlichen Norm nicht gerecht werden, und damit von dieser Norm abweichen, werden nicht mehr als Handelnde wahrgenommen, sondern als Erlebende aufgefasst, mit der Konsequenz, das motivierende Erleben als Ausgangspunkt des Helfens zu nehmen (vgl. EdG: 87). Das heißt, dass es um Hilfeangebote geht, die Familien ersetzen sollen, sofern diese mit ihrer Erziehungsaufgabe überfordert sind. Die Natur des Abweichlers, welche sich durch das ländliche Milieu herausgebildet hat, wird durch eine System-Umwelt-Unterscheidung ersetzt. Die „Zivilisation" verlangt eine Denaturierung des ländlichen Milieus. Dabei stellt sich die Frage, wie und nach welchen Kriterien dies möglich sein soll (vgl. EdG: 88). Ziel ist die Erziehung zum Bürgertum für alle. Damit wird dem Kind aus dem ländlichem Milieu die Möglichkeit bereitgestellt, Bürger wie jeder andere zu werden, sofern es bereit ist, mit Hilfe von Unterstützung das

Nötige dafür zu erwerben. Die Möglichkeit, dass dies gelingen kann, ist bei Kindern höher als bei Erwachsenen, so dass hier eine besondere Anstrengung lohnenswert erscheint, um eine negative Verlaufskurve der Abweichung zu verhindern (vgl. Peukert 1986: 47). Somit bezieht sich die Rettungshausbewegung auf das vernachlässigte Kind, welches dem bürgerlichen Erwachsenen als Fluchtpunkt gegenübergestellt wird. „Insofern impliziert das [vernachlässigte; B.H.] Kind eine Steigerungsvorstellung von pädagogischer Kommunikation in Richtung auf Vervollkommnung" (Kade 2004: 218). Dies bedeutet, dass die Semantik in Bezug auf das unfertige Kind, die sich im Kontext der Pädagogik entwickelt hat und zunächst auf die bürgerliche Familie zutraf, nun explizit erweitert wird. Sie wird auf das ländliche Randmilieu angewandt, das sich an den Normen der bürgerlichen Gesellschaft orientieren soll.

*II.2.2 Pflegschaft als Ersatzerziehung und die Generalisierung des symbolisch generalisierten Kommunikationsmediums der Liebe*

Liebe als symbolisch generalisiertes Kommunikationsmedium für die Familie generalisiert sich auf eine Art und Weise, dass sie nicht nur im Kontext der Familie, sondern auch im Hilfesystem als geistige Mütterlichkeit bei vernachlässigten Kindern von zentraler Bedeutung sein wird. Hintergrund ist, dass die Grenzen der Familie nicht nur in Bezug auf die Ausbildung gesehen wurden (und sich mit der Einführung der Schulpflicht ein Erziehungssystem entwickelte, das erst im Laufe des 19. Jahrhunderts vollendet wurde), sondern dass die Familie darüber hinaus auch in Bezug auf die Umwelt der anderen Funktionssysteme gefordert wurde, dieses aber nicht bewältigen konnte. Daher differenzierte sich ein zweites System – die Organisation der Ersatzfamilien heraus.

Die Ersatzfamilien als Pflegschaften verwenden aber noch genauso wie die „Ursprungsfamilien" das symbolisch generalisierte Medium der Liebe bezogen auf das Kind; man liebt das Kind so, als ob es ein eigenes wäre, wodurch die Nächstenliebe in Ansätzen zur „Fernstenliebe" (Salomon 1997) wird. Mittels Liebe soll das Kind zur sittlichen Entwicklung ermuntert werden. Da aber im Kontext der Ersatzfamilie die Liebe noch unwahrscheinlicher wird als in der Familie, besteht zunehmend die Notwendigkeit, ein anderes symbolisch generalisiertes Kommunikationsmedium – die Macht – einzuführen, das sich diesbezüglich als Problemlösung erweist. Seit 1877 ist entsprechend in Hessen die Überführung der Rettungsbewegung in eine öffentliche Aufgabe im hessischen Zwangserziehungsgesetz zu beobachten (vgl. Uhlendorff 2003: 264; vgl. analog zu Preußen, wo das Zwangserziehungsgesetz 1878 eingeführt wurde: Peukert 1986: 49f.).

## II.3 Das symbolisch generalisierte Kommunikationsmedium der Macht im politischen System

In der Diskussion um die Autonomie des Hilfesystems wurde von Bommes/Scherr (2000: 108) die These vertreten, dass es sich bei der Sozialen Arbeit um ein politisches System handle[21]. Das symbolisch generalisierte Kommunikationsmedium der Macht wird bei dieser Betrachtungsweise allerdings kaum berücksichtigt. Ich möchte zunächst zeigen, dass Soziale Arbeit nur auf dem Hintergrund der Herausbildung von Nationalstaaten zu verstehen ist und welche spezifische Funktion sie in diesem Zusammenhang insbesondere im Kontext der Entstehung des Wohlfahrtsstaates erhält.

*Die Entstehung des Funktionssystems der Politik*

Politik ist als ein Funktionssystem ein Vollzug von Gesellschaft (vgl. Bommes 1999: 96). Das Funktionssystem der Politik entsteht durch die „Zentralisierung und Monopolisierung der Kompetenz der Herstellung kollektiv verbindlicher Entscheidungen in den Organisationen des territorialen Staates" (Bommes 1999: 104). Dieser Prozess der Ausdifferenzierung des politischen Funktionssystems vollzieht sich in den einzelnen Staaten bis in das 19. Jahrhundert. Der moderne Staat erkennt die ihm vorausgehenden, teilweise noch fortbestehenden, aber letztlich überkommenen lokalen, regionalen und städtischen Rechtstraditionen und ständisch personalen Abhängigkeitsverhältnisse teilweise in Verträgen an, „schiebt sich über sie und löst sie schließlich vollständig auf" (Bommes 1999: 104).

Die mit dem Absolutismus einhergehende Position des Souveräns wird mit der Erodierung der Ständegesellschaft in ihrer Legitimation erschüttert. Da Politik und Recht sich ausdifferenzieren, wird die Politik als Ausnahme von der Gültigkeit des Rechts in Frage gestellt. Eine Lösung ergibt sich durch die „Institutionalisierung des demokratischen Rechts- und Verfassungsstaats" (Bommes 1999: 105).

Der Rechtsstaat ermöglicht die Ausdifferenzierung von Politik und Recht und trägt zugleich zur wechselseitigen Beschränkung bei. Einerseits wird das Recht universell zuständig, d.h., es dürfen keine Ausnahmen gemacht werden, zugleich muss die Gültigkeit des Rechts staatlich abgesichert werden (vgl. GdG: 782f.). Die Politik hingegen hat die Funktion der Gesetzgebung, was aber voraussetzt, dass das Rechtssystem, das nach Recht-Unrecht codiert, existiert und

---

[21] Damit unterscheiden sie sich von Merten, der die „Autonomie der Sozialen Arbeit" (Merten 1997) zu bestimmen sucht, und ebenfalls von Weber/Hillebrandt, denen es ebenfalls um die Beschreibung der Autonomie des Hilfesystems geht (Weber/Hillebrandt 1999: 44).

zur Ermöglichung von Politik beiträgt. Der Begriff des Rechtsstaates trägt dazu bei, dass diese Ausdifferenzierung und wechselseitige Steigerung als Einheit beschrieben wird (vgl. Bommes 1999: 196). Die moderne Verfassung trägt zur strukturellen Kopplung zwischen Recht und Politik bei (vgl. PdG: 391). Moderne Verfassungen ermöglichen, sich selbst einzubeziehen, um dadurch das politische Recht zu schließen und selbst zu begründen, indem sie über das konkrete Recht ein übergeordnetes Recht formulieren. Damit legitimieren sie rechtlich die Änderbarkeit des Rechts durch Recht mit dem „Verweis auf den politischen Souverän, den sie voraussetzen und zugleich selbst definieren" (Bommes 1999: 107). Umgekehrt wird die politische Souveränität durch das Recht beschränkt, indem „Gewaltenteilung, Gesetzgebungsverfahren, Regelung des Zugangs zur politischen Entscheidungsgewalt und Festschreibung bürgerlicher und politischer Grundrechte" (Bommes 1999: 107) eingeführt werden.

Mit der Französischen Revolution geht die Orientierung am Gemeinwohl des Volkes einher. „Dieses Volk als nationale Gemeinschaft der Bürger beansprucht aber nunmehr den Staat als Ganzes, er wird zum Nationalstaat des Souveräns Volk" (Bommes 1999: 108). Die Demokratie im Nationalstaat ermöglicht die Gesamtinklusion der Bevölkerung (vgl. Bommes 1999; Stichweh 1998: 49). Im Unterschied zum Nationenbegriff in der Ständegesellschaft verweist der Nationenbegriff in der modernen Gesellschaft nicht auf die Herkunft von Personen, sondern auf einen herzustellenden Zusammenschluss. Um die Imagination in Realität zu überführen, ist es notwendig „mit politischen (staatlichen) Mitteln für sprachliche und religiöse, kulturelle und organisatorische Vereinheitlichung in dem Territorium zu sorgen" (PdG: 219). Dadurch wird Kultur zur politischen Aufgabe, die der Staat in Realität zu überführen versucht. Es entsteht ein staatsbezogenes politisches System, das sich diese Aufgabe der Kulturarbeit aneignet. Indem man sich dabei auf die Nation bezieht, kommt es zur „Idealisierung des Abwesenden" (vgl. PdG: 211). Da die Nation eine Imagination ist, die erst durch beflissentliche Kulturarbeit realisiert werden kann, ist es im Laufe des 18. Jahrhunderts notwendig, von indirekter zu direkter Herrschaft überzugehen, indem die Menschenführung zum zentralen politischen Thema wird. Dies wird durch lokale Verwaltungen und rechtliche Regelungen zwischen Bürger und Staat möglich. Fragen der Gesundheit, der schulischen Erziehung, der Betriebssicherheit in Fabriken werden rechtlich reguliert und konstituieren somit ein unmittelbares Verhältnis zwischen Staat und Bürger (vgl. PdG: 212). Dadurch kümmert sich der moderne Staat, im Unterschied zum absolutistischen, um weit mehr als die Sorge für Sicherheit und Ordnung, womit eine organisatorische und bürokratische Schließung des politischen Systems einhergeht. „Der Staat wird zum Bezugspunkt der Universalisierung von Politik" (PdG: 215). Der Volksbegriff formuliert „die Transzendierung ständischer, familialer und regionaler Beschränkungen und die Gleichheit der Individuen unter dem Gesichtspunkt ihrer Zugehörigkeit zur Gemeinschaft des Volkes" (Bommes 1999: 110). Der Begriff des Volkes ist in Frankreich anders als in Deutschland zu verstehen. In Frankreich weist Volk auf einen „Demos" hin, d.h. auf die Möglichkeit, dass Egalitäre (in Differenz zur feudalen Differenzierung) auf den Staat bezogen sind. In Deutschland hingegen ist der Begriff „Volk" auf einen Nationalstaat bezogen, der eine Vielfalt von Territorialstaaten übergreift. Er kristallisiert sich hier als Erwartungsbegriff, der die Einheit des Volkes als „Ethnos" seit dem 18. und insbesondere im 19. Jahrhundert konstituieren soll (vgl. Koselleck 1992: 149). Daraus ergibt sich die besondere Bedeutung von Pädagogik und Sozialpädagogik in Deutschland im Unterschied zur Politik in Frankreich. So schreibt z.B. Natorp im „Deutschen Weltberuf", dass es nicht um Zivilisation und Verbürgerlichung gehe, sondern um Kultur durch Bildung jedes Einzelnen in und durch Gemeinschaft. In Abgrenzung zu den Entwicklungen in Frankreich durch die Französische Revolution schreibt er: „Nicht Verstaatlichung des Menschen, sondern Vermenschlichung des Staates ist es, was uns seitdem klar vor Augen steht" (Natorp 1918: 132). Dabei soll die sozial vielschichtige Bevölkerung zu einer nationalen Einheit verschmelzen, was weniger politisch, sondern vielmehr kulturell legitimiert wird.

Die Fragen nach der Ethnizität setzt die Differenz voraus, um im Anschluss daran nach Übereinstimmung z.B. in einer Sprachgemeinschaft zu fragen. In diesem Sinne handelt es sich um eine reflexive Kommunikationsweise (vgl. Bommes 1999: 111). „Setzt sich Ethnizität als Kommunikationsmodus durch, formiert sie eine Semantik, die mögliche thematische Anschlüsse limitiert. Einmal etabliert, richtet sich das in ihr Beschriebene daran aus und wird zum Beleg für die Beschreibung" (Bommes 1999: 112).

Gemeinschaft ist nicht etwas, was als gegeben vorausgesetzt werden kann, sondern sie konstituiert sich als „diskursiver Prozess" (vgl. Bonacker 2003: 72). „Zur symbolischen Integration im politischen System wird diese Integration durch eine diskursiv gestiftete Gemeinschaft dann, wenn sie von der Politik benutzt wird, um das Mysterium der Entscheidung handhabbar zu machen und Entscheidungen zu entparadoxieren. Entscheidungen werden dann im Namen einer Gemeinschaft getroffen. Diese Gemeinschaft ist aber keine Gemeinschaft vor der Politik und vor jeder politischen Entscheidung, selbst wenn diese so kommuniziert wird" (Bonacker 2003: 77). Es geht bei den imaginären Gemeinschaften darum, dass in Frage gestellt werden darf, wer entscheiden darf, da diesbezügliche Unsicherheit das Politiksystem blockieren würde. Symbolische Gemeinschaft kann das Aufkommen solcher Fragen verhindern. „Welcher Signifikant aber diese Position der Symbolisierung besetzt, was also empirisch betrachtet die Gemeinschaft der Entscheider symbolisiert und bspw. die Zurechnung politischen Entscheidens autorisiert, ist kontingent" (Bonacker 2003: 77). Zur Repräsentation einer kollektiven Identität des politischen Systems, die eine kollektive Bindung vor jeder Entscheidung ermöglicht, kann das politische System auf einen Diskurs über abweichendes Verhalten zurückgreifen, der eine Gemeinschaft von Delinquenten symbolisch hervorbringt und dabei zugleich die Gemeinschaft der zivilisierten Bürger konstituiert (vgl. Bonacker 2003: 77).

Mit einer wohlfahrtsstaatlichen Ausrichtung des Nationalstaats geht eine Verpflichtungs- und Leistungsbeziehung wie Frieden, Sicherheit und Wohlfahrt einerseits und Loyalität und Gehorsamsleitungen andererseits zwischen Staat und Individuum einher (vgl. Bommes 1999: 125; Stichweh 1998: 50). Der wohlfahrtsstaatlich organisierte Nationalstaat richtet sich zunächst auf die Bearbeitung der Exklusionsrisiken des Arbeitsmarktes aus und weitet sich „auf die Bearbeitung der Exklusionsrisiken des Erziehungs-, Rechts-, Politik- und Gesundheitssystems sowie des Familiensystems aus" (Bommes 1999: 130).

Die „materialen Gestaltungsabsichten des Wohlfahrtsstaates" erfordern aber im Gegensatz zur formalen Rahmensetzung des Rechtsstaates eine Kooperationsbereitschaft des Publikums, die sich nicht durch eine Staatsverwaltung oktroyieren lässt (vgl. Lange 2003: 105). Auf diesem Hintergrund bekommt das symbolisch generalisierte Kommunikationsmedium der Macht in Verbindung mit Erziehung eine besondere Bedeutung[22].

Damit lässt sich zusammenfassend sagen, dass das nationale Volk im Kontext der modernen Staatenbildung das Individuum zum Staat (unten/oben) relationiert, indem das Mitglied eines politischen Systems vom Untertan zum Staatsbürger wird. Ebenfalls relationiert es das Innen zum Außen und damit die Zugehörigkeit zur Gemeinschaft. Voraussetzung dafür ist aber eine Disziplinarmacht als symbolisch generalisiertes Kommunikationsmedium, die diese Funktion wirksam werden lässt.

*Die Disziplinarmacht als symbolisch generalisiertes Kommunikationsmedium im Kontext des wohlfahrtsstaatlich orientierten Nationalstaats*

Aufgabe des sich wohlfahrtsstaatlich verstehenden politischen Systems ist, die Bevölkerung zu einem Ethnos zusammenzuführen, der eine fiktive Homogenität darstellt. Dabei geht es darum, eine Möglichkeit bereitzustellen, dass alle Staatsbürger an den Funktionssystemen teilhaben. Die Frage nach der sozialen Kontrolle ist auf diesem Hintergrund nicht eine Frage nach der sozialen Distinktion zwischen Bürgertum und Proletariat (vgl. Frey 1998: 11), sondern eine Frage der

---

[22] Münchmeier spricht in diesem Zusammenhang von der Pädagogisierung der Hilfe (Münchmeier 1981: 10).

Herstellung von Inklusionsmöglichkeiten für jeden Staatsbürger. Das aus der Perspektive der sozialen Ungleichheit ärgerliche Phänomen der Aufsicht und vermehrten Kontrolle der Bürger kann durch die Rekonstruktion mit dem systemtheoretischen Instrumentarium dekonstruiert werden. Die Kritik an der damit einhergehenden sozialen Distinktion verweist sowohl auf den sozialpädagogischen Beobachter, der symmetrische Anerkennungsverhältnisse für erstrebenswert hält, als auch auf eine Politik, die in Form der wohlfahrtsstaatlich organisierten Ordnungspolitik nicht von den Asymmetrien (des absolutistischen Staates) lassen kann. Es geht darum, herauszuarbeiten, welche Funktion die Disziplinarmacht und die daraus resultierenden asymmetrischen Positionen im Kontext der modernen Gesellschaft haben[23]. Hierbei werden der Körper und seine Zu-

---

[23] Die Frage nach den theoriesystematischen Gemeinsamkeiten und Differenzen von Foucault und Luhmann wurden in den letzten Jahren insbesondere in der Politikwissenschaft zu beantworten versucht. Es wird betont, dass beide Ansätze einen antihumanistischen und subjektkritischen Zugang haben, was bedeutet, dass Diskurse und Systeme nicht auf Subjekte und deren Intentionen zurückführbar sind. Diskurse und Systeme bilden keine vorfindbare Realität ab, sondern bringen sie erst durch diskursive Praktiken bzw. Selektionen hervor. Beide distanzieren sich von einem vernunftstheoretischen Einheitsdenken (vgl. Bublitz 2003: 315).
Bublitz betont im Unterschied zu Stäheli, dass sich Differenzen insbesondere dort zeigen, wo es um Macht geht. Während bei Luhmann Macht auf das Funktionssystem der Politik beschränkt ist, ist bei Foucault Macht, die alles durchdringende Kraft, die das Regelsystem durch historische Kämpfe erst hervorbringt (vgl. Bublitz 2003: 315).
Dieser, von Bublitz postulierte Gegensatz, verliert dann an Bedeutung, wenn im Blick behalten wird, dass auch aus systemtheoretischer Perspektive das politische Funktionssystem für ein „untypisches" Funktionssystem gehalten wird (Bommes 1999), da es an die Herausbildung der Nationalstaaten gebunden ist. Luhmann selbst stand dem Phänomen der Abweichungsverstärkung im Wohlfahrtstaat hilflos gegenüber (vgl. Luhmann 1987: 98ff). D.h. er beschrieb seinerseits sehr deutlich den Entdifferenzierungsprozess im politischen System, der aus theoriesystematischer Perspektive dem systemtheoretischen Zugang zu widersprechen scheint.
Stäheli versucht, diese Widersprüche theoriepragmatisch zu lösen. Er betont die Notwendigkeit einer „genealogischen Analyse von symbolisch generalisierten Medien [und zum anderen die Notwendigkeit einer; B.H.] Analyse der permanenten Purifizierungsstrategien, die angewandt werden müssen, um die Funktionalität des Mediums zu gewährleisten" (Stäheli 2004: 15). Die Bedeutung einer Foucaultschen Vorgehensweise liegt in ihrer genealogischen Perspektive, „die es erlaubt, symbolisch generalisierte Kommunikationsmedien als Orte unterschiedlicher, häufig auch widersprüchlicher Taktiken und Strategien zu analysieren, durch welche ihre Fungibilität hergestellt wird" (Stäheli 2004: 15). Stähli betrachtet den Abstraktionsprozess der symbolisch generalisierten Medien als einen nicht abschließbaren sozialen Prozess, der mit einer genealogischen Analyse sichtbar und analysierbar gemacht werden kann (Stäheli 2004: 15). D.h., dass Macht jenseits des Politiksystems nicht als symbolisch generalisiertes Kommunikationsmedium fungiert, aber als Medium, welches im Erziehungssystem, im Hilfesystem und im Gesundheitssystem durchaus eine Funktion hat. Luhmann selbst weist auf diese Möglichkeit hin, wenn er aufzeigt, dass die symbolisch generalisierten Kommunikationsmedien nicht nur in dem jeweiligen Funktionssystem, d.h. im politischen System Anschlussfähigkeit erzeugen, sondern darüber hinaus auch als Zweitcodierung in anderen Systemen von Bedeutung sein können (vgl. Luhmann 2003: 48). Voraussetzung ist, so Luhmann, dass sich der

kunft als Wirklichkeit vorausgesetzt. Die Person im Gefängnis oder im Heim wird zur Beobachtung des eigenen körperlichen Verhaltens angeleitet. Dadurch wird deutlich, dass die Asymmetrie in der Disziplinarmacht sich als Resultat der nationalstaatlichen Politisierung der Lebensführung darstellt.

Während im Anschluss an Peukert immer wieder kritisiert wurde, dass dieser die lebensweltlichen Strukturen nicht hinlänglich berücksichtigen würde (vgl. Wilhelm 2002), gilt es hier zunächst den ordnungspolitischen Diskurs zu erklären. Wie entsteht der Delinquente als Komplementärbeziehung zu den Normalisierungsrichtern? Wie kann dieser Referenzrahmen über Kommunikation empirisch erschlossen und dadurch als eigene Logik entfaltet werden? Damit wird der Bezug auf die Sozialdimension in den Hintergrund gestellt und die Sachdimension mit der funktionalen Analyse in den Vordergrund gehoben. Hierdurch wird nicht die mangelnde Verständigung zwischen Delinquenten und Normalisierungsrichtern sichtbar, sondern wie Kommunikation an Kommunikation anschließt (vgl. Saake 2003: 438).

Die Disziplinarmacht entsteht im Kontext des Nationalstaats aufgrund des demographischen Wachstums, der Freisetzung der Individuen aus der ständischen Ordnung und dem Wachstum des Produktionsapparates, dessen Rentabilität gesteigert werden muss (vgl. Foucault 1994: 187). Um diese beiden Prozesse aufeinander abzustimmen, ist eine gegenseitige Anpassung notwendig, welche sich durch die Disziplinarmacht vollzieht (vgl. Foucault 1994: 280). Disziplinierung ist eine spezifische Form der Machttechnik als symbolisch generalisiertes Kommunikationsmedium, welches seine Wirksamkeit gerade dadurch entfaltet, dass es auf ein gewaltsames Verhältnis verzichtet und damit doppelte Kontingenz als Voraussetzung für symbolisch generalisierte Kommunikationsmedien ermöglicht (vgl. Luhmann 2003: 8 f.). Die Disziplinarmacht trägt zur Steigerung der Tauglichkeit bei und verbindet sie mit einer vertieften Unterwerfung (vgl. Foucault 1994: 177). Dadurch führt sie systematisch Asymmetrien ein und schließt Gegenseitigkeiten aus (vgl. Foucault 1994: 285).

Die Disziplinargesellschaft bezieht sich auf einen neuen Begriff der Bevölkerung, der nicht durch die Gattung Mensch grundgelegt ist, sondern der sich auf die Diversität der aus Individuen zusammengesetzten Population (vgl. PdG: 213) bezieht, die regiert werden soll. Die Bevölkerung, die zu einem Ethnos zusammenwachsen soll, darf nicht mehr als unterschiedslose Masse wahrgenommen, sondern sie muss im Detail bearbeitet werden. Ziel ist, die Effizienz der Körper zu steigern (vgl. Foucault 1994: 187). Dazu ist eine strukturelle Kopplung von individuellem, aber „körperlich durchgeführtem" sozialem Handeln und allgemeinen sozialen Erwartungen notwendig (vgl. Weinbach 2004: 67).

---

Macht-Code mit dem binären Schematismus von Recht und Unrecht verknüpft. Das heißt, wer in der Situation Recht hat kann auch Macht mobilisieren (vgl. ebd.).

Zugleich ist aber das politische System auf die „Selektion von Personen beschränkt" (PdG: 375). Dafür ist ein „Name" und ein „wiedererkennbares Bild" notwendig und damit ein Verstehen organischer und psychischer Prozesse vorausgesetzt (vgl. PdG: 375). Kommunikation blendet aber die wechselseitige Wahrnehmung von körperlich agierenden Bewusstseinssystemen aus (siehe sozialer und psychischer Sinn). Kommunikation kommt als ein autopoietischer und selbstreferentieller Prozess in Gang, „indem aus dem Anschluss von Mitteilung an Mitteilung sozialer Sinn emergiert, der sich von der ‚ursprünglichen' Intention der inkludierten Bewusstseinssysteme ablöst" (Weinbach 2004: 69). Bewusstseinssysteme die sich gegenseitig als Personen der Kommunikation beobachten, nehmen sich wechselseitig als Personen mit je spezifischem Habitus wahr. Nicht die Erwartungen des „Kontrolleurs" und auch nicht die des Delinquenten, sondern eine dritte bewußtseinsunabhängige Perspektive, die der Kommunikation, setzt sich durch und relationiert die beiden Habitus auf eigene Weise. Sie versteht die beiden aufeinander bezogenen Habitus als Komplementärbeziehung, d.h. als Kommunikationsstruktur.

Ich werde im folgenden Abschnitt zeigen, dass die Komplementärbeziehung gerade darin besteht, dass das Subjekt, aber auch die Klasse etc. als Störquelle keine Rolle mehr spielt, da die Macht des „Machtvollziehenden" gerade darin liegt, als symbolisch generalisiertes Kommunikationsmedium aufzutauchen. Umgekehrt zeigt sich die Macht des Machtunterworfenen darin, dass er sich diesem unterwirft, egal was er denkt, welcher Klasse er entstammt etc. „Vor diesem Hintergrund liegt es nahe, den Habitus als die vom Bewusstseinssystem wahrgenommene Seite der Form Person zu definieren. Er ist damit ‚reichhaltiger' angelegt, als die Person, da viele seiner Merkmale nicht explizit in die Kommunikation eingehen (müssen)" (Weinbach 2004: 70).

Dieser Habitus wird im Kontext der Disziplinarmacht als Interventionssystem (vgl. Fuchs 1999) des politischen Systems durch den symbiotischen Mechanismus[24] der physischen Gewalt hergestellt[25].

---

[24] Symbiotische Mechanismen regeln den Bezug zur „organischen Infrastruktur; ihre Funktion ergibt sich aus der Notwendigkeit organischen Zusammenlebens" (Luhmann 1981a: 230). Sie selbst sind aber weder organischer noch psychologischer Natur, sondern sie sind Einrichtungen des sozialen Systems. Sie sind relativ unabhängige Variablen. Das heißt, dass ein symbiotischer Mechanismus auch fungieren kann, wenn die ihn „fundierenden organischen Prozesse gar nicht vorkommen, so wie umgedreht ein sinnwidriges Vorkommen organischer oder psychischer Ereignisse die symbiotischen Funktionen in sozialen Systemen nicht ohne weiteres umwirft" (Luhmann 1981a: 230). Der symbiotische Mechanismus der physischen Gewalt trägt zur Ausdifferenzierung des politischen Systems bei. Voraussetzung ist, dass er mit dem symbolisch generalisierten Kommunikationsmedium der Macht verbunden ist. „Es mithin erst eine Funktion des Medien-Codes, einen symbiotischen Mechanismus so freizusetzen, dass sein Nicht-Fixiertsein auf symbolischer Ebene, seine Unabhängigkeit von spezifischen Strukturen, genutzt werden kann" (Luhmann 2003: 63).

*Die Herstellung der Leistungsrolle und der Publikumsrolle durch die Disziplinarmacht*

Disziplin ist eine Körperkontrolle, die Individualität durch einen zwingenden Blick in Bezug auf vier Aspekte produziert:
Aufgrund der räumlichen Parzellierung ist Individualität zellenförmig, aufgrund der Codierung ist sie organisch, aufgrund der Zeithäufung ist sie evolutiv und durch die Zusammensetzung der Körper ist sie kombinatorisch (vgl. Foucault 1994: 216).

*Parzellierung:* Die Disziplinarmacht setzt einen abgegrenzten Raum voraus, in dem jedes Individuum einzeln verortet bzw. isoliert ist. Dadurch kann verhindert werden, dass sich Abweichungen ausbreiten wie z.b. ansteckende Krankheiten oder abweichendes provokatives Verhalten etc. Der Bezugspunkt sind Elemente, die austauschbar sind. Die Elemente werden klassifiziert und dadurch relationiert (vgl. Foucault 1994: 181ff). Dieser parzellierte Raum wurde aber nicht nur im Gefängnis hergestellt, sondern später auch im öffentlichen Raum, wie man es am Beispiel der Tuberkuloseprophylaxe erkennen kann (vgl. Kapitel IV).

*Die Codierung der Disziplin durch Kontrolle der Tätigkeit:* Durch ununterbrochene Kontrolle und die Vermeidung von Störungen wird versucht, die Zeit besser zu nutzen. Dazu ist es notwendig, dass Verhaltensschemata in einen Ablauf gezwungen werden. Jedes Verhalten wird also in einen Gesamtablauf des Körpers integriert, um dadurch die Leistung zu steigern. Dabei gilt es, jeden Augenblick zu steigern und dadurch sowohl die Geschwindigkeit als auch die Wirksamkeit zu erhöhen. Durch die systematische Aneinanderreihung von Körperverhalten entsteht ein „organischer" Ablauf (vgl. Foucault 1994: 192ff.).

*Evolution als Organisation der Entwicklung:* Hier geht es darum, diesen Ablauf auf ein bestimmtes Ziel hin zu orientieren und die Zielerreichung zu überprüfen, wodurch die Fähigkeiten von Individuen in Bezug auf die Rangfolgen differenziert werden. In diesem Kontext bildet sich eine eigene Ausbildungszeit heraus, welche die „Erwachsenen-Zeit, von der Berufs-Zeit ablöst; indem sie durch abgestufte Prüfungen voneinander geschiedene Stadien organisiert; indem sie Programme festlegt, die jeweils während einer bestimmten Dauer ablaufen müssen und Übungen von zunehmender Schwierigkeit enthalten; indem sie die Individuen je nach dem Durchlauf durch diese Serien qualifiziert" (vgl. Foucault 1994: 205). Sobald eine Abweichung von einer bestimmten Norm eintritt, besteht ein

---

[25] Durch den symbiotischen Mechanismus ist es durchaus möglich, dass Macht eine „bis auf die Psyche und physis des Individuums durchschlagende Qualität" (Bublitz 2003) besitzt, obwohl Bublitz dieses gerade als Differenz zwischen Luhmann und Foucault ausmacht (vgl. Bublitz 2003: 315).

Interventionsbedarf, der eine erneute Übung des Gleichen vorschreibt, um dadurch die Entwicklung doch noch zu ermöglichen (vgl. Foucault 1994: 201ff.). Nun geht es nicht mehr um den „Abweichler", sondern um Verlaufskurven abweichenden Verhaltens,[26] die von den Fürsorgestellen beobachtet und schon im Ansatz bekämpft werden sollten (vgl. Göckenjahn 1991: 128). Hinsichtlich der Zusammensetzung der Körper lässt sich sagen, dass der Körper in eine „vielgliedrige Maschine eingefügt und mit anderen Körpern koordiniert wird. Es gilt nicht Befehle zu verstehen, sondern auf deren Signalwirkung angemessen zu reagieren. Erst dadurch wird die Disziplinarmacht effektiv" (vgl. Foucault 1994: 209ff.). Indem es nicht um das Verstehen des Befehls geht, sondern um dessen Umsetzung, wird Handeln an Handeln angeschlossen. Das kann als Macht im Unterschied zur Erziehung bezeichnet werden, die an Erleben anknüpft. Dabei wurde nicht auf das Verständnis dieser Maßnahmen seitens der Klientel gesetzt, sondern die Übernahme dieser Verhaltensregeln wurde durch die Sanktionsmaßnahmen erzwungen (vgl. Göckenjahn 1991: 128).

Macht erzeugt sowohl beim Machthaber als auch beim Machtunterworfenen einen Willen, den vorher vorhandenen Willen zu instrumentieren. Beim Machthaber geht es darum, dass er nicht aus individueller Absicht jemanden unterwirft, sondern seine „Legitimität durch Verfahren" erhält (Luhmann 1975). Erst dadurch wird eine motivlose Akzeptanz staatlicher Entscheidungen durch das Staatsvolk als Publikum der Staatsverwaltung ermöglicht (vgl. Lange 2003). Der Machthabende taucht gar nicht mehr als Individualität auf, so dass er auch nicht zur Störung werden kann. Das ermöglicht, dass die Vorschriften, die eingehalten werden sollen, in Reinform sozialisiert werden können. Es kann keine Ausnahme gemacht werden, da der Blick überall und nirgendwo ist. Es ist die technische Perfektion des rechtsstaatlichen Verfahrens oder wie Luhmann es ausdrückt: Die Legitimität eines politischen Systems entsteht durch die Institutionalisierung von Verfahren, die die Bereitschaft erhöhen, staatliche Entscheidungen hinzunehmen. Es ist wichtiger, dass überhaupt entschieden wird, als dass die Entscheidung richtig oder falsch ist (vgl. Luhmann 1975: 28). Nur dadurch kann Komplexität bewältigt werden. Das Hinterfragen aufgrund einer persönlichen Betroffenheit sei schon eine Erosion der Legitimität (vgl. Lange 2003: 126; Luhmann 1975: 34). Wenn aber die Legitimität versagt und Gewalt zur Herstellung von Legitimität notwendig wird, bestünde die Gefahr, dass sich das Publikum nicht mehr innerhalb, sondern außerhalb des Systems verortet. Dann besteht die Gefahr, dass das politische System zum Thema der Legitimität wird, anstatt „Horizont des Entscheidens zu bleiben" (Luhmann 1975: 196). Das heißt, dass der Machtunterworfene als jemand erwartet wird, „der sein eigenes Handeln wählt und

---

[26] Ich werde später im Kontext der Beschreibung der Konstituierung des Delinquenten näher auf die Darstellung der Karrieren abweichenden Verhaltens eingehen.

darin die Möglichkeit der Selbstbestimmung hat; nur deshalb werden Machtmittel, etwa Drohungen, gegen ihn eingesetzt, um ihn in dieser selbstvollzogenen Wahl zu steuern" (Luhmann 2003: 21).

Wenn Abweichung erkannt und gegebenenfalls sanktioniert werden soll, wird ein *zwingender* Blick vorausgesetzt, der es ermöglicht, durch das Sehen Machteffekte herbeizuführen (vgl. Foucault 1994: 221). Physische Gewalt als Möglichkeit wird an den Anfang gesetzt (vgl. Luhmann 2003: 66). Dabei geht es nicht um Strafe und Sühne, sondern um das Abrichten durch Belohnung und Sanktion (vgl. Luhmann 2003: 23f.), die eine Besserung ermöglichen sollen, wobei die Belohnung die Bestrafung überwiegen muss, da erst dadurch Motivation geschaffen wird und erst auf diesem Hintergrund auch Bestrafung funktioniert. Das heißt, Gewalt wird als ein „zukünftiges Ereignis dargestellt, dessen Eintritt gegenwärtig noch vermieden werden kann" (Luhmann 2003: 66). Dadurch werden Verhaltensweisen zwischen gut und schlecht eingeteilt (vgl. Foucault 1994: 234ff.). Nicht die Drohung ist Ausdruck von Macht, sondern, wenn der Machtunterworfene durch Vermeidungsstrategien den Machthaber hindert, die angedrohte Sanktion durchzuführen, und „diese Relation zwischen den Relationen der Beteiligten zu ihren Vermeidungsalternativen für die Beteiligten erkennbar ist" (Luhmann 2003: 22). „Macht beruht mithin darauf, dass Möglichkeiten gegeben sind, deren Verwirklichung vermieden wird. Das Vermeiden von (möglichen und möglich bleibenden) Sanktionen ist für die Funktion von Macht unabdingbar. Jeder faktische Rückgriff auf Vermeidungsalternativen, jede Ausübung von Gewalt zum Beispiel, verändert die Kommunikationsstruktur in kaum reversibler Weise. Es liegt im Interesse der Macht, eine solche Wendung zu vermeiden" (Luhmann 2003: 23).

Zentral für die Disziplinarmacht ist die möglichst lückenlose Überwachung. Erst dadurch werden Verhaltensweisen von Individuen vergleichbar gemacht, differenziert und hierarchisiert und mittels Bestrafung und Belohnung homogenisiert. Erst die Überwachung ermöglicht es, einen einheitlichen Gesellschaftskörper als Voraussetzung für das Funktionieren des Verfassungsstaates zu produzieren. Der Blick wirkt dabei normierend, sofern er sich an bestimmten Entwicklungslinien ausrichtet, die es zu erreichen gilt; normierend, da jede Abweichung durch Belohnung vermieden werden soll und durch Bestrafung sanktioniert wird, und normalisierend, indem jedes Individuum die Möglichkeit hat „Normalbürger" zu werden (vgl. Foucault 1994: 236). In der Prüfung herrscht der normierende Blick vor, der zwar ritualisiert ist, denn es wird nach bestimmten Zeiten systematisch eine Prüfung vollzogen. Der zwingende Blick hat die Eigenschaft eines „relativ entscheidungsnahen Orientierungsprinzips, das zugleich mit hoher Komplexität kompatibel ist" (Luhmann 2003: 66f.). Die erworbenen Fähigkeiten werden gemessen (vgl. Foucault 1994: 240). Damit ermöglicht die Prüfung die Sichtbarkeit des Objekts. Dadurch ist Macht vom Wissen abhängig (vgl. GdG: 357). „Macht ist – auf politischer Ebene, aber auch auf Organisationsebene – auf Ausdifferenzierungen und auf machtunabhängige Informationsquellen angewiesen, weil sich andernfalls alle Information in Macht verwandelt" (GdG: 358). Dieses ist aber nicht als Infragestellung der systemtheoretischen Grundannahmen zu verstehen, sondern als Einsicht in die immanenten Gründe des Mediums Macht, sich nicht als Universalmedium der Gesellschaftsbeherrschung zu verstehen, sondern auf „Spezifikation der eigenen Universalkompetenz zu bestehen" (GdG: 358).

Das bedeutet, dass Macht auf das Wissen aus den Funktionssystemen z.B. auf das Wissen im Kontext des Gesundheitssystems etc. angewiesen ist. Das Wissen wird dazu genutzt, um die Bevölkerung für den Nationalstaat tauglich zu machen. Dadurch bekommt das Wissen aus den anderen Funktionssystemen eine Zweitcodierung im Kontext des politischen Systems. Wissen aus den anderen Funktionssystemen bezieht sich auf die Relation, die sich durch die Duplikationsregel des Erstcodes Inklusion/Exklusion bzw. Nichtinklusion herstellt (vgl. Luhmann 2003: 34).

Mit der Wandlung vom absolutistischen Staat zum Verfassungsstaat geht eine Umkehrung der Macht von oben nach unten zu unten nach oben einher. Entsprechend wird nicht mehr die Macht des Souveräns beleuchtet, sondern die Macht des gefügig gemachten Körpers. „In der Disziplin sind es die Untertanen, die gesehen werden müssen, die im Scheinwerferlicht stehen, damit der Zugriff der Macht gesichert bleibt. Es ist gerade das ununterbrochene Gesehenwerden, das ständige Gesehenwerden, [...] was das Disziplinarindividuum in seiner Unterwerfung festhält. Und das Examen ist die Technik, durch welche die Macht, anstatt ihre Mächtigkeit erstrahlen zu lassen und ihren Abglanz auf ihre Untertanen fallen zu lassen, diese in einem Objektivierungsmechanismus einfängt" (Foucault 1994: 241). Dabei empfangen die Untertanen nicht das Bild der souveränen Macht, sondern sie zeigen nur, inwieweit diese wirksam geworden ist, indem sich die Untertanen als gelehrig zeigen (vgl. Foucault 1994: 242). Die Funktion von Macht besteht entsprechend in der Bereitstellung von Wirkungsketten, die unabhängig vom Willen des machtunterworfenen Handelnden sind (vgl. Luhmann 2003: 11). Auf diese Weise erscheint Macht als mögliche Potenz und wirkt als solche, so dass es zur Modalisierung kommunikativer Interaktionen unter dem Gesichtspunkt der Macht kommt (vgl. Luhmann 2003: 24). Macht generalisiert sich und wird von Kontexten relativ unabhängig gemacht. „Die Produktion des Möglichen [...] erlaubt ein Auffüllen der Lücken des Wirklichen" (Luhmann 2003: 25). Die Dokumentierbarkeit der Prüfung ermöglicht die Verwissenschaftlichung durch die Entstehung einer Schriftmacht (vgl. Foucault 1994: 244). Durch die Prüfung mittels Dokumentation wird das Individuum in einen Fall transformiert. Sie werden durch die dokumentarische Prüfung verobjektiviert und dem Blick unterworfen. „Als rituelle und zugleich wissenschaftliche Fixierung der individuellen Unterschiede, als Festnagelung eines jeden auf seine eigene Einzelheit [...] zeigt die Prüfung, dass jeder seine eigene Individualität als Stand zugewiesen erhält, in der er auf die ihn charakterisierenden Eigenschaften, Maße, Abstände und ‚Noten' festgelegt wird, die aus ihm einen ‚Fall' machen" (Foucault 1994: 247).

Zum Fall wird aber seit dem 19. Jahrhundert nicht der gesunde Bürger, sondern der abweichende: das Kind, der Kranke, der Wahnsinnige, der Verurteilte (vgl. Foucault 1994: 246f.). Sie werden mehr als der verbürgerlichte Bürger individualisiert und diszipliniert. Während es im 18. Jahrhundert um den gesellschaftlichen Ausschluss der Abweichler ging, wurde im 19. Jahrhundert dieser zum Ausgangspunkt der Disziplinarmacht, so z.B. im Gefängnis in Bentham (vgl. Foucault 1994: 263). Foucault verdeutlicht an der Beschreibung des Panopticons[27], wie diese Form der Disziplinarmacht als Perfektionsmodell aussehen kann.

Das Panopticon ist das „Diagramm eines auf seine ideale Form reduzierten Machtmechanismus" (Foucault 1994: 264) und kann als politische Technologie bezeichnet werden. Mit ihr geht eine ökonomische Menschenführung einher (vgl. Luhmann 2003: 71f.). Dabei kann es sowohl im Gesundheitssystem, im Erziehungssystem, im Beschäftigungssystem etc. wirken und dort die jeweilige Funktion stärken, d.h. zur Leistungssteigerung der Funktionssysteme beitragen (vgl. Foucault 1994: 265). Damit geht es nicht nur um das körperliche Verhalten, sondern dass das Individuum eine Zukunft in den Organisationen der Funktionssysteme hat und nicht ständig von Exklusion bedroht ist.

Die Disziplinarmacht bildet das Gegenstück zu den Rechtsnormen der Machtverteilung im Verfassungsstaat. Sie trägt systematisch zur Genealogie der modernen Gesellschaft bei, indem sie das Funktionieren der Funktionssysteme in ihrer spezifischen Eigenlogik durch strukturelle Kopplung zwischen Kommunikation, Bewusstsein und Körper ermöglicht, indem sie den Funktionssystemen eine Technologie der Menschenführung als ‚Kultur'[28], genauer gesagt als Zivili-

---

[27] Das Panopticon von Jeremy Bentham (1787) steht im Zentrum der Genealogie des Gefängnisses von Foucault. Hier zeigt sich wie Diskursivierung und Disziplinierung miteinander verflochten sind (vgl. Rieger-Ladich 2002: 401). Das Panpoticon weist durch die Architektur die Möglichkeit einer permanenten Überwachung auf. Dieses gelingt durch einen Beobachtungsturm, der einen Einblick in jede Zelle ermöglicht und zugleich die Gefangenen nicht erkennen können, wen der Gefängniswärter beobachtet. Diese Architektur, die das Gefühl einer permanenten Beobachtung bei den Gefangenen produziert, ist insbeesondere dann wirksam, wenn der Gefängniswächter überflüssig wird, weil der Blick von den Gefangen übernommen wird, um sich ihm zu unterwerfen.

[28] Jedes Funktionssystem hat seine eigene Kultur. Die wohlfahrtsstaatliche Kultur als Selbstbeschreibung des politischen Systems kann als eine spezifische Semantik bezeichnet werden, die die Funkti-

sierung zur Verfügung stellt (vgl. Foucault 1994: 288). Das heißt, sie trägt dazu bei, dass der Körper und die Seele (das psychische Bewusstsein) an die Funktionssysteme anschlussfähig werden. Sie trägt dazu bei, dass die Inklusionschancen erhöht werden, indem die Technologie eine Anpassung an die sozialen Erwartungen in den Funktionssystemen ermöglicht, ohne dass sie die Autonomie der Funktionssysteme in Frage stellt.

*Das Gefängnis als Kardinalfall einer totalen Institution*

Das Gefängnis ist das Disziplinierungsinstrument der Strafjustiz und trägt zur Zivilisierung der Abweichenden bei (vgl. Foucault 1994: 295). Im Übergang zum 19. Jahrhundert bekam die Strafgewalt eine „allgemeine Gesellschaftsfunktion, die in gleicher Weise an allen Mitgliedern der Gesellschaft ausgeübt wird, in der jedes Mitglied der Gesellschaft gleichermaßen repräsentiert ist" (Foucault 1994: 295 f.) Dabei entstand eine Justiz, die Gleichheit vor dem Recht ermöglicht, und eine Gerichtsbarkeit, die autonom ist, jedoch die Disziplinarmacht durchsetzt (vgl. Foucault 1994: 296).

Das Gefängnis bezog sich auf sämtliche Aspekte des Individuums: „seine psychische Dressur, seine Arbeitseignung, sein alltägliches Verhalten, seine moralische Einstellung, seine Anlagen. Vielmehr als die Schule, die Werkstatt oder die Armee, die immer eine bestimmte Spezialisierung aufweisen, ist das Gefängnis eine ‚Gesamtdisziplin'. Zudem hat das Gefängnis weder ein Außen noch hat es Lücken: es kommt erst dann zum Stillstand, wenn seine Aufgabe zur Gänze erledigt ist" (Foucault 1994: 301). Auf diese Weise trug das Gefängnis systematisch zur Zivilisierung der Gesellschaft bei. Dazu war es nötig, die Täter zu isolieren, so dass sie nicht solidarisch untereinander sein konnten, da ansonsten die Möglichkeit des zivilisierenden Einflusses beeinträchtigt würde (vgl. Foucault 1994: 303). Ebenfalls mußten auch alle Kontakte nach außen hin abgebrochen werden, um den alleinigen Einfluss zu garantieren (vgl. Foucault 1994: 307). Erst dadurch wurde das Gefängnis zu „einem Mikrokosmos einer vollkommenen Gesellschaft" (Foucault 1994: 304).

Durch die Gefängnisarbeit wurde der Körper der Produktionsmacht unterworfen, um ihn gefügig zu machen. Dabei war nicht das hergestellte Produkt von zentralem Interesse, sondern die Einfügung der Arbeiter-Häftlinge in die zivilisierende Maschinerie. Dadurch entstand ein Industrieproletariat, das von den gewalttätigen unruhigen Potentialen befreit gewesen ist (vgl. Foucault 1994: 311). Entsprechend hing auch die Länge der Strafe entscheidend davon ab, wie

---

on der Selbstbeschreibung der Gesellschaft als Kultur aus der Perspektive des politischen Systems übernimmt (vgl. Burkart 2004: 28). Das setzt aber Expertenschaft voraus, die im Kontext des Wohlfahrtsstaates nur durch die Experten der anderen Funktionssysteme bereitgestellt wird.

sehr die Umformung des Häftlings gelungen gewesen ist und damit der Zweck der Zivilisierung eingetreten war (vgl. Foucault 1994: 313). Darin lag die Autonomie des Gefängnisses gegenüber dem Gericht, das sie Strafe aufgrund eines Straftatbestandes erteilte. Das Gefängnis konnte aufgrund eines Strafvollzugsurteils, das die Besserung des Häftlings dokumentierte, zu einer Reduktion der Strafe beitragen. Der Häftling wurde dafür belohnt, dass er sich gefügig gemacht hatte (vgl. Foucault 1994: 317).

Um die Besserung in Bezug auf die verschiedenen Dimensionen zu beurteilen, sind diverse Mitarbeiter notwendig gewesen (vgl. Foucault 1994: 318). Voraussetzung dafür war ein klinisches Wissen, das die Sträflinge durch einen Wissens-Macht Komplex formierte (vgl. Foucault 1994: 319). Foucault differenziert zwischen dem Rechtsbrecher und demjenigen, der Gegenstand der Disziplinarmacht wurde, indem er durch sie hervorgebracht wurde. Letzteren nennt er „Delinquent". Während es für den Rechtsbrecher auf die Tat ankam, ist beim Delinquenten das Leben von entscheidender Bedeutung gewesen, das zivilisiert werden sollte (vgl. Foucault 1994: 323). Dabei wurden auch die Ursachen des Verbrechens durch Biographiearbeit mit ins Visier genommen (vgl. Foucault 1994: 325). Für die Delinquenten kann eine Ethnographie die spezifischen Gewohnheiten und Instinkte aufzeigen (vgl. Foucault 1994: 325). „Als pathologische Delinquenz der menschlichen Spezies lässt sich die Delinquenz so analysieren wie ein Krankheitssyndrom" (Foucault 1994: 325). Genau wie der klinische Blick die Krankheit als Krankheit erst hervorbringt, brachte das Gefängnis den Delinquenten hervor (und setzte ihn nicht voraus), indem es ein Verhalten als abweichendes Verhalten bestimmte und zum Ausgangspunkt der Intervention machte.

*Die Verlaufskurve der Abweichung als Medium des Gefängnisses*

Die Verlaufskurve des abweichenden Verhaltens ist eine Verkettung von nicht selbstverständlichen, kontingenten Ereignissen, die sich beim Individuum ereignen. Am unwahrscheinlichsten ist das erste Ereignis, durch das ein Verhalten als abweichendes Verhalten wahrgenommen wird und dazu führt, dass derjenige zukünftig in Bezug auf weiteres abweichendes Verhalten beobachtet wird. Alles, was der Verlaufskurve der Abweichung Form gibt, ist durch sie selbst konditioniert und wirkt zugleich als Bedingung für das, was daraufhin geschehen kann. Die aufeinander folgenden Sequenzen konkretisieren die Verlaufskurve der Abweichung. Der Verlauf liegt nicht in der Hand des Individuums, sondern er ist Produkt einer Verkettung von Ereignissen[29]. Sie kann weder begründet noch

---

[29] Während das Kind als Medium pädagogischer Kommunikation auf Vervollkommnung ausgerichtet wird, entgeht der Verlaufskurve diese finalisierende Ausrichtung. Die Offenheit der Verlaufskurve

erklärt, sondern nur beschrieben bzw. erzählt werden (vgl. EdG: 94). „Wenn dargestellt werden kann, wie sich eins aus dem anderen ergibt (ergeben hat, ergeben kann), liegt darin eine überzeugende Präsentation von Ordnung. Da die Geschichte auf der Ebene der Formen und nicht auf der Ebene der kombinatorischen Möglichkeiten des Mediums erzählt wird, entsteht der Eindruck einer festen Kopplung von etwas, was gleichwohl als Zufall angesehen werden könnte" (EdG: 94). Die erzählte Verlaufskurve der Abweichung derandomisiert ihre Komponenten[30].

*Die Funktionalität des Scheiterns des Gefängnisses für die Herausbildung des Hilfesystems*

Hohe Rückfallquoten wiesen darauf hin, dass das Gefängnis in Bezug auf die Zivilisierung scheiterte, was insofern nicht verwundert, da es selbst den Delinquenten als eine widernatürliche Existenz erst hervorbrachte (vgl. Foucault 1994: 341f.; Peukert 1986: 73). Wenn die Überwacher ihre Macht willkürlich ausübten, trug es darüber hinaus zur solidarischen Beziehung der Delinquenten bei, die gegen das Gefängnis aufsässig wurden (vgl. Foucault 1994: 342).

Das Verbrechen war Produkt der Gesetze, die hervorbrachten, was als Verbrechen galt. Wenn im 18. Jahrhundert die Kriminalität angestiegen ist, ist dies nicht Ausdruck einer entstehenden Klasse der Arbeiter gewesen, sondern Ausdruck der neuen Rechtsnormen mit strengen Reglementierungen etc. (vgl. Foucault 1994: 354f.), die aber im Diskurs mit der sozialen Klasse in Verbindung gebracht wurden. Die Funktionalität des Gefängnisses bestand darin, dass es gelungen war, „die Delinquenz als ein anscheinend an den Rand gedrängtes, tatsächlich aber zentral kontrolliertes Milieu zu produzieren; es ist ihr gelungen,

---

impliziert „die Möglichkeiten der Erneuerung und Umschreibung" (Kade 2004: 218), wodurch sich die Verlaufskurve als nichttelelogisch erweist. Im Kontext des Panopticons spielt aber die Transformation der Verlaufskurve der Abweichung in eine Verlaufskurve der Integration eine zentrale Rolle. Deswegen taucht die Unterscheidung normal/abweichend als Unterscheidung in dem Sinne auf, dass es um die Ermöglichung von Normalität durch disziplinierende Kommunikation geht. Dadurch entstehen „ambivalente Phasen mit je spezifischen
Mischungsverhältnissen" (Kade 2004: 219) von Normalität und Abweichung. Da Normalität durch disziplinierende Kommunikation gesteuert werden soll, spielt nach wie vor die Idee der Vervollkommnung eine Rolle. Zugleich wird aber die Verlaufskurve vorausgesetzt, welche für diesen Zweck genutzt wird (vgl. Kade 2004: 220).
[30] Diese Form der Erzählung bzw. Beschreibung gibt Anlass zu Neubeschreibungen, die Spielraum für Variationen und Inkonsistenzbereinigungen geben. Dabei handelt es sich um einen fiktiven Text, der nicht mit der Realität Punkt – für Punkt übereinstimmt. Dennoch muss er glaubwürdig sein und dem Leser Rückschlüsse auf eigene Handlungen in einer ähnlichen Situation geben. Er muss Spannungen erzeugen, die im Text selbst entstehen und wieder aufgelöst werden.

den Delinquenten als pathologisiertes Subjekt zu produzieren" (Foucault 1994: 357). Die Verlaufskurve der Abweichung hatte die Funktion, ein abschreckendes Beispiel in der „Sichtbaren, markierten Existenz der Delinquenz" (Foucault 1994: 359) zu bilden. Im Unterschied zum Lebenslauf konstituierte sich die Verlaufskurve der Abweichung für die Zuschauer und potentiell betroffenen Risikopersönlichkeiten vom Ende her. Man führte sich das negative Beispiel vor Augen, um Entwicklungen in diese Richtung zu verhindern, was gemeinhin als Prävention bezeichnet wird (vgl. Böllert 2001: 1394). Dabei ist Prävention an normativen Idealbildern orientiert (vgl. Frehsee 2001: 51). Während beim Lebenslauf die gegenwärtige Zukunft von zentraler Bedeutung ist und zum Gewordensein der Person beiträgt, ist es bei der Verlaufskurve der Abweichung die Zukunft, die die Verlaufskurve der Abweichung konditionieren soll. Das setzt aber voraus, dass zugleich Wissen zur Verfügung gestellt wird, durch das Alternativen aufgezeigt werden, die es ermöglichen, von der negativen Verlaufsform Abstand zu gewinnen (vgl. EdG: 97). Dieses Wissen muss aber ein sozial validiertes Verhältnis von Organismus, psychischem System und Umwelt sein. Es erfordert kulturelle Kohärenz und ist nicht isoliert validierbar (vgl. EdG: 98), weswegen es so schwierig, um nicht zu sagen unmöglich ist, in einem Milieu der Abweichung positive Verlaufskurven herzustellen. Deswegen verwundert es auch nicht, dass Macht insbesondere dort gut funktioniert, wo sie nicht als abhängig von einer unmittelbar handelnden Einwirkung des Machthabers auf den Machtunterworfenen gesehen wird. Macht wirkt dort, wo der Machtunterworfene von der „Selektivität (nicht nur von der Existenz!) vergangener oder künftiger Machthandlungen des Machthabers erfährt" (Luhmann 2003: 13). Das heißt, Macht wirkt weniger bei denjenigen, die bestraft werden bzw. bei denjenigen, die für positive Entwicklungen belohnt werden, sondern vielmehr bei denjenigen, die zusehen, dass gegebenenfalls bestraft bzw. belohnt wurde und dadurch die Verlaufskurve in die eine oder andere Richtung beeinflusst wurde. Dennoch handelt es sich auch hier um einen *zwingenden* Blick (vgl. Frehsee 2001: 64), weshalb es sich bei der Disziplinarmacht nicht eigentlich um Macht handelte, da es im Gefängnis kaum Handlungsalternativen gab: „Macht verliert ihre Funktion, doppelte Kontingenz zu überbrücken, in dem Maße, als sie sich dem Charakter vom Zwang annähert. Zwang bedeutet Verzicht auf die Vorteile symbolischer Generalisierung und Verzicht darauf, die Selektivität des Partners zu steuern" (Luhmann 2003: 9)[31]. Der Grund, dass das Verhalten außerhalb des Gefängnisses

---

[31] Da aber im Kontext des Hilfesystems die Intervention eines Arztes oder eines Gefängniswärters nicht ausreicht, um eine Krankheit zu heilen oder abweichendes Verhalten zu korrigieren, da chronische Krankheiten bzw. abweichendes Verhalten nur dann bewältigt werden können, wenn derjenige selbst mit dazu beiträgt, ist auch der Klient selbst auf Wissen und Willen (Macht, die einem selbst

nicht fortgesetzt wird, kann darin gesehen werden, dass die soziale Validierung im Kontext des Gefängnisses durch die Disziplinarmacht als Menschenführungstechnologie technisch und nicht durch sozialen Konsens hergestellt wurde (vgl. EdG: 98). Deswegen hat sich der Wille zur Selbstregierung bei dem Delinquenten außerhalb des Überwachungsapparates nicht ausgebildet.

Anstatt dass das Gefängnis Abweichung eliminierte, brachte es Delinquente hervor. Das heißt, Risiken abweichenden Verhaltens nahmen zu. Die Zukunft hing von einem Wohlfahrtsstaat ab, der zu Beginn des 19. Jahrhunderts noch nicht existiert. Die sozialen Konsequenzen dieser, durch politische Technologie ausgelösten und durch organisiertes Entscheiden verstärkten Umstellung auf Risiken, lassen sich kaum überschätzen. Die evolutionäre Errungenschaft des panoptischen Blicks wurde in eine Gesellschaft eingeführt, die darauf weder strukturell noch semantisch vorbereitet gewesen ist. Die sozialen Risiken, die sich das politische System eingehandelt hatte, um Schlimmeres zu verhüten, führt zu Konsequenzen, die das Gegenteil von dem gewesen sind, wozu die politische Technologie eingeführt wurde. Dadurch kam es zu Konflikten zwischen den Entscheidern (Politikern) und dem Publikum, zwischen den errechneten Risikokalkulationen und den davon Ausgeschlossenen, die von etwaigen Folgen betroffen sind. Was für Politiker ein Risiko war, ist für das Publikum eine von außen kommende Gefahr gewesen, die aber im politischen System selbst ihre Ursache hatte. Das war ein überzeugender Grund für Widerstand und Protest. Der panoptische Blick ermöglichte keine immer bessere Anpassung des politischen Systems an die Umwelt (die anderen Funktionssysteme).

Der Überschuss an Möglichkeiten, der mit der Modalisierung der Macht im Kontext der Disziplinarmacht einherging, muss durch den Machthaber eingeschränkt werden, indem er sich zu seiner eigenen Macht selektiv verhielt, indem er auswählte, ob er sie einsetzen wollte oder nicht (vgl. Luhmann 2003: 25). Dazu waren aber Direktiven und Rationalisierungshilfen notwendig (vgl. Luhmann 2003: 25). Die Zwangserziehung versuchte genau dieses zu leisten. Dabei wurde ein Spielraum geschaffen, unter dem nicht eingegriffen werden sollte, so dass die strafrechtlich bestimmte Macht, die den Machthaber zum dauernden Einschreiten z.B. bei jugendlichen Straftätern zwang, in die Schranken gewiesen wurde (vgl. Luhmann 2003: 26). Es wurde verhindert, dass, aufgrund der Generalisierung von Macht, der Machthaber kämpfen musste, um sein Gesicht, die Fassade seiner Macht nicht zu verlieren. Dadurch konnte eine Metakommunikation über Macht stattfinden, die in diesem Kontext so aussah, dass, wenn der Konflikt an das Hilfesystem abgegeben wurde, dieses dafür sorgen konnte, dass der Konflikt als Konflikt bearbeitet werden konnte, dass, wenn es aber auch dort

---

zugeschrieben wird, um sich selbst zu helfen) angewiesen, welche ihm ermöglichen, der Verlaufskurve der Abweichung eine andere Richtung zu geben (vgl. EdG: 97f.).

nicht griff, Strafe angedroht bzw. man mit Strafe reagieren mußte. Das heißt, das Hilfesystem trug zur Aufrechterhaltung der Fassade der Macht bei, indem es eine bestimmte Form der Rationalisierung gewesen ist, sich gegenüber der Potentialität der Macht selektiv zu verhalten, um dadurch ihre Wirksamkeit zu steigern. In der Umwelt des Hilfesystems tauchte die Macht als Drohung wieder auf, die aber nur im Grenzfall ausgesprochen wird. Der Vollzug der Drohung, d.h. das Aussprechen von Strafe, wurde im Justizsystem verwirklicht.

## II.4 Die Jugendstrafanstalt als Kerkersystem

Die Pädagogisierung ist in Frankreich bereits 1840 bei der Jugendstrafanstalt von Mettray zu erkennen. Dort verkörperte die Jugendstrafanstalt fünf Sozialmodelle, oder anders ausgedrückt, bezog sich die Jugendstrafanstalt auf fünf Funktionssysteme, deren Modell sie in sich aufzunehmen versuchte: Sie orientierte sich am Familienmodell, in dem jede Kleingruppe aus Brüdern und zwei Älteren bestand, wo hingegen das Modell der Armee insofern Bedeutung bekam, als die Kleingruppe einem Chef untergeordnet gewesen ist. Das Modell des Beschäftigungssystems wurde über die Werkstätte und dem Sozialmodell von Meister, Vorarbeiter und Angelernten repräsentiert. Darüber hinaus erhielt das Modell der Schule durch einen eineinhalb stündigen, täglichen Unterricht eine Relevanz. Das Modell des Gerichts schließlich konstituierte sich durch das Rechtsprechen (vgl. Foucault 1994: 379).

Ebenfalls wie bei der Zwangserziehung handelte es sich bei Mettray um eine Art von Gefängnis, aber doch um kein richtiges Gefängnis. Denn einerseits waren dort junge, vom Gericht verurteilte Delinquente, die inhaftiert wurden, andererseits wurden auch Minderjährige aufgenommen, die zwar angeklagt, aber letztlich freigesprochen waren, und Zöglinge, die aufgrund der väterlichen Zuchtgewalt in Gewahrsam genommen wurden (vgl. Foucault 1994: 383). Das heißt, es war ein Modell, das Prinzipien des Gefängnisses aufnahm, zugleich aber diese veränderte, erweiterte und auch auf Bereiche wie Waisenhäuser, aber auch auf Sittlichkeitsvereine, Arbeitersiedlungen etc. übertrug (vgl. Foucault 1994: 385).

Dadurch entstand eine „allmähliche, stetige und kaum wahrnehmbare Abstufung, in der man gleichsam auf natürlichem Wege von jedweder Verhaltensstörung zum Rechtsbruch und umgekehrt von der Übertretung des Gesetzes zur Abweichung von einer Regel, einem Durchschnitt, einer Anforderung, einer Norm übergeht" (Foucault 1994: 386). Diejenigen, die auf der negativen Verlaufskurve voranschritten, wurden nicht ins Außen verbannt, da diejenigen, die auf der einen Seite ausgeschlossen wurden, auf der anderen Seite wieder aufgenommen worden sind und der Disziplinarmacht unterworfen wurden (vgl. Foucault 1994: 388). „In der sorgfältigen Abstufung der Disziplinapparate und ihrer ‚Einlagerungen' stellt das Gefängnis nicht die Entfesselung einer ganz anderen Gewalt dar, sondern eben einen zusätzlichen Intensitätsgrad innerhalb eines Mechanismus, der von den ersten Sanktionen an in Betrieb war" (Foucault 1994: 390).

Daraus entwickeln sich ist eine neue Form des „Gesetzes" entstanden, d.h., unterhalb der Rechtsprechung gab es das „Gesetz der Norm". Damit ging eine „innere Verschiebung der Richtergewalt; eine zunehmende Schwierigkeit beim Urteilen und gleichsam eine Scham vor dem Verurteilen; bei den Richtern ein rasendes Verlangen nach dem Messen, Schätzen, Diagnostizieren, Unterscheiden des Normalen und Anormalen; und der Anspruch auf die Ehre des Heilens oder Resozialisierens" (Foucault 1994: 392) einher.

Dadurch entstanden „Normalisierungsrichter" in Form von Ärzten, Pädagogen und Sozialarbeitern. Das heißt, neben die Normalisierung durch Sozialmodelle, die Vorstellungen von Sittlichkeit verkörperten, trat die Vermittlung/Nichtvermittlung von Wissen (vgl. Kade 1997), die die Normalisierung unterstützen sollte, um einen Rückfall in abweichendes Verhalten zu verhindern, und damit den Erfolg des panoptischen Systems zu stabilisieren. Die Beobachtung in Bezug auf Normalisierung förderte die Entstehung der Humanwissenschaften, welche die Dokumentation des Diagnostizierens und Evaluierens zu ihrem Ausgangspunkt machen (vgl. Foucault 1994: 393). Genealogisch betrachtet verändert sich im Kontext der Genealogie des Hilfessystems die Bedeutung der Macht in diesem. Spielt sie zur Zeit einer sozialintegrativ ausgerichteten Gesellschaft noch als Zweitcodierung eine zentrale Rolle, generiert sie im Kontext einer anomischen Gesellschaft zu einem Medium. Als Medium dient sie der strukturellen Kopplung zwischen dem Politik- und den anderen Funktionssystemen insbesondere dem Hilfesystem. Gouvernementalität[32] als Medium, ist eine

---

[32] Mit der Entstehung des Liberalismus, würde sich Gouvernementalität von dem Bezug zum Staat lösen. Gouvernementalität bezeichnet das „strategische Feld beweglicher, veränderbarer und reversibler Machtverhältnisse" (Hermeneutik des Subjekts, S. 314). Gouvernementalität ist keine Struktur, sondern eine „singuläre Allgemeingültigkeit", deren Typen von Verhaltensführungen in ihrer kontingenten Interaktion auf die Umstände antworten (vgl. Sennelart 2004: 566).
Für Gouvernementalität typisch seien auch die „Gegen-Verhaltens-Normen", die auf eine „Krise der Gouvernementalität" hinweisen würden (vgl. Sennelart 2004: 567). Die Politik ist nicht mehr und nicht weniger als das, was mit dem Widerstand gegen die Gouvernementalität entsteht, die erste Erhebung, die erste Konfrontation" (Sennelart 2004: 568). Aber auch die daraus resultierende Gouvernementalisierung des Verhaltungsstaates gehöre zum Verständnis der Gouvernementalität (vgl. Foucault 2004: Vorlesung 4, S. 162f).
Gouvernementalität ist in diesem Zusammenhang auf den Staat bezogen, aber nicht im Sinne einer „Verstaatlichung der Gesellschaft!, sondern vielmehr im Sinne einer „‚Gouvernementalisierung' des Staates" (vgl. Foucault 2004: Vorlesung 4, S. 163). Der Ausdruck Gouvernementalisierung des

Bestimmtheit, die zugleich Unbestimmtheit als die andere Seite der Form mit sich führt und gerade dadurch eine strukturelle Kopplung von Politik und Hilfe ermöglicht (vgl. Corsi 2001: 257). Das bedeutet, dass der Wohlfahrtstaat nicht als Entscheidungsprogramm zu verstehen ist und nicht konditional programmiert ist (vgl. Corsi 2001, 257). Die in der Gouvernementalität ausgedrückten Werte haben keine „‚operative' semantische Bedeutung [...] Sie enthalten keine Hinweise darauf, wie sie in der sozialen Realität zu erkennen oder durch Instrumente durchzusetzen sind" (Corsi 2001: 257)

Es entstehen Kontingenzspielräume, die in den Organisationen Entscheidungsalternativen ermöglichen, die mit der Idee der Gouvernementalität kompatibel sind (vgl. Corsi 2001: 258). Entsprechend formuliert Bublitz, dass „der Begriff der Normalisierung(-smacht und -gesellschaft) bei Foucault differenztheoretisch jenen Selbststeuerungsprozess von Gesellschaft bezeichnen würde, „der ‚orthogonal' zu Selbstdetermination des Systems steht. Denn: Normalisierung, verstanden als Optimierungsprozess, verschränkt gemäß einer orthogonalen Artikulation individualisierende und globalisierende Machttechnologien zur Machtsteigerung des Systems, zu Gesamtdispositiven der Gesellschaft. Dispositive wären dann als Systemsteuerungsprozesse zu betrachten, in denen, trotz Heterogentät der [funktionssystemspezifischen; B.H.] Diskurse, zumindest fiktiv Homogenität [...] erzeugt wird" (Bublitz 2003: 324; vgl. auch Stäheli 2004: 16).

*II.4.1 Der zügellose, „halbstarke" Jugendliche*

Jugendliche, die den bürgerlichen Vorstellungen, wie sich ein Jugendlicher zu verhalten hat, nicht gerecht werden konnten, bekamen, aufgrund der mit der Industrialisierung einhergehenden Proletarisierung der Gesellschaft politische Bedeutung. Sie zeichneten sich dadurch aus, dass sie einerseits dem erzieherischen Einfluss der Familie entwachsen und andererseits auch in ihrer Berufstätigkeit in den industriellen Fabriken keinem erzieherischen Einfluss ausgesetzt waren. Sie galten als freie Lohnarbeiter, die sich dem sittlichen Einfluss entzogen. Das „hemmungslose Ausleben dieser relativen Freiheit, [...] wurde im letzten Drittel des 19. Jahrhunderts immer mehr als eigentliche systemimmanente Ursache für die verschiedenen, vielfach beklagten Erscheinungen von Jugend-

---

Staates meint jene Machttechnologie, die es ermöglicht, dass der Staat als Institution die liberale bzw. neoliberale Ordnung intensiviert, verdichtet und konkretisiert (vgl. Foucault 2004: 175f.). Normalisierung bedeutet in diesem Zusammenhang, Verantwortung für das Leben zu übernehmen, ohne dass das Leben kontrollierbar ist. Die Norm hat dann kein Außen, da sie sich selbst reproduziert, in ihrem Wirken Verhalten normiert und darüber hinaus auf alle im Sinne eines Appells, sich „normal" zu verhalten, wirkt" (ÜS: 236). Die rechtlichen Regelungen haben dann nur noch die Funktion, die normalisierende Macht annehmbar zu machen.

verwahrlosung identifiziert" (Peukert 1986: 55), die durch die Jugendfürsorge aufgefangen werden sollte. Dabei sollten Sozialisationsdefizite kompensatorisch durch Erziehung aufgefangen werden.

Abweichendes Verhalten wurde nicht nur als Gefährdung der öffentlichen Ordnung/Sicherheit wahrgenommen, sondern die Natur des Abweichlers qua Klasse wurde durch eine System-Umwelt-Unterscheidung ersetzt. Man musste das „Lumpenproletariat" durch das „Industrieproletariat" erziehen lassen. Die „Zivilisation" verlangte eine Denaturierung des Proletariats. Dabei stellte sich die Frage, wie und nach welchen Kriterien dies möglich sein soll (vgl. EdG: 88). Ziel war die Erziehung zum Bürgertum, welches einerseits alle umfasste, andererseits der Proletarier aber erst zum Bürger erhoben werden musste. Damit wurde dem Proletariat das spezifische proletarische Selbstbewusstsein entzogen. Dem Proletarier wurde die Möglichkeit bereitgestellt, Bürger zu werden, sofern er bereit war, mit Hilfe von Unterstützung das Nötige dafür zu erwerben. Die Möglichkeit, dass dies gelingen konnte, war bei Kindern höher als bei Erwachsenen, so dass hier eine besondere Anstrengung lohnenswert erschien. Damit wurde die Semantik in Bezug auf das „unfertige" Kind, die sich im Kontext der Pädagogik entwickelt hatte und zunächst auf die bürgerliche Familie zutraf, nun explizit erweitert. Sie wurde dann auch auf das Proletariat angewandt. Dazu war es aber notwendig, den privatrechtlich geschützten Raum der Familie zu öffnen, um einen Eingriff zu ermöglichen, sofern Verwahrlosung vorlag. Der Eingriff sollte sich nicht mehr durch die private und kommunale Wohlfahrtspflege, sondern durch Staatsintervention durch die RStGB Novelle von 1876 § 55, 56 vollziehen (vgl. Peukert 1986: 71).

*II.4.2 Staatliche Ersatzerziehung und die Generalisierung des symbolisch generalisierten Kommunikationsmediums der Macht*

Sofern Kinder und Jugendliche strafbar wurden, und die Erziehungsmittel von Familie und Schule nicht ausreichten, um einen sittlichen Verfall zu vermeiden (vgl. Peukert 1986: 73), war der Eintritt in staatliche Erziehungsanstalten notwendig, um sie dort zur gesellschaftlichen Tüchtigkeit zu erziehen (vgl. Uhlendorff 2003: 265). Dabei handelte es sich aber vornehmlich um überwachende und strafende Maßnahmen, die selbst einen erzieherischen Effekt hatten, und nicht um erzieherische Maßnahmen, die kontrolliert wurden und nur notfalls Strafe beinhalteten. Sprich: Der panoptische Charakter setzte sich in diesem Rahmen noch im vollen Umfang fort. „Der Blickwechsel von der Angemessenheit der Strafe gegenüber der Straftat hinweg zur Wirksamkeit der Strafe auf die sittliche Besserung des Täters, also von der Sühne zur Erziehung, bedeutete keineswegs, dass die Tatfolgen für den Täter gemildert werden sollten, sondern vielmehr, dass sie möglichst zweckmäßig und wirksam zu gestalten seien" (Peukert 1986: 75).

## III. Wissen und Macht

Im Schema des Panopticons war die Sozialtechnologie von dem Gegenbegriff der abweichenden Natur des Menschen bestimmt, die sich in spezifischen Milieus herauskristallisierte. Die abweichende Natur des halbstarken Jugendlichen war nicht etwas, das durch Sozialpolitik hergestellt worden war, sondern sie ging der Sozialpolitik voraus. Der Deviant hingegen ist erst durch die Sozialtechnologie des Panopticons hergestellt worden. Er ist Nebenfolge der sozialtechnologischen Intervention. Während die Natur des Menschen an der Idee der Perfektion ausgerichtet ist und nur in Ausnahmefällen diese verfehlt, kann der Deviante ein Werk der Technik sein oder nicht sein (vgl. Luhmann 1997: 160), d.h., es setzt die politische Entscheidung zur Technik voraus. Luhmann bezeichnet Technik als „funktionierende Simplifikation kausaler Zusammenhänge. Das bedeutet, dass Technik mit Hilfe einer Grenze installiert wird, die den kontrollierenden Kausalbereich vom nichtkontrollierbaren Kausalbereich trennt. Mit einigem Recht kann man daher auch von kausaler Schließung und strikter Kopplung von Ursachen und Wirkungen sprechen" (Luhmann 1997: 164). Mit dieser Schließung geht aber zugleich planmäßige Öffnung einer, indem technisierte Zusammenhänge nach dem Schema Mittel und Zweck dargestellt werden (vgl. Luhmann 1997: 164). Dabei fällt auf, dass bei der Sozialtechnologie der Zweck durch das Mittel nicht erreicht und von dorther die Mittel variiert wurden, indem das Gefängnis durch fürsorgerische Erziehung ersetzt bzw. vermieden wurde. Zugleich ging eine Verschiebung von einer Sozialtechnologie als umfassender Sozialerziehung zu einer Erziehung einher, die einerseits die Differenzierung in Funktionssysteme zur Voraussetzung hatte und sie anderseits ermöglichte.
Mit diesem Wandel zur funktional differenzierten Gesellschaft als Grundlage werde ich die Entwicklung zur Fürsorge am Beispiel der Gesundheitsfürsorge skizzieren. Ich deute zunächst die Bedingungen an, die zur Ausbildung eines autonomen Gesundheitssystems geführt haben, da die Gesundheitsfürsorge in ihrer spezifischen Gestalt, die sie vom Ende des 19. Jahrhunderts bis zur Weimarer Republik entwickelte, nur in Relation zur Ausbildung des Gesundheitssystems verstanden werden kann. Einerseits stellt das Gesundheitssystem durch den sozialhygienischen Blick Wissen zur Verfügung, das im Kontext der Gesundheitsfürsorge von zentraler Relevanz ist, anderseits trägt die Gesundheitsfürsorge dazu bei, dass Adressaten konstituiert werden, die auf das Gesundheitssys-

tem ausgerichtet sind. Danach zeige ich, wie sich die Gesundheitsfürsorge vom Ende des 19. Jahrhunderts bis zur Weimarer Republik als systemspezifische Umwelt des Gesundheitssystems entwickelte und wohlfahrtsstaatlich konstituiert wurde. Zwar ermöglichte in den 20er Jahren des 20. Jahrhunderts das Subsidiaritätsprinzip eine relative Autonomie der freien gegenüber den öffentlichen Trägern, aber da die Programmgestaltung der freien Träger durch den sozialhygienischen Blick normiert war und Abweichungen seitens der professionellen Helfer sanktioniert wurden, konnte sich keine Autonomie des Hilfesystems entwickeln.

### III.1 Medizinalisierung und ihr Beitrag zur Ausbildung eines autonomen Gesundheitssystems

Medizinalisierung ist ein systemtheoretischer Terminus, der sich von dem Begriff der Medikalisierung darin unterscheidet, dass die Medizinalisierung versucht, das Medizinische der medizinischen Interaktion zu entdecken und in seiner Funktion herauszuarbeiten. Medikalisierung wird hingegen gesellschaftskritisch gebraucht (vgl. Illich 1995) und kritisiert aus der Perspektive der Sozialdimension die in der Medizinalisierung grundgelegte Sachdimension. Im Vordergrund meiner Betrachtung steht also die Funktion der Medizinalisierung, im Sinne einer sich bewährenden Lösung zur Etablierung eines vom politischen System unabhängigen Gesundheitssystems, und nicht die Personen im Sinne einer Kritik der asymmetrischen Position zwischen Arzt und Patient (vgl. Saake 2003: 431). Es geht mir darum, zu zeigen, was das Medizinische in der medizinischen Behandlung ist und wie dieses sich kommunikativ konstituiert (vgl. Saake 2003: 432) und dabei die Unterscheidung von Arzt und Patient performativ hervorbringt.

Saake arbeitet heraus, dass der Körper, der gesund werden soll, die Sichtbarkeit der medizinischen Empirie ermögliche (vgl. Saake 2003: 439ff.). Es ginge den Ärzten um eine langfristige Kalkulation von Genesungschancen und damit um eine auf die Zukunft ausgerichtete Heilung. Dabei wird der kranke Körper und seine Veränderung in der Zeit beobachtet und das Subjekt als Störquelle ausgeschlossen. Der Arzt trägt die Hauptverantwortung. Er versucht, die Person des Patienten als mögliche Problemquelle in den Hintergrund zu stellen, um sich vornehmlich der Behandlung des Körpers widmen zu können (vgl. Saake 2003: 446). Da der Arzt aber nicht alles am Körper selbst ablesen kann, ist er auf das Erleben des Körpers seitens des Patienten angewiesen. Dieses Thema gestaltet die spezifische Arzt-Patienten-Beziehung. Der Patient wird dazu ermuntert, vornehmlich die Sprache des Körpers zu entschlüsseln (vgl. Saake 2003:

449). Daraus resultiert der auch im Kontext der Sozialen Arbeit immer wieder formulierte Vorwurf, dass weder das Subjekt noch die Umstände hinreichend berücksichtigt und die klassischen Sinnfragen, was die Krankheit für das Leben des Patienten bedeute, beim Arzt nicht gestellt würden (vgl. Saake 2003: 453). Neben der Spezifizierung ermöglichte die Umstellung auf Erleben eine Loslösung vom politischen System, das sich durch Handeln konstituiert. Denn wenn der Patient merkt, dass das Handeln des Arztes und die Bezugnahme auf das Erleben des Körpers für ihn selbst hilfreich ist, ist er eher bereit, sein Erleben dem Handelnden mitzuteilen, da er weiß, dass es zu seinem Nutzen und nicht zunächst dem Anliegen eines Staates dienlich ist. Dadurch entwickelte sich eine Komplementärbeziehung zwischen Arzt und Patient, die Grundlage für die Autonomie des Gesundheitssystems ist.

### III.2 Gesundheitsfürsorge als systemspezifische Umwelt des Gesundheitssystems

Im Unterschied zum akut behandelnden Arzt, der aufgrund der spezifischen Konstruktion seines Gegenstandes die sozialen Lebensumstände seiner Patienten nicht zu berücksichtigen brauchte und gerade dadurch seine Autonomie gegenüber einem an Sicherheit und Ordnung orientierten Interventionsstaat erreichte, stand die Gesundheitsfürsorge in der Gefahr, durch den Einbezug der sozialen Umstände diese Autonomie gegenüber dem politischen System nicht zu erreichen. Diese Schwierigkeit wird historisch auch im Kontext der kontrollierenden Gesundheitsfürsorge (Tuberkulose und Prostitution) deutlich sichtbar. Die Gesundheitsfürsorge entpuppte sich ganz im Gegenteil als gesundheitsbezogene Politik im Wohlfahrtsstaat (Labisch/Tennstedt 1988). Diese basierte auf dem sozialhygienischen Blick, der zur Normierung gesundheitsbezogenen Verhaltens beiträgt.

*III.2.1 Der sozialhygienische Blick*

Der sozialhygienische Blick konstituiert Macht durch den „Willen zum Wissen" (Foucault 1986) über das gesundheitsbezogene Verhalten der Bürger einer Nation. Macht als das politische System kennzeichnende, symbolisch generalisierte Kommunikationsmedium, ist auf das Wissen aus den Funktionssystemen – in diesem Fall auf das Wissen im Kontext des Gesundheitssystems – angewiesen. Das Wissen um Gesundheit wird genutzt, um die Bevölkerung zu Beginn des 20. Jahrhunderts für den Nationalstaat tauglich zu machen. Aber auf Inklusion/Nichtinklusion bezogenes Wissen ist nicht mehr medizinisches, sondern sozialhygienisches Wissen, mittels dessen eine Form der „Entpolizeilichung" des gesundheitspolitischen Bereiches möglich wurde. Die Entwicklung der Tuberkulosefürsorge zeigt, wie das bakteriologische Konzept von Koch (1882) sich als eine allgemeine Reinlichkeitskampagne entdifferenzierte, die systematisch bei Arbeitern und Handwerkern durchgeführt wurde. Das geschah in der Hoffnung bzw. im Wissen, die Verbreitung von Tuberkulose zu verhindern. In der Sozialhygiene wurde der sittliche Appell „Sauberkeit ist Sittlichkeit" im Begriff der „hygienischen Kultur" verwissenschaftlicht. Moralische und religiöse Appelle waren nicht mehr nötig. „Gleichzeitig wurde der weltanschaulich-politische Gehalt, der die Unterschichten mit einer bürgerlichen ‚Sittlichkeit' verschreckt hatte, durch den scheinbar wertneutralen Begriff ‚Gesundheit' verdeckt. Damit wurde Gesundheit nicht in ihrer individuellen Bedeutung verwissenschaftlicht, wie dies durch die erste Generation von Hygienikern geschehen war. Auch die soziale Bedeutung von Gesundheit wurde durch die Sozialhygiene in ein wissenschaftlich-wertneutrales Gewand gehüllt. Damit wurde das gesunde Verhalten endgültig zu dem für alle verbindlichen, nicht mehr anzweifelbaren, weil wissenschaftlich bewiesenen Verhalten in der industriellen Welt, soweit es in irgendeiner Form auf den Körper hin gedeutet werden konnte" (Labisch 1992: 168). Entsprechend schreibt Hueppe, der sich als Sozialhygieniker gesundheits- und sozialpolitisch engagierte: „Für die soziale Hygiene ist politisch etwas anderes als Parteigezänk oder Kochen von Parteisuppen. Dafür ist sie für Staat und Volk doch zu wichtig, und ohne öffentliche Gesundheit gibt es auf die Dauer keine gesunde Öffentlichkeit, weder in Monarchie noch in Republik" (Hueppe 1925: 7).

Dabei wurde postuliert, dass das Erkenntnisvermögen des Laien dem sozialhygienisch ausgerüsteten Blick deutlich unterlegen sei. Der sozialhygienische Blick wird zu einer Universalsprache, die präfabrizierte Wahrnehmungsmuster erkennt. Sehen ist ein Code, der denjenigen, der den Code kennt, wiedererkennen lässt, was er schon einmal gesehen hat. Der sozialhygienische Blick ist eine technisierte Hermeneutik des Verdachts; sie legt nahe, dass das, was uns der Gesichtssinn sagt, höchst fragwürdig ist[33]. Der sozialhygienische Blick unterscheidet sich von der ihm vorausgehenden Reinlichkeitskampagne dadurch, dass er den sozialräumlich ausgerichteten panoptischen Blick, den Foucault in „Überwachen und Strafen" herausgearbeitet hat, noch deutlicher in ein zeitliches Phänomen verwandelte, da es nicht mehr nur um die Isolierung der Kranken ging (vgl. Gottstein 1913: 766ff.). Es wurde auch eine Tuberkuloseprophylaxe für

---

33 Hueppe schreibt, dass es auch schon früher soziale Hygiene gegeben habe (vgl. Hueppe 1925: 1f.), aber erst Ende des 19. Jahrhunderts sei die soziale Hygiene auf eine wissenschaftliche Grundlage gestellt worden, die „eine bessere und zwar experimentelle Begründung der persönlichen Hygiene" (Hueppe 1925: 2) ermöglichte.

diejenigen notwendig, die die Norm noch nicht überschritten hatten, d.h. noch nicht krank geworden waren. Der sozialhygienische Blick fokussiert nicht wie der panoptische Blick das gegenwärtige körperliche Verhalten, sondern erfasst körperliches Verhalten in seiner Bewegung. Er macht deutlich, welche Auswirkungen vergangenes und gegenwärtiges Verhalten sowie die soziale Umwelt für eine mögliche zukünftig eintretende Krankheit haben. Dadurch werden Krankheits- bzw. Gesundheitskarrieren konstituiert. Hueppe spricht in diesem Zusammenhang von „Konditionalhygiene" (Hueppe 1925: 2), durch die die Krankheitskarriere zeitlich früher angelegt wird und so früher eingegriffen werden kann. Es sollte vermieden werden, dass die Leistungsfähigkeit des Volkes aufgrund sozialer Notstände, die durch Krankheiten und Seuchen hervorgerufen werden, eingeschränkt würde (vgl. Hueppe 1925: 3)[34]. Soziale Hygiene versteht sich aber im Unterschied zur Sanitätspolizei als positive, aufbauende und vorbeugende Arbeit, die durch Staatsgesetze verwirklicht werden soll, an der Ärzte, Techniker und Verwaltungsbeamte beteiligt sind (vgl. Hueppe 1925: 7). Soziale Hygiene, so kann konstatiert werden, ist nicht auf Behandlung, sondern auf Prävention ausgerichtet. Sie setzt die seit Mitte des 19. Jahrhunderts sich vollziehenden Diskurse zur Gesunderhaltung des Körpers fort, welche mit dem „Glauben an die Möglichkeit oder gar Notwendigkeit der Rationalisierungsarbeit und Normierbarkeit des Körpers und seiner Gesten" (Sarasin 2003: 65) einhergehen.

*Die Gestaltung der sozialen Bedingungen durch den sozialhygienischen Blick*

Am Beispiel der Tuberkuloseprävention ist deutlich zu erkennen, wie der sozialhygienische Blick konstitutiv für die Gestaltung der sozialen Bedingungen der Gesundheit gewesen ist. Durch ihn wurde eine Schmutzvermeidungskampagne zur Prävention von Tuberkulose eingeleitet. Schmutz wurde dabei mit Bakterien gleichgesetzt. Grundlage waren die Erkenntnisse von Georg Cornet, der die getrockneten und verstäubten Sputums als Hauptquelle der Lungentuberkulose entdeckte (vgl. Göckenjahn 1991: 123). Die Sputumprophylaxe war Grundlage für eine umfassende Reinlichkeitskampagne und diente dem Ziel der Erziehung zur Reinlichkeit der Kranken und ihrer Umgebung (vgl. Göckenjahn 1991: 123). Es wurden Spucknäpfe in Arbeiterhaushalten, Fabriken, Werkstätten und Schulen aufgestellt (vgl. Göckenjahn 1991: 125).

---

[34] 1847 wurde von S. Neumann „zum ersten Male der soziale Charakter der Medizin angesprochen, und von R. Virchow wurden die sozialen Aufgaben der Hygiene erkannt und der Staat auf seine herzuleitenden Pflichten hingewiesen" (Hueppe 1925: 3). Aber erst in den 80er Jahren des 19. Jahrhunderts wurde das sozialhygienische Wissen an den medizinischen Fakultäten zum systematischen Bestandteil der Medizin. Hintergrund waren die volkswirtschaftlichen Entwicklungen, die die sozialen Probleme verschärften und damit die Sozialhygiene umso notwendiger werden ließen (vgl. Hueppe 1925: 3).

In den Aufklärungskampagnen wurden Tuberkulosekranke zu unreinlichen Bürgern konstituiert, wenn sie nicht ordnungsgemäß in Spucknäpfe spuckten. Es wurde dargestellt, dass sie die Umwelt verseuchten, indem sie Werkzeuge und andere Dinge anfassen würden und zur Ausbreitung der Krankheit beitrügen. Um das zu vermeiden, sei die Einhaltung von Sauberkeitsvorschriften notwendig. Die Anweisungen betrafen die Körperhygiene inklusive der Kleiderpflege und erstreckten sich bis hin zu einer reinlichen Haushaltsführung. Jede soziale Interaktion mit Körperkontakt berge die Gefahr der Ansteckung. Auf diesem Hintergrund wurden Maßnahmen konzipiert, die eine Ansteckung verhindern sollten. In den 20er Jahren des 19. Jahrhunderts gab es Plädoyers, zwischen Büroarbeitsplätze gläserne Trennwände zu ziehen. Da jeder potentiell Tuberkuloseträger sei, bestünde die Notwendigkeit, sich auch vor jedem zu schützen. „Die Bemühung um veränderte Verhaltens- und Sauberkeitsstandards gehen insgesamt dahin, eine größere Distanz herzustellen, zu Unbekannten, vor allem zu Personen, die sich irgendwelche, meist unklare Abweichungen zuschulden kommen lassen" (Göckenjahn 1991: 126).

*Die Herausbildung des Adressaten als Träger von Risikoverhaltensweisen*

Durch den sozialhygienischen Blick stellt die Krankheitskarriere kein Phantasma des sozialhygienischen Blicks dar, sie wird zur gesellschaftlichen Realität. Der sozialhygienische Blick markiert jenen Punkt, an dem die Krankheitskarriere eine soziale Adresse erhält. Auf diese Art invertiert, gibt es kein Entkommen vor dem Zugriff des sozialhygienischen Blicks. Bakterien sind ubiquitär. Selbst die Differenzierung zwischen Aristokraten, Bürgern und Arbeitern löst sich in bedrohlicher Weise auf (vgl. Göckenjahn 1991: 123; Weindling 1989: 54), wenn auch bei den Maßnahmen, die eingeleitet werden, noch immer gruppenspezifische Unterschiede zu beobachten sind.

Es wird zwischen dem Erkrankten und dem potentiell Kranken als Träger von Risikoverhaltensweisen unterschieden. Letzterer wird erst durch den sozialhygienischen Blick und die darauf folgenden Interventionen der Tuberkuloseprophylaxe hervorgebracht. Während es für den Erkrankten, der im Gesundheitssystem behandelt wird, auf die Krankheit ankommt, ist für den Träger von Risikoverhaltensweisen das Leben, das zivilisiert werden soll, von entscheidender Bedeutung (vgl. Foucault 1994: 323). Dabei werden auch die Ursachen der Risikoverhaltensweisen durch die Berücksichtigung individueller und sozialer Umstände beachtet (vgl. Foucault 1994: 325). Es wird ein Zusammenhang zwischen Gesellschaftsklasse, pathogenem und sozialem Schmutz hergestellt. Das gilt nicht nur für Konservative, sondern auch für Sozialdemokraten (vgl. Göckenjahn 1991: 127).

## III.3 Die Organisation der Gesundheitsfürsorge zwischen privater und öffentlicher Wohlfahrtspflege

Der sozialhygienische Blick setzt Organisationen voraus, die Leistungen bereitstellen, um Gesundheitsfürsorge durchzuführen. Einerseits wird die gesundheitsfürsorgerische Hilfe universell zuständig, d.h., es dürfen keine Ausnahmen gemacht werden. Andererseits muss die universelle Zuständigkeit eingeschränkt werden, um selektieren zu können, wer konkret Hilfe erhalten soll. Dazu ist eine sozialrechtliche Absicherung der fürsorgerischen Hilfe notwendig. Die Sozialgesetzgebung setzt voraus, dass Fürsorgeorganisationen existieren, die die Aufgaben der Exklusionsvermeidung, Inklusionsvermittlung in Organisationen wie Schulen und in Betrieben oder die Exklusionsverwaltung von kranken Personen ermöglichen (Bommes/Scherr 1996). Die Sozialgesetzgebung trägt zur Ausdifferenzierung von Rechts- und Wohlfahrtsstaat bei. Während im Rechtsstaat versucht wird, die Autonomie des Bürgers und der Familie zu schützen, geht es im Wohlfahrtsstaat darum, soziale Leistungsansprüche für diejenigen zu garantieren, die einen Bedarf haben.

Voraussetzung dafür ist, dass sich die wohlfahrtsstaatliche Macht in der Kommune zeigt. Während der Staat reaktiv auf Probleme reagiert, ist die Kommune besser geeignet, Probleme im Entstehen aufzugreifen, Maßnahmen auf die Spezifität der Probleme anzupassen und die Prävention gruppenspezifisch durchzuführen (Labisch/Tennstedt 1988: 93). In Gruppen, in denen die Probleme besonders groß sind, wird so eine spezifische Intervention ermöglicht. Die Kontrolle, die zur Individualisierung des Problems und zur Isolierung der Bürger führt, wird in den Risikogruppen systematischer durchgeführt, um die Effektivität zu gewährleisten. Träger der Fürsorgestellen waren die freien Wohlfahrtsverbände, die von Gemeinden und industriellen Werken unterstützt wurden. Dennoch waren es Staatsbeamte wie Friedrich Altenhoff im Kultusministerium und der preußische Staatsminister Karl Heinrich von Bötticher, die nationale Wohlfahrtsorganisationen gründeten, um lokale Initiativen zur Bekämpfung von Tuberkulose (1895) in Form von Fürsorgestellen (1899) zu unterstützen (vgl. Weindling 1989: 40). Die Kommunalisierung des Gesundheitswesens, die sich neben dem staatlichen Gesundheitswesen herausbildete, verwandelte den polizeilichen in einen wohlfahrtsstaatlichen Zugriff, indem Kontrolle mit Leistungsgewährung für Präventionsangebote kombiniert wurde (vgl. Kühn 1994: 10f.).

Wesentlich zur Entpolizeilichung der Gesundheitsfürsorge trug die strukturelle Koppelung zwischen privater und öffentlicher Wohlfahrtspflege bei (vgl. PdG: 391). Dieses gelang, indem Wohlfahrtspolitik über die konkreten Sozialgesetzgebungen ein übergeordnetes Prinzip, das der Subsidiarität, formuliert. Subsidiarität bedeutet im Anschluss an die päpstliche Sozialenzyklika „Quadragesima anno":

- die Abwehr des übermäßigen Eingriffs des Staats als negative Dimension der Subsidiarität und
- der „Anspruch des untergeordneten Gemeinwesens auf Förderung" (Sachße 2003: 17) durch den Staat. Letzteres ist der positive Aspekt der Subsidiarität.

*III.3.1 Abwehr des übermäßigen Eingriffs des Staats*

Das Subsidiaritätsprinzip regelt den „Vorrang der privaten Hilfeorganisationen und Verbände vor sozialstaatlicher, im Sinne von staatlich-institutionell erbrachter und zu verantwortender Interventionen" (Flickinger 1991: 302). Das Subsidiaritätsprinzip wurde zum sozialpolitischen Ordnungskriterium eines minimalen Staates: „Die Eingriffspolitik des modernen Staates in die privatgesellschaftlichen Problemfelder sei auf ein Minimum zu begrenzen und nur als solches zu rechtfertigen" (Flickinger 1991: 302). Dieses Prinzip der Rechtsstaatlichkeit spiegelt sich auch in der Familien- und Jugendhilfe wider. „Für den Fall der Jugendhilfe etwa gilt, daß sozialarbeiterisches und -pädagogisches Handeln nur dort eingreifen darf, wo die Funktionsfähigkeit der Familie gefährdet, das Kind gleichsam schon in den Brunnen gefallen ist. Ob die einmal diagnostizierte ‚Verwahrlosung' eines Kindes durch in der Familie praktizierte autoritäre, antiautoritäre oder gar keine Erziehung entstanden ist, geht die Jugend- und Familienfürsorge prinzipiell nichts an; denn diese hat den weltanschaulich besetzten Innenraum familiärer Erziehung zu respektieren und kann erst tätig werden, wo die Krise manifest ist. Manifest aber ist sie erst, wenn, gemessen an den jeweils geltenden gesellschaftlichen Orientierungen, Symptome als soziale Defizite identifiziert werden können" (Flickinger 1991: 304). Insbesondere die Kräfte der katholischen Wohlfahrtspflege drängten auf eine „eindeutige Klarstellung des Vorrangs der elterlichen Erziehungsbefugnisse" (Sachße 1994b: 192).

Die katholische Wohlfahrtspflege plädierte aufgrund der Erfahrungen der Unterdrückung der katholischen Kirche durch den preußischen Staat darüber hinaus für den Schutz der sich unter dem Reichskanzler Otto v. Bismarck gebildeten katholischen (Laien-)Vereine vor dem sozialpolitischen Zugriff (vgl. Sachße 2003: 19). Die Laienvereine, die sich am Ende des 19. Jahrhunderts zum katholischen „Volksverein" zusammenschlossen, verstanden sich als Fachvereinigungen ebenso wie als Interessenverband. Ziel war es, sozialpolitisch Einfluss zu nehmen (vgl. Sachße 2003: 21). In der Weimarer Republik verstärkte sich nicht nur die in den katholischen Vereinen sich vollziehende Lobbyismus-,

Zentralisierungs- und Kartellierungstendenz (vgl. Sachße 2003: 22), die das Ziel des sozialpolitischen Einflusses der freien Wohlfahrtspflege verfolgte. Die im § 5 der Reichsverordnung über die Fürsorgepflicht – und in sehr viel milderer Form § 6 – des Reichsjugendwohlfahrtsgesetzes von 1922 enthaltenen Bestandssicherungs- und Vorrangklauseln gewährleisteten der freien Wohlfahrtspflege eine eigenständige Rolle im Gesamtsystem der Wohlfahrtspflege (vgl. Sachße 2003: 23).

Das Prinzip dehnte sich in den 1950er Jahren vom Jugend- und Sozialhilferecht auf alle sozialpolitischen Bereiche (siehe BVerfGE Bd. 22: 180ff.) aus. Die Zusammenarbeit zwischen öffentlichen Trägern und Wohlfahrtsverbänden bezog sich nun auf Zweckmäßigkeit und Wirtschaftlichkeit (vgl. Backhaus-Maul/Olk 1995: 22). Trotz der Vorrangstellung der Verbände nahm der Anteil öffentlicher Einrichtungen und Dienste zu. „Zugleich wurden die freien Träger der Wohlfahrtspflege zunehmend in die Planungsaktivitäten der öffentlichen Träger einbezogen [...]. Aber auch Gesetzgebungswerke, wie die Krankenhausgesetzgebung von Bund und Ländern, verschiedene Landeskindergartengesetze und andere Sozialgesetze ermöglichten es den öffentlichen Trägern, über die Vorgabe baurechtlicher, personeller, administrativer und konzeptioneller Standards den Autonomiespielraum freier Träger faktisch einzuengen" (Backhaus-Maul/Olk 1995: 22).

Mit dem Subsidiaritätsprinzip geht eine Konkurrenz der Anbieter sozialer Hilfe einher, deren Auswahl sich nicht inhaltlich legitimiert. Die Anbieter, meist Wohlfahrtsverbände, die Pluralität der Lebensformen widerspiegeln, haben kein Interesse an einer inhaltlichen Auseinandersetzung, da sie die Normen ihrer Organisation, die sich in den einzelnen Angeboten zeigen, nicht in Frage stellen wollen. Die staatlichen Institutionen haben kein Interesse an einer solchen Auseinandersetzung, da „sie im Falle des Erfolgs des finanzierten Projekts die Richtigkeit der Finanzierungsentscheidungen beanspruchen, im Falle des Misserfolgs aber die privaten Träger des Projekts inhaltlich für den Fehlschlag verantwortlich machen können. Außer für die Betroffenen ist diese Entscheidungsstruktur, die von inhaltlich-qualitativen Kriterien entlastet, vorteilhaft für alle an den sozialpolitischen Maßnahmen Beteiligten, so daß das Interesse an der Aufrechterhaltung des durch das Subsidiaritätsprinzip geordneten Status quo in der sozialpolitischen Szenerie überwiegt" (Flickinger 1991: 303).

*III.3.2 Der Anspruch des untergeordneten Gemeinwesens auf Förderung*

Die Förderung des untergeordneten Gemeinwesens und damit der freien Träger konzentriert sich auf den individualisierenden Aspekt einer primärpräventiven Ausrichtung der (Gesundheits-)Fürsorge. Es wird ein Freiraum für die freien

Träger gewährt, um eine Individualisierung der Hilfe zu ermöglichen. Entsprechend postuliert Nohl: „Die Arbeit der öffentlichen Jugendhilfe ist, soweit ich sehe, erwachsen aus der Hilfe gegen den einzelnen Notfall, der allerdings so massenhaft auftrat, daß dem Fürsorger der Charakter der Individualhilfe fast zu verschwinden drohte" (Nohl 1965a: 45). Die Bereitstellung von förderlichen Bedingungen zeichnet die Jugendwohlfahrt in Differenz zu anderen Fürsorgebereichen aus, da sie die Jugendpflege als einen Teilbereich der Jugendwohlfahrt integriert. Die Jugendwohlfahrt soll diese negative Orientierung verlieren und stattdessen eine „positive Wendung" nehmen (vgl. Nohl 1965a: 45). Das soll aber nicht bedeuten, dass Schäden nicht mehr geheilt werden, sondern dass ihr primäre Leistungen vorangehen sollen, die einen „aufbauenden" Charakter aufweisen (vgl. Nohl 1965a: 45).

§ 2 RJWG legt den gesetzlichen Rahmen für das Nohl'sche sozialpädagogische Programm der Jugendbildung fest, die sich primär als Selbstbildung versteht (vgl. Sachße 1994b: 192). Hier vollzieht sich das Programm der Identitätsbildung,[35] das traditionell im Zuständigkeitsbereich der Familie lag. Der Eingriff in die Familie kann verhindert werden, da der Zugriff auf die Jugendlichen in den Rahmen der Jugendpflege verschoben wurde. Dadurch wird Identitätsbildung nicht mehr der „Willkür" der Familie überlassen, sondern zum sozialpolitischen Programm, welches die Gestalt der „Gesundheitsförderung" annimmt. „Ob die Jugendpflege überhaupt im Gesetz als Aufgabe öffentlicher Jugendhilfe festgelegt und geregelt werden oder ganz der privaten Jugendhilfe überlassen bleiben sollte, war während des Gesetzgebungsverfahrens umstritten. § 4 RJWG trägt daher wiederum die Züge eines Kompromisses: Aufgaben der Jugendpflege fallen zwar in die Zuständigkeit des Jugendamtes, allerdings solle es primär ‚anregen' und ‚fördern' und nur gegebenenfalls schaffen!" (Sachße 1994b: 192).

Die Jugendpflege dient der Jugendfürsorge, indem sie ihr einen positiven Anstrich verleiht. Sie repräsentiert das Andere der Jugendfürsorge, die „spezielle Maßnahmen für gefährdete oder bereits auffällige Jugendliche" (Sachße 1994b: 192) bereitstellt. Damit das positive, aufbauende Strukturprinzip auch in der Jugendfürsorge gewährleistet werden kann, ist es sinnvoll, die Angebote durch die freie Wohlfahrtspflege durchführen zu lassen, die als eigenständiger Akteur mehr Spielräume ermöglichte, als es der Staat selbst könnte.

Subsidiarität als leitendes Prinzip zur Relationierung zwischen dem sozialpolitischen System im engeren Sinne, d.h. der öffentlichen Wohlfahrtspflege als Verwaltung des sozialpolitischen Systems, und privater Wohlfahrt, die dadurch, dass sie Leistungen bereitstellt, zum Verwaltungsvollzug der Gewährleistung der

---

35 Fürsorge „ist konzentriert auf die Krankheit, sie sollte aber auf die Gesunderhaltung konzentriert sein, das heißt aber, sie sollte nicht von der Idee des Mitleids, sondern von der pädagogischen Idee aus invertiert werden" (Nohl 1965a: 46).

Hilfe, aber auch der Aushandlung des Hilfebedarfs beiträgt, legitimiert die Änderbarkeit dieser Relationierung. Private Wohlfahrtspflege setzt seit der Weimarer Republik die öffentliche Wohlfahrtspflege voraus. Sie artikuliert die Bedarfslagen und fordert die öffentliche Wohlfahrtspflege zur Übernahme von Verantwortung auf.

Die politische Souveränität wird durch die freie Wohlfahrtspflege eingeschränkt, indem die freie Wohlfahrtspflege ihre Eigengesetzlichkeit, d.h. fürsorgerische Hilfe, der kontrollierenden Macht bevorzugt. Es entwickelt sich eine Zweitcodierung der privaten vs. öffentlichen Fürsorge, bei der es um den Vorrang fürsorgerischer Hilfe vor dem kontrollierenden Eingriff des Wohlfahrtsstaats geht. Dadurch wird die Macht vom Souverän auf die private Wohlfahrtspflege transferiert. Voraussetzung dafür ist, dass die Macht sich helfend zeigt und auf die Semantik der Hilfe zur Selbsthilfe bezogen ist. Das, was die Macht mit der Hilfe gemeinsam hat, ist, dass sie sich asymmetrisch zeigt, d.h., dass die Rollen nicht umgekehrt werden können. Ein weiteres Kriterium ist, dass Hilfe nicht selbst einen Inhalt hat, sondern sich durch die Absicht zu helfen auszeichnet. Der Inhalt wird durch den sozialhygienischen Blick konstituiert. Durch diese Verknüpfung entsteht eine Verwohlfahrtsstaatlichung der Hilfe in einer funktional differenzierten Gesellschaft.

Den Wohlfahrtsverbänden wurde eine Autonomie in der Gestaltung der Hilfe zur Selbsthilfe zugesprochen, sofern sie sich an die sozialpolitisch definierten Bedarfslagen hielten. Dadurch ermöglicht das sozialpolitische System den Adressaten einen Zugang zu Leistungen im Kontext des Wohlfahrtsstaates, so dass sie nicht mehr von der Willkür des Helfenden abhängig gewesen sind. Das bedeutet aber zugleich, dass mit dem Leistungsanspruch (RJWG § 1) auch eine wohlfahrtsstaatliche Kontrolle einhergeht, die bestimmt, ab welchem Punkt eine Intervention notwendig ist. Diese steht in der Gefahr, sich dysfunktional auf die Hilfe auszuwirken. Um trotzdem die Autonomie der Wohlfahrtsverbände zu gewährleisten, wird diese in der Gestaltung der Programme ermöglicht. Das soll zur thematischen Öffnung in Richtung der Leistungsempfänger beitragen und so die soziale Kontrolle durch die öffentliche Wohlfahrtspflege begrenzen (vgl. Böhnisch 1982: 153). In diesem Zusammenhang ist Hilfe nicht selbst-, sondern fremdreferentiell durch Wohlfahrtspolitik organisiert.

Die Wohlfahrtsverbände müssen lernen, mit der durch das Subsidiaritätsprinzip hergestellten Situation umzugehen. Erst dadurch erlangen sie Autonomie gegenüber der öffentlichen Wohlfahrtspflege. Zu diesem Zweck bauen sie eine „Reflexionsschleife ein, die ihnen Bedingungen verdeutlicht, unter denen es empfehlenswert ist, sich wie ein triviales System zu verhalten" (EdG: 79). Es vollzieht sich eine „interpersonale" Interpenetration[36], da private und öffentliche Wohlfahrtspflege eine Innenansicht ihrer wechselseitigen Abhängigkeit entwickeln (vgl. EdG: 51). Partizipation der freien Wohlfahrtspflege im sozialpolitischen System wirkt vereinnahmend, ohne dass sie wirkliche Erfolgschancen bietet, Bedingungen mitgestalten zu können. Vor allem verhindert es eine „mockculture", die eine kritische Distanz zu sich selbst und damit zur Rollenasymmetrie ermöglicht (vgl. EdG: 79). Aber die Tatsache, dass man ein sozialpolitisches Verhalten „gelernt hat, macht bewußt, dass es um kontingente Schemata geht; und die Frage ist dann vor allem, wie viel Abweichung zur Verfügung steht" (EdG: 81)[37]. Wie gering der Spielraum gewesen ist, kann an der Tuberkulosefürsorge deutlich gezeigt werden: Die Angst, dass das Aufsuchen der Beratungsstelle eine Familienfürsorge zur Folge haben könnte, führte bei vielen Bürgern dazu, die Beratungsstellen nicht in Anspruch zu nehmen, obwohl das Moment der Sozialkontrolle dort zunächst nicht vorherrschte (vgl. Fehlemann 2001: 79). Aus diesem Grunde ist es funktional, wenn Sozialhygieniker sich in der Weimarer Republik für eine dezentrale Gesundheitsfürsorge engagierten und eine staatlich zentralisierte Fürsorge ablehnten (vgl. Fehlemann 2001: 69). Es ist die strukturelle Voraussetzung dafür, dass Beratung angenommen wird, da sie Bedingungen bereitstellt, die Möglichkeiten eröffnet, ohne dass darauf Konsequenzen erwachsen müssen.

Durch die mit dem Subsidiaritätsprinzip einhergehende materielle Realisation der sozialtechnologisch orientierten Fürsorge in der Umwelt des sozialpolitischen Systems wird die Sozialtechnologie zu einer Komponente der sozialökologischen Zusammenhänge, mit denen das sozialpolitische System umzugehen hat. Sozialökologische Zusammenhänge sind aber eher durch lose als durch strikte Kopplung bestimmt. Die Realisation strikter Kopplung in der Umwelt des politischen Systems „schaffte eine unnatürliche Differenz zwischen kontrollierter und nicht-kontrollierter, strikter und lose gekoppelter Kausalität; und dies auf Ebenen der Realität, die nicht solche der Kommunikation sind und folglich auch nicht durch bloße Kommunikation verändert werden können" (Luhmann 1997: 164f.).

---

[36] Unter interpersonaler Interpenetration versteht Luhmann: „Ein Verhältnis zwischen Systemen, die (im Unterschied zum Fall der Systemdifferenzierung) füreinander Umwelt bleiben, bei denen aber die Eigenkomplexität und Variabilität des interpenetrierenden Systems für den Aufbau eines anderen Systems zur Verfügung gestellt wird. Die Eigenkomplexität eines Systems ergibt sich aus dessen Struktur und aus dessen Umweltbeziehungen, sie wird in dessen Umwelt aufgebaut und verwendet, durch dessen Umwelt erhalten" (Luhmann 1993: 276f.). „Personen interpenetrieren in soziale Systeme und vice versa. Die Eigenkomplexität und die Eigendynamik sozialer Systeme wird in Personen zur wie immer gerafften Erfahrung und so zum Anlass, Einstellungen zu entwickeln, die sich an der entsprechenden Kontingenz und Unsicherheit bewähren können" (Luhmann 1993: 277).

[37] Kessl spricht in diesem Zusammenhang auch vom antistaatlichen Impuls der Sozialen Arbeit (vgl. Kessl 2005: 45).

Dadurch ändert das sozialpolitische System seine Umwelt. Die Umweltveränderungen ergeben sich nicht nur als „Auswirkungen der Technik" (Luhmann 1997: 164), wie es bei der Devianz der Fall ist, sondern schon durch ihre Installation; „also nicht nur in Hinsicht auf Zukünftiges, sondern schon als Gegenwart" (Luhmann 1997: 165). Es geht mithin um den „structural drift" der sozialtechnologischen Intervention, indem Sozialarbeit Gewohnheiten im Umgang mit Risiken, die aus der sozialtechnologischen Intervention entstehen, aufbaut (vgl. Luhmann 1997: 168); indem die Leistungsträger erkennen, dass Kontrolle schlechter ist als Hilfe, weswegen sie von der „Vorschrift", kontrollierend einzugreifen, abweichen, was durch das Subsidiaritätsprinzip zudem honoriert wird: Die strukturelle Differenz von Sozialpolitik und Sozialarbeit wird also anerkannt.

### III.4 Gesundheitsfürsorgerische Intervention und der Wechsel der Zuständigkeit von der Medizin zur Sozialen Arbeit

Das Früherkennungs- und Prophylaxemodell wurde in der Tuberkulosefürsorge zunächst nicht von Fürsorgern ausgeführt, sondern konsequenterweise von Medizinern, die sich im Kontext der „Verstaatlichung der Ärzteschaft" (Hueppe 1925: 4) nicht medizinisch, sondern erzieherisch verhielten. „Die ärztliche Tätigkeit – nicht aber der Arzt! – hatte, wie Calmette mehrmals betonte, in das zweite oder gar dritte Glied zu treten. Der Arzt hatte in diesen Stellen weniger ein Mediziner als ein Erzieher zu sein und sich in den Dienst der Prävention und der Verlängerung der Arbeitsfähigkeit (,via économique') der Kranken zu stellen. Seine Aufgabe war es, die Früherkennung klinisch zu erfassen und dann in den Familien zu organisieren. Er sollte mit den Kranken sowie ihren Familien in regelmäßigem Kontakt bleiben und Maßnahmen festsetzen, damit Tuberkulöse ihre Umgebung nicht ansteckten und das Elend verbreiteten" (Gredig 2000: 165f.). Dadurch wird es im Unterschied zum panoptischen Blick möglich, weniger sanktionierend und mehr ressourcenorientiert (belohnend) zu handeln. Die Perspektive wird so weniger zwingend als bei einem späteren Eingriff, wenn die Krankheit bereits eingetreten ist. Denn Krankheitskarrieren konditionieren sich selbst, d.h., je klarer ihre Form ist, desto schwieriger wird es, sie zu variieren (vgl. EdG: 94). Da die Klienten aus Angst vor einer daraus entstehenden Kontrolle die Gesundheitsfürsorgestellen nicht in Anspruch nahmen, sollten „Visiteurs" (Sozialarbeiter) die betroffenen Familien aufsuchen (vgl. Gredig 2000). Die These, dass den Ärzten daran gelegen war, ihre Unabhängigkeit gegenüber dem politischen System aufrechtzuerhalten, kann durch folgenden Vergleich des Faktischen mit dem Möglichen untermauert werden: Der Arzt als Hausarzt geht bei schwerkranken Menschen, die z.B. durch eine Grippe im Bett liegen müssen, nach Hause, um sie dort zu behandeln. Er kommt auf Anforderung des kranken Menschen und hat nur ein Ziel: die Behandlung des Klienten. Aus diesem Grunde ist er ein gern gesehener Gast. Im Kontext der Fürsorge ist die Funktion des Arztes aber eine andere. Er trägt zur Universalisierung des sozialhygienischen Sprachcodes bei, der nun aber dazu genutzt wird, körperliches Verhalten zu regulieren. Damit gefährdet er aber das Vertrauensverhältnis, das er durch die Medizinalisierung, die die Autonomie des Gesundheitssystems ermöglicht, gewonnen hat. Die Abgabe der Kontrolle an die „Visiteurs" ermöglichte es, das Vertrauen gegenüber den Klienten als Grundlage seiner Professionalität nicht zu verlieren. Deswegen ist es für die Autonomie des Funktionssystems der Gesundheit funktional, diese „schmutzige" Arbeit abzugeben.

Der durch die sozialhygienische Aufklärung verursachte Verdacht, dass in einer proletarischen Familie Tuberkulose wahrscheinlicher sei, konnte dazu führen, dass Fürsorgestellen aufgrund von privaten Hinweisen Familien aufsuchten (vgl. Gredig 2000: 204), einmal um diesen zu helfen, zum anderen aber, um eine Übertragung zu verhindern (vgl. Hueppe 1925: 10). Hingegen scheuten Ärzte eine Anzeige, solange sie nicht dazu verpflichtet wurden (in der Schweiz z.B. 1928), um das Vertrauensverhältnis nicht in Frage zu stellen (Gredig 2000: 199). Durch den Bezug auf statistische Daten, die belegen, dass Proletarier eine höhere Wahrscheinlichkeit haben, an Tuberkulose zu erkranken, wird Tuberkulose als Proletarierkrankheit sozial konstituiert und durch Fürsorge in der Interaktion kommunikativ verfestigt. Durch diese Differenzierung ist eine positive Diskriminierung möglich, d.h. die Nachteile, die Arbeiter gegenüber den Bürgerlichen haben, müssen kompensiert werden, damit Chancengleichheit hergestellt werden kann und sie die gleichen Möglichkeiten haben, gesund zu sein. Deswegen unterstützte auch die „politische Arbeiterbewegung den Vormarsch der Sozialhygiene als Avantgarde der wissenschaftlich organisierten Massengesellschaft. Auf diese Weise spielten Gesundheit und Gesundheitssicherung nicht nur bei den politisierten Arbeitern, sondern auch in der Programmatik und Politik der sozialdemokratischen Arbeiterbewegung eine herausragende Rolle" (Labisch 1992: 181; vgl. Eckart 1998: 43).

Diese Intention muss aber auf ihre Wirkung hin beobachtet werden. In den historischen Untersuchungen konnte gezeigt werden, dass die institutionellen Erwartungen von entscheidenderer Bedeutung gewesen sind als das konkrete Risikoverhalten. Diskriminierung durch Familienfürsorge beginnt dort, wo das Einhalten des Reinlichkeitskodexes zum Ausgangspunkt der Intervention gemacht wird. Sie wird durch Familienfürsorge hervorgerufen, in der bürgerliche Vorstellungen Vorrang hatten, da die sozialistische Frauenbewegung keine „eigenständigen Konzepte auf dem Gebiet der sozialen Fürsorge und ihrer Reform"

(Sachße 1994b: 101) entwickelte und auch die Fürsorgerinnen zum großen Teil aus bürgerlichen und nicht aus proletarischen Familien stammten (vgl. Sachße 1994b: 112ff.). Vor diesem Hintergrund konnten die Vorstellungen über ein bürgerliches Leben, nun hygienisch legitimiert, in den Arbeiterfamilien durchgesetzt werden. Die Fürsorgerinnen vermittelten[38] im Gewand der Sozialhygiene bürgerliche Normen und die damit einhergehenden Normalitätserwartungen. Wenn gleiches Risikoverhalten bei Bürgerlichen anders gehandhabt wurde als bei Arbeitern, kann davon gesprochen werden, dass die positive Diskriminierung, d.h. das Angebot einer spezifischen Fördermaßnahme, in eine negative Diskriminierung umschlug. Der soziale Hintergrund wurde benutzt, um die Entscheidung, durch Familienfürsorge kontrollierend einzugreifen, zu legitimieren (vgl. Göckenjahn 1991: 121ff.).

Im Zentrum der Intervention standen also die städtischen Arbeiter und Unterschichten, die am meisten betroffen waren und denen man unterstellte, dass sie den Sauberkeitserwartungen am wenigsten gerecht wurden (vgl. Göckenjahn 1991: 127). Ziel war die Erhebung von Informationen über die soziale Lebenslage. Darüber hinaus sollte ein Vertrauensverhältnis zur Familie gebildet werden, um relevante Informationen zu bekommen, mit deren Hilfe die „Compliance" der Klienten gesteigert werden sollte. Ebenfalls sollten die Familien in der Durchführung der entsprechenden Maßnahmen unterstützt werden und bei Bedarf an entsprechende Organisationen im Gesundheitssystem wie Krankenhäuser, Kurheime usw. vermittelt werden (vgl. Gredig 2000: 166).

Aufgabe der Fürsorgestellen in Bezug auf die Durchführung der Kur war die Disziplinierung, die mit klar vorgeschriebenen Bewegungs- und Ruhepausen, Rauch- und Alkoholverbot sowie dem Verbot einer politischen Betätigung einherging. Dazu gehörte weiterhin die Disziplin in Bezug auf Körper-, Kleidungs- und Wohnungspflege, die ebenfalls eingeübt werden sollte (vgl. Göckenjahn 1991: 127).

Für diese Gruppe der Träger von Risikoverhaltensweisen wurden Prototypen von Ethnographien erstellt, die die spezifischen krankheitsbezogenen Gewohnheiten in den Blick nahmen (vgl. Foucault 1994: 325). Hörster macht am Beispiel Mary Richmonds deutlich, wie in der Fallarbeit der Fürsorgerinnen Dienstleistungsobjekte und uneindeutige Sozialbezüge zusammenfallen. Dabei würde die Spezifität der Sozialarbeit in der Besonderheit des Falles liegen (vgl. Hörster 2003: 329). Das, was der Sozialarbeit als Pädagogisierung vorgeworfen würde, könne als Herausarbeitung einer spezifischen Rationalität verstanden werden (vgl. Hörster 2003: 329). Es gehe um das Spannungsverhältnis zwischen der Besonderheit eines Falles und der Behandlung (vgl. Hörster 2003: 330). Das

---

38 Durch die Vermittlung von Wissen wird der Adressat als Risikoverhaltensweisenträger reproduziert (vgl. Kade 2004: 222).

bedeutet, dass die Risikoverhaltensweisen sich wie ein Krankheitssyndrom analysieren lassen (Foucault 1994: 325), wenn beim Träger ein von der Gesundheitsnorm abweichendes Verhalten bestimmt und die Bewältigung zum Ausgangspunkt der Intervention gemacht wird. Im Unterschied zur körperlichen Krankheit bezieht sich die Fallarbeit auf die Verhaltensweisen, die in relativ umfassendem Sinne zum Gegenstand der Anamnese, der sozialen Diagnose und der sozialen Therapie genommen wurden. Mit dieser Methode soll durch den Bezug auf die Bewältigung der Risikoverhaltensweisen auf das Individuum eingegangen werden. Zugleich vollzieht sich auf der interaktiven Ebene eine Kontingenzreduktion durch Einschränkung auf die Bewältigungsprozesse gesundheitsriskanten Verhaltens. Personen werden nicht mehr als Ganzes wahrgenommen, sondern der zentrale Bezugspunkt ist das Risiko, krank zu werden, und die sich daraus ergebende Alltagsgestaltung. Dabei kann die optimale Krankheitsbewältigung aus medizinisch-pflegerischer Perspektiven im Gegensatz zu dem stehen, was für Träger von Risikoverhaltensweisen zur Steigerung der Lebensqualität notwendig ist. Chronisch Kranke, aber auch Träger von Risikoverhaltensweisen, die in die ‚Fänge' der Gesundheitsfürsorge geraten sind, müssen eine normierte gesunde Lebensweise und möglichst große Unabhängigkeit demonstrieren, um anerkannt zu sein. Indem sie die an sie herangetragene Norm aufrechterhalten, übernehmen sie den gesundheitsbezogenen sozialpolitischen Diskurs, der das Leiden privatisiert (vgl. de Wolfe 1996) und individualisiert.

Durch den Bezug auf das Erleben wird von dem das sozialpolitische System kennzeichnenden symbolisch generalisierten Kommunikationsmedium der Macht abgewichen, das Handeln an Handeln anschließt. Aber das Eingehen auf das Erleben des Klienten und die entsprechende Ausrichtung der Hilfe war für Fürsorgerinnen eine hoch riskante Angelegenheit, die zwar ihr Selbstverständnis im Sinne der geistigen Mütterlichkeit widerspiegelte, aber eher die Ausnahme als die Regel darstellte[39].

Die kontrollierende Intervention der Fürsorgerinnen stieß auf Ablehnung. Falls aber ein Klient sich der Tuberkuloseprävention entzog, konnte mit Sanktionsmaßnahmen wie dem Herausnehmen der Kinder aus der Familie reagiert werden (vgl. Göckenjahn 1991: 128).

Auf diese Art und Weise strukturiert, erlaubte die Organisation der Gesundheitsfürsorge kaum eine Überwindung des Panopticons, sondern eher eine Ver-

---

[39] Von riskanten Ausnahmen kann gesprochen werden, da die Fürsorgerinnen sich von den Erwartungen an die Mitgliedschaftsrolle verhielten, zugleich aber die Semantik der Disziplin übernahmen, die sich an der Anerkennung des Klienten und seinen Bedürfnissen orientierte. Mit der Distanzierung von den kontrollierenden und verwaltungstechnischen Maßnahmen in den 1950er Jahren wurden so biographische Bewältigungsprozesse des Krankseins und damit die Besonderheit des Falles in den Vordergrund gerückt (vgl. Gredig 2000: 390f.).

tiefung und Differenzierung, da alle Elemente erhalten blieben: Die Parzellierung zeigte sich durch den Aufbau von sozialer Distanz dadurch, dass jeder ein eigenes Bett hatte, Trennwände in Büros eingeführt wurden etc. Die Kontrolle des Verhaltens wurde durch Fürsorge gewährleistet. Sie hatte die Aufgabe, Entwicklungen durch die Beobachtung von Krankheitskarrieren und daraus abgeleiteten Interventionen zu organisieren (Anamnese, Diagnose, Intervention, Evaluation). Darüber hinaus wurde die Bevölkerung gruppenspezifisch organisiert. Bei denjenigen, die besonders gefährdet waren, wurden präventive Maßnahmen, die sich aus dem sozialhygienischen Blick ergaben, erzwungen. Das bedeutete, die Maßnahmen mussten von der Bevölkerung, die einem besonderen Krankheitsrisiko ausgesetzt war, unmittelbar umgesetzt werden.

Ebenfalls wurde die Familie als privater Raum in Frage gestellt und in einen öffentlichen Raum transferiert, den es sozialtechnologisch zu gestalten galt (vgl. Herriger 2001: 101). Die im 18. Jahrhundert gebildeten privaten Räume, die vor dem Eingriff des Staates schützen sollten, wurden durch fürsorgerische Eingriffe oder Drohungen bei Nichtbefolgung des gesundheitsgerechten Verhaltens aufgelöst oder zumindest in ihrem Autonomieanspruch in Frage gestellt (vgl. Peukert 1986: 71). Jeder wurde genötigt, auf diese durch den sozialhygienischen Blick induzierten Verlaufskurven der Krankheit zu reagieren (vgl. Hering/Münchmeier 2003: 207).

Dadurch wurde Handeln an Handeln angeschlossen, d.h., das symbolisch generalisierte Kommunikationsmedium der Macht trug operativ zur Herausbildung eines autonomen Funktionssystems der Politik bei, das mit dem Gesundheitssystem strukturell gekoppelt war. Die Sicherheits- und Ordnungspolitik verwandelt sich in eine für das Gesundheitssystem spezifische, ordnungspolitisch orientierte, gesundheitsbezogene Sozialpolitik, die sich im Kontext der Organisationen der Gesundheitsfürsorge mit einer umfassenden Gesundheitserziehung zur Prävention von Krankheiten verknüpfte. Während die Sozialhygiene eine Konzeption der Ermöglichung von Gesundheit entwickelte, tendierte die Organisation der Gesundheitsfürsorge dazu, durch ihre panoptische Gestalt diese mögliche Funktion zu zerstören. Aus diesem Grund war es umso wichtiger, das Gewicht von der Behandlung möglichst weit in Richtung primärer Prävention zu verschieben, um den Krankheitsverlauf noch beeinflussen zu können, bevor die Karriere sich zunehmend selbst konditionierte (vgl. Luhmann 1994).

### III.5 Die Bedeutung der Prävention in der Gesundheitsfürsorge

Durch den Fokus auf Prävention unter sozialhygienischem Blick kommen dem Bürger die Krankheitskarrieren entgegen, anstatt dass er sich auf die Zukunft hin bewegt. Das heißt, der Bürger muss in der Gegenwart immer darauf achten, dass er sich richtig verhält, damit er in der Zukunft nicht krank wird[40]. Prävention kann als ein Affront wahrgenommen werden, da man aufgrund einer spezifischen Perspektive und nicht aufgrund eines wahrgenommenen Leidens dazu gezwungen wird, sich dauerhaft den hiermit verknüpften Vorstellungen zu unterwerfen, um einer potentiellen Bedrohung zu entgehen (vgl. Frehsee 2001: 59)[41]. Die Präventionsangebote haben eines gemeinsam: „das Versprechen, den Risikogehalt des sozialen Handelns junger Menschen auf pädagogisch handhabbare Formate zu mindern und ihren Eigensinn auf die Normalfolien einer ‚vernünftigen' und ‚sozial verträglichen' Lebensweise zuzuschneiden" (Herriger 2001: 97). Ziel war die Herstellung

1. eines Normalarbeitsverhältnisses, d.h. methodische Lebensführung und lebenslanger Erwerbsstatus für den Mann
2. einer institutionalisierten „Normalbiographie", nach der der Lebenslauf in standardisierte Lebensphasen und biographische Passagen unterteilt wurde
3. eines fest verankerten Koordinatensystems, das zwischen Normalität und Entwicklungsstörung unterschied (vgl. Herriger 2001: 99).

Indem Gesundheit im Kontext der Sozialhygiene positiv dargestellt wurde, wurde die negative Sicht der Prävention verborgen und zum intendierten Handeln motiviert. „So war die saubere, helle Wohnung nicht nur gesund, sondern auch modern und schön. Diese neue Art, gesundheitsgerechtes Verhalten zu verbreiten, wurde kampagneartig in neuen Formen der Massenkommunikation verbreitet" (Labisch 1992: 173).

Während die bürgerlichen Familien darum bemüht waren, sich in der Fürsorge zu engagieren, achteten sie im gleichen Maße darauf, selbst nicht in das Fahrwasser zu geraten, das einen Eingriff in ihre Privatsphäre erlaubt hätte. Die Flucht in eine ländliche Umgebung, z.B. in der Wandervogelbewegung, schien eine angemessene Reaktion auf die Bedrohung zu sein:

„Fass ich meine gesamten Beobachtungen zusammen, so erkenne ich in diesen Veranstaltungen [der Wandervogelbewegung; B.H.] eine aus unserer Jugend selbst heranwachsende Bewegung, die die lebhafteste Aufmerksamkeit aller um die Gesundung unseres Volkes besorgten Männer verdient. Denn an diesem

---

[40] Bei der Behandlung hingegen ist es genau umgekehrt. Man tut gegenwärtig etwas, weil man krank ist, um in der Zukunft wieder gesund zu sein.
[41] Das Sicherheitsparadigma, das sich zunächst nur auf die sekundäre Prävention bezogen hatte, bestimmte zunehmend auch die primäre Prävention und damit auch die Erziehung und Sozialisation. Das erinnert an die „Wohlfahrtspolicey" des Absolutismus, die nicht nur für Zucht und Ordnung, sondern darüber hinaus auch für die Glückseligkeit der Personen sorgte, um die Gesellschaft vor Gefährdungen zu schützen (vgl. Frehsee 2001: 58).

‚Wandervogel' ist alles gesund. Was wir Lehrer und Erzieher seit langem und doch stets ohne rechten Erfolg bekämpften, das heimliche Verbindungswesen unserer Schüler mit der wüsten und so verderblichen Nachahmung studentischer Bräuche und Missbräuche, das sinnlose Kommersieren, Rauchen aus langen Pfeifen, Kartenspielen in dumpfen Bierhöhlen, die damit verbundene Heimlichkeit und Unehrlichkeit, die eine Entfremdung zwischen Schüler und Lehrern erzeugt und zu immer strengerer Überwachung einerseits, zu immer größerer List und Heimlichkeit andererseits verleitet – das alles fällt hier von selbst fort. Unsere Studenten selbst sind hier nicht Verführer, sondern Erzieher ihrer jüngeren Brüder, Erzieher zum rechten Lebensgenusse, Wegweiser auf der Bahn, die zum wahren Lebensglücke führt" (Gurlitt 1961: 273).

Es wird dem Affront des sozialhygienischen Blicks, der in Fürsorgestellen politisch operationalisiert wird, ausgewichen, um ihm nicht selbst unterworfen zu werden. Dabei scheint es aber kein Entrinnen zu geben. Deswegen kann Luhmann auch konstatieren, dass Macht insbesondere dort gut funktioniert, wo sie nicht als abhängig von einer unmittelbar handelnden Einwirkung des Machthabers auf den Machtunterworfenen gesehen wird. Macht wirkt dort, wo der Machtunterworfene von der „Selektivität (nicht nur von der Existenz!) vergangener oder künftiger Machthandlungen des Machthabers erfährt" (Luhmann 2003: 13). Während die Fürsorge als Kontrolle von außen zur Zivilisierung der Gesellschaft beiträgt, handelt es sich bei der Selbstbildung im Kontext der Jugendbewegung um eine Humanisierung der Gesellschaft, die die andere Seite – die Zivilisierung – als blinden Fleck zu ihrer Voraussetzung hat, um selbst humanisierend sein zu können. Dadurch verschiebt sich die Konditionierung von außen, d.h. von den Organisationen der Gesundheitsfürsorge in Richtung Selbstkonditionierung, die aber nicht aus sich selbst heraus, sondern durch Anreize (sozialhygienisches Wissen, Erkennen, wie die organisierte Gesundheitsfürsorge funktioniert) von außen gefördert wurde. Bewältigungsprozesse sind systemtheoretisch gesehen kommunikative Bewältigungen. Sie als individuelle Angelegenheit zu betrachten, reflektiert jene soziale Erwartung, die das Individuum als Subjekt seiner selbst sehen will. Da aber die Ursachen für Bewältigungsprozesse in Bezug auf Gesundheit in der sozialen Umwelt, d.h. im sozialhygienischen Blick und in der Organisation der Gesundheitsfürsorge liegen, kann Individualisierung letztlich als die andere Seite des modernen Verhältnisses von Individuum und Gesellschaft gesehen werden. Einerseits wird der Einzelne aus starren Verhaltenserwartungen entlassen, andererseits aber wird so zugleich die Idee der Verhaltenssteuerung in das Individuum verlagert. Individualisierung muss also letztlich als soziales Faktum verstanden werden (Saake/Nassehi 2004: 119).

Die Pädagogisierung der Fürsorge versucht diesen Aspekt aufzunehmen und die Fürsorge zu humanisieren (vgl. Nohl 1965a: 46). Es vollzieht sich ein *re-*

*entry* der Form in die Form. Der Anspruch einer ‚Gesundheit für alle' differenziert sich in eine zivilisierende Intervention im Kontext der Fürsorge und eine humanisierende Selbstverwirklichung[42] im Kontext der Sozialpädagogik (Jugendpflege) als systemspezifischer Umwelt der (Gesundheits-)Fürsorge, die seit der Weimarer Republik in die Jugendwohlfahrt eingegliedert wurde[43]. Nun ist diese Form der Ethisierung der Reflexion der fürsorgerischen Praxis durch das Plädoyer für Humanisierung deutlich ein akademischer Diskurs, also letztlich der Versuch, die Asymmetrie, die mit der Verwohlfahrtsstaatlichung der Hilfe einhergeht, mit einem funktionalen Äquivalent zu kompensieren (vgl. Saake/Nassehi 2004: 124). Es handelt sich dabei um einen akademischen Paternalismus und um einfühlsame Betroffenheit, die eine ausreichende Distanz zur Praxis schafft, bei der eben keine solche Konditionierung von Praxis geleistet werden kann, wie es z.b. die ärztliche Profession als Schnittstelle zwischen wissenschaftlicher Reflexion und organisatorischer Implementierung vermochte (vgl. Saake/Nassehi 2004: 125). Trotzdem leistet es die Sozialpädagogik als Disziplin, Sagbares für Situationen, die durch Uneindeutigkeiten gekennzeichnet sind, zu produzieren. Aber solche Situationen seien eher die des gepflegten Diskurses[44] (vgl. Saake/Nassehi 2004: 125).

Wenn Humanisierung mit der Zivilisierung entsteht, bedeutet das, dass der sozialhygienische Blick ein funktionsspezifischer, d.h. ein an der Sachdimension orientierter Blick ist, der jeden betrifft, also auch diejenigen, die nicht unmittel-

---

[42] Heute wird weniger von Humanisierung durch Volksbildung, sondern vielmehr von Empowerment gesprochen. Es ginge darum, sich mit den konkreten Subjekten auseinander zu setzen und die biographischen Sinngehalte und die Ressourcen zum Aufbau eines selbstbestimmten Lebens zu nutzen (vgl. Herriger 2001: 102f.).
Empowerment baut auf 3 normativen Grundüberzeugungen auf:
- -Selbstbestimmung und Lebensautonomie
- -Soziale Gerechtigkeit: D.h. die Klientel soll ein kritisches Bewusstsein von sozialer Ungleichheit haben (Aufklärung) und zugleich ein Wissen bezüglich der Veränderbarkeit dieser Strukturen vermittelt bekommen, indem sie sich selbst in sozialen Aktionen vertritt.
- -Demokratische Partizipation: Teilhabe an Entscheidungsprozessen (vgl. Herriger 2001: 1069).

[43] Bäumer protegierte als Ministerialrätin einerseits das RJWG und damit die Jugendfürsorge als „erzieherischen Zivilisationsapparat", andererseits wies sie auch auf die humanisierende Überschreitung dieses „Zivilisationsapparates" hin (vgl. Kessl 2005: 43f.).

[44] Gepflegte Semantik ist bewahrenswerte Kommunikation. Voraussetzung ist die Vertextung der Semantik. Sie bestimmt die Grenzen des Ausdrucks. Dazu gehört begriffsgeschichtliche Forschung. Die gepflegte Semantik befasst sich „mit der Verarbeitung der Formen der Verarbeitung von aktuellem Sinn" (Luhmann 1980: 20) und muss theoretisch kontrolliert werden. Gepflegte Semantik ist nur im Erleben und Handeln real, indem sie aktualisiert wird. Sie ist nicht der abstrakte Überbau der Semantik oder eine ideale Existenz. „Die gepflegte Semantik kommt nur dort ziemlich wahrscheinlich vor, wo es besondere Vorkehrungen, Ausdifferenzierung von dafür bestimmten Situationen, Rollen, Teilsystemen" (Luhmann 1980: 20) gibt. Ich werde zeigen, wie sich diese Vorkehrungen entwickeln, die zur Professionalisierung der Sozialen Arbeit beitragen, indem Situationen geschaffen werden, in denen die gepflegte Semantik Nohls von Bedeutung wird.

bar von fürsorgerischer Intervention betroffen sind. Gerade dadurch trägt der sozialhygienische Blick zur funktionalen Differenzierung der Gesellschaft bei, da erst jetzt alle vor dem Gesetz der Sache, dem sozialhygienischen Blick, gleich sind. Es geht darum, mittels dieses auf eine Sachdimension hin orientierten und dynamisierten Zugangs die primäre gesellschaftliche Orientierung an der Sozialdimension zu überwinden. Die Konzentration auf die Funktionssysteme legt nahe, die soziale Differenzierung zu entfernen[45] und stattdessen eine aus der Sache resultierende Differenzierung einzuführen, die ein Kontinuum von der Behandlung der Krankheit als Gesundheitsstörung (Medizin) über die präventiv intervenierende Gesundheitsfürsorge (Sozialarbeit) bis hin zur Gesundheitsförderung (Sozialpädagogik) ermöglicht.

### III.6 Gesundheitsfürsorge als Durchgangsort zur systematischen Ermöglichung eines Funktionssystems Gesundheit

Die Gesundheitsfürsorge erscheint vor diesem Hintergrund als sinnentleert, da sie ihre Bestimmung nicht in sich selbst hat, sondern diese nur als Durchgangsstation erhält. Der Klient wird zum Passagier, der den Ort der Fürsorge bald wieder verlässt. In der wohlfahrtsstaatlich organisierten Fürsorge ist es der Raum, in dem man die Bewegung fokussiert. Er ist vorläufig, wirkt veraltet, obwohl er von der „architektonischen" Struktur her die Karrieren der Funktionssysteme reproduziert. Es scheint, als ob er nach wie vor auf die Sozialdimension rekurriert und damit rückwärts gewandt an dem absolutistischen Wohlfahrtsstaat ausgerichtet ist. Die Differenz besteht aber darin, dass dieser Raum durch die Karrieren strukturiert ist, wodurch der Sozialraum dematerialisiert, d.h. individualisiert wird und sich so von der Lebenswelt entfernt. Das Wohlfahrtssystem transformiert lebensweltlich geprägte Personen in soziale Adressen der Funktionssysteme. Dabei ist die Verhütung/Prophylaxe (Prävention) das eigentliche Massenmedium. Es nimmt symbolisch vorweg, was den nachfolgenden symbolisch generalisierten Medien erst noch bevorsteht: die Entfernung des Sozialraumes.

Die Prävention verbündet sich mit den Karrieren, denn sie stattet den sozialhygienischen Blick mit einem Kontrollsystem aus, mit einem virtuellem Raum, der ihm erlaubt, die Karrieren langfristig zu kontrollieren und dadurch eine struk-

---

[45] „Die Bemühung um veränderte Verhaltens- und Sauberkeitsstandards gehen insgesamt dahin, eine größere Distanz herzustellen, zu Unbekannten, vor allem zu Personen, die sich irgendwelche, meist unklare Abweichungen zuschulden kommen lassen" (Göckenjahn 1991: 126).

turelle Kopplung[46] zwischen der Selbstverwirklichung der Bürger in Bezug auf Gesundheit, dem sozialpolitisch konstituierten Gesundheitsfürsorgesystem und dem Gesundheitssystem zu ermöglichen. Während der absolutistische Wohlfahrtsstaat als ein schwerfälliges System angesehen werden kann, handelt es sich hier um ein Netzwerk, das durch die strukturellen Kopplungen mit den Funktionssystemen sehr viel flexibler ist als sein Vorgänger. Das Netz selbst ist leer, ohne wirklich leer zu sein, da es das hineinwebt, was schon im Voraus durch den Blick hineingelegt ist. Es ist das Negativ für die Fülle, die den Gegenstand braucht, um funktionstüchtig zu werden. Im Kontrollsystem der Prävention im Kontext der Fürsorge, kreuzt sich der Blick der Expertokraten der Funktionssysteme mit der Architektonik der funktional differenzierten Gesellschaft. Der zur dokumentierenden Kontrolle der Abweichung gewordene Blick der Fürsorge und die Architektur, die sich aus der Orientierung an den Karrieren der Funktionssysteme ergibt, schirmen sich gegen die Widrigkeiten der sozialen Umwelt ab. Die Fürsorge hängt nicht von einem eigenen Thema ab, sondern geht auf die eingewobene Netzstruktur zurück. Ziel ist es, möglichst früh Personen vom sozialräumlichen Milieu abzuschirmen, um eine Überführung in die Funktionssysteme gewährleisten zu können. Die Textur des Netzes ist eine Vor-Schrift, ein Pre-Text, der sich erst zeigt, wenn das Netz gefüllt wird, wenn Menschen präventiv an Karrieremustern ausgerichtet werden. In diesem Netzwerk-Logos geht es darum, die sozial-räumliche Welt zu adaptieren und zwar so, dass sie gereinigt wird und sich in die apriorisch ausgerichtete funktional differenzierte Gesellschaft einfügt. In diesem Sinne handelt es sich um eine „self-fullfilling prophecy", die die funktionale Differenzierung einerseits voraussetzt und sie andererseits ermöglicht. Dadurch wird der Leib in Zeichen aufgelöst, die an soziale Erwartungsmuster der funktionalen Differenzierung geknüpft sind. Das bedeutet zugleich, dass der Leib nicht mehr auf Anwesenheit angewiesen ist. Die Teilinklusion bestimmt die Anwesenheit, indem sie sie kommunikativ verwirklicht. Ich brauche nicht im Gesundheitssystem, aber auch nicht in der Gesundheitsfürsorge anwesend zu sein, um mein Leben in Bezug auf Gesundheit auszurichten, kann aber durch die Ausrichtung an Karrieren den sozialhygienischen Blick auch bei räumlicher Abwesenheit kommunikativ verwirklichen. Dabei nehmen sich die Systeme wechselseitig als Umwelt wahr. Während das Gesundheitssystem darauf angewiesen ist, dass die Behandlung dadurch erfolgreich ist, dass entsprechende Verhaltensregeln eingehalten wer-

---

[46] Strukturelle Kopplung ermöglicht Kontakt zwischen System und Umwelt, da es auf der Ebene des Systems, aufgrund der internen Aktivität mittels der eigenen Systemumweltdifferenz, keinen Umweltkontakt gibt (vgl. GdG: 92). Strukturelle Kopplung trägt zur wechselseitigen Irritation der Systeme bei (vgl. GdG: 113f.). Sie ermöglicht Ko-Evolution, die durch Sprache über Gesundheit zur operativen Kopplung werden kann (vgl. GdG: 211).

den, ist das Fürsorgesystem auf den sozialhygienischen Blick angewiesen, um zu wissen, welches spezifische Verhalten jeweils nötig ist, um die Behandlung entweder zu verhindern (Sekundärprävention) oder dauerhaft wirksam zu machen (Rehabilitation/Tertiärprävention). Dadurch können die wohlfahrtsstaatlichen Kosten gesenkt werden. Die bürgerlichen Familien ihrerseits können an der Fürsorge erkennen, was notwendig ist, um gesund zu sein. Da sie aber nicht unmittelbar betroffen sind, bekommt bei ihnen die Ausrichtung auf Gesundheit einen primärpräventiven, scheinbar gesundheitsfördernden Charakter, der eben die Sekundärprävention als konkrete Intervention zu vermeiden sucht. Aber auch diese Form der Nichtintervention stellt somit eine indirekte Form von Intervention dar und wird im Kontext der Sekundärprävention genutzt, um positive Anreize zu schaffen, die zu einer präventiven Ausrichtung motivieren.

Nicht die Raumferne, sondern die Zeitferne, genauer all jene Zeiträume, die über die leibliche Anwesenheit hinausweisen, ziehen sich in der Vorstellung zusammen, dass man in einem Augenblick zugleich hier und dort sein und sich somit in verschiedenen Zeiträumen simultan bewegen kann. „Die Ferne ist eine Nähe" bedeutet nicht nur eine Ent-ortung, sondern auch eine Ent-Differenzierung. Mit der Projektion in die Zukunft wird aber nicht die tatsächliche Welt wiedergegeben, sondern die Welt als Funktionssysteme, die als gesellschaftliche Wirklichkeit beschrieben werden und diese zugleich kommunikativ verwirklichen. Die sozialräumliche Welt der Milieus und der Mensch verschwinden dabei in dieser funktionalen Differenzierung, die sich in Form der Entdifferenzierung als das *re-entry* der Form in die Form zeigt, die der funktional differenzierten Gesellschaft Reflexionen möglich macht, indem sie Werte der Funktionssysteme – wie in diesem Fall „Gesundheit" – als Ausgangspunkt der Selbstbeobachtung nimmt. Damit ist Selbstbeobachtung in Bezug auf Gesundheit aber nicht mehr ganzheitlich, sondern auf das Bezugsproblem des Gesundheitssystems ausgerichtet, auch wenn sie sich außerhalb des Gesundheitssystems vollzieht. Es geht nun darum, bezogen auf Gesundheit ein gut informierter Bürger zu sein und die eigene Lebensführung daraufhin auszurichten. „Als Individuen, d.h. als körperlich-psychische Einheit mit vielfältigen Anliegen, Wünschen, Bedürfnissen und Interessen finden die Einzelnen jedoch in keinem der Funktionssysteme Berücksichtigung" (Scherr 2004: 61), sondern leisten dieses über biographische Reflexionsarbeit, die auf Identitätsbildung ausgerichtet ist und die verschiedenen Bezugsprobleme (Gesundheit, Bildung, Arbeit etc.) der Funktionssysteme jeweils individuell relationiert, indem sie sie gewichtet und entsprechend die Lebensführung danach ausrichtet. Luhmann bezeichnet dieses als Exklusionsindividualität (vgl. Luhmann 1989: 160)[47].

---

[47] „Hierin deutet sich schon an, was wenig später ‚wissenschaftliches' (psychiatrisches, sozialpsychologisches, soziologisches) Normalrezept werden wird: sich in mehrere Selbsts, mehrere Identitäten,

Erst dadurch wird die Differenzierung deutlich, dass alle in alle Funktionssysteme inkludiert sind, auch wenn sie nicht in Organisationen der Funktionssysteme inkludiert sind. Auf diese Weise stellt die funktional differenzierte Gesellschaft für alle Menschen Inklusionsmöglichkeiten bereit (vgl. GdG: 620). Inklusion auf der Ebene der Funktionssysteme „muß man demnach als eine Form begreifen, deren Innenseite (Inklusion) als Chance der sozialen Berücksichtigung von Personen bezeichnet ist und deren Außenseite unbezeichnet bleibt" (GdG: 620f.; vgl. Merten 2004: 102ff.; vgl. Scherr 2004: 61). „Individuen sind unter Bedingungen der Exklusionsindividualität darauf verwiesen, sich in der notwendigen Umwelt differenzierter Sozialsysteme zu reproduzieren und sich in dem Maße an den Teilnahmebedingungen dieser auszurichten, wie dies für ihre Lebensführung unverzichtbar ist" (Scherr 2004: 63). Solange sich dieses außerhalb der Organisationen der Funktionssysteme vollzieht, bleiben allerdings die Spielräume in Bezug auf die Ausrichtung auf Bezugsprobleme wie z.B. Gesundheit relativ groß, da nicht jede Abweichung bemerkt und Grundlage der Intervention wird. Nur wenn sich jemand weigert, sich in Bezug auf Gesundheit zu reflektieren, und zugleich weder in den Organisationen des Gesundheitssystems noch in denen der Gesundheitsfürsorge inkludiert ist, kann er außerhalb der organisierten Gesellschaft verortet werden. Solche Personen bezeichnet Luhmann als die „Unberührbaren" (vgl. GdG: 621), die eine unwahrscheinliche Möglichkeit der funktional differenzierten Gesellschaft darstellen, die es dem System ermöglicht, am Unterbrechen der eigenen Zirkularität zu wachsen und in Reaktion auf Vorkommnisse immer neue Konditionierungen einzuführen, mit deren Hilfe man entscheiden kann, ob etwas als positiv oder negativ zu bezeichnen ist (vgl. GdG: 750).

Merten spricht in diesem Zusammenhang von der „systemspezifischen Wachstumsdynamik [der Funktionssysteme; B.H.] einerseits und der (potenziellen) Inklusion der Gesamtbevölkerung andererseits" (Merten 2004: 104). In diesem Sinne handelt es sich bei der Fürsorge um einen Interdiskurs, der zwar hier bezogen auf das Gesundheitssystem ausformuliert wurde, aber anlog zu den anderen Funktionssystemen zu denken ist. Grundlage für dieses feldübergreifende Verständnis ist die umweltoffene Systemtheorie, die auf dem ersten thermodynamischen Gesetz basiert (vgl. Sarasin 2003: 93; vgl. Jantsch 1992).

---

mehrere Persönlichkeiten zu erlegen, um der Mehrheit sozialer Umwelten und der Unterschiedlichkeiten der Anforderungen gerecht werden zu können. Das Individuum wird durch Teilbarkeit definiert [...] Was ihm für sich selbst bleibt, ist das Problem seiner Identität" (Luhmann 1994: 193). Dem Individuum ist somit die Reflexion seiner Einheit als Reaktion auf die funktional differenzierte Gesellschaft aufgegeben (vgl. Luhmann 1994: 195), was bedeutet, die Lebensführung nach Karrieremustern zu strukturieren (vgl. Luhmann 1994: 196).

# IV. Der klinische Blick in der Sozialen Arbeit durch Lebensweltorientierte Sozialpädagogik

Folgt man der historischen Skizze, so erscheint es, als ob klinisches Wissen in der Sozialen Arbeit nicht möglich sei. Soziale Arbeit scheint vielmehr durch den sozialhygienischen Blick gekennzeichnet zu sein, als dass ein eigener Blick zur Autonomie der Hilfesystems beitrüge.

Ansatzpunkte für die Autonomie der Sozialen Arbeit wurden in der Handlungsmethode ausgemacht. Auf diese möchte ich insofern näher eingehen, als dass ich im Folgenden das Sozialpädagogische an der Interaktion der Sozialen Arbeit beschreibe, um sozialpädagogisch professionelles Handeln zu begründen, die eine relative Unabhängigkeit vom Sozialstaat ermöglicht (vgl. Müller 2002: 731). Ich zeige auf, welche Funktion das Sozialpädagogische für die Ausbildung einer Autonomie des Hilfesystems einerseits und für eine Wissenschaft der Sozialpädagogik andererseits hat. Dazu muss aber der Bereich, der für die Zuständigkeit der Sozialpädagogik reklamiert wird, auch begründet abgesteckt werden (vgl. Oelkers 1982: 140f.).

Es muss die Frage geklärt werden, ob Sozialpädagogik sich als eine bewährende Lösung zur Etablierung eines vom sozialpolitischen System unabhängigen Hilfesystems[48] entpuppt.

Münchmeier weist auf eine solche Möglichkeit, allerdings im Rahmen einer „Theorie der Fürsorge", hin: „Insofern als gerade das ‚mitmenschliche Verstehen', die Hilfe von ‚Mensch zu Mensch' das Kriterium für die Abgrenzung der Fürsorge vom Bereich der Sozialpolitik darstellt, fällt der ‚Theorie der Fürsorge' immer auch die Aufgabe der Legitimation dieser Abgrenzung zu" (Münchmeier 1981: 87). Münchmeier gelingt es aber nicht, das „mitmenschliche Verstehen" als sozialpädagogisches Phänomen zu verstehen, das sich vom asymmetrischen Verhältnis des Vollzugs der Hilfe abhebt. Das setzt einen sozialpädagogischen

---

[48] Münchmeier hat dieses als Aufgabe einer „Theorie der Fürsorge" betrachtet: „Insofern als gerade das ‚mitmenschliche Verstehen', die Hilfe von ‚Mensch zu Mensch' das Kriterium für die Abgrenzung der Fürsorge vom Bereich der Sozialpolitik darstellt, fällt der ‚Theorie der Fürsorge' immer auch die Aufgabe der Legitimation dieser Abgrenzung zu" (Münchmeier 1981: 87). Zugleich weist er aber darauf hin, dass die Sozialpädagogisierung der Sozialarbeit von sozialpädagogischen Theorien zu unterscheiden sei, „die sich als ein komplementär zur sogenannten ‚Individualpädagogik' formulierbares Prinzip der allgemeinen Pädagogik verstehen" (Münchmeier 1981: 87).

Blick voraus, von dem Münchmeier sich durch den Hinweis distanziert, dass die Sozialpädagogisierung der Sozialarbeit von sozialpädagogischen Theorien zu unterscheiden sei (vgl. Münchmeier 1981: 87).

Wenn ich beschreibe, wie das Sozialpädagogische in der Kommunikation performativ hervorgebracht wird, geht es mir um Sozialpädagogik, die sich im Kontext der Allgemeinen Erziehungswissenschaft verortet (vgl. Mollenhauer 1988a: 14), ohne dass damit aber eine Subordination impliziert ist, die einer Ausdifferenzierung der Erziehungswissenschaft entgegensteht. Ergebnisse aus den anderen Teildisziplinen der Erziehungswissenschaft sind für die Sozialpädagogik nur bedeutsam, wenn sie auf „die funktionale Aufgabenstellung der jeweiligen Teildisziplin" (Merten 2001: 664), also hier der Sozialpädagogik, bezogen sind[49]. Ebenfalls wird der erziehungswissenschaftlichen Disziplin kein determinierender Einfluss, sondern eine auf die Aufgabenstellung bezogene funktionale Bedeutung zugeschrieben.

Ich werde zeigen, dass eine Theorie sozialpädagogisch professionellen Handelns, die zunächst aus systemtheoretischer Perspektive nicht möglich zu sein scheint, da diese sich von der Handlungstheorie distanziert hat, doch möglich ist[50]. Es handelt sich um eine „re-description" von etwas, was durch die

---

[49] Merten übersieht in seinem Artikel, dass Mollenhauer selbst nach dem Funktionsbezug der Sozialpädagogik gefragt hat und seine Bestimmung der Relation von Sozialpädagogik zur Allgemeinen Pädagogik nur auf diesem Hintergrund zu verstehen ist. Aus diesem Grunde möchte ich zunächst näher darauf eingehen, was Mollenhauer unter der Funktion der Sozialpädagogik versteht, um dann auf die Relation von Sozialpädagogik zur Allgemeinen Pädagogik zu sprechen zu kommen:
„Soll von Funktion der Sozialpädagogik die Rede sein, dann sind nicht nur die gleichsam mikrosozialen Probleme der je besonderen pädagogischen Handlung zum Gegenstand gemacht, sondern auch die Bedeutung, die diese Handlungen im Rahmen eines größeren sozialen Systems haben" (Mollenhauer 1978: 49). Systemtheoretisch betrachtet geht es um die Funktion als die Beziehung eines Teilsystems zum Gesellschaftssystem (vgl. Luhmann/Schorr 1988: 35). In den folgenden Aussagen wird jedoch
deutlich, dass Mollenhauer die Ebene wechselt und aus systemtheoretischer Perspektive nicht mehr über die Funktion, sondern vielmehr über die Leistung spricht, obwohl er den Begriff Funktion gebraucht.
„Über die Funktion der Sozialpädagogik läßt sich nur ‚sozialwissenschaftlich' reden; und dies wiederum ist nur möglich, wenn wir mit dem Ausdruck ‚Sozialpädagogik' uns auf historisch besondere Ereignisse beziehen, auf Handlungsfelder, Maßnahmen, soziale Einrichtungen, denen im Zusammenhang der Erziehung des Nachwuchses für diese besondere Gesellschaft eine bestimmbare Aufgabe zukommt" (Mollenhauer 1978: 49). Die Maßnahmen der Sozialpädagogik sind zwar Leistungen des Funktionssystems der Hilfe, aber nicht die Funktion selbst. Während es bei der Funktionsbestimmung um Hilfe oder Nichthilfe zur Inklusion in die funktional differenzierte Gesellschaft geht, wird durch Leistungen die Leistungsfähigkeit des Hilfesystems erwartbar, da sie den Bedarf an Hilfe schafft, der durch die Leistungen befriedigt wird (vgl. Luhmann/Schorr 1988: 39). Aus der Perspektive des Funktionssystems lässt sich dann erst die Frage stellen, inwieweit die Strukturen variiert werden können, um ein besseres Funktionieren des Hilfesystems zu ermöglichen (vgl. Luhmann/Schorr 1988: 39). Diese Ebene taucht bei Mollenhauer trotz der Rede von Funktionen nicht auf, wodurch das kritische Potential einer Funktionsbestimmung verloren geht. Darauf folgend kommt Mollenhauer

auf die Reflexionsdimension zu sprechen, wenn er von Sozialpädagogik als von all dem spricht, was an „Berufsvollzügen und darauf gerichteter wissenschaftlicher Theorien zu verstehen [ist; B.H.], die in der Jugendhilfegesetzgebung [...] umrissen" (Mollenhauer 1978: 50) ist. Hier geht es ihm um die Selbstthematisierung und deren Rückbindung an die Leistung (vgl. Luhmann/Schorr 1988: 40). Im Vordergrund stehen bei Mollenhauer die Leistungsverhältnisse eines Hilfesystems, was aber zu einem unübersichtlichen Bild führt (vgl. GdG: 759). Dies erkennt Mollenhauer selbst, weswegen er versucht, den Objektbereich zu benennen, der aber so vielgestaltig ist, dass er zu dem Ergebnis kommt, dass man nicht von einem einheitlichen Gegenstand ausgehen könne (vgl. Mollenhauer 1978: 51).
Bei einer Funktion „verhält man sich gegenüber jenem subjektiv gemeinten Sinn mehr oder weniger gleichgültig. Im Vordergrund stünden vielmehr die Relationen zwischen den Ereignissen" (vgl. Mollenhauer 1978: 52). „Hat eine Handlung – ohne daß das dem Handelnden bewußt wird – ein bestimmtes Ziel, das auch andere ähnliche Handlungen haben und das vielleicht in einer ganz anderen Richtung liegt, als der Handelnde es in seiner Intention auszudrücken vermochte? Kurz: gibt es einen ‚objektiven' Sinn eines Ereignisses, den ich indessen erst dann mir erschließen kann, wenn ich die Wechselwirkung zwischen einer Vielzahl von Ereignissen studiere, und zwar ohne ein einzelnes Ereignis als die entscheidende Ursache zu setzen, einen Sinn also, der in der Art solcher wechselseitiger Abhängigkeiten zu suchen ist, in Regeln gleichsam, nach denen ein komplexer (sozialer) Ereigniszusammenhang funktioniert" (Mollenhauer 1978: 52)? Das heißt, es geht ihm um den Vergleich, durch den eine Funktionsbestimmung möglich sein soll. Damit stimmt er in gewisser Weise mit der systemtheoretischen Bestimmung der Funktion überein, welche von Luhmann als ein „durch Problembezug eingeschränktes Vergleichsverfahren [bestimmt wird; B.H.], das für praktische wie für theoretische Zwecke geeignet ist" (GdG: 1125). Im Folgenden versucht Mollenhauer diesen Problembezug herauszukristallisieren, indem er von der Normalisierungsfunktion der Sozialpädagogik wie folgt spricht:
1. „Kontrolle der geltenden Standards für ‚Normalität' durch die öffentliche Bezeichnung derer, die ‚abweichen' und durch die solche Unterscheidung bekräftigenden Behandlungsprozeduren" (Mollenhauer 1978, 54) und
2. durch die „Kompensation von Mängeln oder Disfunktionen in den primären Lebensfeldern wie auch innerhalb des öffentlichen Erziehungswesen durch ergänzende, ausgleichende, nachholende, therapeutische, rehabilitierende Maßnahmen und Einrichtungen" (Mollenhauer 1978: 54). Die Jugendhilfeeinrichtungen und insbesondere das Jugendamt würden zwischen normal und unnormal unterschieden und können als Institutionen der Überwachung und Kontrolle verstanden werden, wobei das Jugendamt diese Funktion mehr hat als die nachgeordneten Institutionen (vgl. Mollenhauer 1978: 54). Zugleich müssen aber die Defizite abgeschafft werden, von denen man ausgeht, sie zu abweichenden Karrieren beitragen (vgl. Mollenhauer 1978: 55).
Bommes/Scherr (2000: 41–50) haben zu Recht deutlich gemacht, dass es auf der Ebene des Funktionssystems nicht um normal/unnormal gehen kann, sondern nur um Inklusionsvermittlung, Exklusionsvermeidung und Exklusiosnverwaltung (vgl. Bommes/Scherr 1996; Bommes/Scherr 2000: 107). Mollenhauer selbst distanziert sich in den 1980er Jahren von diesem funktionalen Zugang nicht, sondern hat den Schwerpunkt auf die Ebene der Reflexion gesetzt, indem er eine sozialpädagogische Aufgabe herauszuarbeiten versucht. Auf der Ebene der Selbstthematisierung der Sozialpädagogik bestimmt er die Sozialpädagogik wie folgt:
1. Das Größer- und Älterwerden sei ein Bildungsvorgang, der in jeder Gesellschaft seine Gültigkeit als anthropologische Tatsache behalte (vgl. Mollenhauer 1988b: 58).
2. Im Bildungsvorgang seien Vergangenheit und Gegenwart aufeinander bezogen (vgl. Mollenhauer 1988b: 57).
3. Bildung müsse aber unter historisch jeweils spezifischen Strukturen beobachtet werden, wobei zwischen zwanghaften und zwanglosen Strukturen zu unterscheiden sei. Man habe die jeweils pas-

sozialpädagogische Theorie schon beschrieben ist. Der Grad der Neubeschreibung ist „dadurch beschränkt, daß der Bezug auf das bereits Beschriebene erkennbar bleiben muß" (EdG: 199). „Die Kontinuität in den Beschreibungen, die durch das redescription konstruiert wird, liegt in der Selbstreferenz, die dem Gegenstand" (EdG: 200) der Sozialpädagogik unterstellt wird.

## IV.1 Lebensweltorientierte Sozialpädagogik als Hilfe zur Lebensbewältigung

Lebensweltorientierte Sozialpädagogik versteht sich als eine Abkehr vom defizitären, individualisierenden Blick auf soziale Probleme, da sie den Fokus auf die Lebensbewältigung des Adressaten legt. Das Ziel Lebensweltorientierter Sozialpädagogik ist es, Vertrauen aufzubauen, niedrigschwellig zu arbeiten, Zugangsmöglichkeiten zu eröffnen und gemeinsam Hilfepläne zu entwerfen (vgl. Thiersch/Grundwald/Köngeter 2002: 161). Sie versucht, durch Begleitung bestehende Ressourcen der sozialen Unterstützung zu aktivieren und hilfreiche externe Ressourcen zu erschließen (vgl. Thiersch/Grundwald/Köngeter 2002: 162).

Ich werde im Folgenden auf diese einzelnen Begriffe näher eingehen, um zu zeigen, wie das, was im Kontext der „Theorie" der Lebensweltorientierten Sozialpädagogik dargestellt wird, sich durch eine systemtheoretische redescription als sozialpädagogische Theorie professionellen Handelns entpuppt, die Selbstre-

---

sende, dem Alterstypus gerecht werdende entwicklungsfördernde Balance von Zwang und Freiheit zu ermitteln (vgl. Mollenhauer 1988b: 58).
4. Es gelte den Ort als differenzielle Anforderungs- und Antwortstruktur zu beschreiben. Anforderungen bezögen sich sowohl auf objektive Sachfragen als auch auf subjektive Kompetenzen. Wenn diese Dimensionen nicht auftauchen würden, entstehe nur ein psychiatrisch-therapeutisches Setting (vgl. Mollenhauer 1988b: 58).
5. Jedes pädagogische Milieu repräsentiere das gesellschaftliche Umfeld. Es müsse verantwortet und gesellschaftlich gerechtfertigt werden (vgl. Mollenhauer 1988b: 58).
Die Differenz zur Systemtheorie kann auf der Ebene der Reflexionstheorie darin gesehen werden, dass Mollenhauer die Reflexionstheorie anthropologisch zu fundieren versucht, anstatt zu beobachten, wie der Mensch durch Sozialpädagogik konstituiert wird. Dennoch weist auch Mollenhauer analog zur Systemtheorie darauf hin, dass der Zusammenhang zum Leistungs- und zum Funktionsbezug mitreflektiert werden muss.
50 Ich werde zeigen, dass von Handlungstheorie im systemtheoretischen Sinne nur dann gesprochen werden kann, wenn Handeln auf der Ebene der Selbstbeschreibung der sozialen Adressen zu verorten ist. Das setzt eine Distanzierung von der Leistungsrolle der Hilfe voraus. „Intentionales Verhalten wird als Erleben registriert, wenn und soweit seine Selektivität nicht dem sich verhaltenden System, sondern dessen Welt" (Luhmann 1981b: 68), d.h. der Organisation zugerechnet wird. Intentionales Verhalten „wird als Handeln angesehen, wenn und soweit man die Selektivität des Aktes dem sich verhaltenden System selbst zurechnet" (Luhmann 1981b: 68f.). Das heißt, von Handeln kann erst gesprochen werden, wenn derjenige, der sich verhält, sich das Verhalten zuschreibt und nicht einer Rolle, die er ausführt. Das Publikum muss sich anders zeigen, als es der Leistungsträger erwartet hat, damit der Leistungsträger von seiner routinierten Form der Durchführung der Hilfe abweichen kann.

ferentialität des Adressaten als Grundlage für professionellen Handelns (vgl. Schütze 1997: 184, 193; Oevermann 1997) ermöglicht. Die Freiwilligkeit scheint aufgrund der sozialstaatlichen Regulierung Sozialer Arbeit und dem damit einhergehenden doppelten Mandat von Hilfe und Kontrolle kaum möglich zu sein. In der Lebensweltorientierten Sozialpädagogik wird aber dargestellt wie, obwohl die Autonomie professionellen Handelns unwahrscheinlich ist[51], sie doch möglich wird.

Dieses gelingt ihr, indem sie Verhalten, das in den Funktionssystemen des Rechts, der Wirtschaft etc. als soziales Problem angesehen wird, zunächst nicht als soziales Problem betrachtet. Stattdessen wird jedes Verhalten als eine mögliche, prinzipiell gleichberechtigte Form der Lebensbewältigung interpretiert. Dabei handelt es sich um eine höhersymbolische Interpretation der Äußerungen der Adressaten, die auf dem sozialpädagogischem Wissen aufbauen (vgl. Schütze 1997: 183), dass eine solche Interpretation eher dazu führt, dass die Klienten Veränderungen freiwillig annehmen (vgl. Schütze 1997: 193). Entsprechend konstatiert Böhnisch: „Für das pädagogische Verstehen von abweichendem Verhalten gilt, daß dieses solchermaßen öffentlich etikettierte und sanktionierte Verhalten in seinem Kern auch als Bewältigungsverhalten, als subjektives Streben nach situativer und biografischer Handlungsfähigkeit und psychosozialer Balance in kritischen Lebenssituationen und -konstellationen erkannt wird" (Böhnisch 1998: 11). So kann z.B. der Drogenkonsum zunächst als „ein Teil einer Gesamtheit von Lebensstrategien, mit denen einzelne Individuen versuchen, ihren Alltag zu bewältigen" (Reinl/Stumpp 2001: 302) angesehen werden. Das Drogenproblem ist als Bewältigungsform systemtheoretisch gesprochen eine Problemlösung für ein Bezugsproblem[52] (vgl. Nassehi 1995: 366).

Wenn diese Form der Lebensbewältigung aber zur dominanten Bewältigungsstrategie des Alltags wird, die letztlich ins Gegenteil führen kann, wird die Bewältigungsstrategie als Problem ausgewiesen (vgl. Reinl/Stumpp 2001: 302).

Der Adressat nimmt einen „Modus der Differenz" ein, der eine „Aneignung" verhindert (Winkler 1988: 153). Dies stellt erst dann einen Erziehungsbe-

---

Wenn er in der Abweichung ein Autonomiepotential erkennt, schreibt der Professionelle dem Adressaten eine autonome Handlung zu, auf die er handelnd eingeht, indem er sie sozial validiert. Dadurch „behandeln" sie sich als nichttriviale Systeme, was als Bedingung der Möglichkeit bezeichnet werden kann, „Akteur" zu sein. In diesem Sinne kann auch in der Systemtheorie von einer Handlungstheorie gesprochen werden, der es um die Transformation von Erleben in Handeln geht.
51 Schütze führt konkret aus, dass die Profession in innerbetriebliche und gesellschaftliche Organisationsstrukturen eingebettet sei, „die sie einerseits für die Steuerung ihrer kompexen Arbeitsabläufe nutzt. Anderseits sieht sie sich aber auch in der Gefahr, von diesen Organisationsstrukturen ungebührlich kontrolliert zu werden" (Schütze 1997: 185).
[52] Bezugsproblem wird in der Systemtheorie nicht ontologisch verstanden. Jede Problemlösung kann durch Fortschreiten der Kommunikation zu einem Problem dekomponiert werden.

darf und damit einen Leistungsanspruch auf Hilfe dar, wenn das Wohl nicht „gewährleistet" ist, und berechtigt dann zum Eingriff nach § 1666 BGB, wenn durch das Verhalten des Adressaten unmittelbar „Gefährdungen" für sein Wohl ausgehen (vgl. Münder u.a. FK-SGB VIII § 27 RZ 5, RZ 29). Dadurch wird der Adressat zunächst als ein sinnvoll Handelnder bestimmt, der möglicherweise wahrnimmt, dass das, was er mit dem Drogenkonsum bewirken wollte, nicht mehr dem entspricht, was die Drogen in der Gegenwart für ihn bedeuten. Das heißt, dass auch aus seiner Perspektive die Problemlösung möglicherweise gegenwärtig selbst zum Problem geworden ist. Das setzt aber eine Transformation des Blicks des Adressaten voraus, welche ihm erlaubt, sein Verhalten anders zu sehen, als er es scheinbar bisher gesehen hat. Aus der systemtheoretischen Perspektive handelt es sich um eine „funktionale Methode" als eine „vergleichende Methode", deren Einführung in die Realität dazu dient, „das Vorhandene für den Seitenblick auf andere Möglichkeiten zu öffnen. Sie ermittelt letztlich Relationen zwischen Relationen: Sie bezieht etwas auf einen Problemgesichtspunkt, um es auf andere Problemlösungen beziehen zu können. Und ‚funktionale Erklärung' kann demzufolge nichts anderes sein als die Ermittlung (im Allgemeinen) und Ausschaltung (im Konkreten) von funktionalen Äquivalenten" (SozSys: 85). Darum überrascht es nicht, wenn Treptow in seinem Buch „Raub der Utopie" von „Handlungsäquivalenten" (Treptow 1985: 172) spricht. Der Ausdruck verweist darauf, dass die „Biographisierung" (Böhnisch 1997: 63) des Lebenslaufs sich in einer bestimmten Weise vollziehen soll, und zwar so, dass der Adressat einen Lebensstil entwirft, nach dem die sozialen Systeme ausgerichtet werden sollen, so dass er sich dazu entscheiden kann, in diese inkludiert zu werden. Dadurch kann der Adressat sich selbst- anstatt fremdreferentiell attribuieren, was bedeutet, sich *Handeln* und nicht Erleben zuzuschreiben. Die Biographisierung des Lebenslaufs durch Sozialpädagogik ist auf einen Präferenzwert ausgerichtet, der sich dadurch auszeichnet, dass der Adressat sich in der Kommunikation selbst Handeln anstatt Erleben zuschreibt. Um diese These zu belegen, möchte ich zunächst auf die zentralen Begriffe von Lebenslauf und Biographie im Kontext der auf Lebensbewältigung ausgerichteten Sozialpädagogik näher eingehen.

Der Lebenslauf ist „ein Insgesamt von Ereignissen, die in einer zeitlichen Abfolge stehen, als solche aber durch ihren sukzedierenden Charakter mit der Zeit verschwinden [...] Zugleich ist unter Lebenslauf auch ein standardisiertes Muster zu verstehen, etwas in Form gesellschaftsuniversaler oder gruppenspezifischer normaler Ablaufregeln oder als normativ aufgeladenes zeitliches Muster von Anforderungen, die in einem Leben zu erfüllen sind" (Nassehi 1995: 11). In diesem Zusammenhang wird in der Sozialpädagogik von der „Institutionalisierung" des Lebenslaufs (vgl. Schefold 1993: 22) gesprochen, da sie auf einen sozial geregelten Ablauf der Ereignisse wie Geburt, Familie, Kindergarten, Schule, Ausbildung etc. verweist.

Die Biographie ist systemtheoretisch gesprochen die „Beobachtung des Lebenslaufs" (Nassehi 1995: 11) aus der Perspektive des Individuums (vgl. Schefold 1993: 22), das den Lebenslauf als standardisiertes Muster vollzieht. Die biographische Erzählung, die von der Lebensweltorientierten Sozialen Arbeit durch den Blick auf die zurückliegende Lebensbewältigung erwartet wird, ist ein „gegenwartsbasierter, vergangene Ereignisse beobachtender Text", der den Lebenslauf „für ein Individuum" zum Thema macht und eine „Realität eigener Art" aufweist (vgl. Nassehi 1995: 12). Die Biographie trägt dazu bei, dass der Lebenslauf individualisiert[53] wird (vgl. Luhmann 2004b: 268f.), indem sie durch die „temporale Einheit des Bewusstseins" das Gewordensein nachzeichnet, „um sich im Lichte temporal geordneter Ereignisse selbst zu identifizieren. In eine solche Beschreibung gehen jedoch nicht alle erlebten und gelebten Ereignisse ein, sondern nur eine vom Bewusstsein selbst vorgenommene Auswahl, wobei unter Auswahl keineswegs ein quantitativer Teil eines substantiell vorhandenen Kontingents von Erfahrungen zu verstehen ist, sondern eine aus einer Erinnerungsgegenwart resultierende, qualitativ völlig neu zu bewertende Realität eigner Art" (Nassehi 1995: 29), die dadurch konstituiert wird, dass eine individuumsspezifische Selektion von Ereignissen des Lebenslaufs vorgenommen wird (vgl. Böhnisch 1997: 30).

In der Lebensweltorientierten Sozialpädagogik spielt weniger der Lebenslauf, sondern die Lebensgeschichte eine zentrale Rolle. Der Adressat erzählt seine Lebensgeschichte als eine Aufeinanderfolge von Ereignissen. Sie liefert keine Begründungen, da eine Begründung angesichts dessen, dass auch, wenn man sich noch so sehr bemüht, immer etwas verschweigen wird. Stattdessen bietet die Lebensgeschichte eine „Präsentation von Ordnung" (Luhmann 2004b: 268). Dabei erscheinen die Ereignisse nicht zufällig, sondern als notwendigerweise aufeinander folgend, was einer „Beweisführung" gleichkommt, dass die Dinge nur so und scheinbar nicht anders haben laufen können (vgl. Luhmann 2004b: 269). Die Lebensbewältigungsgeschichte ist eine fiktionale Erzählung, die nicht wirklich Geschehenes mit dem Anschein von Wahrheit wiedergibt, sondern es werden dem Sozialpädagogen gegenüber Details besonders hervorge-

---

[53] In der Lebensgeschichte „präsentiert das Individuum sich selbst in seiner Individualität, in seinem Anderssein, in seiner Unvergleichbarkeit. Obwohl alle Komponenten eines Lebenslaufs auch auf andere zutreffen können – alle werden geboren, alle sündigen, viele gehen zur Schule, selbst Geschlechtsumwandlungen kommen auch bei anderen vor – ist die sequentielle Kombination jeweils auf Einzigartigkeit hin stilisiert" (Luhmann 2004b: 269).

hoben und andere weggelassen[54] und durch die Erzählung mit „Wahrscheinlichkeiten" (Luhmann 2004b) garniert.
Die Lebensbewältigungsgeschichten beziehen sich auf Krisen oder Übergänge als signifikante „Kristallisationspunkte" (Böhnisch 1997: 29). Sie stellen „Gefahrenpunkte" für eine kontinuierliche Fortschreibung der Lebensgeschichte dar, da sie auf eine Diskontinuität hinweisen. Die Diskontinuitäten, die sich in der biographischen Erzählung der Lebensbewältigung zeigen, sind aber keine des realen Lebens, sondern erinnerte Erfahrungen, die sich selbst reproduzieren (vgl. Nassehi 1995: 33). Die Lebensbewältigungsgeschichten weisen eine klassische Form, die sie vom Roman kopiert haben, auf. Es werden vor allem Probleme wie Liebe und sanktionierende Macht dargestellt und mit Spannung aufgeladen. Während die sanktionierende Macht im Vordergrund der Lebensbewältigung steht, läuft Liebe als „Gegenhorizont" im Hintergrund sozusagen als nicht eingetretene Erwartungsstruktur mit. „Die Spannung fungiert gewissermaßen als Realitätsäquivalent" (Luhmann 2004b: 292) und das zurückliegende Problem ermöglicht dem Sozialpädagogen Rückschlüsse auf Ressourcen und Risikofaktoren der Lebensbewältigungsgeschichte zu ziehen. Ressourcen sind diejenigen Darstellungen, in denen sich ihre Erwartungsstruktur erfüllt hat und ihnen in Krisen soziale Unterstützung zukam. Risikofaktoren sind die Darstellungen, die auf eine sanktionierende Macht hinweisen und die zur fremd- anstatt zur selbstreferentiellen Attribuierung beitragen und damit die „Verlaufskurve des Erleidens" (Schütze 1995) vorantreiben[55]. Sie verweisen auf Brüche im Lebenslauf, die sie aber

---

[54] Salomons „Soziale Diagnose" zeigt deutlich, wie sie bemüht ist, durch soziale Diagnose diese Irrationalitäten auszuräumen, um der Wahrheit auf den Grund zu gehen.

[55] Verlaufskurven haben folgenden Ablauf:
„Zumeist allmählicher Aufbau eines Bedingungsrahmens für das Wirksamwerden einer Verlaufskurve: des Verlaufskurvenpotentials; dieses hat in der Regel eine Komponente biographischer Verletzungsdispositionen und eine Komponente der Konstellation von zentralen Widrigkeiten in der aktuellen Lebenssituation [...] Diese beiden Komponenten wirken mit Falltendenz ineinander; die Falltendenz ist dem Betroffenen mehr oder weniger verborgen" (Schütze 1995: 129).
Darauf folgt eine „plötzliche Grenzüberschreitung des Wirksamwerdens des Verlaufskurvenpotentials in dem Sinne, daß der Betroffene seinen Lebensalltag nicht mehr aktiv-handlungsschematisch gestalten kann; stattdessen dynamisiert und konkretisiert sich das zuvor latente Verlaufskurvenpotential zu einer übermächtigen Verkettung äußerer Ereignisse, auf die der Betroffene zunächst einmal nur noch konditionell reagieren kann" (Schütze 1995: 129).
Darauf folgt im dritten Schritt „der Versuch des Aufbaus eines labilen Gleichgewichts der Alltagsbewältigung" (Schütze 1995: 129). Da die Handlungskompetenz des Betroffenen fehlt, kann die Verlaufskurve nicht unter Kontrolle gebracht werden.
Im nächsten Schritt entsteht eine Entfremdung, wodurch das labile Gleichgewicht der Alltagsbewältigung sich entstabilisiert (vgl. Schütze 1995: 129). Es wird auf einen Problemaspekt fokussiert und dabei werden andere vernachlässigt (vgl. Schütze 1995: 130).
Darauf folgt der Zusammenbruch der Alltagsorganisation und der Selbstorientierung (vgl. Schütze 1995: 130).

nicht objektiv darstellen können, da die Differenz zwischen Lebenslauf und Lebensgeschichte unterwandert würde. Hingegen ist nur die Einheit der Differenz von Lebensgeschichte und Lebenslauf zu bearbeiten. Entsprechend gibt der biographische Text „nicht einen objektiven ehemaligen Handlungsverlauf wieder, sondern nur eine aus einer Gegenwart heraus produzierte perspektivische, ‚subjektive' Sicht von ‚objektiven' Lebensverläufen" (Nassehi 1995: 34). Die Biographisierung ist aus funktionalistischer Perspektive insbesondere dann notwendig (Bedarf an Biographisierung), wenn Umweltkomplexität nicht mehr handhabbar erscheint. Es besteht dann die Notwendigkeit, eine der „Umweltkomplexität entsprechende Systemkomplexität" (Nassehi 1995: 36) des Bewusstseins aufzubauen. Die Krisen, die in den Lebensbewältigungsgeschichten als immer wieder auftauchendes Muster dargestellt werden, weisen darauf hin, dass eine Lebensbewältigung nicht gelungen ist. Zwar kann ein objektives Ereignis wie Missbrauch vorgelegen haben, aber der Sozialpädagoge weiß, dass es Personen gegeben hat, denen es möglich gewesen ist, diese zu bewältigen. Bewältigung bedeutet, dass diese Personen dieses Ereignis nicht mehr „benutzen", um zu zeigen, dass immer die Umwelt schuld ist, was zur Dynamisierung der Verlaufskurve des Erleidens beiträgt (fremdreferentielle Attribuierung). Ihnen gelingt es bezogen auf gegenwärtige Ereignisse Kommunikation tendenziell selbstreferentiell zu attribuieren. Das setzt voraus, dass sie Situationen arrangieren, indem sie z.B. den Kontakt zu (potentiellen) Tätern vermeiden, und dass sie dieses Arrangement als selbstgewählt wahrnehmen. Aber auch hier ist die Lebensgeschichte nicht rein selbstreferentiell, sondern Selbst- und Fremdreferentialität verschlingen sich wechselseitig, indem die Person selbstgewählt das Ereignis des Missbrauchs veröffentlicht. Dadurch wird ihr die Möglichkeit gegeben, dass eine Situation arrangiert wird, in der sie sich dem potentiellen Missbrauch nicht aussetzen muss. Das setzt Strukturen der sozialen Sicherheit voraus, die strukturell mit der Entwicklung des Sozialstaats gegeben sind (vgl. Böhnisch 1997: 52). Den Schritt zu gehen, das Ereignis des Missbrauchs öffentlich zu machen, ist wahrscheinlicher, wenn diese Alternativen in der Umwelt nicht nur existieren, sondern im Bewusstsein als für die eigene Lebensgeschichte als relevant bewusst werden (vgl. Luhmann 2004b: 275), was, wenn sie gewählt werden, auch Konsequenzen für den Lebenslauf haben kann, da eine Destan-

---

Danach folgt eine „theoretische Verarbeitung des Orientierungszusammenbruchs und der Verlaufskurve; die Erfahrung der totalen Handlungsunfähigkeit, Fremdheit sich selbst gegenüber und Weltentzweiung zwingt den Betroffenen zu radikal neuen Definitionen der Lebenssituation" (Schütze 1995: 130). Sie bezieht sich auf die Erklärungen der Bedingungen des Erleidensprozesses, auf die moralische Einschätzung und die Ausbuchstabierung der Auswirkungen des Erleidensprozesses auf die Lebensführung (vgl. Schütze 1995: 130).
Zum Schluss folgen praktische Versuche der Bearbeitung und Kontrolle der Verlaufskurve und/oder der Befreiung aus ihren Fesseln.

dardisierung des Lebenslaufs eingeleitet wird. Diese wiederum erhöht die Umweltkomplexität aus der biographischen Perspektive, da standardisierte Muster nicht vorliegen, weswegen der Bedarf an biographischer Reflexion wächst. Wenn diese in den primären Unterstützungsnetzwerken wie der Familie oder dem Freundeskreis nicht vorhanden ist, entsteht ein Bedarf für Hilfe und damit ein Bedarf für Lebensweltorientierte Sozialpädagogik (vgl. Böhnisch 1997: 51f.).

## IV.2 Milieuorientierung in der Lebensweltorientierten Sozialpädagogik

Milieu verweist, so Böhnisch, auf ein „sozialwissenschaftliches Konstrukt, indem die besondere Bedeutung persönlich überschaubarer, sozialräumlicher Gegenseitigkeits- und Bindungsstrukturen – als Rückhalte für soziale Orientierung und soziales Handeln – auf den Begriff gebracht ist" (Böhnisch 1997: 50). Damit verweist Böhnisch auf die kommunikative Form der Biographisierung des Lebenslaufs, die charakteristisch für Sozialpädagogik ist, da die Lebensgeschichte nicht sich selbst, sondern dem Sozialpädagogen erzählt wird. „Diese Biographien operieren nicht per psychischer Selbstreferenz der Beteiligten. Sie sind nicht Ausdruck psychischer biographischer Identitäten, sondern sie sind kommunikative Thematisierungen von Lebensläufen. Was wir empirisch wahrnehmen können, ist also niemals eine wie und wo auch immer vermutete psychische Substanz biographischer Identität, sondern ausschließlich biographische Kommunikation" (Nassehi 1995: 63). Sie vollzieht sich in der Familie oder im Freundeskreis, die durch Liebe als eine Form „interpersonaler Interpenetration" gekennzeichnet ist (vgl. Luhmann 1993). Als private Beziehungen weisen sie sich durch eine „psychosoziale Dichte und Geschlossenheit" aus, aber auch durch eine „in ihnen vermittelte Spannung von Individualität und Kollektivität" (Böhnisch 1997: 50). Wie kann aber Sozialpädagogik als Profession „quasi-privat" werden, d.h. ein funktionales Äquivalent für die Familie bzw. die Freunde darstellen, die die Funktion der Reproduktion der Individuen in der funktional differenzierten Gesellschaft nicht mehr hinreichend erfüllen?

Die Antwort ist schlicht und einfach: Sie muss so kommunizieren, als ob sie Familie wäre, d.h., sie muss die Semantik der Liebe benutzen, um ein funktionales Äquivalent darzustellen, ohne dass sie deswegen zur Ersatzfamilie wird. Dann wäre sie kein funktionales prinzipiell gleichwertiges Äquivalent, sondern würde vielmehr zur Ersetzung, d.h. zur Entdifferenzierung beitragen. Das wäre nur die Grenze des Möglichen, aber aus der Perspektive der funktional differenzierten Gesellschaft sehr unwahrscheinlich, da es keine spezifisch eigene Funktion aufweisen kann. Das heißt, professionelle Lebensweltorientierte Sozialpädagogik muss wie eine Familie kommunizieren und doch keine Familie sein, weswegen ich von einer quasi-privaten Konstellation spreche. Das bedeutet, dass Abweichungen nicht bestraft werden, sondern als Ausdruck der Eigenwilligkeit einer Person gedeutet werden, wodurch der Adressat als „ganze Person" wahrgenommen wird. Das heißt, dass das Erkennen von Differenzen zwischen dem institutionalisierten Lebenslauf und der Lebensgeschichte nicht aufgedeckt werden darf, auch wenn man durch Akteninformation etc. zu wissen meint[56], dass es nicht so gewesen ist, wie der Adressat berichtet[57]. Es kann vielmehr als sinnvoller Versuch interpretiert werden, der darauf zielt, Achtung zu erhalten, was die Voraussetzung dafür ist, um das Leben selbst bestimmen zu können. So gesehen ist die verblendete Selbstdarstellung ein Versuch, Diskontinuität in die Lebensgeschichte einzuführen, indem eine Kommunikation eröffnet wird, die, wenn sie entsprechend durch den Sozialpädagogen validiert wird, als Erfahrung von „Liebe" als Unterstützung in seinem Versuch, sein Leben selbst zu bestimmen, eingehen kann. Der Sozialpädagoge hat eine spezifische Art und Weise des Umgangs mit der verblendeten Selbstdarstellung[58]. Aber wenn etwas verblendet ist, bedeutet es zugleich, dass latent im Hin-

---

56 Schütze weist auf die Dekontextualisierung des Aktenwissens hin, die zu typisierenden generalisierenden Urteilen führen und dazu beitragen, dass die Besonderheit der Lebensgeschichte übersehen werde (vgl. Schütze 1997: 212f.)
57 Dadurch unterscheidet sich die Lebensweltorientierte Sozialpädagogik von der „Sozialen Diagnose" Alice Salomons'. Sie weist zwar darauf hin, dass das Material, das der Sozialarbeit zugrunde liegt, sich vom Material der Naturwissenschaften unterscheidet, da es nicht die gleiche Beweiskraft habe, da sie auf Zeugenaussagen angewiesen sei (vgl. Salomon 2004: 262). Dabei versucht sie, die soziale Diagnose analog zur Beweisaufnahme der Juristen zu entwickeln, indem sie zwischen Tatsachen, Aussagen und Indizienbeweisen unterscheidet (vgl. Salomon 2004). Dabei haben auch bei Salomon diejenigen Tatsachen die höchste Beweiskraft, die durch die soziale Diagnose ans Licht gebracht werden müssen. Deswegen gibt sie Anregungen dafür, wie dieses Ziel zu erreichen ist, indem sie schreibt: „Den verwahrlosten Jugendlichen fragt man nicht, ob er raucht, sondern man sagt: „Lassen Sie, mich mal Ihre Hände sehen" (Salomon 2004). Dadurch geht es ihr nicht um die Darstellung der Lebensgeschichte der Adressaten, sondern um die sozialen Tatsachen und damit um den institutionalisierten Lebenslauf, der sich an diesem Beispiel in der Form der Krankheitskarriere zeigt. Salomon weist selbst darauf hin, dass eine solche soziale Diagnose Misstrauen hervorrufen könnte, so dass sie empfiehlt: „Der soziale Arbeiter soll also alles Material unter dem Gesichtspunkt der Kompetenz und der Objektivität der Auskunftspersonen kritisch prüfen und werten. Natürlich ist zu viel Misstrauen ebenso gefährlich wie zu weit gehendes Vertrauen" (Salomon 2004). Das heißt, nachdem sie das Problem produziert hat, dass sie den Lebensgeschichten der Adressaten nicht glaubt und als Auftrag formuliert, hinter die Geschichten auf die soziale Tatsachen zu schauen, wird sie mit dem Problem der Vertrauensbildung bezogen auf den Klienten konfrontiert, was sie durch das richtige Maß zu lösen versucht. Das bedeutet aber zugleich, dass der Wahrheitsgehalt der sozialen Tatsachen doch nicht allzu sehr ins Licht rücken darf, da es Voraussetzungen für eine Zusammenarbeit zerstören würde.
58 Die Einheit der Differenz von Lebensgeschichte und Lebenslauf verweist systematisch auf den blinden Fleck der Beobachtung, der dadurch entsteht, dass die Lebensgeschichte immer eine Selektion von Ereignissen ist.

tergrund alternative Möglichkeiten mittransportiert werden, die im Kontext der Lebensweltorientierten Sozialen Arbeit fokussiert werden. Anstatt also zum Gesichtsverlust des Adressaten beizutragen, indem darauf hingewiesen wird, dass er nicht die Wahrheit gesagt hat, geht es nun darum, „gesichtswahrende" Techniken einzusetzen. Von Technik kann deswegen gesprochen werden, weil es der bewusste Einsatz von Liebe als Achtungskommunikation ist, welche sich nicht natürlich eingestellt hat, sondern künstlich hergestellt wird, weil man um den Effekt der gesichtswahrenden Kommunikation als quasi-privater Kommunikation weiß. Sozialpädagogik als Lebensweltorientierte Sozialpädagogik erwartet nicht das Erzählen „wahrer Geschichten", sondern Abweichungen von dem, was wahr zu sein scheint, wird als Zeichen für Emanzipation von dem Muster gesehen, die Umwelt als sanktionierende Macht zu attribuieren. Das heißt, es wird ein sozialpädagogisches Schema erstellt, indem gleiche Ereignisse anders, also nicht mehr negativ, sondern als Potential attribuiert werden, um das, wogegen die Adressaten sich richten, so zu verändern, dass sie bereit sind, in Lebensweltorientierte Sozialpädagogik als soziales System inkludiert zu werden. Durch dieses auf den „Kopf-Stellen" der alltagsweltlichen Interpretation und dem Wissen um die Wirkung, wird die höhersymbolische Interpretation der Äußerungen besonders deutlich (vgl. Schütze 1997: 183).

Dadurch entsteht eine „self-fulfilling-prophecy", egal ob die dargestellte Annahme, dass es sich um das Motiv (psychisches System) einer Suche nach Anerkennung handelt, zutrifft oder nicht. Sie wird vielmehr kommunikativ validiert. Der Adressat wird durch diese Konstellation in die Lage versetzt, Kommunikation fortzusetzen, die er sich selbst zuschreibt. Dadurch ist die kommunikative Form der Lebensgeschichte als gegenwartsbasierter Reflexion vergangener Ereignisse diejenige, die den Gegenhorizont der Lebensbewältigungsgeschichte, die Erwartbarkeit von Liebe als soziale Unterstützung zur Selbstbestimmung selbst aktualisiert. Sie führt eine Differenz zwischen Vergangenheit und Zukunft ein und trägt zur Individualisierung des Lebenslaufs bei, indem Offenheit eingeführt wird[59]. Sie ist sozusagen selbst der Wendepunkt, der die vergangenen Krisen in einer anderen Art und Weise bearbeitet, als es in der auf vergangene Ereignisse bezogenen Lebensgeschichte dargestellt wird. Diese kommunikative Form biographischer Erzählungen weist darauf hin, dass etwas geschehen ist, was auch anders hätte verlaufen können (vgl. Luhmann 2004b: 267). Die kom-

---

59 Die Individualität des Lebenslaufs hat im Unterschied zu dem Konstrukt der „Identität" (Winkler 1988: 148) den Vorteil, dass die Offenheit der Zukunft möglich ist, was bei dem Begriff der Identität nicht der Fall ist (vgl. Luhmann 2004b: 266). Zwar betont Winkler deutlich die Zukunftsoffenheit, wenn er vom „Modus der Identität" spricht, dabei trägt er aber zur Überstrapazierung des semantischen Gehalts des Begriffs bei, der auf das Identischsein und nicht vorwiegend auf die Differenz verweist.

munikative Form der biographischen Erzählung zwischen Sozialpädagogen und Adressaten ist selbst eine bestimmte Bewältigungsform, die den Lebenslauf als Einheit der Differenz von Vergangenheit und Zukunft (vgl. Luhmann 2004b: 267) diskontinuierlich fortschreibt. Die sozialpädagogische Intervention kann selbst eine Komponente des Lebenslaufs sein, die in der Lebensgeschichte wieder als Einheit der Differenz von Lebensgesichte und Lebenslauf dargestellt wird. Ob sie als diskontinuierliches Ereignis vom psychischen System wahrgenommen wird, ist nicht zu determinieren, sondern nur in der Fortsetzung der kommunikativen Form der biographischen Erzählung für den Sozialpädagogen erkennbar. Dann geht es aber um die Selbstreferentialität des Interventionssystems, auf die ich durch die Ausführungen zum kritischen Blick in der Lebensweltorientierten Sozialen Arbeit näher eingehen möchte.

### IV.3 Der kritische Blick in der Lebensweltorientierten Sozialpädagogik

Durch Lebensweltorientierte Sozialpädagogik wird der Adressat in eine Situation gesetzt, in der Ereignisse unter dem Blickwinkel, dass es auch anders sein könnte, beobachtet werden. Das heißt, die alltäglichen Praktiken können ein zweites Mal erfasst werden, indem sie als kulturelle Phänomene beschrieben werden, wodurch aber die Möglichkeit der Dekomposition aller Probleme mitgegeben ist (vgl. Luhmann 1995: 41f.). Kultur formuliert ein Problem der „Identität", das sie aber für sich selbst nicht lösen kann, also nur problematisiert (vgl. Luhmann 1995: 41f.). Da Identität, Authentizität, Echtheit und Originalität nicht vergleichbar sind und Vergleichbarkeit Grundlage von Kultur ist, werden sie zu Problembegriffen und durch Differenzbegriffe ersetzt. Einzigartigkeit lässt „sich nicht kommunizieren. Jeder Versuch dekonstruiert sich selbst, weil die konstative Komponente der Kommunikation durch die performative Komponente, die Information durch ihre Mitteilung widerlegt wird" (Luhmann 1995: 51). Kultur sei, so Baecker, das Gedächtnis des sozialen Systems, „als je aktuelle Operation des Einwands ausgeschlossener Möglichkeiten gegen wahrgenommene Möglichkeiten" (Baecker 2003: 81). Da die Kultur laufend einen performativen Widerspruch produziert, der darin besteht, dass sie die Möglichkeiten, die sie sieht (also einschließt), zugleich als übersehene (als ausgeschlossene) Möglichkeiten beschreibt, widerlegt sie sich laufend selbst. Sie „kann mit dieser Paradoxie nur umgehen, indem sie sich in einen Abstand zu und Widerspruch zur Gesellschaft bringt" (Baecker 2003: 83). Genau das versucht Thiersch indem er sich auf Kosik bezieht und von der „Pseudokonkretheit" der Praxis des Alltags spricht (Thiersch 1996: 221). Praxis sei durch die jeweils spezifischen historischen und gesellschaftlichen Widersprüche geprägt, die aber als Grundlage zur weiteren

Entwicklung genommen werden können, sofern die Widersprüche als solche herausgearbeitet werden und dadurch zu „bewussten", „also gleichsam qualifizierten" (Thiersch 1996: 221) werden. Thiersch verortet durch Bezug auf Kosik die Widersprüche in der Gesellschaft und bringt diese mit der Möglichkeit der Entfremdung durch gesellschaftliche Strukturen in Verbindung, die zur Uneigentlichkeit, zur „Pseudokonkretheit" des Alltags führen[60]. Entsprechend heißt es im Kontext des Drogenkonsums: „Drogengebrauch und Sucht entstehen innerhalb der Strukturen der Lebenswirklichkeit von Einzelnen, die in der Normalität der Gesellschaft angelegt sind, also Ungleichheiten, Spannungsfelder von Individualisierung und Pluralisierung" (Reinl/Stumpp 2001: 302) zur Drogensucht beitragen. Es stellt sich aber die Frage, auf welcher Ebene die Widersprüche zu verorten sind. Aus systemtheoretischer Perspektive kann gezeigt werden, dass es sich weniger um gesellschaftliche Widersprüche handelt, sondern diese vielmehr Resultat eines kulturellen Blicks sind, der von der Sozialen Arbeit als „funktionale Methode" verwendet wird. Wenn in der Lebensweltorientierten Sozialen Arbeit zwischen den gesellschaftlichen Strukturen und der Autonomie des Subjekts unterschieden wird, ist dieses nur durch den Kulturkontakt mit dem Fremden, in diesem Fall dem professionellen Helfer, möglich. „Vor dem Kontakt weiß sie [die Kultur; B.H.] nicht, dass sie eine [Lebensbewältigungs-; B.H.]Kultur ist. Erst der Kontakt zwingt sie, aus der Erfahrung des Fremden [...] auf ein Eigenes zu schließen" (Baecker 2003: 16). Das Eigene kann erst mit dem Kontrast zum Fremden gewonnen werden. „Jenes Eigene, das sich als Eigenes behaupten will, kann es dann schon nicht mehr sein, weil es unmöglich ist, das Fremde als Anlaß der Behauptung des Eigenen aus dieser Behauptung wieder herauszustreichen" (Baecker 2003: 16f.)[61].

Was bedeutet dies aber für die der Lebensweltorientierten Sozialen Arbeit zugrunde liegende Norm der Authentizität? Authentizität bedeutet systemtheoretisch gesehen, dass Kommunikation nicht als Erleben und damit fremdreferentiell, sondern als Handeln, d.h. selbstreferentiell sowohl vom Adressaten als auch

---

60 Prange wirft Thiersch vor, dass es sich dabei um eine „beherrschte Schizophrenie" handle und unklar sei, ob Autonomie gegeben oder erstrebenswert sei (vgl. Prange 2003: 301). Deswegen würde das Konzept Beschreibung und Programm vermischen (vgl. Prange 2003: 296). Wenn aber die Lebensweltorientierung durch eine Beobachterperspektive konstituiert ist, die eine Verdoppelung (Zeichen und Sache) zur Folge hat, kann es nur das Ziel einer Theorie der Kultur sein, mit dieser doppelten Bewertungsmöglichkeit umgehen zu lernen (vgl. Baecker 2003, 115). Es muss also im Folgenden überprüft werden, inwieweit dieser Umgang mit der doppelten Bewertungsmöglichkeit der Lebensweltorientierten Sozialpädagogik gelingt.

[61] Dieses Bewusstsein, wie das Eigene das Fremde mitkonstituiert, ist in der Lebensweltorientierten Sozialpädagogik nicht deutlich herausgearbeitet worden. Die Authentizität der Lebenswelt der Adressaten scheint dem sozialen Handeln vorauszugehen (vgl. Grunwald/Thiersch 2001: 1138f.), was aber bedeutet, ethnozentrisch zu sein, da die Lebensweltorientierung auf andere Kulturen und nicht auf die eigene bezogen ist (vgl. Baecker 2003: 117).

vom Sozialpädagogen attribuiert wird, d.h., dass die Lebensgeschichten als „wahre" Geschichten geglaubt werden und sich dieser Glaube in der Kommunikation widerspiegelt. Das gelingt ihr, indem sie sich als Kultur etabliert, welche sich gegen gesellschaftliche Fremdreferenz immunisiert. Sozialpädagogik stellt sich gerade zu Beginn der Kontaktaufnahme dem Adressaten so dar, als sei sie selbst kein soziales System, sondern es wird die Illusion erzeugt, dass sie auf persönlichem Vertrauen basiere[62]. Dadurch wird der Adressat in der Art und Weise, wie er sich selbst darstellt, geachtet. Dabei ist offensichtlich, dass der Sozialpädagoge dafür bezahlt wird, persönliches Vertrauen künstlich herzustellen, um die Verlaufskurve der Abweichung in eine der Integration zu transformieren. Der illusorische Charakter dieser Selbstdarstellung wird dabei genauso offensichtlich wie derjenige der Adressaten bei der Erzählung ihrer Lebensbewältigungsgeschichte. Achtungskommunikation funktioniert danach nur, wenn beide darauf verzichten, die Illusion des jeweils anderen aufzudecken. Das heißt, auch der Adressat muss in der Kommunikation die Selbstdarstellung des Sozialpädagogen, dem es um persönliches Vertrauen geht, validieren. Dadurch wird scheinbar das hergesellt, was Böhnisch als Milieu bezeichnet hat, und doch

---

[62] Bernfelds Bericht über einen ernsthaften Versuch neuer Erziehung im Kinderheim Baumgarten legt deutlich Zeugnis davon ab. Bernfeld zeigt auf, wie er versucht, die Verwaltung zu unterwandern und die Erziehung ganz und gar seiner persönlichen Verantwortung zu unterwerfen, woran dieser Versuch letztlich auch scheiterte (vgl. Bernfeld 1996: 10), da das Kinderheim von der Verwaltung geschlossen wurde. In Bernfelds Darstellung ist die Ursache für den Misserfolg in der Verwaltung zu verorten und nicht in dem illusorischen Charakter seines Versuchs. In dem Bericht sind eine Fülle von Beispielen zu finden, wie es sich aus pädagogischer Perspektive gerade um einen gelungenen Versuch von Erziehung gehandelt hat. Ich möchte aber im Folgenden nur eines von vielen möglichen Beispielen aus dem Bericht herausgreifen:
Bernfeld schildert einen Konflikt, der sich entspinnt, als die Schüler um eine Erteilung der Ausgangserlaubnis baten. Diejenigen, die den Ausgang von ihrem Taschengeld nicht finanzieren konnten, sollten durch die Unterschrift einer Ausgangsbescheinigung seitens des Direktors die entsprechend notwendige materielle Unterstützung erhalten. Bernfeld stellt dar, dass von ihm als Direktor des Kinderheims erwartet wurde, dass er seine Machtfülle nutze, um zu überprüfen, ob nur diejenigen Geld beantragen, die berechtigt sind. „Ich sagte den Kindern aber bloß, daß die meisten gelogen hätten, und daß dies überflüssig sei, denn sie hätten Anrecht auf Ausgang, einerlei, wohin sie gingen [...] Und augenblicklich wurde die Zahl der Lügen geringer, aber sie glaubten mir nicht recht, und ein paar führten mich in Versuchung. Einer sagte, er gehe ins Kino, ein anderer, er wolle so ein bisschen in die Stadt gehen'. Das maßlose Staunen der anwesenden Kinder, als ich einfach dem einen gute Unterhaltung wünschte und den anderen auf die Kompliziertheit des Stadtanschlusses der Tramway aufmerksam machte, lässt sich nicht beschreiben. Ihre Weltanschauung ging in Brüche, denn sie waren sicher gewesen, nun endlich das Donnerwetter hereinbrechen zu sehen, dessen Fehlen sie seit dem Betreten des Baumgartner Lagers in eine unheimliche, nicht dagewesene Situation versetzt hatte, eine Situation, deren völliger Uneinordnungsbarkeit gegenüber ‚kein Rat blieb, als grenzenlos zu lieben'" (Bernfeld 1996: 38). Das persönliche Vertrauen sollte die Grundlage dafür bilden, dass die Kinder aus sich heraus das Bedürfnis nach Ordnung spürten und dadurch nach Möglichkeiten suchten, diese herzustellen. Da sie selbst entworfen waren, waren die Bedingungen bereitgestellt, sich ihnen selbstgewählt zu unterwerfen (vgl. Bernfeld 1996: 49ff.).

scheint es different davon zu sein. Die Differenz basiert darauf, dass der Als-ob-Charakter offensichtlich ist und der Sozialpädagoge und der Adressat sich wechselseitig das Einverständnis geben, die Darstellung auf der Bühne für eine wirkliche Wirklichkeit zu halten. Damit wird dem „Schauspiel" Vorrang vor dem gesellschaftlichen System eingeräumt und dadurch das eigene Funktionieren möglich gemacht.

### IV.4 Moralische Kommunikation als Schauspiel der Sozialpädagogik

Baecker zeigt auf, dass das Spiel nicht nur eine soziale Praxis unter anderen, sondern die soziale Praxis schlechthin ist, „die in allen anderen sozialen Praktiken vorausgesetzt werden können muß. Andere soziale Praktiken kommen zustande, indem bestimmte Eigenschaften des Spiels gestrichen werden" (Baecker 1993: 152). Das Spiel basiert auf Sozialität als doppelter Kontingenz „komplementärer, auf alter und ego zugerechneter Erwartungen" (Baecker 1993: 152). Das (Schau)Spiel der Sozialpädagogik basiert auf der Praxis der Kopplung von Operationen, die auf sanktionierender Macht beruhende Handlungen ausschließen, um dadurch andere Handlungen, die auf persönlichem Vertrauen basieren, zu ermöglichen. Ein Hilfesystem ist erst dann wirklich autonom, wenn „es die eigene Negation enthält. Es muss, anders gesagt, auch für den Fall der Selbstnegation selbst sorgen können" (PdG: 126), was durch das Schauspiel des persönlichen Vertrauens möglich ist. Das geschieht durch die Paradoxie, die mit dem Stichwort „Utopie" verbunden ist. U-Topie ist „ein Ort, der nirgendwo ist; oder, wenn man den rhetorischen Sinn von ‚topos' mithört: ein Platz, der nicht zu finden ist; ein Gedächtnisort, der nichts erinnert" (PdG: 126). Es ist die Fiktion von Konsens, welche das Prozessieren von Differenzen provoziert (vgl. Wilke 1999: 232).

Der Sinn des Oberflächenspiels liegt darin, dass es die Form des re-entrys der Umwelt in das System entfaltet. Die „Emanzipation" der Adressaten von der Leistungsrolle durch Beteiligung und die damit hergestellte sozialökologische Stabilität stellen strukturelle Bedingungen des Hilfesystems bereit, so dass möglichst viel Umwelt im Hilfesystem Relevanz erhält (PdG: 130). Dadurch wird für einen Gegenkreislauf der Macht gesorgt, indem die Verantwortung von der Leistungsrolle auf die Publikumsrolle gelegt wird, wodurch Macht und Gegenmacht sich verschränken. Hamburger spricht von „Meta-Intentionalität", um auszudrücken, dass die Pädagogisierung von Situationen die Chancen der Pädagogen erhöht, ihren Willen durchzusetzen und Gegenmacht zu legitimieren, wenn dem Erziehungsanspruch widersprochen wird (vgl. Hamburger 2007: 60). Die Grenze der Gegenmacht wird darin bestimmt, dass die Akteure sich an die Regeln halten sollen, die das Schauspiel als Schauspiel ermöglichen. Das Hilfesystem würde zur Selbstgefährdung beitragen, wenn es zur starken Selektion neigen und wenig Spielraum für die Adressaten lassen würde. Der vermehrte Ausschluss führt möglicherweise zu einer Gegenmacht, die sich nicht nur im „imaginären" Sozialraum des Schauspiels, sondern im „wirklichen" Sozialraum des Hilfesystems zeigt. Dann stellen die Adressaten auf grundsätzliche Ablehnung des Hilfesystems um, anstatt nur die konkrete Gestaltung in Frage zu stellen. Das Wissen um diese Möglichkeit kann zur wechselseitigen Limitierung beitragen und dadurch Macht und Gegenmacht im Gleichgewicht halten. Dadurch entsteht eine Praxis, die auf eine bestimmte Selektivität abstellt. Sie beziehen ihren Sinn sowohl aus dem, „dass Macht unterlassen wird, wie aus dem, dass eine Gegenmacht aufgebaut wird" (Baecker 1993: 152). Entsprechend formuliert auch Hamburger, dass es eine Frage der pädagogischen Kunstfertigkeit sei, „die Esklation des Bestrebens zu unterbrechen, den eigenen Willen gegen Widerstände durchsetzen zu wollen. Die Transformation des aktivierenden Aggressionspotentials in spielerische Handlungsformen ist eine davon (vgl. Schwabe 1996: 161ff.). Die Stärke der affektiven und emotionalen Bindung erhöht den Spielraum für den Ausstieg aus der Eskalation" (Hamburger 2007: 69).

Wird auf Abweichung mit Achtungskommunikation reagiert und wird dieses vom abweichenden Adressaten als Indiz für persönliches Vertrauen gesehen, reagiert er so, wie er glaubt, dass es von ihm erwartet wird. Dadurch erscheint es für den Sozialpädagogen, der persönliches Vertrauen „investiert" hat, als ob es sich gelohnt hätte, da es kommunikativ validiert wurde. Es vollzieht sich doppelte Kontingenz in dem Sinne, dass sich die Erwartungen von Ego und Alter komplementär aufeinander ausrichten. Da der doppelten Kontingenz jegliche Selektion fehlt, an der sich eine Bestimmung orientieren könnte, ist einfache Kontingenz notwendig, die durch Selektivität strukturiert ist und die die doppelte Kontingenz der komplementären Erwartungen überlagert (vgl. Baecker 1993: 153). Es stellt sich also die Frage, was die Selektion leitet.

Der Sozialpädagoge kann das Schauspiel moralischer Kommunikation gegen Angriffe sichern, indem er den Mitspieler ausschließt, der sich nicht an die Spielregel hält. Dadurch wird nicht mehr unterstellt, dass die Moral ihrer selbst willen zu verlangen sei (vgl. Kant 1978a: 59; SozSys: 466). Vielmehr geht es darum, dass die Möglichkeit für die Möglichkeit der Achtungskommunikation nicht zerstört wird. Es setzt eine Selektion voraus, wann moralische Kommunikation gilt und wann nicht. Der Sozialpädagoge macht durch die Aufklärung über die Grenzen moralischer Kommunikation die sozialen Bedingungen der Möglichkeit der praktischen Vernunft sichtbar[63]. Systemtheoretisch gesprochen,

---

[63] Damit trete ich in gewisser Weise in Widerspruch zu Kant, der darstellt, dass Vernunft ihre Grenze überschreiten würde, wenn sie danach frage, wie reine Vernunft praktisch sein könne. Dann müsste

wird die Programmierung aufgezeigt, durch die Autonomie generiert werden soll. Durch diese Kommunikation entsteht eine „Bifurkation, entweder [als Programm; B.H.] angenommen oder abgelehnt zu werden und beides im Namen eines ‚eigentlichen' Begriffs von Erziehung" (Luhmann 1992a: 116). Sozialpädagogik wird reflexiv und damit umweltoffenes System, wenn sie die Grenze als die soziale Bedingung ihrer Möglichkeit nicht absolut setzt, sondern wenn sie Grenzen wiederum zum Gegenstand der Kommunikation macht.

Anders ausgedrückt: Da zunächst unklar ist, ob Abweichung ein Zeichen für Autonomie oder für Zerstörung der Bedingung der Möglichkeit für Autonomie ist, erscheint ein absolutes Urteil nicht möglich. Stattdessen besteht die Notwendigkeit nach einem sensiblen, d.h. abtastendem Urteil, ob es sich bei der Abweichung um ein Zeichen der Zerstörung oder eines der Autonomie handelt. Auf der Außenseite der Moral spielt sich das Uneindeutige ab. Wenn es „Moral einer Außenseite der Moral gibt, gleichsam eine Moral des schlechten Gewissens und des Selbstzweifels, dann verdankt sie ihre Entstehung wesentlich der Kunst" (Baecker 2003: 187). Sie ermöglicht, eine Differenzierung zwischen dem latenten Gehalt und dem manifesten Gehalt der Abweichung zu vollziehen. Erst durch die Wiederverwendung der moralischen Kommunikation wird der latente Gehalt in einen manifesten transformiert.

Es ist die Kommunikation und nicht die Absicht, die die Spieler als Spieler konstituiert. Dadurch wird Moral als kontingent erfahren: Das Spiel „offenbart die Form des Sozialen, mit der dieses die Welt infiziert" (Baecker 1993: 154). Durch die Ungewissheit, ob der Adressat zum Mitspielen zu motivieren ist, wird der Sozialpädagoge motiviert, eine Lösung darzustellen, ohne dass dadurch das

---

man auch klären, wie Freiheit möglich wäre, was ebenfalls ein Ding der Unmöglichkeit ist (vgl. Kant 1978a: 97). Darin ist aber genau der Bruch zwischen Philosophie und Pädagogik grundgelegt, wie er das erste Mal prägnant bei Herbart herausgearbeitet wurde (vgl. Hünersdorf 2000: 8ff.). Durch die soziologische Aufklärung wird es nun möglich, diesen Bruch nicht in der Weise zu interpretieren, dass es sich bei der Pädagogik um eine zweitrangige Philosophie handelt, sondern dass sie den Blick auf die sozialen Bedingungen lenkt, unter denen praktische Vernunft möglich wird.
Kant führt aus, dass man nur Erklären kann, was auf Gesetze zurückzuführen sei. Freiheit sei aber eine bloße Idee, welche unabhängig von den Naturgesetzen und der Erfahrung sei. Freiheit sei die Voraussetzung der Vernunft. Da, wo aber Naturgesetze aufhören, gäbe es keine Erklärung, sondern nur eine Verteidigung. Verteidigung ist nur dadurch möglich, dass man zeigen könne, dass der Wille unabhängig von der Sinnenwelt sei, indem er sich in Widerspruch zu dieser zeige. Dieser Widerspruch falle dann weg, wenn man erkenne, dass in dem vernünftigen Wesen noch etwas anderes stecke als die Erscheinung, die sich durch Naturgesetze erklären ließe (vgl. Kant 1978a: 97). Im Kontext der Systemtheorie als soziologischer Aufklärung bedeutet dies, dass das psychische System außerhalb des sozialen Systems zu verorten sei und in dem Sinne von den sozialen Bedingungen der praktischen Vernunft frei sei, was als das „Naturgesetz" einer soziologischen Systemtheorie gilt. Darüber hinaus taucht Freiheit nur als Widerspruch zum sozialen System auf. Das ist aber kein wirklicher Widerspruch zu den sozialen Systemen, sondern gerade die Bedingung der Möglichkeit, umweltoffenes System zu sein.

Problem gelöst wird. Jede Problemlösung lässt sich auf „Alternativen hin beobachten" (Baecker 1993: 153). Das Spiel als „Medium der Sozialen Praxis" (Baecker 1993: 154) ist darauf angewiesen, immer neue Formen „auszuflocken", die sich an das Medium „anschmiegen" (vgl. Fuchs 1994: 23). Dadurch verwandelt sich das einfache Spiel [play] in ein komplexes Spiel [game], „welches nicht auf die Prämisse ‚dies ist ein Spiel' gegründet ist, sondern sich eher um die Frage dreht ‚Ist das Spiel?'" (Bateson 1992: 247). Das Infragestellen der Achtungskommunikation als Spiel bezeichnet nicht das, was durch Missachtung bezeichnet würde, sondern die Missachtung selbst als fiktiv. Dadurch entsteht ein Schauspiel als eine Kunst der moralischen Kommunikation. Es ist ein „Trompe-l'Œil", welches darin besteht, dass der Sozialpädagoge entdeckt, „getäuscht worden zu sein und über das Geschick des Täuschenden lächeln oder staunen muß" (Bateson 1992: 248). Der Rahmen, um das Spiel als Spiel zu spielen, dient dazu, die Wahrnehmung des Publikums zu ordnen oder zu organisieren (vgl. Bateson 1992: 254). Dieser Aufbau von Ordnung besteht darin, dass auf das Darstellen und nicht auf den Grund der Darstellung geachtet werden soll. Das Lächeln des Sozialpädagogen, das den Rahmen anzeigt, gibt dem Publikum „ipso facto Anweisungen oder Hilfen bei seinem Versuch, die Mitteilungen innerhalb des Rahmens zu verstehen" (Bateson 1992: 255). Vertrauen, dass moralisch kommuniziert wird, ist eine Gratwanderung, die immer wieder durch Entscheidung riskiert werden muss, um ein crossing, d.h. eine entschiedene Entscheidung zu ermöglichen[64]. Vertrauen bezieht sich auf „eine kritische Alternative, in der der Schaden beim Vertrauensbruch größer sein kann als der Vorteil, der aus dem Vertrauenserweis gezogen wird" (Luhmann 1973: 24 f.). Unsicherheitsabsorption durch Vertrauen entsteht nicht durch Wissen, sondern vielmehr durch eine „durchreflektierte Kunst des Ignorierens" (OuE: 187). Dadurch wird zur Transformation von persönlichem [play] in systemisches Vertrauen [game] beigetragen. Dieses durchschauende Vertrauen erfordert mehr Umsicht und mehr Überlegung (vgl. Luhmann 1973: 75). „Es vertraut nicht direkt den anderen Menschen, sondern den Gründen, aus denen das Vertrauen ‚trotzdem funktioniert'. Andere Möglichkeiten sind dabei ständig mitbewußt" (Luhmann 1973:

---

[64] Die Vertrauensbildung befasst sich mit dem Zukunftshorizont der jeweils gegenwärtigen Gegenwart. „Sie versucht Zukunft zu vergegenwärtigen und nicht etwa, künftige Gegenwarten zu verwirklichen. Alle Planungen und Vorausberechnungen künftiger Gegenwarten, alle indirekten, langfristig vermittelten, umweghaft konzipierten Orientierungen bleiben unter dem Gesichtspunkt des Vertrauens problematisch und bedürfen eines Rückbezugs in die Gegenwart, in der sie verankert werden müssen" (Luhmann 1973: 13). Während Planungen einen instrumentellen Charakter haben, sind Vertrauensbeziehungen expressiv. „Wer die Gegenwart anderer manipulieren will, müßte sich ihr entziehen und in eine andere Zeit entfliehen können. Da das nicht möglich ist, läuft alle Manipulation Gefahr, selbst in ihrer eigenen Gegenwart sichtbar, also zur Expression zu werden und damit und ihr Ziel zu verraten" (Luhmann 1973: 15).

75). Systemvertrauen entsteht als „Eigenwert" des Schauspiels der Einheit der Differenz von Achtungs- und Missachtungskommunikation, das sachlich, d.h. in der Darstellung fundiert und sozial validiert ist[65]. Dadurch entsteht eine „Selbstbindung" des Systems als Ausbildung von Gewohnheiten.

Moralische Kommunikation als Form des Wertes muss auf die Bedingung ihrer Gültigkeit hin beobachtet werden, um auf das Medium als Möglichkeitsraum der Moral schließen zu können. Die Medien der Werke und Werte gehen eine Allianz ein (vgl. Baecker 2003: 181, 190). Werte werden leer, wenn man sie isoliert betrachtet. Sie erhalten Gültigkeit nur im Moment und werden ungültig, wenn man sie zum Prinzip nimmt (vgl. Baecker 2003: 184). Das Schauspiel als Form der Kunst misstraut der Moral. Das kulturelle Urteil mit den Mitteln der Kunst ermöglicht die „Fähigkeit des skeptischen Umgangs mit [...] unserer Neigung, nur zu sehen, was in unsere Unterscheidung passt" (Baecker 2003: 188). Das kulturelle Urteil mit den Mitteln der Moral ermöglicht die Fähigkeit, dass „etwas sein kann, was es ist. Und es kontrolliert diese Bedingungen moralisch, indem es denjenigen die Achtung entzieht" (Baecker 2003: 187), die nicht erkennen, dass sie Produkte einer Situation sind, anstatt diese intentional hervorzubringen.

Der Begriff des Ästhetischen ersetzt eine Leerstelle, „die der Aufklärungsdiskurs einem Subjekt hinterlassen hat, das im Aufklärungsdiskurs nicht aufgeht" (Baecker 2003: 128). Das Subjekt, das unabhängig von gesellschaftlicher Determination ist, taucht in der Ästhetik als „Reflexionsmedium der unauflösbaren Spannung von Bewußtsein und Gesellschaft" (Baecker 2003: 129) auf. In der ästhetischen Kommunikation wird man sich nicht an der Operation des Systems, sondern an der von der Kultur gesetzten Richtigkeitsvorstellung orientieren. Dabei inszeniert sich das unbestimmbare bestimmte Individuum als nicht festzulegender Beobachter (vgl. Baecker 2003: 129).

---

[65] Damit unterscheide ich mich von Fuchs' These über die Bedeutung der moralischen Kommunikation in der Sozialen Arbeit, der aufgrund dessen, dass er moralische Kommunikation nicht reflexiv betrachtet bzw. unterstellt, dass dieses nicht ginge, ihr zwar eine notwendige, aber begrenzte Bedeutung für Soziale Arbeit zuspricht (vgl. Fuchs 2004a). Damit verspielt Fuchs aber die Bedingung der Möglichkeit der Autonomie der Sozialen Arbeit.

# V. Erziehungswirklichkeit

Flitners Begriff der Erziehungswirklichkeit als „Zwischenwelt" kommt dem im vorherigen darstellten Schauspiel nahe. Sie bezeichnet bei ihm im Anschluss an Nohl[66] die Wirklichkeit zwischen der pädagogischen Situation als konkreten Fall und der sterilen pädagogischen Theorie (vgl. Flitner 1933: 15 f.). Wenn Flitner vom Stil der Erziehung spricht (vgl. Flitner 1933: 52, 1956: 128ff.), ist mit Stil die Form gemeint, die sich die Erziehungsgemeinschaft gibt (vgl. Tenorth 1992: 214). Die pädagogische Intention wird aus dieser Perspektive als ein soziales Gebilde betrachtet, die eine erzieherische Funktion hat, die über Sozialisation hinausgeht. Sie stellt ein soziales Gebilde pädagogischer Verantwortung dar (vgl. Flitner 1933: 93ff.)[67]. Damit hat Flitner sehr viel deutlicher als Nohl auf die ästhetische Dimension der Erziehungswirklichkeit hingewiesen und darüber hinaus sie als soziales Gebilde mit einer eigenen Funktion ausgewiesen. Durch die systemtheoretische Re-description gelingt es dem Vorwurf gegenüber Nohls' geisteswissenschaftlicher Pädagogik ein organizitisches Verständnis von Gemeinschaft zu vertreten (vgl. Reyer 1999: 36) entgegen zu treten. Durch die kommunikationstheoretische Begrifflichkeit wird deutlich, dass durch eine bestimmte Form der Selektion moralische Kommunikation entstehen kann. Zugleich wird gezeigt, dass obwohl Erziehungswirklichkeit unwahrscheinlich ist, sie durch die Funktion, die sie hat zugleich möglich ist. Dazu braucht sie aber eine gewisse organisatorische Absicherung, welche erst im Kontext der Hilfeplanung (vgl. Kapitel X) ansatzweise entsteht. Darüber hinaus ermöglicht die kommunikationstheoretische Grundlegung der Erziehungswirklichkeit empirische Anschlussfähigkeit (vgl. Kapitel IX).

---

[66] Erziehungswirklichkeit ist im Sinne Nohls „in ihrer Doppelseitigkeit vom pädagogischen Erlebnis und pädagogischen Objektivationen [...] phaenomenon bene fundatum, von dem die wissenschaftliche Theorie auszugehen hat. Von hier aus ergibt sich die Geschichte der Pädagogik [...] sie stellt die Kontinuität der pädagogischen Idee dar in ihrer Entfaltung" (Nohl 1970: 119). Die Erziehungswirklichkeit vermittelt zwischen den pädagogischen Objektivationen als den Schemata, wie Erziehung durchzuführen ist, und dem Erlebnis, ob die Anwendung dem pädagogischen Ethos entspricht.

[67] Flitner gelingt es, die durch die Fürsorgewissenschaften formulierte Differenz zwischen pädagogischer und sozialer Verantwortung (Gängler 2003: 342) auf einander zu beziehen und zu vermitteln, anstatt sie dualistisch gegenüber zu stellen. Durch den von mir gewählten kommunikationstheoretischen Zugang wird Pädagogik nicht gegen Sozialwissenschaften ausgespielt, sondern erstere wird in ihrer sozialen Möglichkeit gerade in der Sozialwissenschaft grundgelegt.

Ebenfalls wird gerade durch den Bezug auf Abweichung im Folgenden deutlich, dass Achtungskommunikation die Besonderheit hervorhebt. Dabei wird im einzelnen Fall einer Achtungskommunikation die allgemeine Regel präsentiert. Durch die ästhetische Dimension weisen die Regeln keinen explikativen, sondern einen anschaulich evidenten Charakter auf.

Im Folgenden werde ich aus systemtheoretischer Perspektive darlegen, wie der Widerstand des Adressaten Grundlage zur Herausbildung einer Erziehungswirklichkeit ist, durch die ein autonomes Ich konstituiert wird, anstatt es vorauszusetzen.

### V.1 Die Entwicklung eines autonomen Ichs des Jugendlichen

Der Widerstand des Adressaten zeigt sich durch sein abweichendes „körperliches Verhalten" von einer funktionalen Orientierung an Erziehung. Indem er sich nicht in der erwarteten Form aktiv an der thematischen Sinngebung beteiligt und dieses durch z.B. Lautsein etc. zeigt, trägt er dazu bei, dass der Sozialpädagoge seine Aufmerksamkeit auf die Differenz zwischen der sozialen Erwartung und dem, wie sich der Jugendliche zeigt, lenkt. Dadurch nimmt er den Jugendlichen in seiner Individualität wahr. Entsprechend konstatiert Luhmann, dass „die Abweichung stärker individualisiert als die Konformität, einfach deshalb, weil das konforme Verhalten mühelos mit der Erwartung läuft, während das Abweichen gegen die Erwartung durchgesetzt, oft mit Sicherheitsvorkehrungen ausgestattet werden muß und dadurch höheren Aufmerksamkeitswert hat" (SuM: 90). Wenn das Bewusstsein des Beobachtetwerdens nur „über das Bewußtsein der Sichtbarkeit des eigenen Leibes zu gewinnen" (SuM: 84) ist, ist das abweichende Verhalten notwendigerweise die Voraussetzung für eine auf Exklusionsindividualität basierende Personenkonstitution. Das psychische System aber „prozessiert wahrgenommene Körperzustände und nicht den ‚faktischen' Körper" (Fuchs 2004b: 96). Erst in der Form der Wahrnehmung, d.h. durch Beobachtung wird das abweichende körperliche Verhalten als Zeichen für die Konstituierung einer elementaren Individualitätsfunktion „gesehen"[68].

Wenn Aufmerksamkeit für die Abweichung als Grundlage der Individualisierung nicht nur zufällig, sondern zur Gewohnheit, d.h. zur sozialen Erwartung wird, kann der andere in seiner Besonderheit erst eine gewisse Objektkonstanz bekommen. Indem sich immer wieder ein Widerstand des Jugendlichen voll-

---

[68] An der Gefährdung des psychophysischen Substrats wird für das Schauspiel die eigene Gefährdetheit ablesbar. Das Schauspiel konstruiert das Umweltsegment „Mensch" als Interdependenzunterbrecher, mit dessen Hilfe das sozialpädagogisch Mögliche limitiert werden kann (vgl. Bergmann 1994: 106).

zieht, entsteht eine Kontinuität in der Differenz der einzelnen „Individualitäts"-Elemente, was auch als Gedächtnis über die „Eigenart" des Jugendlichen bezeichnet werden kann. Dadurch wird dem Jugendlichen vermittelt (Kade 2004: 207), dass seine „Eigenart" für den Sozialpädagogen relevant ist. Durch das Eingehen auf die Differenz wird die Abweichung mit „Libido" besetzt. Die Abweichung verliert ihren potentiellen pathologischen Status und erweitert das, was unter Normalität zu verstehen ist (vgl. Freud 1981: 157), wenn die sozialpädagogische Kommunikation vom Jugendlichen angeeignet wird. Ob sich Aneignung vollzieht, kann nur als kommunikative, aber nicht als individuelle Aneignung beobachtet werden. „Bezogen auf die innerhalb der Kommunikation stattfindende individuelle Aneignung kann die [sozial-; B.H.] pädagogische Kommunikation nur darauf vertrauen, dass sie stattfindet, oder sie kann auf der Grundlage einer unterstellten Aneignung fortfahren. Bezogen auf die innerhalb der Kommunikation stattfindende Aneignung kann sie diese überprüfen und das Ergebnis als Hinweis auf eine außerhalb stattgehabte Aneignung behandeln" (Kade 2004: 208).

Das im Spiel dargestellte autonome Ich wird für das Bewusstsein wahrnehmbar[69] und kann sich durch die Wahrnehmung irritieren lassen, insbesondere deswegen, weil das autonome Ich durch den Sozialpädagogen mit Libido[70] be-

---

[69] Diese kann vom psychischen System des Jugendlichen „jubilatorisch" (vgl. Lacan 1949: 64) aufgenommen werden, bevor es als autonome Ich-Funktion sozial validiert wird (vgl. Lacan 1949: 64). Dadurch vollzieht sich das, was Natorp mit der primären Willensbildung meint, welche er als die Richtung der Erfahrung versteht, welche sich auf die Idee hinbewegt (vgl. Natorp 1899: 48), die sich hier als Element als inkarnierte Prinzip der Autonomie zeigt. Lust oder Unlust wird aufgrund auf diese Autonomiekonstitution reflektiert (vgl. Natorp 1899: 52). Bei Natorp ist der Trieb zwar sinnlich gebunden, indem er unmittelbar auf das Objekt gerichtet ist. Er kann nicht darüber hinausgehen, wodurch er unfrei ist. Es handelt sich um ein passives Getriebensein. Das ist aber nicht an sich unsittlich, aber auch nicht sittlich. Das, was es ist, wird es sein aufgrund dessen, was damit gemacht wird. Das heißt, dass das Triebleben auf ein ethisches Ziel hin gelenkt werden soll (vgl. Natorp 1899: 57). Dadurch unterscheidet auch Natorp zwischen dem Phänomen des abweichenden Verhaltens und der Bewertung und versucht die Bewertung eines Verhaltens als abweichenden Verhaltens zu vermeiden. Stattdessen geht es ihm um die Ausrichtung des Willens als Trieb auf ein ethisches Ziel, welches sich in dem von mir Dargestellten durch moralische Kommunikation vollzieht, die ein Bewusstsein dafür schafft, dass das abweichende Verhalten Grundlage zur Generierung von Autonomie ist.
[70] Wenn Liebe zu Kommunikationszwecken genutzt wird, wird die Kompaktheit rigide reduziert (vgl. Fuchs 2004b: 101). „Der Ausdruck ‚Gefühl' [...] bezeichnet in der Kommunikation, daß Wahrnehmungen nicht vollständig bezeichnet werden können, und: daß es auf diese Unvollständigkeit ankommt" (Fuchs 2004b: 103). Da der Jugendliche nicht so genau weiß, was der Sozialpädagoge an ihm liebt, fühlt er sich als ganze Person geliebt und nicht nur bezogen auf das autonome Ich, das er darstellt. Dadurch, dass er die spezifische Funktion, auf die sich die Liebe bezieht, nicht sieht, wirkt die Libido, die ihm vom Sozialpädagogen entgegengebracht wird, authentisch (vgl. Fuchs 2004b: 107). Die Willensbildung als primäre Konstitution von Autonomie vollzieht sich bei Natorp in der Familie, sofern diese förderliche Bedingungen aufweist (vgl. Natorp 1899: 252), d.h. durch Liebe gekennzeichnet ist, die das abweichende Verhalten transformiert, so dass Autonomie entsteht.

setzt ist (vgl. Fuchs 2004b: 98). Dieses Imago eines autonomen, individuellen Ichs, das performativ konstituiert wird, kann im sozialen System operativ nicht dauerhaft, sondern jeweils nur für einen Moment vollzogen werden. Infolge der „libidinösen" Besetzung werden die Abweichungen als „Elemente" für den Aufbau eines autonomen Ichs mit „psychischen Inhalten" versehen. Dazu muss der Jugendliche aber ein psychisches Gedächtnis ausbilden, indem er sich merkt, was seine Individualität ausmacht, d.h., es muss das Vergessen unterdrückt werden, „wenn es darum geht, Identitäten zu bilden" (SuM: 47). Die Elemente können durch einen „bio-graphischen" Blick in eine Identitätsstruktur eingegliedert werden, was als individuelle Aneignung bezeichnet werden kann. Individuelle Aneignung bezieht sich auf die Selbstreferenz des psychischen Systems und ist insofern in der Umwelt der sozialpädagogischen Kommunikation zu verorten (vgl. Kade 2004: 208). Das bedeutet, dass durch biographische Wahrnehmung ein Übergang von der Passivität in der reziproken Ausrichtung von Ego-Alter in die Aktivität vollzogen wird. Dadurch entsteht eine „bewusste" Differenz zwischen Individualität und Dividualität des Adressaten[71]. „Allmachtsphantasie" entsteht, wenn der Jugendliche wahrnimmt, dass, wenn er abweicht, auch als Individualität konstituiert wird.

### V.2 Die Entwicklung der Autonomie des Sozialpädagogen

Die Autonomie des Sozialpädagogen entsteht komplementär zur Autonomie des Jugendlichen. Sie verstärken sich wechselseitig. Die soziale Praxis des „präödipalen" Spiels wird dem Schema des reflexiven pädagogischen Bezugs, das dem Spiel zugrunde liegt, gegenübergestellt. Das Schema und der Vollzug des pädagogischen Bezugs driften auseinander. Im Vollzug des pädagogischen Aktes negiert der Sozialpädagoge das virtuelle Selbst als das Schema, wie er sich als Sozialpädagoge in der Interaktion gegenüber dem von seinen Erwartungen abweichenden Jugendlichen zu verhalten hat. Dadurch entsteht eine Schemadistanz (vgl. Goffman 1997: 41), die, wenn sie habitualisiert wird, als Erfahrung des Sozialpädagogen bezeichnet werden kann (vgl. Fuchs 1999: 124). Es ist, so Fuchs, das Schema, in das bei der Durchführung des „pädagogischen Aktes" Überraschungen eingehängt werden können, wodurch die Überraschungen ihren Überraschungswert verlieren (vgl. Fuchs 1999: 124).

Dadurch vollzieht sich eine reflexive „Habitualisierung" des pädagogischen Bezugs. Der Sozialpädagoge vollzieht eine Loslösung von der „Rolle" als „Ausführungsinstanz" des pädagogischen Bezugs als pädagogische Objektivation.

---

[71] Kade spricht in diesem Zusammenhang von der Differenz zwischen Person (Dividualität) und Individuum (Individualität) (vgl. Kade 2004: 204).

Das heißt, er distanziert sich von der Prämisse, dass dieses ein Liebesspiel [play] sei. Stattdessen reflektiert er, ob es ein Liebesspiel sei [game]. Dadurch kann er „Macht" darstellen und die Aussage aufrechterhalten, dass es sich bei der Darstellung von Macht z.b. durch Strafe nicht um Macht handelt. Es wird deutlich, dass es bei dieser Form des pädagogischen Bezugs einen positiven Code gibt, der sich in der Autonomie durch Liebe zeigt, dass aber auch der Wechsel auf den negativen Codewert und damit Machtkommunikation möglich ist, ohne dass dadurch die Autonomie der Pädagogik, welche sich durch die Form der Erziehungswirklichkeit konstituiert, verloren ginge. Während Ersteres die Unterscheidung Vermitteln/Aneignen vollzieht, geht es bei Letzterem um Selektion. Bei der Selektion erscheint weniger das psychische System, sondern vielmehr die Gesellschaft als Umwelt (vgl. Kade 2004: 210). „Selektion ist das Äußere der pädagogischen Kommunikation in dieser selbst. Sie baut allerdings auf einer für die pädagogische Kommunikation konstitutiven Operation auf, nämlich der Feststellung der Aneignung. Denn die Operation des Vermittelns verlangt die Feststellung und Überprüfung, ob Aneignung stattgefunden hat. Sie verlangt aber auch die – allerdings nicht vergleichende, sondern am Ziel pädagogischer Absicht als absoluter Maßstab angelegte – Bewertung des Angeeigneten" (Kade 2004: 211). Während Luhmann (EdG: 62) und Kade (2004: 212) betonen, dass die Selektion der pädagogischen Kommunikation äußerlich sei, da sie vom Staat erwartet würde, wird bei der sozialpädagogischen Kommunikation offensichtlich, dass diese durch Selbstreferenz dazu beiträgt, dass sich sozialpädagogische Kommunikation als sozialpädagogisches System konstituieren kann.

Die „Habitualisierung" des Schemas des reflexiven pädagogischen Bezugs kann als normativer Erwartungsstil bezeichnet werden, da die Erwartungen des pädagogischen Bezugs auch im Enttäuschungsfall durchgehalten werden. Darüber hinaus liegt der Interaktion ein kognitiver Erwartungsstil zugrunde, der die Voraussetzung für den normativen Erwartungsstil bereitstellt, indem situative Erwartungen im Enttäuschungsfall korrigiert werden. Dann müssen die Strukturen so verändert werden, dass die Irritation als strukturkonform gilt. Die Abweichung ist eine innere Abweichung des pädagogischen Bezugs. Sie bekommt ein positives Gesicht. Dadurch kommt es zu Re-Präsentation des pädagogischen Bezugs. Die damit einhergehende ethisch-ästhetische Selbstbeschreibung hat Folgen für den Begriff der Repräsentation, der sich nicht mehr auf Wahrheit, sondern auf Evidenz bezieht. Eine Re-Präsentation der sozialpädagogischen Wirklichkeit ist angemessen, wenn sie sozial validiert wird. Es ist aber nicht das psychische System, sondern vielmehr die Kommunikation, die beobachtet, „ob die Kommunikation unter diesen Prämissen stattgefunden hätte" (WdG: 146)[72].

---

[72] Dieser Zusammenhang wird in einem exemplarischen Beispiel einer ethnographischen Forschung deutlich herausgearbeitet.

## V.3 Sozialpädagogische Wissensgenerierung

Wissensgenerierung ist dadurch möglich, dass gesagt wird, wie im Enttäuschungsfall gelernt wird und was gegebenenfalls zu lernen ist (vgl. WdG: 151). Dadurch ist sie auf „rasch bereitzustellende Lernmöglichkeiten angewiesen" (WdG: 151). Das setzt voraus, dass nicht alles, sondern nur einzelne Ereignisse in Frage gestellt werden (vgl. WdG: 152), um dadurch die Überraschungen zu re-systematisieren, indem den eigenen Aufbauprinzipien gefolgt wird.

Pädagogisches Wissen wird insbesondere dort generiert, wo der pädagogische Bezug nicht funktioniert hat, da der Jugendliche ihn nicht als solchen erlebte. Dadurch wird der Blick auf den Rahmen des Spiels gelenkt, der im Spiel selbst nicht thematisiert wird. Aber auch diese Thematisierungen des Rahmens können sich als Spiel vollziehen. Dann kann von Ironie gesprochen werden. Sie ist ein Spiegelbild, das bekanntlich seitenverkehrt die Wirklichkeit repräsentiert. Dadurch werden „die Überschüsse an Kommunikationsmöglichkeiten durch die Form der Mitteilung nicht durch die Art der Information" (KdG: 467) weggearbeitet.

Im Moment der Transformation abweichenden Verhaltens in thematische Sinngebung objektiviert sich das pädagogische Wissen. Der Inhalt ergibt sich aus der Interaktion als Kritik an der pädagogischen Objektivation, die sich zwischen dem Sozialpädagogen und dem Adressaten vollzogen hat.

Dabei geht es um eine Re-Systematisierung der eigenen Aufbauprinzipien des reflexiven pädagogischen Bezugs. Sie trägt dazu bei, dass die Unwahrscheinlichkeit des pädagogischen Bezugs dadurch, dass sie thematisiert wird, in ihrer Komplexität reduziert wird und gerade dadurch ein Neugewinn an Komplexität möglich ist (vgl. WdG: 153). Das setzt ein soziales System voraus, das die Unwahrscheinlichkeit des pädagogischen Bezugs systematisch thematisiert (vgl. WdG: 153f.), indem koproduktiv die sozialen Bedingungen reflektiert werden, die die Voraussetzung für die sozialpädagogische Interaktion gewesen sind. Dadurch wird eine „Akteursperspektive" (Honig 1999) eingenommen. Während durch die Professionsethik eine generationale Ordnung zwischen dem Sozialpädagogen und dem Jugendlichen konstituiert wurde, wird durch die Koproduktion auf eine sozialpädagogische Ordnung umgestellt. Während sich die Koproduktion einer strukturellen Kopplung zwischen den psychischen Systemen und dem sozialen System verdankt, ist die generationale Ordnung Produkt des durch den pädagogischen Bezug definierten Systems der Jugendpflege.

In der biographischen Reflexion, die durch die strukturelle Kopplung konstituiert wird, wird das soziale Problem, das durch die Abweichung einer der

Interaktionsteilnehmer (alter) ausgelöst ist und von dem jeweiligen anderen (ego) wahrgenommen wird, als Sachthema kommuniziert. „Wissen erscheint verobjektiviert, um als dauerhaft erscheinen zu können; aber so weit es gewusst werden soll, muß es immer wieder neu vollzogen werden" (WdG: 129). Durch das Changieren zwischen dem Vollzug des pädagogischen Bezugs und der Thematisierung der Abweichung von den Erwartungen, was es heißt, sich an dem pädagogischen Bezug zu orientieren, entwickelt sich eine sozialpädagogische Lesart des Vollzugs des pädagogischen Bezugs. „Die Geschichte wird historisiert und in sich reflexiv. Sie verliert das exemplarische, das Modellhafte, das moralisch Belehrende und gewinnt eine temporale Dimensionalität, in der sie selbst in den Möglichkeiten des Rückblicks und des Vorblicks variieren kann – eine Konstruktion mit enormem Reichtum an Aufnahmemöglichkeiten" (WdG: 158). Man kann dann jeweils das, was in der Vergangenheit passiert ist, auf den „sozialgeschichtlichen" Kontext hin relativieren. Das heißt darauf, dass man in der Interaktion damals noch nicht wusste, was man heute weiß, und wenn man es gewusst hätte, anderes reagiert hätte, als man es tat. Dadurch werden Widersprüche in der Zeit aufgelöst. Geltungen pädagogischen Wissens werden mit einem „Zeitindex" versehen und in eine sozialpädagogische Verlaufskurve überführt (vgl. WdG: 158), in der sich die strukturelle Kopplung und das System des pädagogischen Systems wechselseitig interpunktieren. Durch die mit der strukturellen Kopplung einhergehende Umstellung auf die Beobachtungsebene 2. Ordnung gelingt es, den intervenierenden Zugriff auf der Beobachtungsebene 1. Ordnung zu brechen. Wenn zwischen den Beobachtungsebenen hin und her gewechselt wird, kann ein Wandel von der Erziehungswirklichkeit als analoge Methode zu einer iterativen und damit digitalen Methode vollzogen werden. Dadurch wird von einem Perfektionsmodell auf eine gute Näherung umgestellt. Sie ist befriedigender als die Perfektion der analogen Methode des pädagogischen Bezugs, da sie Gestaltungsspielraum lässt und damit der Pluralisierung von Individualisierung von Formen der Abweichung gerechter wird[73].

Die Autonomie des Jugendlichen bzw. des Sozialpädagogen wird durch die iterative Methode als antitechnische „Lebensführungstechnologie" sukzessiv hergestellt, aber nicht vorausgesetzt. Auf diese Art und Weise entsteht eine Autonomie der Sozialpädagogik, oder genauer ausgedrückt, es wird eine sozialpädagogische Ordnung generiert (vgl. Benner 2001: 221; Tenorth 1992: 211ff.).

---

[73] Damit kann der Vorwurf Pranges ausgeräumt werden, dass der Lebensweltorientierten Sozialen Arbeit eine Technologie fehle (vgl. Prange 2003: 309f.), im Gegenteil, sie kann als digitale Technologie bezeichnet werden, die aber erst durch eine systemtheoretische Betrachtungsweise erkennbar wird. Anders ausgedrückt wird diese technologische Dimension bisher in den Veröffentlichungen zur Lebensweltorientierten Sozialen Arbeit nicht sichtbar. Im Gegenteil, Müller spricht sogar von der antitechnologischen Technik (vgl. Müller 1993: 56f.), anstatt, was mir aufgrund der vorangegangenen Ausführungen passender erscheint, von der antitechnischen Technologie zu sprechen.

Der „Stil", der der Pädagogik eigen ist, unterscheidet sich von den gesellschaftlich praktizierten Stilen des Umgangs mit Kindern, da er auf die sozialen Bedingungen der Autonomie[74]-Generierung[75] ausgerichtet ist (Tenorth 1992: 214). Diese Form wiederum wirke, so Flitner (1933), selbsterzieherisch und habe damit einen funktionalen Einfluss auf den Sozialpädagogen und den Adressaten. Aus diesem Grunde kann von einer komplementären Relation von Erziehung und Sozialisation gesprochen werden (vgl. Kade 2004: 206).

---

[74] Autonomie ist die sachliche Dimension der Pädagogik als Kultursystem.
[75] Generierung verweist auf die zeitliche Dimension, durch die das System sich selbst hervorbringt, indem es fortsetzt, was angefangen ist.

# VI. Jugendfürsorge als (sozial-)politisch vermittelte Bildungswirklichkeit

Die Möglichkeit der Hervorbringung einer sozialpädagogischen Ordnung sollte auch für die Jugendfürsorge fruchtbar gemacht werden, was von Nohl (1965a: 46) in folgender Weise thematisiert wird: Die größte Not sei „stets in der Seele selber". Entsprechend müsse „die größere Hälfte aller Hilfe Erziehungshilfe sein. [...] Die Folge ist dann nicht bloß eine einseitige Einstellung auf Organisation, Statistik und Massenfürsorge, sondern vor allem ein Übersehen des solidesten Ausgangspunktes aller Hilfe, nämlich der Weckung des Willens zur Selbsthilfe und der Verantwortlichkeit für sich wie für die Gemeinschaft. Der Betreute sieht alle Schuld seiner Lage in den Umständen, wird naturgemäß immer passiver und fragt schließlich nur noch nach dem Rechtsanspruch, der ihm die öffentliche Hilfe sichert [...] Gelingt es uns nicht, irgendwie die öffentliche Jugendhilfe und weiter doch auch die gesamte Wohlfahrtspflege so zu pädagogisieren, das heißt also auf die Weckung der Kräfte und des Willens zur Selbsthilfe beim einzelnen wie bei der Familie und auch bei der Gemeinde einzustellen, so dient sie unserem Volke statt zum Aufbau zur Charakterauflösung!" Anders gesagt, die Möglichkeit zur Generierung sozialpädagogischer Ordnung durch biographische Erzählungen sollen nicht nur den bürgerlichen Jugendlichen, sondern jedem möglich werden. Die Jugendfürsorge wird als Ort bestimmt, an dem auch bei denjenigen sich eine Individualisierung der Lebensführung vollziehen soll, bei denen es scheinbar unwahrscheinlich ist. Die Differenz zwischen den Möglichkeiten, die in der an der bürgerlichen Jugend orientierten Jugendpflege und in der Jugendfürsorge gegeben sind, wird wahrgenommen und als Aufforderung für Sozialpädagogik gesehen, diese Differenz zu „überwinden" oder zumindest zu minimieren. „Autonomie" gewinnt die Sozialpädagogik gegenüber den anderen „kulturellen Mächten", wenn sie die Individualisierung der Jugendfürsorge als Aufgabe der Sozialpädagogik wahrnimmt. Der Konfliktfall zwischen Sozialpädagogen und den Adressaten ist in der Jugendfürsorge sehr viel wahrscheinlicher als in der Jugendpflege. Wobei der Grund des Konflikts weniger in der Sozialpädagogik selbst zu verorten ist, sondern vielmehr durch den Konflikt mit den anderen kulturellen Mächten entsteht. Die Art der Bearbeitung dieser Konflikte erfolgt aber in strukturanaloger Weise zur Erziehungswirklichkeit[76] selbst. In der Jugendfürsorge sind die Freiheiten wesentlich eingeschränkter als in der Jugendpflege, da das Entscheidungskriterium für die Inklusion in die Jugendfürsorge die Gefährdung des Wohls des Jugendlichen gewesen ist. Der Zweck der Organisation der Jugendfürsorge kann darin bestimmt werden, für das Wohl des Jugendlichen (§ 1 RJWG) zu sorgen[77]. Der pädagogische Bezug bzw. die Erziehungsgemeinschaft ist in der Jugendfürsorge in einem höheren Maße durch das Wohl des Jugendlichen beschränkt, wodurch der pädagogische Bezug in Relation zur Jugendpflege auf der Systemebene relativ unwahrscheinlich ist, insbesondere dann, wenn das RJWG als Eingriffsrecht verstanden wurde, welches organisations- und ordnungsrechtlich geprägt gewesen ist (vgl. Münder u.a., FK: SGB VIII, 22). Der jugendhilferechtliche Eingriffsanspruch wird ausgelöst, wenn die Sozialisationsbedingungen von Kindern und Jugendlichen im Vergleich zu anderen erheblich benachteiligen. Benachteiligung liegt vor, wenn das, was für Sozialisation, Ausbildung und Erziehung Minderjähriger in dieser Gesellschaft „normal", üblich und erforderlich ist, tatsächliche nicht vorhanden ist[78].

Die Sozialpädagogen, die hier in einer auf das Wohl des Jugendlichen bezogenen Leistungsrolle konstituiert werden, indem sie entsprechende Hilfe bereitstellen, sind sowohl an die fachlichen Kriterien als auch an die Abläufe gebunden, die in einem höheren Maße als in der Jugendpflege formalisiert sind. Das heißt, sie basieren auf expliziten Entscheidungen als einer formalisierten

---

[76] Dass dieses in der Weimarer Republik, aber auch später zu Beginn der Bundesrepublik nicht funktionierte, darauf habe ich in meinem historischen Rückblick hingewiesen. Ich werde aber noch zeigen, dass sich heute die Möglichkeiten hierzu geändert haben, d.h., dass Individualisierung der Jugendfürsorge, welche heute „Hilfen zur Erziehung" genannt wird, organisatorisch sichergestellt ist, wenn auch die Professionalisierung dieses Bereiches nach wie vor problematisch ist.
[77] „Zum Organisationszweck werden somit diejenigen Leistungen der Organisation erhoben, die ihr etwas eintragen, die in ihrer Umwelt Anerkennung und Absatz finden. Daß diese Leistungen als Zweck definiert werden, heißt nicht, daß sie den Zusammenschluß und die entsprechenden Handlungen motivieren [...]. Die Charakterisierung als Zweck besagt dann nichts weiter, als daß im Hinblick darauf die Eignung von Handlungen als Mittel beurteilt und ein System von Brauchbarkeitsbedingungen entworfen werden kann, daß also das Systemhandeln auf diese Weise rationalisiert werden kann" (Luhmann 1999: 109f.).
[78] Aufgabe des Wohlfahrtsstaates ist es, zum einen auf Sicherheit im Sinne der Herstellung öffentlicher Ordnung zu sorgen, zum anderen Befriedigung von Bedürfnissen durch eine Organisation des Staates als Reaktion auf ansteigende Armut zu ermöglichen. Der Wohlfahrtsstaat trägt dadurch zur Stabilisierung des Nationalstaates bei (vgl. Weber/Hillebrandt 1999: 94f.). „Der Wohlfahrtsstaat konnte auf Ziele hin entworfen und fast ohne Theorie in Gang gebracht werden, solange diese Ziele Verbesserungen von Sachlagen, Vermehrung von Sicherheiten, Steigerung von Versorgungsleistungen mit hinreichend breit gewähltem Empfängerkreis waren" (Luhmann 1987: 104, vgl. auch Weber/Hillebrandt 1999: 91ff.).

Erwartungsstruktur. Sie kennzeichnet sich gerade dadurch, dass sie gegenüber den Motivationen von Mitgliedern invariant sind. Wenn die formalisierten Erwartungen nicht eingehalten werden, da z.b. Erziehung nicht fachgerecht ausgeführt wird oder die Aufgaben, für diejenigen Jugendlichen zu sorgen, die ihnen zugeteilt wurden, nicht übernommen werden, kann die Stellung des Mitarbeiters in der Organisation riskiert werden[79]. Darüber hinaus gehen mit der Gewährleistung des Wohls des Kindes striktere Regeln in Bezug auf die Ablauforganisation einher, die dazu beitragen, dass das Wohl aller Jugendlichen in einer Organisation der Jugendfürsorge gewährleistet ist.

Hier deuten sich die Grenzen der Erziehungswirklichkeit an. Wenn der Jugendliche sich dagegen sträubt, Hilfe, die für sein Wohl notwendig ist, anzunehmen, oder wenn er Zeit in Anspruch nimmt, die notwendig wäre, um für das Wohl eines anderen Jugendlichen zu sorgen, kann der Sozialpädagoge sich nicht nur daran ausrichten, ob die Abweichung Grundlage für die Autonomie des Jugendlichen ist und damit der Willensbildung dient. Zweck der Jugendfürsorge ist vielmehr die Einheit der Differenz von Wille und Wohl zu gewährleisten[80].

Durch den Konflikt zwischen dem Willen und dem Wohl des Jugendlichen entsteht eine Möglichkeit der strukturellen Kopplung zwischen Leistungsrolle und Adressaten, die zu einer heterarchischen Auseinandersetzung der Leistungsrolle mit dem Jugendlichen führt. Dabei vollzieht sich ein Diskurs darüber, in-

---

[79] „Die Kommunikation kann sich auf das Spektrum an Hilfsmöglichkeiten, ihre Selektion und Bereitstellung nur dann beziehen, wenn sichergestellt ist, dass nicht beliebig in andere Bereiche abgedriftet wird" (Bommes/Scherr 2000, 205). Zwar könnten in einer Organisation Gespräche stattfinden, die nicht den Erwartungsstrukturen der Organisation entsprechen, aber solche Abweichungen seien von den teilnehmenden Individuen zu verantworten. Sie seien nicht durch die Mitgliedschaftsrollen gerechtfertigt. „Die entsprechenden Interaktionen werden damit aus der Organisation ausgegrenzt, sie sind als Entscheidungen nicht durch die Entscheidungsstrukturen der Organisation gedeckt. Die Differenz zwischen Interaktion und Organisation ermöglicht also den Einbau von Interaktionen in Organisationen, indem sie wiederkehrend auf Entscheidungen bezogen und als Entscheidungen rekonstruiert, unter diesen Gesichtspunkten in ihren Ergebnissen registriert und der Organisation einverleibt oder aus dieser ausgeschlossen werden. Dies orientiert dann z.B. die Interaktionen der Sozialen Arbeit, vermittelt über die Mitgliedschaftsrollen der teilnehmenden Sozialarbeiter, an der Organisation und ihren Entscheidungsstrukturen, ohne dass deshalb Interaktionen in der Mehrzahl als Entscheidungen kommuniziert oder als solche rekonstruiert werden. Die Leistung von Organisationen für die Interaktion besteht darin, dass sie Strukturen zur Spezifikation zur Verfügung stellen, die die jeweiligen Interaktionen ermöglichen, daran anzuschließen. [...] Damit ist die Interaktion der Sozialen Arbeit ermöglicht und zugleich durch interaktionsexterne Strukturen eingeschränkt. Es ist nicht alles möglich und es geht daher auch in der Sozialen Arbeit nicht um Interaktion ‚von Mensch zu Mensch'" (Bommes/Scherr 2000: 206).

[80] Wenn mit der Gesetzesreform des Jugendhilferechts 1990 von einem sozialpädagogischen Kern des Kinder- und Jugendhilferechts (KJHG) gesprochen wird, wird genau derjenige Aspekt aufgegriffen, der im Kontext der geisteswissenschaftlichen Pädagogik in Abgrenzung zur Fürsorge betont wurde. Es geht darum, Menschen zu eigenverantwortlich Handelnden zu konstituieren (vgl. Münder u.a. FK-SGB VIII: 89).

wieweit der Wille das Wohl des Jugendlichen gefährdet. Durch diese heterarchisch strukturierte thematische Auseinandersetzung entsteht eine Bildungswirklichkeit. Sie unterscheidet sich von der Erziehungswirklichkeit dadurch, dass der Konflikt sich an dem Thema des Wohls des Jugendlichen entzündet. Die Bildungswirklichkeit unterscheidet sich aber auch vom Hilfesystem, da Hilfe nicht in einem asymmetrischen Verhältnis von Leistungs- und Publikumsrolle durchgeführt wird. Die Leistungsrolle und die Publikumsrolle werden nicht mehr im engen Sinne als Rolle, sondern im weiten Sinne, d.h. als Rollendistanz wahrgenommen. Rollendistanz bedeutet ein Auseinanderdriften von Sein und Tun. In diesem Moment wird das virtuelle Selbst oder die semantische Variable, Leistungsrolle zu sein, die mit der Rolle identifiziert, unterwandert. Das wird als professionelles Handeln bezeichnet, welches sich in einer gewissen Autonomie gegenüber der Leistungsrolle zeigt[81] Genauso zeigt sich die Autonomie des Jugendlichen in der Abweichung, Hilfeempfänger zu sein (vgl. Goffman 1997: 41). Das, was sich zeigt, ist nicht das psychische System selbst, sondern nur seine Darstellung in der kommunikativen Form der Bildungswirklichkeit. Diese konstituiert die Autonomie des Professionellen wie die Autonomie des Jugendlichen[82] als Einheit der Differenz von Wille und Wohl.

Für die Fortsetzung der Kommunikation über und nicht mit den Rollen reicht es aus, den Jugendlichen als Publikumsrolle und den Sozialpädagogen als Leistungsrolle, beide als fiktive Kommunikationseinheiten, als handlungsfähige Instanzen und damit als „autonome" Personen zu thematisieren, „ohne sich eine aufwendige Detailanalyse der Binnenwelt der Referenzobjekte zu machen" (Kneer 2003: 155). Dadurch werden die Leistungsrolle und die Publikumsrolle in eine „Interface"-Kommunikation zweier „autonomer" Personen überführt. Es entsteht moralische Kommunikation, d.h. Kommunikation auf „Augenhöhe" (vgl. Fuchs 2004a). Dadurch werden Unterschiede nicht beseitigt, aber „Bedingungen der Übereinstimmung symbolisiert und in der Kommunikation signali-

---

[81] Durch professionelles Handeln entsteht ein paradoxes Verhältnis zwischen den Professionellen und den Klienten. Denn einerseits existiert ein Machtgefälle und andererseits gibt es einen verständigungsorientierten Arbeitskontrakt (vgl. Schütze 1997: 193).
[82] Die Darstellung, autonom zu sein, kann ebenfalls als Spielen einer „Rolle" bezeichnet werden. Sie ist nicht durch die Organisation bestimmt, erhält aber ihren Sinn auch nicht aus sich heraus, sondern als Profession vielmehr im Bezug zur Sozialpädagogik als Wissenschaft. Darauf werde ich später noch näher eingehen.
Das Spielen der „Rolle", autonom zu sein, umfasst drei Dimensionen: ein zugelassenes oder ausgedrücktes Berührtsein durch die „Rolle", eine Demonstration von Qualifikationen und Kapazitäten zur Ausführung der „Rolle" und ein aktives Engagement oder eine spontane Involviertheit in die Handlung oder Aktivität der „Rolle". In diesem Moment wird die „Rolle" voll einverleibt. Einverleiben bedeutet, total in dem virtuellen Selbst der Situation aufzugehen, dass dieses Aufgehen auch seitens der Anderen so wahrgenommen wird und die expressive Bestätigung der Akzeptanz dieser „Rolle". Die Einverleibung einer „Rolle" bedeutet, von ihr einverleibt zu werden (vgl. Goffman 1997: 36).

siert [...] – was immer auch dazu führt, daß sie faktisch zur Wahl gestellt werden" (Luhmann 1993b: 363). Leistungsrolle und Publikumsrolle sind einerseits als soziale Adressen durch die Organisation konstituiert, andererseits können sie durch strukturelle Kopplung als „autonome Akteure" in der Bildungswirklichkeit auftauchen.

„Akteure" sind sie in der Fremd- und Selbstattribuierung nur, wenn sie sich nicht als abhängig erleben, sondern gestalten können. Gestalten heißt aber für die Adressen Unterschiedliches. Für die Publikumsrolle bedeutet Gestaltung, Widerstand zu leisten, was von ihm als Hilfeempfänger erwartet wird, was zugleich der Selbstbeschreibung entspricht, nicht nur Hilfeempfänger, sondern zukünftig autonom zu sein. Das wird aber nur möglich, wenn gegenwärtig Autonomie zugelassen wird, d.h. die Abweichung von der Publikumsrolle als autonomiegenerierendes Potential wahrgenommen wird. Entsprechend kann erwartet werden, dass der Widerstand von der Leistungsrolle geachtet wird. Der Widerstand ermöglicht, dass der Jugendliche sich in der Publikumsrolle in der Selbst- und Fremdbeobachtung als autonomer Akteur wahrnimmt. Wenn der Jugendliche diese „Form" nicht einnimmt, kann er zwar „semantisch" Akteur sein,[83] nimmt diese Position aber empirisch nicht wahr, so dass die semantischen Variablen nicht operativ wirksam werden. Das bedeutet, dass eine „Fehlbesetzung" der Positionen in der durch strukturelle Kopplung entstandenen Bildungswirklichkeit vorliegt, da die semantische Potentialität des Abweichens als Ausgangspunkt für Autonomieentwicklung operativ nicht ausgefüllt wird. Umgekehrt können die Leistungsrollen nur als „Akteure" wahrgenommen werden, wenn sie in ihrer Selbstbeschreibung die Toleranz gegenüber der Abweichung der Publikumsrolle, den Widerstand nicht als Erleben, sondern als Handeln attribuieren, das zur Generierung der Autonomie des Jugendlichen beiträgt.

Dadurch entsteht ein „Primat (Vorrang) von Dissens als ‚normaler' Organisationsform" (Wilke 1999: 231) der Bildungswirklichkeit. Bildungswirklichkeit wird auf diese Weise an die Erziehungswirklichkeit rückgebunden, da sie mit dem gleichen Schema der Transformation von Abweichung in Autonomie operiert. Im Unterschied zur Erziehungswirklichkeit geht es aber um eine thematische Auseinandersetzung, um eine diskursive Praxis über die Einheit der Differenz von Wille und Wohl des Jugendlichen.

---

[83] Die akteurstheoretische Perspektive ist in den letzten Jahren insbesondere von der dienstleistungsorientierten Sozialen Arbeit betont worden (vgl. Schaarschuch/Flösser/Otto 2001).

## VI.1 Die diskursive Praxis der Bildungswirklichkeit

In der „diskursiven Praxis" steht die Beobachtung der Beobachter im Vordergrund. Es vollzieht sich eine wechselseitige Beobachtung des von den Erwartungen abweichenden Jugendlichen und des von der Leistungsrolle abweichenden Sozialpädagogen. Dabei wird folgende Perspektive zugrunde gelegt: Wie „begründet" der Jugendliche seinen Widerstand gegen das, was zu seinem Wohl beitragen würde? „Begründung" bedeutet in diesem Kontext, über die eigene Hilfekarriere in der Jugendfürsorge zu erzählen, wodurch sich der durch die Jugendfürsorge konstituierte Hilfeverlauf individualisiert (vgl. Luhmann 2004b: 268f.). Die individuumsspezifische Selektion von Ereignissen in der biographischen Erzählung bezieht sich auf die Ereignisse, die vom Jugendlichen als Problem für seine Autonomieentwicklung wahrgenommen wurden und damit den Zweck der Jugendfürsorge gefährden.

Umgekehrt stellt sicht die Frage, wie der Sozialpädagoge mit der erzählenden Darstellung dieses Widerstandes umgeht. Sieht er in der Abweichung die Grundlage für eine Autonomieentwicklung oder nur eine prinzipielle Ablehnung des Jugendlichen, sich um das eigene Wohl zu sorgen? Kann der Widerstand in Bezug auf einen konkreten Anlass konkretisiert werden, so dass die Maßnahme, die zum Wohl des Jugendlichen beitragen soll, nicht grundsätzlich in Frage gestellt wird, sondern nur in der Ausführung? Kann es, wenn sie grundsätzlich in Frage gestellt würde, funktionale Äquivalente geben, die angemessener erscheinen, da durch sie die Einheit der Differenz von Wille und Wohl des Jugendlichen möglich wird? Das heißt, der Sozialpädagoge und der Jugendliche beobachten sich unter der Perspektive, ob Differenzen und Dissens regelgeleitet prozessiert werden (vgl. Wilke 1999: 232). Dadurch wird das soziale Fungieren von Bildungswirklichkeit vorgeführt, ohne die Möglichkeit oder Unmöglichkeit zu garantieren. In der „diskursiven Praxis" wird in gewisser Weise eine (Selbst-)Täuschung betrieben über das, was in der Jugendfürsorge möglich ist.

In der Bildungswirklichkeit geht es darum, das Publikum über die eigentlichen Machtstrukturen des sozialstaatlich organisierten Hilfesystems zu täuschen und Spielräume vorzugeben, die es im autopoietischen Operieren der Organisation der Jugendfürsorge nicht gibt.

Die Bildungswirklichkeit setzt voraus, dass das Ergebnis ungewiss ist. Bildungswirklichkeit heißt im Wesentlichen: Einstellung auf eine unbekannte Zukunft, in der entgegengesetzte Wertungen zum Zuge kommen können, wie es in der Jugendbewegung der Fall gewesen ist. Deshalb dürfen andere Präferenzsetzungen des Jugendlichen nicht negiert werden, sondern müssen auch die Möglichkeit haben, aktualisiert zu werden. Der Vorteil ist, dass Bildungswirklichkeit ohne Wertsetzungen auskommt und aufgrund dessen für ein „postkonventionelles" Zeitalter angemessen zu sein scheint. Der Schwerpunkt liegt bei der Bildungswirklichkeit auf der Autonomieentwicklung des Jugendlichen (Wille) in der Auseinandersetzung mit einem Thema (Wohl).

## VI.2 Die Einheit der Differenz zwischen Wille und Wohl des Jugendlichen als Thema der diskursiven Praxis der Bildungswirklichkeit

In der Bildungswirklichkeit geht es um die Vermittlung bzw. Aneignung dessen, was sich durch die anderen „kulturellen Mächte"[84] z.B. der Sozialhygiene und deren Perspektive auf das, was für das Wohl des Jugendlichen notwendig ist, nahegelegt wird. Es stellt sich die Frage, welches Thema aus welchem Grunde thematisiert wird. Dazu muss ich einen „Umweg" vollziehen, indem ich aufzeige, in welches Geflecht, d.h. in welche strukturellen Kopplungen die Jugendfürsorge eingebunden ist. Im Anschluss ist eine präzise Bestimmung darüber möglich, in welcher Weise die Jugendfürsorge als Bildungswirklichkeit strukturiert ist.

Der Wohlfahrtsstaat als Selbstbeschreibung des politischen Systems, der sich aus einem Rechtsstaat entwickelt hat, regelt die Inklusion der Gesamtbevölkerung in das politische System der Gesellschaft" (PdG: 422f.). Dies geschieht durch die rechtlich geregelte „Gewährung von Vorteilen, die der Einzelne nicht selbst verdient hat" (PdG: 423). Anders gesagt, der Wohlfahrtsstaat basiert auf der Kontingenzformel der Chancengleichheit, welche durch soziale Gerechtigkeit gewährleistet werden soll (Baecker 1994: 103). Luhmann stellt in „Recht der Gesellschaft" dar, dass das Rechtssystem Kommunikationen zur Erwartungssicherung institutionalisiert und komplexitätsadäquate Steuerungsleistungen erbringt (vgl. RtdG:38 ff.). Im politischen System wird die Idee der Gerechtigkeit auf Urteile über gleich und ungleich relativiert, „die ihrerseits logisch abhängig sind von Interessens-, Wertungs- oder Funktionsentscheidungen" (Luhmann 1999: 377). Jede Entscheidung „für" soziale Gerechtigkeit durch die Gewährleis-

---

[84] Ich greife den von der geisteswissenschaftlichen Pädagogik geprägten Begriff der „kulturellen Mächte" auf, da dieser ermöglicht, dass nicht nur Erziehungswirklichkeit als Spiel zu betrachten ist, sondern auch die Wirklichkeit der sozialhygienischen Gesundheitsfürsorge ein Spiel ist, das sich im Unterschied zur Erziehungswirklichkeit durch eine Reduktion doppelter Kontingenz auf einfache Kontingenz auszeichnet (vgl. Baecker 1993: 152). Es ist ein Spiel, das aus der Erziehungswirklichkeit als doppelte Kontingenz hervorgegangen ist. Wenn eine Situation aber durch eine Selektivität strukturiert ist, überlagert die einfache Kontingenz die doppelte Kontingenz der komplementären Erwartungen (vgl. Baecker 1993: 153). Das geschieht, wenn Prävention, z.B. durch Sozialhygiene, Vorherrschaft über die Erziehungswirklichkeit gewinnt. Wenn von kulturellen Mächten gesprochen wird, geht es darum, diese Vorherrschaft und damit die erwartete Selektivität in Frage zu stellen, was nichts anderes heißt, als doppelte Kontingenz einzuführen.

tung bestimmter Ansprüche führt auf der Rückseite zugleich soziale Ungerechtigkeit mit sich, da andere Ansprüche nicht gewährleistet werden. Dadurch wird die Inklusion aller Ansprüche in das sozialpolitische Funktionssystem durch sozialpolitische Entscheidungen des (sozial-) politischen Systems zurückgenommen (PdG: 425). Das wird insbesondere durch knappe finanzielle Ressourcen sichtbar, da durch diese das sozialpolitische System systematisch limitiert wird. Es ist Resultat der strukturellen Kopplung des politischen Systems mit dem Wirtschaftssystem (vgl. PdG: 388). Durch die Steuern stehen dem sozialpolitischen System nur begrenzte Ressourcen für die Verwirklichung der im sozialpolitischen System getroffenen Entscheidungen zur Umsetzung des materiellen Rechts des RJWGs zur Verfügung. Sie begrenzen die Verteilung von Ressourcen an Organisationen, die durch Hilfe die Chancengleichheit zur Inklusion in Funktionssysteme verbessern.

Gerechtigkeit basiert auf Entscheidungen, die nur als Elemente eines adäquat komplexen Rechtssystems gerecht sein können, „nicht allein durch ihren intendierten Sinn" (AdR: 392). Das Rechtssystem regelt durch Verfahren, wie in einem sozialpolitischen System soziale Gerechtigkeit konkretisiert werden kann, indem geregelt wird, wer und durch welches Verfahren in welcher Weise legitimiert ist, darüber zu entscheiden, welches Wohl durch zur Verfügung gestellte Ressourcen zu berücksichtigen ist[85]. Gerechtigkeit ergibt sich aber nicht aus einer relationalen Beziehung „einzelner Entscheidungen auf einzelne Werte oder Normen" (AdR: 392), sondern nur in der Art, wie das Rechtssystem das politische System in seinen Entscheidungsmöglichkeiten limitiert. Legitime Entscheidungen können nur in einem adäquat komplexen Rechtssystem getroffen werden (vgl. AdR: 392), welches regelt, wie es im politischen System zu einer legitimen Entscheidung kommt. Luhmann spricht in diesem Zusammenhang von Legitimation durch Verfahren (vgl. Luhmann 1975). Das Verfahren, das den Entscheidungsprozess zur Verteilung der Ressourcen strukturiert, um zur „Regeneration von Inklusionschancen in die Gesellschaft beizutragen" (Baecker 1994: 103), wird als Sozialplanung bezeichnet. Sie wird zu einem „Verfahrenselement der Reflexion" (Merchel 2001: 1364) des sozialpolitischen Systems, „das mit eigenen Verfahrensschritten versehen wird" (Merchel 2001: 1364). Sozialplanung konkretisiert den Zweck des Wohlfahrtsstaats, soziale Gerechtigkeit zu garantieren. Sie selektiert, für welche Bedarfe eine soziale Infrastruktur bereitgestellt wird (vgl. Merchel 2001: 1365) und schafft damit die Voraussetzung für eine potentielle Inklusion von als hilfebedürftig bezeichneten Adressaten in Organisationen. Anders gesagt, das Rechtssystem materialisiert das materielle Recht durch Verfahrensprozedualität. Die Sozialpläne als Produkte des politischen

---

[85] Ich werde im Kontext der Jugendhilfeplanung auf diesen Sachverhalt näher eingehen.

Entscheidungsprozesses, welcher durch Verfahren legitimiert ist, bekommen eine Rechtsverbindlichkeit, die durch Verträge für die daran beteiligten korporativen Personen gewährleistet wird. Zu den an dem politischen Entscheidungsprozess beteiligten korporativen Personen gehören die Wohlfahrtsverbände. Sie sind durch Anhörungen, welche durch das Subsidiaritätsprinzip im RJWG rechtlich geregelt sind, in den Entscheidungsprozess mit einbezogen. Es können darüber hinaus Fachpersonen wie z.b. Ärzte, sofern es um die Gesundheitsfürsorge geht,[86] ebenfalls durch Anhörung in den Entscheidungsprozess mit einbezogen werden, um zu gewährleisten, dass der Bedarf in Bezug auf Gesundheit fachlich legitimiert gewährleistet ist. Durch die Anhörungen werden „Fakten" über das Wohl der Bevölkerung sichtbar, die sozialpolitisch interpretiert werden können (vgl. PdG: 268)[87]. Die Entscheidung obliegt aber letztlich der Legislative, d.h. dem politischen System. Sie legt der kommunalen Sozialverwaltung das Ergebnis vor, das für diese Grundlage ist, um mit den Leistungsträgern verbindliche Verträge zur Gewährleistung des Hilfebedarfs abzuschließen.

Der Leistungsträger muss die gegenüber der Sozialverwaltung bestehenden vertraglichen Bedingungen sicherstellen, d.h. Programme zur Verfügung stellen, die das Wohl der Jugendlichen garantieren, Fachkräfte einstellen, die gewährleisten, dass die Programme aus fachlicher Perspektive sachgemäß durchgeführt

---

[86] Das sozialpolitische System wird durch eine strukturelle Kopplung, z.B. zwischen dem Gesundheitssystem und dem Hilfesystem limitiert. Sie ermöglicht, dass politische Gewalt als fachlich legitimierte Gewalt, die dem Wohl des Bürgers dient, erscheint. Die strukturelle Kopplung vollzieht sich über das Medium des sozialhygienischen Blicks, wie ich es im Kapitel „Wissen und Macht" dargestellt habe.

[87] Der Jugendhilfeausschuss kann als „institutionalisierte Verhandlungsarena" bezeichnet werden (Merchel/Reismann 2004: 74). Die Reibungen bzw. die wechselseitigen Blockierungen seien Ausdruck eines Demokratieverständnisses (vgl. Merchel/Reismann 2004: 74), welches versucht, „der hierarchischen Kommunikationslinie (von oben nach unten) eine gleichberechtigte (!) Kommunikation von unten nach oben zur Seite zu stellen" (Grunow 1996: 51). Der Jugendhilfeausschuss wird vom Rat als Vertretungskörperschaft gestaltet, d.h. durch den gewählten Willen der Bürger bestimmt (vgl. Merchel/Reismann 2004: 95). Beschlussfähigkeit habe so §71 Abs. 3 SGB VIII nur „im Rahmen der von der Vertretungskörperschaft bereitgestellten Mittel, der von ihr erlassenen Satzung und der von ihr gefassten Beschlüsse". Der Jugendhilfeausschuss hat eine intermediäre Funktion. Er ermöglicht es, die Autonomie der kommunalen Verwaltung in Frage zu stellen, indem er in das laufende Geschäft der Verwaltung eingreifen kann (Merchel/Reismann 2004: 60), da die Verwaltung des Jugendamtes an Beschlüsse des Jugendhilfeausschusses gebunden ist (vgl. Merchel/Reismann 2004: 60, 98). Dadurch trägt der Jugendhilfeausschuss die Hauptverantwortung für die grundsätzliche Regelung der Jugendhilfeverwaltung.
Aufgabe der Jugendhilfeplanung ist die Ermittlung des Bedarfs, die Planung der erforderlichen Maßnahmen, Qualitätsentwicklung, Beratung und Beschluss des Jugendamtsausschusses und alle Kommunikations- und Koordinationsaufgaben, die mit der Stellung des Jugendhilfeausschusses als intermediärer Instanz verbunden sind (vgl. § 71 SGB XIII Abs. 2). Merchel/Reismann sprechen in diesem Zusammenhang von der „strategischen Funktion" des Jugendhilfeausschusses (vgl. Merchel/Reismann 2004: 102).

werden und sicherstellen, dass jeder der Adressaten eine dem durch die Bedarfskonstruktion vermittelten Rechtsanspruch gemäße Hilfe erhält (Bauer 2001: 74). Dabei gibt es Reibungsverluste bzw. -gewinne auf der Ebene der Organisation der Jugendfürsorge. Die Organisation der Jugendfürsorge trägt zur Personenveränderung des Adressaten bei (vgl. Olk 1986: 104 ff.) und unterscheidet sich gerade dadurch vom sozialpolitischen System (Weber/Hillebrandt 1999: 134). Das Thema der Gerechtigkeit stellt sich im Kontext der Organisation der Jugendfürsorge auf eine andere Art und Weise dar als im Rechts- und im sozialpolitischen System. Entscheidungen, wie zum Beispiel, dass soziale Gerechtigkeit im Kontext der Jugendfürsorge als Organisation möglich ist, können nur als Elemente eines adäquat komplexen Organisationssystems gerecht sein, in dem formale mit informaler Organisation verknüpft wird (vgl. OuE: 374). Im Unterschied zum sozialpolitischen System, indem auf Chancengleichheit geachtet würde, liegt der Schwerpunkt in der Jugendfürsorge durch die Einheit der Differenz von formaler und informaler Organisation darauf, dass die Chancengleichheit individualisiert wird (vgl. Merten 1997: 155). Dadurch gelingt es der Organisation, nicht zur „Exekutive" der Politik zu werden (vgl. Benner 2001: 171).

Die Individualisierung wird durch die Begrenzung der zur Verfügung stehenden Ressourcen limitiert. Unter Ressourcen sind im Kontext der Organisation, die „Hilfeprogramme" zur Verbesserung des Wohls der Jugendlichen, die Professionalisierung der Fachkräfte, die Koproduktion zwischen Leistungs- und Publikumsrolle gemeint (vgl. Bauer 2001).

Durch die Darstellungen der strukturellen Kopplungen habe ich aufgezeigt, dass die Organisation der Jugendfürsorge durch kein anderes System determiniert wird, sondern nur irritiert wird. Die Ereignisse der anderen Systeme gewinnen in der Jugendfürsorge nur durch die strukturellen Kopplungen vermittelt an Bedeutung.

Die Hilfewirklichkeit in der Organisation der Jugendfürsorge wird durch die Ausrichtung auf das fachlich definierte und durch Organisation von Programmen ermöglichte Wohl des Jugendlichen strukturiert. Für die Leistungsrolle treten spezifische Aufgaben in den Vordergrund der Aufmerksamkeit, während andere vernachlässigt werden können, da sie das Wohl des Adressaten nicht gefährden. Dadurch wird selbst im Erziehungsheim nicht das „ganze" Leben einem panoptischen Blick unterworfen, sondern nur bestimmte Bereiche, zu bestimmten Zeiten, in spezifischen sozialen Konstellationen. Dadurch werden auch im Erziehungsheim durch Inklusion in Programme spezifische Fälle konstituiert und jenseits dieser zeit-räumlichen Arrangements wird Exklusionsindividualität ermöglicht. Die präventiv oder kurativ ausgerichteten Programme tragen zum Wohl der Jugendlichen bei, umso wichtiger ist es, dass sie gewissen Standards unterworfen werden, um den Zweck mit hoher Wahrscheinlichkeit zu gewährleisten. Die Leistungsrolle kann als Fachperson den Spielraum bzw. die Grenze dieses Spielraums genauer bestimmen, indem sie festlegt, ab welchem Punkt das Zulassen von Ausnahmen dazu führen kann, dass das Leistungsangebot mit großer Wahrscheinlichkeit nicht mehr zu dem Effekt führt, der sich einstellen sollte, als eine bestimmte Hilfeleistung anvisiert wurde. Anders gesagt, die Hilfewirklichkeit setzt professionelle Entscheidungen voraus, die die Einheit der Differenz von Wohl und Wille des Jugendlichen gewährleisten. Diese Hilfewirklichkeit kann durch strukturelle Kopplung in eine Bildungswirklichkeit transformiert werden. Das kann sich in folgender Weise vollziehen:

Eine aus der Perspektive der Sozialhygiene[88] legitimierte Verhaltensregel, die das gesundheitliche Wohl[89] des Jugendlichen garantieren soll, kann auf den Widerstand des Willens[90] des Jugendlichen stoßen. Wenn der Jugendliche oder

---

[88] Der sozialhygienische Blick konstituiert das Funktionssystem dadurch, dass er über die Bedürftigkeit von Hilfe oder Nichthilfe entscheidet (vgl. Kneer 2001: 423).
[89] Die Gewährleistung des Wohls als Zweck der Jugendwohlfahrt ist gesetzlich in § 1 RJWG grundgelegt.
[90] Der Wille kennzeichnet sich nach Natorp durch den Zweck, der den Menschen ein zu erreichendes Ziel setzt (vgl. Natorp 1899: 10). Ich habe im Kontext der Erziehungswirklichkeit dargestellt, dass es nicht um die Ausrichtung an einer Idee geht, sondern um die Konstituierung von Autonomie in der Interaktion.
Die Willensbildung im eigentlichen Sinne ist so Natorp mit der Verstandesbildung verknüpft. Beide sind auf die Idee bezogen, welche ich in Abgrenzung zu Natorp als das Element der Erziehungswirklichkeit bezeichnet habe. Bei der Verstandesbildung ist nach Natorp die Gesetzmäßigkeit bedingungslos gefordert und als Forderung schon bedingungslos gesetzt, was nicht bedeutet, dass es ist, sondern es sein soll. Es ist die Setzung der Forderung (vgl. Natorp 1899: 32f.). Dadurch wird die Erfahrung auf das Unbedingte ausgerichtet, d.h. in dem von mir dargestellten Kontext auf das Element gestellt.
Die Zwecksetzung ist eine eigene, selbständig begründete „Methode des Denkens", wodurch sie nicht Subjekt ist (Natorp 1899: 37). Trotzdem ist die Zwecksetzung auf Erfahrung angewiesen, da das konkret Gesollte mit der Erfahrungsgesetzlichkeit und damit mit dem „Urgesetz der Bewußtseinseinheit" (Natorp 1899: 37) zusammenkommen muss. Kausalität bedeutet in diesem Zusammenhang das Verhältnis von Mittel und Zweck (vgl. Natorp 1899: 38).
Das Wohl als Mittel generiert den Widerstand als Zeichen der Autonomie. In diesem Sinne kann das Wohl als Ursache für die Willensbildung gesehen werden. Da sie zugleich die Grenzen des Willens deutlich macht, führt sie zu einer größeren Bewusstheit. Sie trägt zur Verstandesbildung bei, indem die Einheit der Differenz von Wille und Wohl generiert wird. Dieser Vorrang des Willens drückt Natorp wie folgt aus: „Der Verstand gibt aber nur Antwort auf die Fragen nach den Mitteln der Verwirklichung, nachdem der Zweck feststeht" (Natorp 1899: 39). Dadurch ist die Bildungswirklichkeit der Erziehungswirklichkeit untergeordnet. „Der Mensch versteht nur, indem er will, er will nur, indem er versteht" (Natorp 1899: 46).
Wille und Verstand brauchen Erfahrung, um lebendig zu sein. Das heißt, dass der Wille nicht bloß Erkenntnis des Ziels, sondern auch das Sterben nach dem Ziel impliziert (vgl. Natorp 1899: 44), was durch die strukturelle Kopplung nicht determiniert werden kann. Dann kann sie die Wahrscheinlichkeit erhöhen, dass das Ziel angestrebt wird, da der Jugendliche sich mit dem Ziel einverstanden erklärt hat. Es handelt sich bei dem von mir Dargestellten eher um die Generierung von Einverständ-

der Leistungsträger dieses zum Thema macht, vollzieht sich eine strukturelle Kopplung zwischen dem Adressaten und der Leistungsrolle als Repräsentanten des sozialhygienischen Blicks, um sich damit auseinander zu setzen, inwieweit der Widerstand bzw. die Einhaltung der Verhaltensregel für das Wohl des Jugendlichen notwendig ist. Dadurch wird die funktionale Rationalität in eine Systemrationalität der Praxis überführt (vgl. Benner 2001: 193)$^{91}$. Solange aber diese Form der strukturellen Kopplung nicht formal organisiert wird, z.b. durch zeitliche und personelle und sozialpädagogisch fachliche Ressourcen, die für die Durchführung von Programmen notwendig sind, oder durch die Organisation von Beratungen mit dem Adressaten, um in regelmäßigen Abständen zur Reflexion eines Programms beizutragen, ist eine strukturelle Kopplung zwischen Leistungsrolle und Adressat unwahrscheinlich. Wenn sie aber auftritt, bestünde die Möglichkeit, mit dem Jugendlichen einen Diskurs zu führen. Das setzt eine thematische Auseinandersetzung über die Einheit der Differenz von Wille und Wohl voraus. Dadurch vollzieht sich ein individualisierter Unterricht$^{92}$. Es geht darum, dass der Adressat lernt, die Folgen einzuschätzen, die mit der Abweichung einhergehen. Es handelt sich um eine Risikokalkulation als eine Entscheidung, mit der man „Zeit bindet, obwohl man die Zukunft nicht hinreichend kennen kann, und zwar nicht einmal die Zukunft, die man durch die eigenen Entscheidungen erzeugt" (Luhmann 1991: 21). Die Risikoperspektive ist Resultat der Ausdifferenzierung der Wissenschaft (vgl. Luhmann 1991: 38), die sich in der Hilfepla-

---

nis, die bestimmten Regeln zu folgen hat, damit sie möglich wird, als dass von Verstandesbildung im neukantianischen Sinne Natorps gesprochen werden kann.
Der Wille bestätigt sich vergleichend und urteilend (vgl. Natorp 1899: 57f.). Er setzt das Gewollte als Objekt und beharrt auf der Einheit des Bewusstseins (vgl. Natorp 1899: 60). Das, was zum Objekt gesetzt wird, ist in dem von mir dargestellten Kontext das Wohl des Jugendlichen. Es wird verglichen, welche Auswirkungen welches Verhalten auf das Wohl des Jugendlichen haben wird, dadurch kann der Jugendliche entscheiden, welche Alternative er wählen wird und welche Risiken er jeweils damit eingeht.
[91] Benner weist auf die Differenz zwischen der Systemtheorie als funktionaler Realität und der Bildungstheorie als praktischer Rationalität hin (vgl. Benner 2001: 185ff.). Dabei bezieht er sich auf die Schriften Luhmanns zum Erziehungssystem, die aber nicht auf einer Steuerungstheorie basieren, wie ich sie entwickelt habe. Die Steuerungstheorie basiert auf der strukturellen Kopplung und damit auf dem Verhältnis System-Umwelt, was ich im Kontext der Ausführungen zur Erziehungswirklichkeit als soziale Praxis dargestellt habe, die einerseits durch Willensbildung konstituiert ist und andererseits eine nichthierarchische Struktur aufweist. Aber genau darin liegt auch die Möglichkeit, dass sich pädagogische Praxis nicht nur im Erziehungssystem vollziehen kann, sondern auch Eingang in andere Praxen, hier der Jugendfürsorge, gewinnen kann, indem sie hier als Moment der Hilfewirklichkeit auftritt (vgl. Benner 2001: 194).
[92] Auch hier wird die Parallele zu Natorp deutlich, da auch er die Verstandesbildung im Unterricht verortet, der sich bei ihm allerdings in der Schule vollzieht, während es sich hier um einen individualisierten Unterricht handelt, der auf Einverständnisbildung setzt.
Im Kontext der Praxis Hilfeplanung werde ich noch näher darauf eingehen, was unter einem individualisierten Unterricht zu verstehen ist.

nung als Steuerung der Hilfeprozesse nicht als Wissenschaft, sondern didaktisch geronnen und damit simplifiziert widerspiegelt. Die Risikoperspektive, die durch den individualisierten Unterricht gegenwärtig wird, dient der „Tatbestandsgesinnung"[93]. Sie wird methodisch durch die strukturelle Kopplung zwischen dem Repräsentanten des Willens und dem des Wohls vermittelt. Dadurch wird die Risikoperspektive fallspezifisch individualisiert[94] (vgl. Benner 2001: 173, 200). Durch die Individualisierung der Risikoperspektive wird Ungewissheit wieder eingeführt. Es zeugt von einem „auf den Kopf gestellten Verhältnis zu den Wissenschaften, die [...] weniger wegen des Wissens, das sie anbieten, als vielmehr wegen der Zweifel, die sie wecken, befragt und geprüft werden. Die moralischen Verpflichtungen nehmen jetzt die Form einer Ethik an, deren Reflexion auf das Prinzip Verantwortung um den neuen Begriff der Vorbeugung kreist" (Ewald 1999: 5). Es geht um das Vorbeugen der Vorherrschaft der Fremd- vor der Selbstreferentialität. „Die Hypothese der Vorbeugung konfrontiert uns mit einem nicht meßbaren, also nicht kalkulierbaren Risiko, kurzum: mit einem Nicht-Risiko" (Ewald 1999: 14). Vorbeugung vollzieht sich nicht durch Risikokalkulation ermöglichte Prävention, sondern sie berücksichtigt das, was befürchtet werden muss, aber nicht eingeschätzt werden kann. „Das Vorbeugungsprinzip ruft dazu auf, vor jeder Entscheidung für bestimmte Unternehmungen oder Handlungen die Hypothese des Schlimmsten (nämlich jener ‚schweren und irreversiblen' Konsequenzen) in Erwägung zu ziehen" (Ewald 1999: 14f.). Obwohl mit dem Schlimmsten gerechnet werden soll und dieses ungewiss ist, soll, bevor daraus konkrete Kosten entstehen, diesem Eintreten der Vorherrschaft der Fremdreferentialität vorgebeugt werden. Bildungswirklichkeit ist die Möglichkeit, dieses zu verhindern, indem sie zur Konstituierung von Selbstreferentialität beiträgt. Sie kann als negative Moral bezeichnet werden, die im „Angesicht der Bedrohung entstanden, den Akzent auf eine Ethik des Bewahrens, Schützens, Verhinderns legt" (Ewald 1999: 19).

---

[93] Notwendig sei, so Bernfeld, dass die Erziehungswissenschaft durch „Tatbestands-Gesinnnung" wissenschaftlich zu fundieren sei und sie unabhängig von Wünschen und Absichten sein müsste (vgl. Bernfeld 1973: 13). Ziel der Pädagogik sei die Rationalisierung von Erziehung (vgl. Bernfeld 1973: 15). Diese kann in zwei Schritten vollzogen werden: 1. notwendig ist eine geistige Tat, 2. die reale Veränderung des bisherigen Verhaltens und 3. die Befreiung von der bisherigen Anschauung, so dass eine neue Zweckmäßigkeit erreicht wird (vgl. Bernfeld 1973: 16).
[94] Benner weist darauf hin, dass Bildung auf ethischen und ästhetischen Erfahrungen basiert und sie dadurch unabhängig von der Politik einerseits und dem Staat andererseits wird (vgl. Benner 2001: 177).

## VI.3 Sozialpädagogische Methode als individualisierter Unterricht: Die Einheit der Differenz von Methodik und Didaktik

Die sozialpädagogische Methode bezieht sich auf die „gezielte Planung, Organisation und Gestaltung von Lehr-Lern-Prozessen" (Helsper/Keuffer 1995: 81). Sie kann als Einheit der Differenz von Methodik und Didaktik bestimmt werden. Methodik bedeutet die Bildung einer „öffentlichen Meinung" über den Hilfeprozess durch Unterricht. Die Bildung einer öffentlichen Meinung ist nicht per se Unterricht, sondern nur, wenn es sich um eine vom Hilfeprozess abgehobene zeit-räumliche Einheit handelt, diese mit einem Lernzweck verbunden (pädagogische Absicht) und „künstlich" hergestellt, d.h. geplant wird. Der Unterricht prozessiert die Einheit der Differenz von Vergangenheit (Hilfeprozess) und Zukunft (Hilfeprozess) und trägt zur Langsicht bei. Es geht um eine vorausschauende Veränderung des Hilfeprozesses durch den Unterricht, durch welche die Hilfeprozesse irritiert werden. Der Unterricht wird als „Beruf" durchgeführt (vgl. Helsper/Keuffer 1995: 83; Giesecke 1990: 103; Terhart 2000: 134; vgl. Benner 2001: 201, 231f.). Derjenige, der den Unterricht vollzieht, fühlt sich berufen, den Widerstand des Adressaten zu sehen und ihn in einen Bildungsprozess zu überführen. Es ist zugleich ein wiedererkennendes und ein neues, ein sehendes Sehen. Der Unterricht fungiert als eine Art „Sehlabor", „das zwischen Welteinnahme und Rückzug aus der Welt seine Operationen vollführt" (Waldenfels 1999: 122). In ihm wird etwas – die Einheit der Differenz von Wille und Wohl – dargestellt (vgl. Waldenfels 1999: 122). Was den sozialpädagogischen Blick beunruhigt, ist etwas, das dem Sozialpädagogen Sehend zu denken gibt. „Im antwortenden Sehen verkörpert sich ein Blick, der in der Bildungswirklichkeit des Unterrichts stattfindet, der aber im Hilfeprozess begonnen hat (vgl. Waldenfels 1999: 131).

Im Unterricht werden die „Motive" bzw. Gründe dargestellt, die den Adressaten bei dem Widerstand gegen die Durchführung der Hilfe geleitet haben. Das ist der Anlass, um sich über die Einheit der Differenz von Wille und Wohl auseinander zu setzen, was als Inhalt, der für den Unterricht ausgewählt wird (vgl. Giesecke 1990: 101), bezeichnet werden kann. Es handelt sich einerseits um einen zufälligen Anlass, anderseits aber auch nicht, da der Zufall als Grundlage für Erfahrung erwartet wird (vgl. Terhart 2000: 135). Der Zufall der Abweichung ermöglicht die Generierung der Autonomie des Willens. Es ist der „Zündfunke" und zugleich der „Stoff", der im Unterricht als Aufforderung zur Autonomie des Jugendlichen („Geist") „gehört" wird. In der Auseinandersetzung mit dem Wohl des Jugendlichen wird der „Geist" in Bildung transformiert (vgl. Terhart 2000: 143; vgl. Benner 2001: 178).

Der adressatenzentrierte Unterricht hat einen Effekt auf den Inhalt, da nur durch ihn gewährleistet wird, dass der Wille Vorrang vor dem Wohl hat. Er trägt dazu bei, dass die Didaktik die Form der „Ermöglichungsdidaktik" annimmt (vgl. Arnold 1999; vgl. Terhart 2000: 147). In der Didaktik[95] geht es um eine „Synthese von Anforderungen der Gesellschaft und Interessen des Individuums" (Helsper/Keuffer 1995: 82). Sie bezieht sich auf die Ziel- und Wertvorstellungen, die sich aus dem sozialhygienischen, dem sozialpädagogischen etc. Blick ergeben, und sie thematisiert, wie diese zu vermitteln sind, so dass eine Einheit der Differenz von Wille und Wohl möglich wird (vgl. Helsper/Keuffer 1995: 82). Ausgehend von dieser Willensbildung geht es darum, dass der Adressat sich mit der den Hilfeprozess leitenden Fachlichkeit, welche an seinem Wohl ausgerichtet ist, auseinander setzt. Die Einheit der Differenz von Wille und Wohl kann als Thema des Unterrichts bezeichnet werden (vgl. Giesecke 1990: 105). Bei der Didaktik wird nach dem adressatenorientierten Prinzip vorgegangen. Dazu gehört das „‚heimatkundliche Prinzip' vom Nahen zum Fernen" (Giesecke 1990: 101).

Während die Didaktik versuchen kann, teilnehmerorientiert zu sein,[96] aber nie weiß, ob es ihr gelingt, da sie keinen Einblick in die psychischen Systeme hat,[97] versucht die Methodik dieses Problem dadurch zu lösen, dass sie dazu beiträgt, dass eine öffentliche Meinung darüber gebildet wird, ob dieses gelungen ist[98]. „Das System muss sich am System orientieren können, also Reflexi-

---

[95] Didaktik kann mit Bernfeld wie folgt charakterisiert werden:
Didaktik ist die „Umgestaltung eines vorhandenen gesellschaftlichen Brauches aus seinen (zweckbezogenen) irrationalen Traditionen zu rationalem Tun oder auch Lassen" (Bernfeld 1973: 20).
Didaktik ist an den Unterricht gebunden.
Didaktik hält an dem Überkommenen fest und „verhindert so Rückschläge vom erreichten Rationalisierungsstandard" (Bernfeld 1973: 22).
Didaktik ist Teil von Wissenschaft zum praktischen Zweck. „Sie verfährt empirisch und diszipliniert; und sie geht auf die Feststellung gesetzlicher Zusammenhänge aus" (Bernfeld 1973: 24).
Didaktik reduziert Komplexität, um etwas zu erreichen, das durch learning by doing viel zu langwierig wäre. Darüber hinaus ermöglicht sie, dass passende Leistungsangebote unwahrscheinlicher werden, was sowohl seitens der Adressaten dazu beiträgt, Hilfeleistungen in Anspruch zu nehmen, da sie deren positiven Effekt wahrnehmen, als auch kostensenkend wirken kann, da dadurch seltener effektlose Hilfeleistungen finanziert werden. Dafür steigen aber die Kosten für die Hilfeplanung selbst, die zur Optimierung des Passungsverhältnisses beitragen.
[96] Nichttrivial-Maschinen setzen Techniken der Stimulierung voraus, „wie sie im klassenförmigen Unterricht nicht zur Verfügung stehen – z.B. ein sequentielles Sicheinlassen auf die Zustände, in denen der Zögling sich gerade befindet" (Luhmann 2004a: 16).
[97] „Auf die offenkundige Absicht des Erziehens und auf ein dafür bereitgestelltes Sondersystem reagiert der Schüler wiederum in der Weise der Sozialisation: er lernt es, mit den entsprechenden Tatsachen und Wahrscheinlichkeiten zu rechen und ihnen über konformes wie über abweichendes Verhalten Rechnung zu tragen" (Luhmann 2004a: 21).
[98] Die Verhältnisbestimmung von Methodik und Didaktik unterscheidet sich in der sozialpädagogischen Methode zu der geisteswissenschaftlichen Pädagogik (vgl. Weniger 1926: 3; Galuske 1998:

onsprozesse ablaufen lassen können, die die Erfordernisse des Kontinuierens der Operationen selbst zum Gegenstand von Operationen machen" (Luhmann 2004a: 20). Während Didaktik, auch wenn sie Konsequenzen für das Wohl des Kindes adressatenspezifisch darstellt, asymmetrisch im Sinne einer Lehrerrolle und eines Publikums strukturiert ist, ist Methodik symmetrisch als Face-to-Face-Kommunikation strukturiert. Es wird wechselseitig beobachtet, ob die Bedingungen eingehalten werden, die die Voraussetzung für die Inklusion in die Hilfeplanung sind. Die Methodik gewährleistet durch die Beachtung der Verfahrensprozedualität die Herstellung der Einheit der Differenz von Wille und Wohl[99]. Sie ermöglicht eine Reflexion des Unterrichts in Bezug auf abweichendes Verhalten der am Unterricht teilnehmenden Person. Dadurch wird der Hilfeprozess scheinbar transparent gemacht. Die Leistungsrolle und das Publikum beobachten sich wechselseitig, ohne zu wissen, ob das, was der andere sagt, auch das ist, was für ihn auf der Beobachtungsebene 1. Ordnung entscheidend ist. Eine rationale Kommunikation kann aus dieser Perspektive nur eine für den öffentlichen Meinungsbildungsprozess bevorzugte Form sein, den anderen sachlich zu überzeugen, was aber nichts an der Tatsache ändert, das die Darstellung

---

22f.). Die Subjektivierung gegenüber den „objektiven" Mächten wird nicht nur über die Didaktik angestrebt (vgl. Weniger 1926: 194), sondern insbesondere über die Einheit der Differenz von Methodik und Didaktik sichergestellt. Dadurch geht es nicht nur um die „Form des Lehrens'", die geschult werden muss (vgl. Weniger 1926: 192ff.), sondern darüber hinaus um einen öffentlichen Meinungsbildungsprozess, der dazu beiträgt, dass das Technologiedefizit der Didaktik beobachtet und diskursiv zwischen dem Adressaten und dem Sozialpädagogen bearbeitet wird (vgl. Luhmann/Schorr 1988: 211).

[99] Dazu können Kommunikationsregeln gehören, dass der Adressat den professionellen Vertreter unterbricht, sofern er etwas nicht verstanden hat, dass er aufgefordert ist, jede Darstellung zu kommentieren und dieser Kommentar zunächst unkommentiert stehen bleiben darf, oder wie es in Hamburg eingeführt wurde, dass Beratungen des Adressaten und Verhandlungen in der Erziehungskonferenz sich interpunktieren, bis eine konsensfähige Problemanalyse erstellt wurde (vgl. Uhlendorff 2002: 860). Welche Regeln sich letztlich zur Herstellung der Einheit der Differenz von Wille und Wohl am besten bewähren, muss empirisch erforscht werden.

Die Organisation von Selbstbestimmung im Verfahren ist wahrscheinlich dann glaubwürdiger, wenn dieses zugleich auch für die Sozialpädagogik selbst gilt. Das bedeutet die Notwendigkeit des Reflexivwerdens der Methode als re-entry des Systems ins System. Die Adressaten könnten unter dieser Voraussetzung z.B. ein Votum über die Qualität der professionellen Vertreter, die zur Beratung konsultiert werden, abgeben als auch den Sozialpädagogen aussuchen, der ihn bei dieser Hilfeplanung begleitet. Dadurch trägt das System dazu bei, dass das für das Verfahren notwendige persönliche Vertrauen wahrscheinlicher wird. Zugleich besteht aber auch die Gefahr der Entdifferenzierung des Systems, was den Sinn, dieses zu etablieren, auflösen würde. Es geht um wechselseitige Limitierung zivilstaatlicher und sozialstaatlicher Positionen (Sozialintegration), durch die erst die Möglichkeit für eine Möglichkeit der Inklusion in andere Funktionssysteme (soziale Gerechtigkeit) geschaffen wird.

der „Motive" etwas anderes ist, als das psychische System selbst, das trotz allen darüber Redens für soziale Kommunikation intransparent bleibt[100]. Durch die Methodik bekommen die latenten Sinnstrukturen, die sich in dem heimlichen Lehrplan zeigen, eine höhere Bedeutung als die manifesten Sinnstrukturen des offiziellen Lehrplans (vgl. Luhmann 1994 [1985]: 21), die durch die Sozialstaatsanwälte vermittelt werden. Heimlicher und offizieller Lehrplan können sich interpunktieren. Da die Methodik festlegt, dass Entscheidungen konsensual getroffen werden, wird gewährleistet, dass niemandem Vorrang eingeräumt wird, sondern so lange Alternativen erörtert werden, bis alle ihr Einverständnis geben. Dadurch wird es wahrscheinlicher, dass der Adressat sich einbezogen fühlt und sich als Mitentscheider attribuieren kann.

Durch diese Einheit der Differenz von Methodik und Didaktik wird der Unterricht reflexiv. Er trägt dazu bei, dass Entscheidungen über Prämissen von Entscheidungen getroffen werden (Luhmann/Schorr 1988: 212) und dadurch das Lernziel der Selbststeuerung (als Einheit der Differenz von Wille und Wohl) gewährleistet wird.

Das Ergebnis dieses reflexiven Unterrichts ist eine Urteilsbildung, was an dem Hilfeprozess geändert werden muss (vgl. Benner 2001: 233). Der Hilfeplan besagt, wie die Hilfeprozesse zu organisieren sind, damit sich der erwartete Effekt einstellt. Dadurch werden die Gewohnheiten im Hilfeprozess unter der Perspektive des Gelernten überprüft (vgl. Benner 2001: 233).

Im Unterschied zum Lehrplan in der Schule ist der Hilfeplan gerade nicht durch Vereinheitlichung, sondern durch die Individualisierung der Bildung gekennzeichnet (vgl. Helsper/Keuffer 1995: 84). Die sozialpädagogische Methode gewährleistet, dass die Selbststeuerung des Adressaten organisiert wird, indem sie als „Zufallsgenerator" „auftretende Zufälle in Strukturgewinn" (Luhmann 2004a: 22) umsetzt. Öffentlichkeit ermöglicht, dass Zufälle in dem sozialpädagogisch kontrollierten Bereich auftreten. Dadurch vollzieht sich eine „Fremdselektion" durch das Programm, die mit der Selbstselektion, die Variation in das Programm einführt, kombiniert wird (Luhmann 1994: 196). Die sozialpädagogische Methode stellt somit eine mögliche Problemlösung für die pädagogische Grundantinomie von Autonomie und Zwang dar. Sie zeigt, wie „die Unterwerfung unter den gesetzlichen Zwang mit der Fähigkeit, sich seiner Freiheit zu bedienen" (Kant 1978b: 711) vereinigt werden kann. Sie trägt zur Kultivierung der Freiheit bei. Sie ermöglicht, dass der Adressat „den Zwang seiner Freiheit" duldet und dazu beiträgt, dass er diese gut gebraucht (vgl. Kant 1978b: 711). Dadurch kann die Selbststeuerung/-referentialität des Adressaten performativ

---

[100] Dadurch vollziehen sich drei Erziehungsprozesse: „In der Sozialdimension geht es um Erziehung zur Kommunikation. In der Zeitdimension geht es um Erziehung zur Änderungsbereitschaft. In der Sachdimension geht es um Erziehung zur Wahlfähigkeit" (EdG: 195).

hervorgebracht werden, die aber nicht ohne Fremdsteuerung/-referentialität denkbar ist. Die Wahl eines Hilfeprogramms und die Forderung, dass die Programme am Willen des potentiellen Adressaten ausgerichtet werden, geht damit einher, dass die Organisation, die die Leistung anbietet, ihrerseits die Grenzen der Möglichkeit bestimmt, auf den Willen des Adressaten einzugehen.

Dadurch vollzieht sich ein Individualisierungsparadoxon. „An das Individuum wird die Aufforderung zu Eigenverantwortung und Selbsttätigkeit herangetragen, um sich und die Sozietät zu reproduzieren und die – für die Reproduktion hochmodernisierter Gesellschaften unumgängliche – Transformation zu leisten" (Helsper 1997: 544). Das „Moratorium" des sozialpädagogischen Unterrichts dient der sozialen Unterstützung, um der Verpflichtung nachzukommen, sich für sich selbst im Sinne der Individualisierung des Hilfeprozesses zu sorgen. Falls der Adressat nicht zur Selbststeuerung in der Lage ist, kann die Leistungsrolle nicht nur als Repräsentantin des sozialhygienischen Blicks (Sozialstaatsanwalt), sondern auch als Repräsentantin des „zivilhygienischen" Blicks „Bürgerrechtsanwalt" fungieren, um die Einheit der Differenz von Wille und Wohl zu gewährleisten (vgl. Terhart 2000: 143). Dadurch kann die Gefahr kompensiert werden, dass jedes sich Nichteinbringen einen geringeren Freiheitsspielraum bei der Durchführung der Hilfeleistungen bedeutet und damit zur fremdreferentiellen Attribuierung des Hilfeprozesses bzw. zur Trivialisierung des Adressaten beiträgt. Dadurch wird Chancengleichheit gegenüber den „bürgerlichen" Jugendlichen ermöglicht.

Die Bildungswirklichkeit kann zusammenfassend als eine schulpädagogisch vermittelte Sozialpädagogisierung der Jugendfürsorge bezeichnet werden. Sie trägt dazu bei, dass der Hilfeprozess nicht mehr unmittelbar, sondern vermittelt auftritt, indem die Hilfeprozesse individualisiert werden, bevor die Jugendlichen sich diesen unterwerfen. Dadurch kann die Jugendfürsorge durch die Bildungswirklichkeit transformiert werden. Die Grenze zwischen Hilfeplanung und Hilfeprozess wird durchlässig.

# VII. Hilfewirklichkeit: Jugendfürsorge als umweltoffene Organisation

Die Organisation der Jugendfürsorge begrenzt das Moratorium der Sozialpädagogik und die mit der Erziehungs- und Bildungswirklichkeit einhergehende „kulturelle" Autonomie des Jugendlichen, so dass Konflikte zwischen der Organisation und dem Jugendlichen sehr viel schneller offensichtlich werden. Hier bekommt das „Spiel" eine dramatische Struktur (vgl. Peller 1971: 209). Der Jugendliche kann das, was sich als Grenze der Organisation als formalisierte Erwartungsstruktur zeigt, zum Gegenstand eines Konflikts nehmen, welcher darin münden kann, dass der Sozialpädagoge in der Leistungsrolle entscheidet, ob der Konflikt Anlass ist, die Spielregeln als formalisierte Erwartungsstruktur der Organisation zu ignorieren oder zu ändern, um dem Jugendlichen in seinen Autonomieansprüchen gerecht zu werden.

Das ödipale Spiel ist Grundlage für die „gesellschaftliche" Autonomie des Jugendlichen, die sich in der Veränderung der Spielregeln der Organisation dokumentiert. Dabei wird die „Zukunft vorausgenommen, einfach in die Gegenwart versetzt, die Zeit wurde sozusagen beschleunigt und zusammengezogen" (Peller 1971: 213).

Das ödipale Spiel basiert auf den Verhandlungen bezüglich der Programmgestaltung. Während der Adressat bzw. der Anwalt des Kindes sich auf eine Art und Weise darstellt, dass er die Besonderheit des bzw. seines Falls betont, die sich in der erarbeiteten Einheit der Differenz von Wille und Wohl zeigt, liegt der Fokus des Repräsentanten des Leistungsträgers eher darauf, standardisierte Leitungsangebote bereitzustellen, da diese die Qualität des Leistungsanbotes im Sinne des Wohls garantieren und darüber hinaus die Ablauforganisation vereinfachen. Da aber das Leistungsangebot nur wahrgenommen wird, wenn Spielräume für die konkrete Nachfrage eingeräumt werden und die Nachfrage Voraussetzung für den Leistungserfolg der Organisation der Jugendfürsorge ist, ist es denkbar, dass der Leistungsträger dem Anliegen des Adressaten entgegenkommt. Es ist so lange unwahrscheinlich, wie der Adressat keine entsprechende rechtliche Position hat oder keine Alternativen vorliegen. Umgekehrt muss der Adressat bzw. der Anwalt des Adressaten sich mit Effizienzkriterien auseinander setzen (Langer 2005: 171: Schnurr 1998: 379), um die Grenzen, die seinen Forderungen gestellt sind, einschätzen zu können. Aber auch die Auseinandersetzung mit der Effizienz ist relativ unwahrscheinlich, solange ihm nicht Ressourcen, sondern ein Leistungsangebot zugesprochen wird.

Im Vordergrund steht die Vermittlung zwischen dem privaten Bedürfnis als der Einheit der Differenz von Wille und Wohl[101] und dem öffentlichen Bedarf, der sich an der Verteilungsgerechtigkeit orientiert. Bei dem Bedarf geht es um die Einheit der Differenz der Ermöglichung der Teilhabe an sozialer Gerechtigkeit und dem Gemeinwohl[102].

In der Anwendung des aus dem Unterricht entwickelten Urteils durch die Auswahl eines Leistungsangebotes erweitert der Adressat seine Kenntnisbestände über die Bedingungen der Möglichkeit der bedürfnisgerechten Gestaltung der Leistungsangebote. Im Vordergrund steht die Programmgestaltung zwischen dem Adressaten und dem Repräsentanten des Leistungsträgers. Hier stehen sich zwei Urteilende gegenüber: einerseits der durch den Unterricht vorbereitete Adressat, der durch den Unterricht als Wissender konstituiert wird, und andererseits der Repräsentant des Leistungsträgers wie z.B. die Heimleitung, die miteinander festlegen, welches Programm als angemessen erscheint. In diesem Sinne geht es um eine soziale Praxis, die eine „individualisierte" soziale Gerechtigkeit dokumentiert. Wenn die in diesem Austausch ermöglichte Veränderung der Organisationsregel verwendet wird, d.h. Hilfe durch Sozialarbeit vollzogen wird, vollzieht sich eine Asymmetrie zwischen Leistungsrolle und Jugendlichen, wodurch die „gesellschaftliche" Autonomie in ihrem Realitätswert verschwindet[103]. Da aber der Jugendliche die Regeln mitgestaltet hat, wird es wahrscheinlicher, dass er sich an die von ihm mitgeschaffenen Regeln hält, so wie er auch von den Sozialpädagogen erwartet, dass sie sich an diese Regeln halten, d.h. den

---

[101] Damit unterscheide ich mich von dem, was im Kontext der Sozialhilfeplanung unter bedürfnisorientiert verstanden wird. Bedürfnisorientierung im Kontext der Jugendhilfeplanung wird mit der Artikulation der Betroffenen in der Jugendhilfeplanung oder durch Umfragen, die Grundlage für die Jugendhilfeplanung ist, gleichgesetzt (vgl. Jordan 2001: 878). Das bedeutet aber nicht, dass die daraufhin geschaffene Hilfe auch in Anspruch genommen wird oder dass diese aus sozialpädagogischer Perspektive sinnvoll ist. Bei dem hier dargestellten Ansatz wird der Wille ernst genommen, die Wahrscheinlichkeit, dass Hilfe angenommen wird, ist relativ hoch, und es gibt eine Ausrichtung auf das Wohl des Adressaten, so dass auch der Sinn der Maßnahme gewährleistet ist. Bedürfnis ist dadurch nicht das unmittelbar artikulierte, sondern das durch Soziale Arbeit vermittelte Bedürfnis. Das schließt nicht eine unmittelbare Betroffenenbeteiligung aus, relativiert aber ihre Bedeutung.

[102] Der Bedarf ist polit-ökonomisch zu verstehen (vgl. Jordan 2001: 876), da es bei ihm um eine relational beste Verteilung knapper Ressourcen des kommunalen Sozial- bzw. Jugendhilfeetats geht.

[103] Benner weist darauf hin, dass Arbeit nicht als Praxis bezeichnet werden kann (vgl. Benner 2001: 29), so möchte ich hinzufügen, dass die Sozialarbeit doppelte Kontingenz auf einfache Kontingenz reduziert. Nur durch professionelles Handeln, durch welches eine Resymmetrisierung der Kommunikation stattfindet, welche die Hilfeleistung darauf hin beurteilt, wie sehr vom Kontrakt abgewichen wurde, vollzieht sich eine Sozialpolitisierung der Hilfe, so dass diese zur Hilfepraxis transformiert wird.

Einsichten aus der Bildungswirklichkeit folgen (vgl. Benner 2001: 297). „Wir befolgen die Regeln [der Fallkonstruktion] bis auf den Buchstaben getreu. Strenge Regeln sind das Rückgrat der Spiele, und für die Mitspieler sind sie für die Dauer des Spiels absolut gültig" (Peller 1971: 213). Ausnahmen im Kontext professionellen Handelns stellen die Regeln nicht grundsätzlich in Frage, sondern verifizieren sie durch fallspezifische Verwendung. Da dieses im Spiel selbst als Möglichkeit mitgegeben ist, ist es kein Widerspruch, sondern die Bedingung ihrer Möglichkeit soziale Praxis zu sein.

Das Spiel mit den Regeln der Organisation trägt dazu bei, dass der Jugendliche sich der Differenz von sozialer Adresse (Dividualität) und Individualität als der Einheit der Differenz von Wille und Wohl bewusst werden kann. Durch das Wechselspiel zwischen dem Spiel mit den Regeln der Organisation (game) als formaler Organisation und dem präödipalen Spiel (play) der Bildungswirklichkeit als informaler Organisation eines Unterrichts kann die Hilfewirklichkeit individualisiert werden[104]. Individualisierung bedeutet in diesem Kontext, nicht den spontanen „Gefühlsregungen" des Jugendlichen nachzugehen, wie es im Kontext der sozialpädagogischen Beratung der Fall gewesen ist, sondern vielmehr, dass der Jugendliche und der Sozialarbeiter sich an der durch die Bildungswirklichkeit konstituierten Individualität als Einheit der Differenz von Wille und Wohl in der Hilfewirklichkeit „messen" lassen. In diesem Sinne kann von einer Zivilisierung als Affektregulierung im Sinne Elias (1969a: LXIII)[105]

---

[104] Bei der Gestaltung der gesellschaftlichen Bedingungen geht es um die Ausbildung der praktischen Vernunft, als „das reine Formgesetz des Willens" (Natorp 1899: 64). Dieses ist in meiner Darstellung aber nicht philosophisch verankert, sondern im sozialen System der Organisation grundgelegt, das die gesellschaftliche Bedingung der Möglichkeit für die „Vernunftbildung" bereitstellt. Diese Differenz zwischen Natorp und dem von mir Dargestellten ergibt sich aus der Differenz zwischen soziologischer und philosophischer Aufklärung. Während in der philosophischen Aufklärung die Vernunft das „Gericht für das empirische Thun" (Natorp 1899: 64) ist, geht es mir um die Art und Weise, wie Kommunikation und damit Gesellschaft vollzogen wird und inwieweit diese in der funktional differenzierten Gesellschaft funktional ist als „Gericht für das empirische Thun". Es ist die „Konzentration des praktischen Vermögens" (Natorp 1899: 64). Sowohl der philosophischen als auch der soziologischen Aufklärung geht es um eine „methodisch begründete, also wissenschaftlich objektive Objektvorstellung, empirische Objekterkenntnis" (Natorp 1899: 65).
Wenn Natorp postuliert: „Praktische Erfahrung ist die Einsicht in die Unendlichkeit der Aufgabe der praktischen Erkenntnis" (Natorp 1899: 66), wodurch sich Menschenbildung als Willensbildung vollziehe, kann dem aus systemtheoretischer Perspektive zugestimmt werden, da nur der operative Vollzug von Kommunikation, der sich als funktional erweist, eine Autonomiegenerierung in der Jugendfürsorge ermöglicht. Diese zeigt sich wie auch bei Natorp in der Gestaltung des Gemeindelebens (vgl. Natorp 1899: 265). In dem von mir dargestellten Kontext geht es hingegen um die Gestaltung der formalen Organisation der Jugendfürsorge, die zur zivilen, sozialen und distributiven Gerechtigkeit beiträgt.
[105] „Die Zivilisation ist nichts ‚Vernünftiges'; sie ist nichts ‚Rationales', so wenig sie etwas ‚Irrationales' ist. Sie wird blind in Gang gesetzt und in Gang gehalten durch die Eigendynamik eines Beziehungsgeflechts, durch spezifische Veränderungen der Art, in der Menschen miteinander zu

gesprochen werden. „Die festere, allseitigere und ebenmäßigere Zurückhaltung der Affekte, die für diesen Zivilisationsschub charakteristisch ist, die verstärkten Selbstzwänge, die unausweichlicher als alle spontaneren Impulse daran hindern, sich direkt, ohne Dazwischentreten von Kontrollapparaturen, motorisch in Handlungen auszuleben, sind das, was als Kapsel, als unsichtbare Mauer erlebt wird, die [...] das ‚Individuum' von der ‚Gesellschaft' trennt" (Elias 1969a:LXIII). Das Abgekapselte sind die Affektimpulse, die daran gehindert werden, sich unmittelbar im sozialen Verhalten zu zeigen. Es entsteht eine spezifische historische Konfiguration des Sozialen, die als sekundärer Prozess der Zivilisation[106] beschrieben wird.

Wenn sich aber das Wechselspiel zwischen Bildungswirklichkeit und Hilfewirklichkeit nicht vollzieht, entwickeln sich Individualität und Dividualität getrennt. Durch die mangelnde Differenzierung in der Organisation gibt es keinen Anlass für den Jugendlichen, eine Selbstbeschreibung als Konstruktion der Einheit der Differenz von Wille und Wohl zu vollziehen, mit der Konsequenz, dass die Hilfewirklichkeit nicht gestaltet, d.h. nicht individualisiert werden kann.

In diesem Fall gibt es keine kulturelle Übereinstimmung zwischen der Organisation und ihrer gesellschaftlichen Umwelt, d.h., dass die Organisation keine „institutionelle" oder „kulturelle" Realität aufweist, die gewährleistet, dass in die binäre Codierung der Wille des Jugendlichen als dritter Wert eingeführt wird. Es wäre der Organisation nicht gelungen, sich von einer Trivialmaschine in eine nichttrivale Maschine zu verwandeln (vgl. OuE: 35f., 77f.). Aus systemtheoretischer Perspektive muss diese Organisation als dysfunktional beschrieben werden, da das Funktionieren der Organisation der Jugendfürsorge, um zur Autonomie des Jugendlichen beizutragen, in Frage gestellt wird.

Der Erfolg der Verhandlungen zwischen den durch Unterricht informierten Bürgern und den Leistungsträgern ist von dem materialisierten Leistungsspektrum der Organisation abhängig. Je weiter dieses differenziert ist, desto wahrscheinlicher ist es, dass ein je individuelles Passungsverhältnis hergestellt werden kann. Das setzt aber voraus, dass die Adressaten mitbestimmen können, was durch das auf die Bildungswirklichkeit aufbauende Kontraktmanagement gegeben wäre. Ziel ist, dass nicht nur die Spielregeln, wie sie vorherrschen, akzeptiert werden, sondern dass sie selbst mitgestaltet werden können. Dadurch kann zur Öffnung der Organisation beigetragen werden. Das setzt ein Hin- und Herwech-

---

leben gehalten sind. Aber es ist durchaus nicht unmöglich, daß wir etwas ‚Vernünftigeres', etwas im Sinne unserer Bedürfnisse und Zwecke besser Funktionierendes daraus machen können" (Elias 1969b: 316).

[106] Ich spreche von einem sekundären Prozess der Zivilisation, da der primäre Prozess der Zivilisation, der von Elias herausgearbeitet wurde, sich auf alle Menschen in einer westlichen Gesellschaft bezieht, während der sekundäre Prozess der Zivilisation sich nur auf das Hilfesystem bezieht.

seln zwischen der Bildungswirklichkeit und der Hilfewirklichkeit voraus. Anders ausgedrückt: Inwieweit der „Hilfeplan" von den Vertragspartnern eingehalten und damit die versprochene Qualität sichergestellt wird, muss in der Bildungswirklichkeit thematisiert werden. Abweichungen können zur Reformulierung des „Hilfeplans" führen, der dann wieder eine strategische Bedeutung für die Verhandlungen mit dem Repräsentanten der Organisation bzw. dem Repräsentanten der Publikumsrolle hat.

# VIII. Die Evolution der Jugendfürsorge von einer Organisation der Hilfe zu einer Organisation der Sozialen Arbeit

Evolution basiert auf drei Komponenten: Variation, Selektion und Restabilisierung (vgl. GdG: 454), auf die ich nun im Kontext einer sozialpädagogischen Organisationsentwicklung näher eingehen möchte.

## VIII.1 Variation durch die Konstituierung einer Bildungswirklichkeit

Variation wird bei Luhmann durch „unerwartete überraschende Kommunikation" definiert, die die „Elemente eines Systems variieren" (GdG: 454). Das bedeutet, dass Variation letztlich nichts anderes ist als die strukturelle Kopplung zwischen der Leistungsrolle und der Publikumsrolle, durch welche sich die beiden nicht mehr asymmetrisch, sondern heterarchisch als autonome Personen gegenüberstehen[107]. Widersprüche, die im Hilfesystem aufgetaucht sind, werden im Kontext der strukturellen Kopplung als Selbstwiderspruch zu der Selbstbeschreibung des Hilfesystems durch Kommunikation bearbeitet (vgl. GdG: 461). Dadurch wird die Autopoiesis des Hilfesystems unterbrochen, aber nur um im Anschluss reibungsloser anschließen zu können (vgl. GdG: 462). Es geht mithin um „die Erzeugung von Anlässen für konkordante oder konkurrierende Anschlußselektivität im Sozialsystem" (Fuchs 1999: 148). Wenn der Anschluss keine Änderungen benötigt, wird zwar „evolutionsträchtiges Material" produziert, verschwindet aber unbenutzt (vgl. GdG: 462). Das heißt, es hat nur für die Situation Bedeutung, aber darüber hinaus keinen systembildenden Charakter. Der Widerstand des Jugendlichen ist nicht unbedingt ein Widerstand gegenüber der organisierten Hilfe an sich, sondern nur ein Widerstand gegen eine bestimmte Form der Organisation, die der Einheit der Differenz von Wille und Wohl nicht gerecht wird.

---

[107] Fuchs spricht in diesem Zusammenhang auch von „konditionierter Ko-Produktion" (vgl. Fuchs 1999: 154).

Dadurch entsteht Variation, die aber nicht „im Hinblick auf Selektion mitgeteilt wird". Ansonsten müsste mit einer hohen Enttäuschungswahrscheinlichkeit des Jugendlichen gerechnet werden (GdG: 463). Das Problem kann nur dadurch gelöst werden, dass nicht die Abweichung als solche bearbeitet wird, sondern die Austragung von Konfliktthemen (vgl. GdG: 469) im Vordergrund steht. In der Bildungswirklichkeit werden die Themen diskursiv ausgetragen. Ergebnisse dieser Auseinandersetzung in Form des Hilfeplans können die Organisation der Jugendfürsorge irritieren, aber nicht determinieren. Die Variation schafft Möglichkeiten, aus denen selektiert werden kann. Wie selektiert wird, vollzieht sich in der Organisation, besser gesagt in der Peripherie der Organisation durch Entscheidung. Während im Zentrum der Organisation die Hilfe durchgeführt wird, geht es in der Peripherie darum, durch strukturelle Kopplung zwischen potentiellen Adressaten und potentiellen Leistungsträgern die sozialen Bedingungen zur Inklusion in die Organisation zu verhandeln. Die Ergebnisse münden in ein Kontraktmanagement, welches aber für die Organisation nur eine strategische, aber keine operative Bedeutung hat.

### VIII.2 Selektion durch die Konstituierung einer Hilfewirklichkeit

Die Selektion durch Kontraktmanagement bezieht sich auf die „Strukturen des Systems" und damit auf die Kommunikation steuernden Erwartungen. Sie wählt aus der sich durch die Bildungswirklichkeit ergebenden Kommunikation im Kontext des Kontraktmanagements „solche Sinnbezüge aus, die Strukturaufbauwert versprechen, die sich für wiederholte Verwendung eignen, die erwartungsbildend und -kondensierend wirken können; und sie verwirft, indem sie die Abweichung der Situation zurechnet, sie dem Vergessen überlässt oder sie sogar explizit ablehnt, diejenigen Neuerungen, die sich nicht als Struktur, nicht als Richtlinie für die weitere Kommunikation zu eignen scheinen" (GdG: 454). Hier steht im Vordergrund, was von der strukturellen Kopplung zwischen Leistungsträger und Adressaten aufgenommen wird. Diese Transformation verläuft nicht in dem Sinne koordiniert, dass die Variation die Selektion quasi schon vorwegnimmt. Wenn sie es täte, würde sie zur Planung werden und zur Trivialisierung und Entdifferenzierung des Organisationssystems beitragen (vgl. GdG: 464). Luhmann weist darauf hin, dass sich auch ohne Planung ein Aufbau „einer in sich unwahrscheinlichen Ordnung" (GdG: 464) vollziehen kann. Voraussetzung ist, dass Variation und Selektion nicht zusammenfallen (GdG: 474). Unabhängig davon, wie selektiert wird, entsteht Systemgedächtnis. Dadurch werden Konflikte immer wieder thematisiert, da sie wahrgenommen werden und gegebenenfalls darauf reagiert wird. Wenn es unwahrscheinlich ist, dass die Anliegen berücksichtigt werden, werden sie nicht mehr thematisiert (vgl. GdG: 475). Im ersten Fall ist es wahrscheinlicher, dass sich Strukturveränderungen im System entwickeln, als im zweiten Fall. Die Strukturänderungen können aber nicht als Zweck der Operation betrachtet werden, sondern das System reagiert „auf das Bemühen um den Zweck mit Strukturänderungen" (GdG: 475). Dadurch etabliert sich „Selektion auf der Ebene der Beobachtung zweiter Ordnung" (GdG: 484), welche die mit der Bildungswirklichkeit einhergehende Variation einerseits, aber auch die Organisation, die die Hilfe durchführt, andererseits beobachtet. Dadurch kann eine Flexibilisierung der Organisation möglich werden, indem Anliegen der Publikumsrolle als dritte Werte in die Organisation eingeführt werden. Die Beobachtungsebene trägt dazu bei, ein Kulturprogramm[108] einer Organisation zu entwickeln, welches aber einer Restabilisierung bedarf, um zu einem Kultursystem zu werden.

### VIII.3 Restabilisierung

Bei der Restabilisierung geht es um „Sequenzen des Einbaus von Strukturveränderungen in ein strukturdeterminiert operierendes System" (GdG: 488). Diese Veränderungen vollziehen sich über Variation, Selektion, aber auch „durch eigene Operationen des Systems" (GdG: 488). Letztere vollziehen sich, indem das Wissen über Variation und Selektion über formale Organisation in das Hilfesystem eingeführt wird. Durch sie wird das, was im Kontext der Jugendfürsorge unwahrscheinlich gewesen ist, in der Gegenwart wahrscheinlich.

Diese vollzieht sich über drei Ebenen:

1. Es stellt sich die Frage nach der Professionalisierung. Inwieweit hat bzw. kann diese dazu beitragen, dass die semantischen Variablen der Sozialpädagogik operativ vollzogen werden?
2. Durch die Stärkung der Rechte auf Selbstbestimmung wird die Wahrscheinlichkeit gesteigert, dass Konflikte thematisch ausgetragen werden, wodurch zur Individualisierung der Jugendhilfe beigetragen werden kann. Es ist also zu überprüfen, inwieweit sich durch die Reformen in der Jugendhilfe eine Stärkung des Rechts auf Selbstbestimmung durchgesetzt hat.

---

[108] Dieses Kulturorganisationsprogramm ist analog zum Kulturstaatsprogramm Preußens zu sehen, das sich zur Verhinderung der Revolution an Schulen und Hochschulen durchsetzte. Dadurch muss konstatiert werden, dass die Organisationskultur eine „konservierende Tendenz" aufweist, die etwas Mögliches, eine radikal gesellschaftliche Kritik nicht realisiert (vgl. GdG: 488). Diese andere Möglichkeit wird heute in Differenz zu der politischen Situation Deutschlands im 19. Jahrhundert nur von einer nur wenige Mitglieder zählenden Minderheit – den Autonomen – ernsthaft erwogen.

3. Es stellt sich die Frage, inwieweit die Reformen der Jugendhilfe – Hilfeplanung einerseits und Wettbewerbsorientierung andererseits – zur Flexibilisierung der Jugendhilfeorganisationen beitgetragen haben, indem die Wahrscheinlichkeit der Auswahl an Leistungsangeboten zugenommen hat und dadurch ein besseres Passungsverhältnis hergestellt werden kann.

Alle drei Momente tragen dazu bei, dass eine Evolution eines autonomen Funktionssystems der Sozialen Arbeit wahrscheinlicher wird (vgl. GdG: 491). Die Stabilität des autonomen Funktionssystems der Sozialen Arbeit basiert darauf, „daß eine Funktion, wenn sie einmal ausdifferenziert ist, auf einem avancierten Niveau nur noch in der dafür vorgesehenen Einrichtung erfüllt werden kann. Die Funktion selbst ist der Bezugsgesichtspunkt für die Limitierung funktionaler Äquivalente, und deshalb gibt es für die Funktion selbst kein funktionales Äquivalent" (GdG: 491). Stabilität bedeutet dabei Ordnung im Wandel. Sie ist ein dynamisches Prinzip, das Variation wahrscheinlicher macht, sofern die Alternativen aus der funktionalen Perspektive äquivalent sind (vgl. GdG: 492). Das Funktionssystem der Sozialen Arbeit basiert somit auf einer „temporalisierten Komplexität", da es seine „Elemente als Ereignisse konstituiert", und daher unter dem „Selbstzwang" steht, sie auszutauschen (vgl. SozSys: 471). Die Substanz des Funktionssystems verschwindet ständig und muss durch „Strukturmuster reproduziert werden" (SozSys: 474). Zwar kann durch die strukturelle Kopplung eine Anpassung von System und Umwelt vollzogen werden, aber wenn strukturelle Kopplung nicht systematisch gewährleistet wird, entstehen systeminterne Schwierigkeiten des Funktionssystems der Sozialen Arbeit. Dann muss die Relation zwischen struktureller Kopplung (Variation) und Anschlusskommunikation (Selektion) neu justiert werden, wodurch sich eine Selbstanpassung vollzieht, wie sie seit den 1990er Jahren zu beobachten ist. Restabilisierung kann auch als „Morphogenese" bezeichnet werden. Es ist eine „prozessförmige Entwicklung", die neue Strukturen schafft, die weitere Strukturbildungen zur Folge haben werden (vgl. SozSys: 483), die zur Autonomie der Sozialen Arbeit führen. Anders gesagt: Es stellt sich die Frage, ob die geisteswissenschaftliche Pädagogik nicht eine Semantik bereitgestellt hat, die ausschlaggebend für eine Strukturbildung des Hilfesystems gewesen ist (vgl. Stichweh 2000b: 243). Dann wäre die geisteswissenschaftliche Pädagogik ein Diskurs als Dispositiv, welcher zu Entscheidungen, Anordnungen etc. wird, sofern sozialstrukturelle Vorkehrungen gegeben sind, (die erst seit den 1990er Jahren als gegeben vorausgesetzt werden können), die die Übersetzungsleistungen stützen. „Ein Diskurs, der zu einem Dispositiv wird, ist offensichtlich konstitutiv für Zusammenhänge sozialen Handelns, weil aus den Unterscheidungen, die einen Diskurs regieren, unmittelbar eine Handlungspraxis hervorgeht und diese auch in ihren einzelnen Handlungsvollzügen semantisch instruiert wird" (Stichweh 2000b: 243). „Erwartungen werden [...] als ob es sich bei dieser um Instruktionen handelte, aus einer Semantik abgeleitet" (Stichweh 2000b: 243). Das organisierte Hilfesystem setzt dann Bildungs- und Hilfewirklichkeit als Interventionssystem voraus, wobei dem Funktionssystem der Hilfe obliegt, ob sie diese sozialpädagogischen Interventionssysteme inhibiert oder re-aktualisiert. „Man könnte auch von Dauerinhibierung und kurzfristiger, situationsabhängiger, akzidentieller Reaktivierung sprechen. Dadurch erst entsteht ad hoc ein interneres Anpassungsproblem und gegebenenfalls eine umweltbezogene Anpassungsmöglichkeit, die dann ausgenutzt wird" (SozSys: 480). Mit der umweltbezogenen Anpassung vollzieht sich eine Strukturänderung des Hilfesystems durch Flexibilisierung. Wodurch auch die sich nicht verändernden Komponenten einen neuen Sinn gewinnen, da der Rahmen sich geändert hat, durch den der Sinn seiner Komponenten mitkonstituiert wird.

Anders gesagt, die formalisierte Einführung struktureller Kopplungen in der Jugendhilfe und die Ermöglichung der ihr entsprechenden operativen Kopplung kann zur Sozialpädagogisierung der Jugendhilfe beitragen. Es entsteht ein Kultursystem als ein „System, das nicht nur nach strategisch strukturellen Vorgaben funktioniert, sondern ein eigenes soziales Gleichgewicht (und Ungleichgewicht) im Umgang mit diesen Vorgaben und den diesen Vorgaben entsprechenden und widersprechenden Entscheidungen sucht" (Baecker 1999: 119). Dabei wird die formalisierte Erwartungsstruktur in Klammern gesetzt und so getan, als ob sie jederzeit änderbar wäre. Das heißt, es wird zur Informalisierung der Organisation beigetragen. „Was gewonnen wird, ist daher eher eine Beobachtungsweise und nicht ein festes Wissen – eine Beobachtungsweise [die aus der strukturellen Kopplung resultiert; B.H.], die auf die „lokalen" sozialen Bedingungen des Verhaltens einzelner achtet und diese nicht vorschnell nach dem Schema der formalen Organisation als konform bzw. abweichend klassifiziert" (OuE: 23).

Während der sozialtechnologische Zugriff der formalen Organisation die Abweichung als pathologisch beschreibt, stellt der „humane" Zugriff die Abweichung als salutogen, d.h. Individualität ermöglichend dar. Damit gehen aber nicht nur humanitätsfördernde im Sinne von Autonomie fördernde Bedingungen, sondern auch Gefahren einher, die beide beobachtet werden müssen. Die Totalisierung des Anwendungsbereichs des Codes pathologisch oder salutogen, sofern diese kommunikativ gewählt wird (was nicht sein muss), führt zur „ausnahmslosen Kontingenz aller Phänomene. Alles, was erscheint, erscheint im Licht der Möglichkeit des Gegenwertes: als weder notwendig noch unmöglich" (Luhmann 1990c: 79). Dadurch werden die Entscheidungen als gewählte Entscheidungen sichtbar, was zugleich bedeutet, sich auch anders entscheiden zu können. Aus der Perspektive des Kultursystems wird die damit einhergehende Unsicherheit als

Gestaltungsmöglichkeit interpretiert. Für den professionellen Sozialpädagogen als Ironiker eröffnet „die unabänderliche Distanz zwischen den Systemen den Spielraum für die Möglichkeit und Koordination der unterschiedlichen systemischen Möglichkeiten, wenn erst einmal klar ist, daß dies nicht aus der Position einer höheren oder überlegenen Rationalität (welchen Beobachters oder Akteurs auch immer) bewirkt werden kann, sondern allein aus der Spiegelung (Spekulation, Reflexion) der äußeren Distanz in einer inneren Distanz der Systeme zu sich selbst" (Wilke 1999: 237).

Es wird seitens der sozialtechnologisch ausgerichteten Prävention versucht, gegen die Möglichkeit der Salutogenese als humanitätsfördernde Option des Kultursystems in Opposition zu gehen. Dadurch werden Gegensätze in Widersprüche transformiert. „Diese operative Nähe von Wert und Gegenwert führt fast zwangsläufig zur Ausdifferenzierung entsprechender Funktionssysteme" (Luhmann 1990c: 81). Dabei muss der Leitwert des Codes, in diesem Fall die Pathogenese, darauf verzichten, als „Kriterium der Selektion zu dienen. Das würde der formalen Äquivalenz von Position und Negation widersprechen" (Luhmann 1990c: 82). Die Einheit der Differenz von sozialtechnologisch ausgerichteter Pathogenese (in Form von Prävention) und Salutogenese (in Form gesundheitsfördernder vorbeugender Sozialer Arbeit) ist der Code eines autonomer werdenden Hilfesystems.

Das bedeutet zugleich, dass das gesundheitsfördernde Potential der Sozialen Arbeit im Hintergrund (Lebenswelt) verbleibt. Wenn die Erziehungswirklichkeit als autonomiegenerierender Akt thematisiert werden soll, ist sie als Mitteilungsform und nicht als Art der Information in der Kommunikation enthalten. Die Art der Information als solche sedimentiert sich ihrerseits, wird von dem autonomiegenerierenden Akt der sozialpädagogischen Wirklichkeit wieder aufgegriffen und ist eher in der Mitteilungsform inbegriffen, als dass sie begreifen würde. Die sozialpädagogische Wirklichkeit als soziale Praxis ist das Element auf halbem Wege zwischen der raum-zeitlich konstituierten Individualität und der Idee. „Der pädagogische Akt ist in Wirklichkeit niemals isoliert da, so daß er in Reinheit vollzogen werden könnte, vielmehr ist er umrahmt von einem Geflecht von Wirklichkeiten anderer Art, die aber als Bedingungen zur Verwirklichung des pädagogischen Aktes dazugehören. Jede Wirklichkeit, als welche Praxis sich darstellt, besteht aus einem Gefüge von Wirklichkeitsschichten" (Weniger 1975: 30 f.), die nun als Bildungswirklichkeit und Hilfwirklichkeit bezeichnet werden können. Sozialpädagogische Wirklichkeit ist ein habitualisiertes Schema, das sich überall dort einführt, wo es ein Teil von sich vorfindet. In diesem Sinne kann sozialpädagogische Wirklichkeit als Lebenswelt im Sinne Merleau-Pontys verstanden werden (vgl. Merleau-Ponty 1986: 183–221; Hünersdorf 2000: 76).

# IX. Sozialpädagogik als empirische Wissenschaft

Sozialpädagogik als empirischer Wissenschaft geht es um die Erforschung sozialpädagogischer Wirklichkeit. Ich werde zeigen, dass ethnographische Forschung hierfür von zentraler Bedeutung ist (Mollenhauer 1997b: 57). Zunächst einmal erscheint ethnographische Forschung insofern naheliegend, da sie die empirische Erforschung der Kultur zum Gegenstand hat. Erforschung der Kultur bedeutet Beschreibung und Erklärung der Kultur (vgl. Fischer 2003: 23; Stagl 2003), wobei simple durch komplexe Bilder einer Kultur ersetzt werden.

Während die Sozialpädagogik als Kulturtheorie zur Simplifikation neigt, kann ethnographische Forschung diese Simplifikation aufbrechen und zu einem „vertieften" Verständnis beitragen, indem sie zeigt, wie in der Interaktion eine sozialpädagogische Wirklichkeit konstituiert wird.

Während die sozialpädagogische Kulturtheorie als humanisierungs- bzw. zivilisationstheoretische Reflexion verstanden werden kann, in der es um die Konstituierung der Publikumsrolle als Bürger einerseits und der Leistungsrolle als professionell Handelnde andererseits geht (sozialpädagogische „Anthropologie" in einer funktional differenzierten Gesellschaft), steht in den folgenden Ausführungen ein methodenbewusster Vergleich im Vordergrund (vgl. Stagl 2003: 47). Beim methodenbewussten Vergleich wird zwischen der eigenen und der fremden Kultur unterschieden. Erforscht wird das kulturell Fremde, welches durch eine „methodische Haltung" entsteht (vgl. Berg/Fuchs 1999: 15; vgl. Kalthoff 2003: 70; Amann/Hirschauer 1997). Das Eigene und/oder das Fremde können nicht an sich bestimmt werden, sondern ergeben sich aus einer je spezifischen Perspektive.

Aus systemtheoretischer Perspektive hat das Funktionssystem der Hilfe wie jedes Funktionssystem eine eigene Kultur. Die Kultur des Funktionssystems der Hilfe entsteht durch eine Reflexionstheorie (Sozialpädagogik als Profession), durch die Strukturen kontingent, d.h. auch anders möglich werden (vgl. Burkart 2004: 28). So wird auch das Vertraute „fremd". Kultur ist gerade nicht das System tradierter Sinnmuster als Voraussetzung für Sozialität (Kommunikation), sondern Kultur trägt dazu bei, dass Anschlussfähigkeit der Kommunikation garantiert wird, indem die Operation des sozialen Systems in Gang gehalten wird. Aus systemtheoretischer Perspektive wird der Sinnbegriff „temporalisiert, die Integration des Systems erfolgt in der Zeit, über die Anschlussoperationen; über die Zukunft, nicht über die Vergangenheit (im Sinne des kulturellen Erbes, der archaischen letzten Werte). Temporalisierung statt Wertintegration; Kultur wird durch Zeit ersetzt" (Burkart 2004: 27). Der „Ort", an dem sich diese „Verfremdung" empirisch vollzieht, ist die strukturelle Kopplung zwischen Leistungsrolle und Publikumsrolle.

Die strukturelle Kopplung hebt von „territorialen" Räumen ab und thematisiert diese diskursiv. Während das wohlfahrtsstaatliche „Territorium" (vgl. Olk 1986: 96; Merten 2002b: 46) durch die Konstitution der Pflegekraft als Leistungsrolle und des Adressaten als Publikumsrolle gekennzeichnet ist, entsteht durch den Widerstand des Adressaten eine Rollendistanz, so dass die beiden sich Face-to-Face gegenüberstehen. Sie zeigen ihre jeweilige Art und Weise auf, wie aus ihrer Perspektive die Hilfeprozesse zu lesen sind (vgl. Fischer 2003: 18), oder, um es mit Hörster zu sagen: Es ist ein Versuch, eine soziale Ordnung zu generieren, durch welche jedes Individuum die eigenen Erfahrungen interpretiert und seine eigene Selbstführung organisiert (vgl. Hörster 2003: 332ff.; Geertz 1993: 127; Schütze 2000: 61). Strukturelle Kopplung trägt durch doppelte Kontingenz zum Reflexivwerden des Hilfeprozesses bei. Dabei entsteht eine eigene sozialpädagogische Wirklichkeit (vgl. Hörster 2003: 338; Schorr 1992: 161), die symmetrisch strukturiert ist[109] und der es um die Einheit der Differenz von Wille und Wohl geht. Damit wird sowohl eine Autonomie des Adressaten als auch eine Autonomie professionellen Handelns generiert (vgl. Stichweh 2005: 37; Müller 2005: 28)[110]. Die strukturelle Kopplung trägt dazu bei, dass der Hilfeverlauf individualisiert wird, wodurch dieser fortgesetzt werden kann.

---

[109] Professionen haben eine „antiorganisatorische Präferenz" (Stichweh 2005: 35) und tolerieren kaum interne Hierarchien. Sie wollen stattdessen als Gleichberechtigte berücksichtigt werden (vgl. Stichweh 2005: 36). „Die Präferenzen der Professionen gehen in die Richtung eines Individualpraktikers und selbst wenn der Professionelle Angestellter einer Organisation ist, wird er versuchen, wie ein Individualpraktiker zu operieren" (Stichweh 2005: 36). „Auf diese Weise kommt es dazu, dass organisatorische Routinen und deren charakteristische Funktion in der kognitiven Vereinheitlichung einer Organisation durch lokale Idiosynkrasien unterlaufen werden" (Stichweh 2005: 36).

[110] Klatetzki/Tacke zeigen, dass Professionen Berufsgruppen sind, die nur in solchen Funktionssystemen vorkommen, „deren Bezugsprobleme sich auf die personale Umwelt der Gesellschaft beziehen" (Klatetzki/Tacke 2005: 9). Das gilt insbesondere für Soziale Arbeit als Profession, die dieses in radikalerer Weise als alte Professionen vollzieht, da genau jenes das systemspezifische Wissen des Funktionssystems der Hilfe ausmacht.

Auf Amt basierende Bürokratie und auf Spezialwissen basierende Bürokratie bilden nach Weber „Wirtschaft und Gesellschaft" den Idealtypus von Bürokratie. Amtsbürokratie ist hierarchisch und professionelle Bürokratie ist heterarchisch. Durch den Einbezug der Professionen kann der Charakter der Organisationen selbst geändert werden (vgl. Parsons 1968: 542). Durch den Einsatz von Professionellen wird der bürokratische Charakter radikal verändert, weil deren „Handeln nicht vorrangig an ökonomischen oder politischen Gesichtspunkten ausgerichtet ist, sondern an kulturellen" (Klatetzki/Tacke 2005).

Die durch strukturelle Kopplung möglich werdende sozialpädagogische Wirklichkeit ist aus der Perspektive des Hilfesystems das kulturell Fremde, das im Kontext der ethnographischen Forschung zum Thema gemacht wird. Es geht somit nicht um die Erforschung der Hilfeprozesse selbst, sondern es geht um einen „problemzentrierten" Zugang zum Hilfeprozess. Das setzt voraus, dass das Feld schon vertraut ist (vgl. Knoblauch 2001: 133 f.) und die Einführung bzw. der Umgang mit einer „neuen" Technologie[111] (Lebens- und Arbeitsführungstechnologie), durch die sich eine sozialpädagogische Wirklichkeit konstituiert, zum Ausgangspunkt für ethnographische Forschung genommen wird. Knoblauch spricht in diesem Zusammenhang von fokussierter Ethnographie (Knoblauch 2001: 132). Die strukturellen Kopplungen können auch als „kleine" Lebenswelten bezeichnet werden. Dabei meint kleine Lebenswelten systemtheoretisch gesehen soziale Praxis, welche in das Hilfesystem doppelte Kontingenz wieder einführt (vgl. Baecker 1993). Wenn Honer schreibt, dass lebensweltliche Ethnographie durch eine artifizielle Einstellungsänderung Fremdheit gegenüber dem Vertrauten entwickelt, wodurch es möglich wird, das eigene fraglose Hintergrundwissen zu explizieren (vgl. Honer 1993: 37), geht es mir in Differenz zu Honer darum, diese „Fremdheit" nicht artifiziell zu entwickeln, sondern die „Fremdheit", die durch strukturelle Kopplung konstituiert wird, in den Blick zu nehmen. Von Hintergrund kann gesprochen werden, weil die strukturelle Kopplung aus der Perspektive des Hilfesystems im Hintergrund fungiert, die nur ab und an aktualisiert wird (vgl. Kapitel VI.4).

Abweichendes Verhalten bei der Durchführung von Hilfe wird aus dieser Perspektive nicht als Störung interpretiert, sondern als Ausgangspunkt für einen Diskurs über die Hilfeprozesse, der zur Verfremdung des Hilfesystems beiträgt, da es sich um eine verkappte Selbstbeschreibung des Hilfesystems aus der Perspektive der Umwelt handelt. Dieser Diskurs ermöglicht, dass Autonomie seitens des Adressaten und professionelles Handeln seitens der Pflegekraft generiert wird. Mit ihm geht aber auch die Gefahr einher, zur sozialen Kontrolle und damit zur Missachtung der Autonomie im Sinne des Panopticons zu werden. Aufgrund dieser Gefahr, ins Gegenteil umzuschlagen, ist eine Selbstkontrolle der Profession notwendig, die sich in Deutschland an der Klientenorientierung ausrichtet (vgl. Littek/Heisig/Lane 2005: 93) bzw. durch Selbstreflexion mit anderen Vertretern der gleichen Profession[112] sichergestellt wird. Der Sozialpädagoge als

---

[111] Von neuer Technologie kann insofern gesprochen werden, als dass die Möglichkeit der Willensbildung in Differenz zum Wohl durch die Einführung des Betreuungsgesetzes, aber auch durch das Kinder- und Jugendhilfegesetz wahrscheinlicher geworden ist. Hier wird die zivilrechtliche Stellung betont.

[112] Dieses kann sich durch kollegiale Supervision vollziehen, welche organisatorisch durch eine Berufsverbandsorganisation gewährleistet wird (vgl. Littek/Heisig/Lane 2005).

Wissenschaftler, der ethnographisch forscht, kann in der strukturellen Kopplung die eigene Kultur entdecken. Die „eigene" sozialpädagogische Kultur wird durch die „fremde" Kultur des Hilfesystems mitbestimmt, da Autonomie als Problem erst aus dem Kontrast zum Fremden, d.h. im Hilfesystem entsteht. „Jenes Eigene, dass sich als Eigenes behaupten will, kann es dann schon nicht mehr sein, weil es unmöglich ist, das Fremde als Anlaß der Behauptung des Eigenen aus dieser Behauptung wieder herauszustreichen" (Baecker 2003: 16f.). Der sozialpädagogische Blick ermöglicht, dass das, was im Hilfesystem im Vordergrund steht – die Fallkonstruktion –, in den Hintergrund gestellt wird, und das, was im Hintergrund steht, die Teilhabe der psychischen Systeme an der Kommunikation, durch die strukturelle Kopplung in den Vordergrund gehoben, d.h. beobachtet wird. Sozialpädagogische Wirklichkeit, der es um die Konstituierung autonomer Lebens- und Arbeitspraxis geht, kann in „Grenzsituationen" entstehen,[113] „auf welche man nicht mit Plan und Berechnung reagieren kann" (Benner 1972: 40). Wenn die Möglichkeiten struktureller Kopplung (Medium) durch operative Kopplung (Form) verifiziert wird, kann postuliert werden, dass sich sozialpädagogische Wirklichkeit realisiert hat[114]. Wahrheit ist dann ein „funktionierendes Symbol, das Unwahrscheinliches möglich macht – wenn es gelingt" (WdG: 173). Für den Wissenschaftler ist „das Symbol ‚wahr' ein Symbol der Selbstbestätigung des beobachteten Kommunikationsprozesses und nichts, was über unabhängige Bedingungen validiert werden könnte" (WdG: 175).

Ethnographische Beschreibung ist „deutend; was sie deutet, ist der Ablauf des sozialen Diskurses; und das Deuten besteht darin, das ‚Gesagte' eines solchen Diskurses dem vergänglichen Augenblick zu entreißen" (Geertz 1987: 30). Weiterhin ist sie mikroskopisch (vgl. Geertz 1987: 30). Ziel ethnographischer Untersuchung ist, den gigantischen Begriffen der Sozialpädagogik „jene ‚Feinfühligkeit' und ‚Aktualität' zu verleihen, die man braucht, wenn man nicht nur

---

[113] Oevermann spricht in diesem Zusammenhang von Krisen. „Für die lebenspraktische Perspektive selbst muss notwendig die Krise den Grenzfall und die entlastende Routine bzw. die in sozial validierten Normierungen und Typisierungen entlastend institutionalisierte Vor-Entscheidung den Normalfall bilden. Anders wäre praktisches Leben unter dem Druck knapper Ressourcen bzw. der Endlichkeit des Lebens nicht möglich" (Oevermann 1997: 75). Im Kontext der Forschung verhält es sich aber entgegengesetzt, dort stehen die Krisen im Vordergrund der Betrachtung. Krisen, welche durch das psychische Widerlager zu den sozialen Erwartungen auftreten, tragen dazu bei, dass sich soziale Erwartungen wieder im Hinblick auf Zukunft öffnen, d.h., dass Kontingenz eingeführt wird und Dinge anders laufen können, als es zu erwarten gewesen ist. Da es einem bereits strukturierten System schwer fällt, „Unbestimmtheiten zu regenerieren oder gar in den Zustand der Erwartungslosigkeit zurückzukehren" (SozSys 1991: 184f.), erfordert die Wiederherstellung von Unbestimmtheit deshalb die Form des Widerspruchs (vgl. SozSys 1991: 184f.).
[114] Profession bezieht sich auf die Besonderheit des Falles, was eine standardisierte Kontrolle von außen erschwert (vgl. Merten 1997: 48) und die Kontrolle auf interne Mechanismen verschiebt, die auf die korrekte Verwendung von Wissen achtet (vgl. Merten 2002b: 48, 50).

realistisch und konkret über Begriffe, sondern wichtiger noch – schöpferisch und einfallsreich mit ihnen denken will" (Geertz 1987: 34). Die sozialpädagogische Kulturtheorie bleibt näher an den Tatsachen, wobei im Laufe der Entwicklung die Spannung zwischen der Nähe am Gegenstand und der Abstraktion steigt. Dabei ist die sozialpädagogische „Kulturtheorie nicht ihr eigener Herr. Da sie von den unmittelbaren Momenten der dichten Beschreibung nicht zu trennen ist, bleibt ihre Möglichkeit, sich nach Maßgabe einer inneren Logik zu formen, ziemlich beschränkt. Die Allgemeinheit, die sie möglicherweise erreicht, verdankt sie der Genauigkeit ihrer Einzelbeschreibungen, nicht dem Höhenflug ihrer Abstraktion" (Geertz 1987: 35).

Geertz sieht die Ethnologie als klinische Wissenschaft: Es geht darum, eine Reihe von Signifikanten in einen Zusammenhang zu bringen und dabei ihre theoretische Besonderheit zu prüfen, was nichts anderes als diagnostizieren sei. „Bei der Untersuchung von Kultur sind die Signifikanten keine Symptome oder Syndrome, sondern symbolische[115] Handlungen[116] oder Bündel von symbolischen Handlungen, und das Ziel ist nicht Therapie, sondern die Erforschung des sozialen Diskurses. Aber die Art und Weise, in der die Theorie eingesetzt wird – zum Aufspüren der nicht augenfälligen Bedeutung von Dingen –, ist die gleiche"

---

[115] Symbole sind „extrinsische Informationsquellen" (Geertz 1987: 51), die im Bereich der Verständigung konstituiert werden. Als Informationsquellen sind sie „Baupläne oder Schablonen […] mit deren Hilfe Prozesse […], die ihnen nicht angehören, eine bestimmte Form verliehen werden kann" (Geertz 1987: 51). Geertz beschreibt sie als Programme der Anordnung sozialer und psychologischer Prozesse, die das öffentliche Verhalten steuern. Die Programmierung durch Kultur ist gerade bei Menschen so notwendig, da sie durch die Gene relativ unprogrammiert sind. Sie sind sowohl Modell „von Wirklichkeit" wie Modelle „für Wirklichkeit". „Sie verleihen der sozialen und psychologischen Welt Bedeutung, d.h. in Vorstellungen objektivierte Form, indem sie sich auf diese Wirklichkeit ausrichten und zugleich die Wirklichkeit auf sich ausrichten" (Geertz 1987: 53).

[116] Durch den sozialpädagogischen Blick ändern sich die Zurechnungen von Erleben und Handeln, wie sie in der Interaktion bzw. im Kontext der strukturellen Kopplung vollzogen werden.
Auf der Beobachtungsebene erster Ordnung (Hilfesystem) kann der Pflegekraft Handeln zugerechnet werden, wenn sie eine Hilfe vollzieht, auf das die Bewohnerin einen Rechtsanspruch hat. Auf der Beobachtungsebene zweiter Ordnung (sozialpädagogisch professioneller Perspektive) hingegen kann ihr Erleben zugerechnet werden, sofern ihr Verhalten dem formalen Organisation entspricht und keine Alternative dazu wahrgenommen wird. Erst durch Abweichung von einem standardisierten Ablaufmuster, wie Hilfe in einem bestimmten Fall zu vollziehen ist, kann der Pflegekraft aus sozialpädagogischer Perspektive Handeln zugeschrieben werden, da sie unter dieser Bedingung das Verhalten sich selbst zurechnen kann. Voraussetzung ist zwar die Abweichung und damit die Besonderheit des Adressaten, die ein spezifisches Vorgehen erfordert, aber die Abweichung eröffnet Entscheidungsmöglichkeiten, die die Pflegekraft als Handelnde konstituiert. Entscheidung als Auswahl zwischen Alternativen ermöglicht auch eine Unabhängigkeit vom Willen des Adressaten. Dadurch entsteht eine soziale Praxis (Baecker 1993), d.h. doppelte Kontingenz, durch die Ego und Alter sich wechselseitig als Handelnde wahrnehmen. Der Widerstand des Bewohners, der auf der Beobachtungsebene erster Ordnung eine Krise darstellt, wird auf der Beobachtungsebene zweiter Ordnung als sozialpädagogische Möglichkeit sichtbar, Umweltoffenheit ins Interaktionssystem einzuführen. Dadurch wird Individualität des Adressaten sowie Professionalität der Leistungsrolle konstituiert.

(Geertz 1987: 37). Das bedeutet auch, dass sozialpädagogische Kulturtheorie nicht nur post festum deutet, sondern „sie muß sich auch gegenüber kommenden Realitäten behaupten – d.h. als intellektuell tragfähig erweisen" (Geertz 1987: 38). Die Untersuchung der Kultur ist prinzipiell unvollständig. „Und mehr noch, je tiefer sie geht, desto unvollständiger wird sie" (Geertz 1987: 41). Es geht nicht darum, alle unsere Fragen zu beantworten, sondern uns mit anderen Antworten vertraut zu machen, die andere Menschen gefunden haben, „und diese Antworten in das jedermann zugängliche Archiv menschlicher Äußerungen aufzunehmen" (Geertz 1987: 43).

Während bei der Erforschung archaischer Gesellschaften die Rituale[117] für die Strukturierung von Handlungen eine zentrale Rolle spielten, übernimmt in der funktional differenzierten Gesellschaft die Profession diese Stellung. Sie stellt ein „Glaubenssystem" bereit,[118] das sich in „Reinform" in der „Diagnose" zeigt (vgl. Klatetzki 1993)[119]. Die sozialen Diskurse als „Diagnosen", sind als symbolische Wirklichkeiten (vgl. Schütze 1997: 183, 190), die „wirklichen" Wirklichkeiten (vgl. Geertz 1987: 77). Sie konstituieren sich durch strukturelle Kopplung und haben genauso wie Rituale einen öffentlichen Charakter (vgl. Geertz 1987: 78). Da sie sich von der Leistungs- und der Publikumsrolle abgrenzen, weist das, was zum Thema der teilnehmenden Beobachtung genommen wird, stets und zwangsläufig zwei Horizonte auf, die an der sachlichen Konstitution von Sinn mitwirken. Um Sachsinn zu fixieren sind Doppelbeschreibungen,

---

[117] „Das Ritual dient dazu, die Realität bewußt zu machen, und zwar so, wie sie ‚wirklich' ist, d.h. unkontrolliert, zufällig und unvoraussehbar. Trotzdem stellt das Ritual eine Welt dar, die vollkommen geordnet ist. In der rituellen Welt geschieht alles, wie es geschehen sollte. Dies erzeugt eine Spannung zwischen Ritual und Realität, die Menschen dazu verleiten könnte, ihre durch Mythos und Ritual konstruierte Ordnung für wirklicher als die Wirklichkeit zu halten" (Krieger/Belliger 1999: 17; vgl. Geertz 1987: 51; Geertz 1993). Der kulturelle Inhalt ist in (praktisch-)ideologischen Konstruktionen begründet (vgl. Tambiah 1999, 230; vgl. Geertz 1993: 127). Ritualisiertes, konventionalisiertes und stereotypisiertes Verhalten dient der Performanz und der Kommunikation bestimmter Einstellungen (vgl. Geertz 1987: 48). „Rituale stellen ‚Simulationen' von Intentionen" (Tambiah 1999: 234) bereit. Die Wirksamkeit des performativen Handelns liegt weniger in der Überzeugung. Sie hat perlokutionäre wie illokutionäre Wirkkraft. Das heißt, sie können häufig auch faktitiv und nicht nur kommissiv sein. Wenn jemand durch eine semantische Variable „getauft" ist, dann hat er auch diesen Namen (faktitiv) (Symbol). Kommissiv ist hingegen, wenn jemand verpflichtet ist, dieses oder jenes zu tun (vgl. Rappaport 1999: 196), indem die semantische Variable an die operative Kopplung gebunden wird.
[118] Entsprechend konstatiert auch Stichweh, dass professionelles Wissen eine spezifische Perspektive auf die Welt sei, die eine besondere Bedeutung in einer funktionalen Domäne erhalte (vgl. Stichweh 2005: 35). Sie bringt „eine rationale Organisation von Glaubensüberzeugungen und Normen" (Stichweh 2005: 34) zuwege, „die sie mittels begrifflicher Leistungen (dogmatische Argumentation)" (Stichweh 2005: 34) verwirkliche.
[119] Müller weist darauf hin, dass die Frage nach der Diagnose mit der Frage nach der Sozialpädagogik als Profession einhergeht (vgl. Müller 2005: 22).

die nach außen (Hilfesystem) und die nach innen (Immunsystem) profilieren, nötig (vgl. SozSys: 115).

## IX.1 Teilnehmende Beobachtung

In der Literatur über ethnographische Forschung wird darauf hingewiesen, dass für ethnographische Forschung teilnehmende Beobachtung ein charakteristisches Merkmal sei (Hauser-Schäublin 2003; Beer 2002: 120; Hammersly/Atkinson 1983: 3; Lüders 2000: 385ff.; Spradley 1980). Dabei ist umstritten, was Teilnahme bedeutet:
Die interaktive Funktion in einer alltagsweltlichen Teilnahme ist im Vergleich zu der gleichsam „gekünstelten", besser gestellten Situation ethnographischer Beobachtung eine andere. Liegt sie bei der alltagsweltlichen Teilnahme in der Selbstvergewisserung und im Fremdverstehen innerhalb alltagsweltlicher Handlungszusammenhänge, ist sie im Kontext der ethnographischen Forschung ein komplexes Forschungsinstrument in einer, zwar die zeigenden Fähigkeiten des teilnehmenden Mitglieds nutzenden, jedoch durch das Forschungssetting konstruierten Situation. Es ist eine außeralltägliche Form der Teilnahme und weist eine künstliche Sachstruktur auf, die dadurch entsteht, dass der Teilnehmer vorgibt, vom Mitglied des Feldes das Handeln lernen zu wollen, aber nicht um hinterher angestellt zu werden, sondern vielmehr um die Muster nachzuvollziehen, die handlungsleitend sind. Anders gesagt, geht es darum, das implizite Wissen zu explizieren (vgl. Girtler 1992: 88; Spradley 1980: 3). Unter implizitem Wissen verstehe ich die Praktiken, die zur Individualisierung der Hilfe beitragen, was ich auch schon als Hintergrundwissen bezeichnet habe, das vom Hilfesystem inhibiert ist, aber in bestimmten Situationen aktualisiert werden kann.

Teilnehmende Beobachtung bedeute, sich so zu verhalten, als ob man dazu gehöre, und zugleich die Situation so wahrzunehmen, als ob man außerhalb stehe (vgl. Hauser-Schäublin 2003: 38). Der Forscher kann sich selbst Handeln zurechnen, wenn er sich wie die Pflegekräfte verhält. Im Unterschied zur Leistungsrolle kann dieses von ihm im Hilfesystem nicht erwartet werden, es sei denn, dass er sich entsprechend eingeführt hat. Dann wird er quasi als ehrenamtlicher Helfer wahrgenommen und ihm werden entsprechende Arbeitsaufgaben zugeteilt[120]. Teilnahme wird in den Erörterungen über teilnehmende Beobach-

---

[120] Dadurch würde eine gemeinsam geteilte Sozialdimension hergestellt (Goffman 1996; Girtler 1992: 63ff.), die im Diskurs über ethnographische Forschung auch kritisch als „going native" beschrieben wird. Der Vorteil der Teilnahme gegenüber der eher beobachtenden Haltung wird darin ausgemacht, dass Vertraulichkeiten aufgrund eines Gefühls der Zugehörigkeit eher mitgeteilt werden (Hauser-Schäublin 2003: 38; Bernard 2002: 327f., Adler/Adler 1994: Jorgensen 1989).

tung immer auf das, was in gewisser Weise vertraut ist – in dem hier vorliegenden Fall das Hilfesystem – bezogen. Was bedeutet aber teilnehmende Beobachtung, wenn der Fokus auf die strukturelle Kopplung gelegt wird? Der Konflikt, der Ausgangspunkt für eine strukturelle Kopplung ist, wird diskursiv ausgetragen. Wenn der teilnehmende Beobachter einspringt, um seinerseits den Konflikt zu lösen, nimmt er sich die Möglichkeit, das zu beobachten, was sein Gegenstand ist. Er kann dann nicht mehr sehen, wie die strukturelle Kopplung operativ vollzogen wird. Deswegen bedeutet Teilnahme in diesem Kontext, die Rolle des Publikums einzunehmen. Der Diskurs wird zum Schauspiel, bei dem der Forscher das Publikum darstellt, das aber in das Schauspiel miteinbezogen wird. Beide Spieler versuchen den Forscher von ihrer Darstellung zu überzeugen bzw. sich zu erklären, warum möglicherweise eine Darstellung nicht überzeugend ist. Es entsteht so eine strukturelle Kopplung zwischen den Feldteilnehmern und dem Forscher, in der dargestellt wird, wie die Hilfeinteraktion bzw. der Diskurs über die Hilfeinteraktion zu sehen ist. Das, was Ethnographen beobachten, wird „erst durch ihre Ko-Präsenz hervorgerufen [...] Es werden in dieser Perspektive gerade nicht die Bewegungen der ‚Realität' aufgezeichnet, sondern Bewegungen, die auf die Interaktionen zwischen Fremden und Teilnehmern zurückgehen" (Kalthoff 2003: 76).

Durch den teilnehmenden Beobachter entsteht ein Bewusstsein des Beobachtetwerdens, welches durch die physische Sichtbarkeit entsteht (vgl. SuM: 84). Wenn sich ein Bewusstsein beobachtet fühlt, fühlt es sich als Totalität beobachtet, wodurch es sich selbst zur Einheit aufrundet (vgl. SuM: 85). Trotzdem erfährt das Bewusstsein eine Differenz, da sich durch einen fremden Blick beobachtet Fühlen eine Vorstellung ist, mit der man sich auseinander setzen kann, indem man sie z.B. mit der eigenen Selbstbeobachtung vergleicht (vgl. SuM: 86). Das führt dazu, den Leib kontrollieren zu wollen, was nicht annähernd möglich ist. Den Leib kontrollieren zu wollen, ist eine Reaktion auf die Tatsache, sich anderen Erwartungen gegenüber zu beugen oder sich ihnen zu entziehen oder um an sozialer Kommunikation teilnehmen zu können. Aber auch der Forscher muss sich auf eine Art und Weise zeigen, dass er vertrauenserweckend wirkt und miteinbezogen wird, d.h. an Interaktionen partizipieren darf, die konfliktgeladen sind. Während Merkens dafür plädiert, sich zu entscheiden, ob eher die Bewohner oder die Pflegekräfte im Zentrum der Aufmerksamkeit stehen, da man nie die Perspektive sowohl der Leistungs- als auch der Publikumsrolle aus der Binnensicht einnehmen könne (Merkens 1992), geht es, wenn man die Interaktion selbst und damit den sozialen Sinn in den Blick nimmt, eher darum, sich möglichst unparteiisch zu verhalten. Ob dies gelingt, hängt aber wiederum von der Interaktion ab, die den teilnehmenden Beobachter als parteiisch oder unparteiisch konstituiert. Je nachdem, wie der teilnehmende Beobachter in der Interaktion konstituiert wird, wird er als vertrauenswürdig wahrgenommen und entsprechend mehr Informationen darüber erhalten, wie die Situation zu verstehen ist. Falls er aber eher als parteiisch konstituiert wird, gilt folgender von Becker formulierte Grundsatz: „Whatever side we are on, we must use our techniques impartially enough that a belief to which we are especially sympathetic could be proved untrue" (Becker 1967: 246)[121]. Durch die Distanzierung von der eigenen Bewertung, indem beobachtet wird, ob andere in dem Setting genauso geschockt, überrascht etc. sind, wie es der teilnehmende Beobachter ist (vgl. Emerson/Fretz/Shaw 1996: 27), kann dennoch versucht werden, möglichst „unparteiisch" zu beobachten, d.h. die eigene Perspektive durch die Beobachtungen zu relativieren. Die Autoren weisen darauf hin, dass diese Form der Beobachtung gerade bei Konflikten wichtig sei, welche ja gerade im Fokus der ethnographischen Forschung stehen. Der teilnehmende Beobachter trägt im Konfliktfall zur Steigerung der Unsicherheit bei. Das Konfliktsystem wird potentiell desintegriert. „Das einfache Umkehrungsverhältnis von Nutzen und Schaden wird modifiziert durch die Fragen, unter welchen Bedingungen der Dritte zu gewinnen sein wird. Vom Gegner kann man nur Nachteiliges erwarten, so viel ist sicher: Aber der Dritte kann über seinen Beitrag zum Konfliktsystem noch disponieren, und er kann, um Einfluß zu gewinnen, eine Weile im Unklaren lassen, unter welchen Bedingungen er sich in welchem Sinne entscheiden wird. Die Wiedereinführung von Erwartungsunsicherheit in den Konflikt schafft speziell für dieses System Strukturbildungsmöglichkeiten, neue Kontingenzen, neue Chancen der Selektion. Und auch vor Zuschauern läßt sich unter solchen Bedingungen begründen, daß man eine weniger harte Linie vertritt und taktiert, um den Dritten nicht unnötig in die Arme des Gegners zu treiben. Man kann schließlich das Verhalten des Dritten, besonders wenn es moralisch oder gar rechtlich aufgewertet wird, zum Anlaß nehmen, nachzugeben oder sich aus dem System zurückzuziehen, ohne daß dies als Schwäche ausgelegt werden muß" (SozSys: 540).

Eine bewältigte Krise ist eine solche Form der kommunikativen Angeigung einer vergangenen Situation, die einem bewältigenden, das Geschehen verstehbar machenden Selektionsschema folgt, die sich eine innere Logik zumutet, indem ein ‚intentionaler' Sinn konstituiert wird, der strategisch angestrebt wird (vgl.

---

[121] Dadurch entstehen Informationen über unterschiedliche Motivationen, die möglicherweise bei der Interaktion im Spiel sind. Anstatt einen Wert besonders hochzuhalten, geht es vielmehr darum, zu beobachten, welche Werte in der Situation angemessen sind (Hammersley 2004: 36). Nur wenn es gelingt, Offenheit für beide zu zeigen, wird auch weiterhin Offenheit bestehen bleiben, die teilnehmenden Beobachter an Situationen partizipieren zu lassen, in denen Konflikte auftreten können. Ansonsten werden z.B. die Leistungsrollen aber möglicherweise auch die Publikumsrollen versuchen, sich einer Beobachtung nicht mehr auszusetzen.

Nassehi 1995: 371). Die Darstellung des „intentionalen Sinns"[122] kann sich durch einen dem Darsteller gar nicht transparenten Selektionshorizont vollziehen. Eine interpretierende Beobachtung der interaktiven Beobachtung der Ereignisse kann dann über den intentionalen Sinn aufklären (Interaktionsanalyse).

Wenn nicht erwartet werden kann, dass der Beobachter versteht, wie die Akteure gerne möchten, dass sie verstanden werden, kann durch explizite Reflexion versucht werden zu zeigen, was handlungsleitend in der Situation gewesen ist. Dann wird eine Geschichte über die Geschichte erzählt, indem eigene Beobachtungen beobachtet und diese dem teilnehmenden Beobachter als intentional dargestellt werden. Unbewältigt bedeutet demgegenüber, dass keine Intentionalität als durchgängiger Selektionshorizont erkennbar ist (vgl. Nassehi 1995: 371).

Im Kontext des Feldaufenthaltes vollzieht sich die Erzählung der Geschichte über die Geschichte durch ethnographische Interviews[123] (vgl. Spradley 1979). Das ethnographische Interview ist systemtheoretisch gesprochen die Beobachtung des Hilfeverlaufs[124] und des Diskurses über den Hilfeverlauf aus der Perspektive der Leistungs- bzw. der Publikumsrolle. Das ethnographische Interview ist ein „gegenwartsbasierter, vergangene Ereignisse beobachtender Text", der den Hilfeverlauf „für ein Individuum" zum Thema macht und eine „Realität eigener Art" aufweist. Die Erzählung im ethnographischen Interview trägt dazu bei, dass der Hilfeverlauf und der Diskurs über den Hilfeverlauf individualisiert werden, indem sie als intentional dargestellt werden (vgl. Luhmann 2004b: 268f.). Dies geschieht, indem sie durch die „temporale Einheit des Bewusstseins" das Gewordensein nachzeichnet, „um sich im Lichte temporal geordneter Ereignisse selbst zu identifizieren. In eine solche Beschreibung gehen jedoch nicht alle erlebten und gelebten Ereignisse ein, sondern nur eine vom Bewusstsein selbst vorgenommene Auswahl, wobei unter Auswahl keineswegs ein quantitativer Teil eines substantiell vorhandenen Kontingents von Erfahrungen zu verstehen ist, sondern eine aus einer Erinnerungsgegenwart resultierende, quali-

---

[122] Die Intention hat eine „ausschließlich soziale Existenz: ihre psychischen Korrelate werden unterstellt, werden aber weder geprüft noch verifiziert" (Luhmann 1992a: 112). Es kommt also auf die Motivzuschreibung und die Handlungszurechnung an (vgl. Luhmann 1992a: 112).

[123] Teilnehmende Beobachtung bedeutet aber nicht nur Teilnahme und Beobachtung, sondern es ist eine „methodenplurale kontextbezogene Strategie" (Lüders 2000: 189; vgl. Amann/Hirschauer 1997: 19; Hammersly/Atkinson 1983, Spradley 1980). Das heißt, dass Interviews und andere Erhebungsmethoden eingeschlossen sind, die dazu beitragen, dass ein vertieftes Verständnis der Situation entsteht.

[124] Der Hilfeverlauf ist „ein Insgesamt von Ereignissen, die in einer zeitlichen Abfolge stehen, als solche aber durch ihren sukzedierenden Charakter mit der Zeit verschwinden. Der Hilfeverlauf ist durch die Qualitätssicherung auch als ein standardisiertes Muster zu verstehen, dass bei der Durchführung von Hilfe erwartet werden kann. Es geht um Ablaufregeln oder als normativ aufgeladenes zeitliches Muster von Anforderungen, die von der Leistungsrolle zu erfüllen sind" (Nassehi 1995: 11). Man kann von der „Institutionalisierung" des Hilfeverlaufs sprechen.

tativ völlig neu zu bewertende Realität eigner Art" (Nassehi 1995: 29), die dadurch konstituiert wird, dass eine individuumsspezifische Selektion von Ereignissen vorgenommen wird.

Die Hilfegeschichte bietet eine „Präsentation von Ordnung" (Luhmann 2004b: 268). Dabei erscheinen die Ereignisse nicht zufällig, sondern als notwendigerweise aufeinander folgend, was einer „Beweisführung" gleichkommt, dass die Dinge nur so und scheinbar nicht anders haben laufen können (vgl. Luhmann 2004b: 269). Es ist eine fiktionale Erzählung, die nicht wirklich Geschehenes mit dem Anschein von Wahrheit wiedergibt, sondern es werden dem Forscher gegenüber Details besonders hervorgehoben und andere weggelassen, durch die Erzählung mit „Wahr-Scheinlichkeiten" (Luhmann 2004b) garniert werden.

Die Geschichten beziehen sich auf Krisen als signifikante Kristallisationspunkte (Böhnisch 1997: 29). Sie stellen „Gefahrenpunkte" für eine kontinuierliche Fortschreibung der Selbstbeschreibung dar, da sie auf eine Diskontinuität hinweisen. Die Diskontinuitäten, die sich in der ethnographischen Erzählung zeigen, sind erinnerte Erfahrungen, die sich selbst reproduzieren (vgl. Nassehi 1995: 33). Es werden vor allem Probleme wie Liebe und sanktionierende Macht dargestellt und mit Spannung aufgeladen. Während die sanktionierende Macht im Vordergrund der Lebensbewältigung steht, läuft Liebe als „Gegenhorizont" im Hintergrund sozusagen als nicht eingetretene Erwartungsstruktur mit. „Die Spannung fungiert gewissermaßen als Realitätsäquivalent" (Luhmann 2004b: 292), und das zurückliegende Problem ermöglicht dem Sozialpädagogen Rückschlüsse auf Ressourcen und Risikofaktoren der Selbstbeschreibung als autonome Publikumsrolle bzw. als professionell Handelnder zu ziehen. Ressourcen sind diejenigen Darstellungen, in denen sich ihre Erwartungsstruktur erfüllt hat und ihnen in Krisen soziale Unterstützung zukam. Risikofaktoren sind die Darstellungen, die auf eine sanktionierende Macht hinweisen und die zur fremd- anstatt zur selbstreferentiellen Attribuierung beitragen und damit die „Verlaufkurve des Erleidens" (Schütze 1995) vorantreiben. Der ethnographische Text gibt „nicht einen objektiven ehemaligen Handlungsverlauf wieder, sondern nur eine aus einer Gegenwart heraus produzierte perspektivische, ‚subjektive' Sicht von ‚objektiven' Hilfeverläufen" (Nassehi 1995: 34). Die erzählende Selbstbeschreibung ist aus funktionalistischer Perspektive insbesondere dann notwendig, wenn Umweltkomplexität nicht mehr handhabbar erscheint. Es besteht dann die Notwendigkeit, eine der „Umweltkomplexität entsprechende Systemkomplexität" (Nassehi 1995: 36) des Bewusstseins aufzubauen.

Es ist sowohl auf die teilnehmende Beobachtung als auch auf die ethnographischen Interviews bezogen wichtig zu sehen, dass der Forscher ein Mitglied der fremden Welt ist. Interessant ist vor allem, wie der Forscher vom Teilnehmer der Kommunikation als Bestandteil eines virtuellen Publikums in eine virtuelle

Welt eingepasst wird (vgl. Nassehi/Saake 2002: 77). Diese Situation lässt sich trotz aller Versuche nicht kontrollieren, da es „die Kommunikation selbst ist, die die beiden Rollen des Forschers und des Beforschten konstituiert und in deren Möglichkeitsraum diese erscheinen" (Nassehi/Saake 2002: 77) lässt. Interaktionen sind selbst kontingent und schränken Bedeutungsgehalte ein. In diesen Interaktionen kann es nur um die Simulation von Verstehen gehen, was voraussetzt, dass der ethnographische Beobachter sich von den Beforschten benutzen lässt" (vgl. Nassehi/Saake 2002:77)125. „In Beobachtungssituationen evolvieren psychische und soziale Systeme, die sich gegenseitig in ihrer Differenz stimulieren. Der Prozess selbst ist nur als Koevolution zu fassen, referiert also auch auf Soziales. Wie sich psychische Systeme verändern, kann nur über Kommunikation sichtbar gemacht werden, und auch soziale Prozesse sind nur über irritierte beobachtende psychische Systeme zu besichtigen" (Nassehi/Saake 2002: 79). Dabei ist von Interesse, wenn immer wieder die gleichen Muster bei verschiedenen Inhalten seitens der Teilnehmer im Feld verwendet werden. Das sind Indikatoren, die zwar auf die Umwelt hinweisen, die das Interaktionssystem aber nicht einplanen kann. Man kann allerdings einen Einblick in Strategien bekommen, wie die Teilnehmer des Feldes mit dem teilnehmenden Beobachter umgehen (vgl. Nassehi/Saake 2002: 80; vgl. Kalthoff 2003: 77).

*Protokolle als Form der Verschriftlichung der teilnehmenden Beobachtung*

Sowohl die teilnehmende Beobachtung im engeren Sinne als auch das ethnographische Interview setzen eine Verschriftlichung voraus (vgl. Emerson/Fretz/Shaw 2001: 353ff.; Kalthoff 2003: 81; WdG: 180), die die Beobachtung, wie der teilnehmende Beobachter und der Interviewer in der Interaktion benutzt worden sind, darstellen. Die Verschriftlichung ist selektiv, „since they inevitably present or frame the events and objects written about in particular ways, hence ‚missing' other ways, that events might have been presented" (Emerson/Fretz/Shaw 2001: 353). Durch die Schrift wird es möglich, über die Interaktion zwischen Anwesenden hinauszugehen (vgl. WdG: 241). Dadurch können interaktionstypische Merkmale ausgeschaltet werden. „Während aber Kommunikation als unmittelbarer Operationsmodus sozialer Systeme an die Echtzeit ihres ereignishaften Auftretens und Prozessierens gebunden ist und damit auch ihre Beobachtung an eine solche echtzeitliche Gleichzeitigkeit gebunden wäre, sind Texte als Verschriftlichung von Kommunikation von dieser zeitlichen Restriktion befreit und bewahren den temporalen Index der ereignishaften Kommunikation zeitunabhängig auf [...]. Insofern läßt sich sagen, daß es Texte sind, die ihre

---

125 Das ist in Differenz zur Ethnomethodologie zu sehen, die das Verstehen nicht simuliert, sondern als gegenseitige Transparenz unterstellt.

kommunikativen Anschlüße – für einen Beobachter beobachtbar – sichern" (Nassehi 1997b: 146, Fußnote 43). Mit der Verschriftlichung wird eine Distanz zur Welt vorangetrieben. Die Mitteilungsmotive verlieren an Interesse, und es entstehen Spielräume für Interpretation (vgl. GdG: 257). Die Zeitdimension wird verobjektiviert, die Kommunikationsthemen werden versachlicht und Stellungnahmen werden provoziert. Dadurch wird die Beschränkung der sozialen Kontrolle unter Anwesenden unterlaufen und in einem größeren Ausmaß die Möglichkeit der Kritik eingeführt (vgl. GdG: 290), was im Kontext der ethnographischen Forschung bedeutet, dass der Wissenschaftler bereit sein muss, sich widerlegen zu lassen (vgl. WdG: 242), d.h. auch seine eigene Position bzw. seine eigenen Gefühle im Feld kritisch in den Blick zu nehmen. Das heißt, er stellt weniger dar, wie er Situationen bewertet, sondern nimmt die eigene Bewertung einer Situation zum Anlass, um detailliert zu beschreiben, wie andere diese Situation wahrgenommen und eingeschätzt haben (vgl. Emerson/Fretz/Shaw 1996: 27). Entsprechend geben sie den Hinweis, dass konkrete sensorische Details aufgeschrieben und voreilige Generalisierungen bei den Beschreibungen vermieden werden sollten (vgl. Emerson/Fretz/Shaw 1996: 32).

Die Verschriftlichung erfolgt in einer Art und Weise, als ob es sich um eine Dokumentation dessen handelt, was man durch die teilnehmende Beobachtung beobachtet hat. Ihr wird die Möglichkeit der Abbildung wider besseres Wissen unterstellt. Die Einspiegelung des Wissens und damit der Möglichkeiten und Grenzen der Schrift erfolgt erst in der Analyse dessen, was aufgeschrieben worden ist (vgl. Kalthoff 2003: 83).

## IX.2 Analyse der Protokolle

In einer funktionalistischen Analyse geht es darum, die Frage zu beantworten, welche Funktion die Aussagen für den Text haben[126], „für welches Problem dient eine solche Aussage als Problemlösung" (Nassehi 1995: 123), welche Bewältigungsform der Krisen stellt sich in den Aussagen dar (vgl. Nassehi 1995: 126)? Damit wird der intentionale Gehalt einer Aussage überschritten. Das Bezugsproblem kann wirksam sein, ohne dass es den Personen in der Interaktion bewusst ist (vgl. Nassehi 1999: 123). Im Vordergrund steht die Eigenselektivität, die sich durch eine „strukturelle Anschlußlogik und die rekursive Figur von Problem und Problemlösung" (vgl. Nassehi 1995: 350) vollzieht. Das ist der Ausgangspunkt, die Perspektive für die Beobachtung der Texte.

Systemtheoretisch gesehen stellen die Lesarten Variationen bereit, indem eben auch unwahrscheinliche Lesarten für potentiell sinnvoll gehalten werden. Sie werden zunächst als Hypothese eingeführt. Durch das Falsifikationsprinzip vollzieht sich eine Selektion der Lesarten. „Richtig verstanden ist etwas dann, wenn sich das Verstehen im entsprechenden Kontext bewährt" (Nassehi 1997b: 142). Statt einen Konsens im Verstehen zu unterstellen geht es darum, zu sehen, dass Kommunikation erst „dadurch emergiert, daß Situationen doppelter Kontingenz entstehen. Gerade die Tatsache, daß es sich um doppelte Kontingenz handelt, also um eine Unterbestimmtheit der Situation von beiden Seiten, macht das Entstehen eines sozialen Kontaktes zugleich unwahrscheinlich und durch wechselseitiges Erleben von Unwahrscheinlichkeit und Kontingenz auch möglich" (Nassehi 1997b: 148). Dadurch können trotz Unwahrscheinlichkeit Strukturen erzeugt werden (vgl. Nassehi/Saake 2002: 81), welche die Autoren als latente Sinnstrukturen bezeichnen und die Gegenstand der Rekonstruktion werden. Latente Sinnstrukturen sind aus systemtheoretischer Perspektive der Vorgang, der als „beobachtender Nachvollzug der internen Verstehensstruktur von Texten" (Nassehi 1997b: 154) bezeichnet werden kann. Kommunikative Prozesse bleiben immer an einen blinden Fleck gebunden und können daher nur im Nachhinein beobachtet werden. „Der Akt des Verstehens nun besteht gerade darin, jene untergründige, im kommunikativen Prozeß selbst entstehende Dynamik des Nacheinanders, je aktueller sinnhafter Verweisungen zu beobachten und so in der Tat die Latenzen eines anderen sozialen Systems systematisch herauszuarbeiten. Wer also – um nur ein Beispiel zu nennen – eine Interaktion interpretierend beobach-

---

[126] Diese Fragen können auch als abduktives Vorgehen bezeichnet werden, welches darauf beruht, eine neue Ordnung zu finden, die handlungspraktischen Probleme löst (vgl. Reichertz 2000: 284). Die neue Ordnung wird nur so lange aufrechterhalten, wie sie als gedankliche Konstruktion nutzbringend ist (vgl. Reichertz 2000: 284). Es sind „brauchbare Konstruktionen" (vgl. Reichertz 2000: 285). Im Unterschied zu Reichertz muss der Handlungsbegriff aber systemtheoretisch beschrieben werden.

tet, arbeitet heraus, wie die für das kommunikative Geschehen zunächst blinde Dynamik je ereignishaft zu neuen Strukturformen, Thematisierungsebenen und Brüchen, zu logischen Verkettungen, Aus- und Einblendungen, zu parallel laufenden Geschichten und je aktuell werdenden Erwartungserwartungen des kommunikativen Geschehens kommt" (Nassehi 1995: 166). Ziel der Rekonstruktion ist, nach denjenigen kommunikativen Strategien zu suchen, die es erlauben, die Dinge so darzustellen, wie sie dargestellt werden. Es ist ein Verfahren, das eine entscheidende Sparsamkeitsregel enthält. Sie „begnügt sich damit, die Selbstkonstitution von Inhalten, von Bedeutung, von Sinn nachzuvollziehen und nach den sozialen Erwartungs- und Darstellungsformen zu fragen, unter denen sich forschungsrelevante Topoi darstellen lassen" (Nassehi/Saake 2002: 82). In dem Verfahren wird danach gefragt, wie das Thema (die Bewältigungsform) in Kontexte/Kontexturen eingepasst ist, wie es über Kontexte/Kontexturen seine Bedeutung gewinnt und welche Auskunft es über Kontexte/Kontexturen gibt (vgl. Nassehi/Saake 2002: 82). Dazu wird zunächst der Text in seiner Binnendifferenzierung aufgezeigt, um im zweiten Schritt eine strukturelle Inhaltsanalyse durchzuführen. Strukturelle Inhaltsanalyse bedeutet, dass thematische Felder gegeneinander abgegrenzt und miteinander in Beziehung gesetzt werden. „Das Thema als klar definierbare Textgröße enthält Verweisungen auf andere explizite Themen der Gesamterzählung oder auf implizite Themen, die textüberschreitend in pragmatischer Reflexion der alltagsweltlichen Kontexte [...] erschlossen werden können. Einzelthemen sind so Elemente eines ‚thematischen Feldes'" (Fischer 1986: 359). Sie tragen im Kontext einer ethnographischen Erzählung zu einer Gesamtkonstruktion bei, indem jedes Thema als sinnhafter Ausschnitt sachlich oder temporal auf andere Ausschnitte bezogen werden kann (vgl. Nassehi 1995: 107).

Um dieses zu vollziehen ist operatives Verstehen notwendig. „Indem in einem Protokolltext kommunikatives Ereignis auf kommunikatives Ereignis folgt, läßt er eine permanente Verstehenskontrolle seiner selbst mitlaufen. Er generiert sozusagen seinen eigenen Verstehensverlauf, der das Nacheinander kommunizierter Sachverhalte bestimmt" (Nassehi 1997b: 150). Auf diesem Hintergrund lassen sich folgende forschungsleitende Fragen stellen:

1. „Wie verläuft der selektive Prozeß einer Kommunikation, und welchen Strukturen folgt dieser Prozeß?
2. Wie sichern kommunikative Ereignisse ihre Anschlußfähigkeit an frühere und kommende Ereignisse?
3. Welche Brüche und Anschlußprobleme ergeben sich in kommunikativen Verläufen?

163

4. Welche interne kommunikative Verstehenskontrolle üben Texte aus, und wie entgleitet der Kommunikation womöglich die Kontrolle über sich selbst?" (Nassehi 1997b: 150).

Es geht um das Aufgreifen der „strukturgebenden Sequenzialität". Dieses vollzieht sich aber nicht als unmittelbare Wahrnehmung, sondern generiert sich durch ein beobachtendes Verstehen. Das heißt, dass das „beobachtende Verstehen die operativen Verstehensakte des Textes selbst beobachtet" (Nassehi 1997b: 151).

Darüber hinaus geht es um eine analytische Abstraktion, indem die sequenzialisierte Geschichte des Beobachtungsportokolls zu einem Ganzen geformt wird. Es müssen Verlaufskurven herausgearbeitet, Interdependenzen zwischen einzelnen Abschnitten entdeckt, dominante Stränge von Nebenschauplätzen unterschieden und Detaillierungssequenzen in die Gesamtstruktur des Protokolltextes eingebaut werden (vgl. Nassehi 1997b: 107).

Es geht aber auch darum, Einzelfälle zu vergleichen. Dabei stellt sich die Frage, nach welchen Unterscheidungen die Einzelfälle zu beobachten sind. Entscheidungskriterium kann nur die Sachhaltigkeit im Hinblick auf den erörterten Gegenstand sein, den es offen zu legen gilt (vgl. Nassehi 1995: 357).

Aufbauend auf den bisherigen Analysen müssen 4 Dimensionen berücksichtigt werden:

1. Erleben und Handeln: Unter welchen Bedingungen rechnet der Text selbst Verhalten und Geschehnisse als Erleben oder als Handeln den Akteuren zu?
2. Bezugsproblem/Bewältigungsform: Welches durch den Text selbst erzeugte Problem haben die Texte zu lösen versucht?
3. Erwartungsstrukturen: Welche Erwartungsstrukturen werden zunächst erzeugt, um ihnen hinterher nachzukommen?
4. Welche Bedeutung hat das Erleben/Handeln für die Gesamtorganisation der Interaktion?

Die Personen werden in der Kommunikation erst produziert. Entsprechend ist zu fragen, „was für Personen durch den Text erzeugt werden" (Nassehi 1997b: 159).

Dabei kommt es ihnen nicht auf die Möglichkeit der Transformation von dem einen auf den anderen Kontext an, da es ihnen nicht um das Suchen nach einer beobachterunabhängigen Realität geht, sondern sie interessiert vielmehr die Daten selbst als Beobachter. „Beobachter, die das, was sie sehen, selbst erzeugen" (Nassehi/Saake 2002: 68).

## IX.3 Exemplarisches Beispiel einer ethnographischen Forschung sozialpädagogischer Wirklichkeit

Ich möchte im Folgenden anhand eines Forschungsprotokolls, welches allerdings einer ethnographischen Beobachtung der Altenhilfe[127] entnommen ist, das empirische Vorgehen demonstrieren[128]. Es handelt sich um einen Auszug aus einem Beobachtungsprotokoll, das den 6. Tag des Feldaufenthalts dokumentiert. Das Protokoll stellt eine Frühstücksszene dar. Es basiert auf Feldnotizen, welche nicht während der Beobachtung, aber noch vor Ort angefertigt worden sind. Nach der Mittagspause wurden diese in der Form des folgenden Protokolls verschriftlicht:

### IX.3.1 Protokoll

Frau Dörfert kommt zu mir an den Tisch, stellt sich links neben bzw. hinter Frau Dingel und reicht ihr Essen. Damit ich sie nicht so unangenehm als Außenstehende beobachte, beginne ich mit ihr ein Gespräch, nachdem ich sehe, dass außer einer ersten freundlichen Ansprache und ein Zurechtrutschen des Tuchs sich auch kein Gespräch mehr entwickelt. Ich frage, ob Frau Dingel Müsli bekäme. Sie sagt, dass es Haferschleim sei und sie danach Griesbrei bekäme, der aber schwerer verträglich sei. Frau Dingel esse aber den Haferschleim gerne. Dabei schiebt sie in einem Tempo den Brei in den Mund, dass ich nur staune. Mir scheint es ein Drei-Sekunden-Takt zu sein. Frau Dingel hat oft gerade erst hinuntergeschluckt, und wenn sie ihren Mund wieder für den nächsten Löffel öffnet, liegt noch ein Teil des Haferschleims auf ihrer Zunge. Es wird zwischendurch keine Pause eingelegt, und ich bin überrascht, dass Frau Dingel, ohne sich zu verschlucken und ohne Gegenwehr, sich auf diese Art und Weise diese Form des Essenreichens einlässt.

In der Zwischenzeit kommt Frau Schmidt. Frau Dörfert weist mich darauf hin, dass ich auf ihrem Platz sitze und Frau Schmidt es bevorzuge, auch ihren eigenen Platz einzunehmen. Ich frage, ob der Platz daneben noch frei sei, und setze mich dort hin. Ich frage, ob Frau Naber denn heute nicht zum Frühstück käme. Frau Dörfert erläutert, dass Frau Naber zu den Langschläfern gehöre. Aber sie würden es auch nicht immer schaffen, alle Wünsche zu berücksichtigen, obwohl sie es versuchten und deswegen manchmal Langschläfer nach der Morgenpflege zum Frühstück brächten und vice versa. Frau Schmidt setzt sich auf ihren Platz und erscheint mir nicht besonders offen. Sie ist sofort mit ihrem Frühstück beschäftigt und schenkt

---

[127] Ich habe im Laufe meiner Habilitationszeit das Thema von der Altenhilfe zur Jugendhilfe gewechselt, da erst in den ersten Jahren des 21. Jahrhunderts deutlich wurde, dass die Sozialpädagogik im Kontext der Altenpflege keinerlei Bedeutung mehr hat, da ausschließlich die Pflegewissenschaften eine finanzielle Förderung für Forschungsprojekte in der Altenpflege bekommen. Auch im Bereich der Altenpflegeausbildung kann eine Marginalisierung des ohnehin schon geringen sozialpädagogischen Personals festgestellt werden (Hünersdorf 2005: 110).
[128] Das Untersuchungsdesign ist im Anhang einsehbar.

sich mit stark zitternder Hand Kakao ein. Dabei kleckert sie. Es breitet sich eine ca. 5 cm große Pfütze auf ihrem Tablett aus. Die Serviette ist sofort eingeweicht, und es sieht alles etwas chaotisch und unappetitlich aus. Frau Dörfert reagiert mit einem „ze" und grinst mich dabei an. Da auch auf der Untertasse Kakao ist, tropft dieser auf ihren hellen Pullover, was sofort von Frau Schmidt bemerkt wird. Sie ärgert sich, dass sie kein Lätzchen anhat, und fordert von Frau Dörfert eines ein, die entgegnet, dass es jetzt sowieso schon zu spät sei. Dann dreht sich Frau Schmidt nach hinten und beugt sich dabei nach unten, so dass sie völlig verdreht über der Armlehne hängt, um sich etwas von ihrem schräg hinter ihr stehenden Rollator zu holen. Ich frage sie, was sie möchte, schiebe den Rollator zu ihr und frage noch einmal laut: „Zucker?", was sie bestätigt. Frau Dörfert guckt uns neugierig zu und berichtet mir, dass Frau Schmidt keinen Zucker darf. Also ist es an mir, mich darum zu bemühen sie davon abzuhalten. Ich lege meine Hand auf ihren Rücken und sage mit sanfter Stimme: „Frau Schmidt, der Zucker tut Ihnen nicht gut, trinken Sie doch den Kakao ohne." Aber sie lässt sich kaum halten, dreht nur kurz ihr Gesicht in meine Richtung und fragt: „Warum denn?", ist aber schon, bevor sie eine Antwort vernimmt, wieder dabei, ihren Zucker zu ergattern, den sie dann auch schon in den Fingern hält, ein Stück Zucker herausnimmt und in die Kanne fallen lässt. Nun mischt sich Frau Dörfert energisch ein: „Frau Schmidt, lassen Sie den Zucker sein!" Frau Dörfert betont, dass sie den Zucker gekauft habe und er ihr gehöre und sie deswegen bestimmen könne, dass sie ihn jetzt trinken möchte. Es sei ihr Recht. Frau Dörfert weist sie auf Diabetes hin und sagt, dass es nicht gesund sei. Dann versucht sie, ihr den Zucker wegzunehmen, aber Frau Schmidt umklammert ihn mit der Hand und hält ihn fest. Frau Dörfert zuckt mit den Schultern und gibt auf, lächelt mich dabei an, ist aber gegenüber Frau Schmidt deutlich gereizt. Sie schimpft zu mir gerichtet, dass Frau Schmidt heute echt schlecht gelaunt und aggressiv sei. Dann kommt die Aushilfskraft von hinten, und während Frau Schmidt mit Frau Dörfert im Disput ist, entwendet er ihr den Zucker grinsend. Es dauert nur zwei Sekunden, bis sie es merkt, dann schimpft sie lauthals, dass der Zucker ihr gehöre und sie ihn wieder haben wolle. Sie ist so aufgebracht, dass sie ihre Tasse mit der Kanne verwechselt und die Kanne so hält, als ob sie aus einer Tasse trinke. Dann schmiert sie sich ihr Brötchen aufgebracht und zitternd und schimpft wie ein Rohrspatz vor sich hin. Ich fühle mich hin- und hergerissen zwischen den beiden, merke, dass mir die mit dem Lächeln erzwungene Koalitionsbildung von Frau Dörfert nicht gefällt, ringe mir aber trotzdem ein Lächeln ab. Frau Dörfert nimmt die Tabletten aus dem kleinen Tablettenbehälter und legt sie auf bzw. in den Joghurt. Dann fordert sie Frau Schmidt auf, den Joghurt mit den Tabletten zu essen. Sie weigert sich wieder. Der Ton von Frau Dörfert wird schärfer „Frau Schmidt", brummt sie grimmig, „Sie essen jetzt sofort den Joghurt!" Frau Schmidt weigert sich noch einmal, und Frau Dörfert nimmt den Löffel und führt ihn bestimmt Richtung Mund. Frau Schmidt öffnet ihn und schluckt die Tabletten hinunter.

Jetzt beschwert sich Frau Schmidt, dass der Kakao ja ganz kalt sei. Frau Dörfert legt ihre Hand an die Kanne, um die Aussage zu überprüfen, meint aber, dass der Kakao noch einigermaßen heiß sei. Trotzdem nimmt sie die Kanne und geht schnellen Schrittes in die Spülküche, um in der Mikrowelle den Kakao zu erhitzen. Sie stellt nach meiner Einschätzung die Mikrowelle aber nur auf eine Minute und bringt den Kakao wieder zurück. Sie ermahnt sie, dass sie den „Ka-ka-o" schnell trinken soll, denn sie könnten ihn ja nicht ständig wieder erhitzen. Frau Schmidt nimmt einen Schluck und sagt jetzt etwas leiser, dass er immer noch nicht richtig heiß sei. Auch mir fällt auf, dass er nicht dampft. Frau Dörfert verlässt die Szene, da auch Frau Dingel inzwischen aufgegessen hat, was durch den Ärger mit Frau Schmidt sich deutlich langsamer vollzog als vorher.

## IX.3.2 Protokollanalyse

*Herausarbeitung der Eigenselektivität des Textes durch operatives Verstehen*

Frau Dörfert kommt zu mir an den Tisch, stellt sich links neben bzw. hinter Frau Dingel und reicht ihr Essen.

Der Text stellt dar, dass die Pflegekraft der Bewohnerin das Essen reicht. Die Position wird so beschrieben, dass es keinen Augenkontakt zwischen der Pflegekraft und der Bewohnerin geben kann. Wenn die Pflegekraft als schräg hinter dem Rücken stehend und die Bewohnerin als sitzend dargestellt wird, zeigt es möglicherweise, dass die Beiden nicht auf Augenhöhe miteinander kommunizieren. Das Stehen ermöglicht aber einen Überblick über die Gesamtsituation des Frühstückens im Frühstücksraum und gibt die Möglichkeit, schnell einspringen zu können[129]. Vielleicht ist es auch eine Position, aus der heraus es leicht ist, den Löffel zum Mund zu führen. Die Position der Akteure kann möglicherweise die Funktion haben, das Frühstücken aller im Blick zu haben und sich trotzdem der konkreten pflegebedürftigen Person zuzuwenden, indem ihr beim Essen geholfen wird. Dann ist das Füttern eine unter mehreren Tätigkeiten, die keiner besonderen Aufmerksamkeit bedarf.

Damit ich sie nicht so unangenehm als Außenstehende beobachte, beginne ich mit ihr ein Gespräch, nachdem ich sehe, dass außer einer ersten freundlichen Ansprache und einem Zurechtrutschen des Tuchs sich auch kein Gespräch mehr entwickelt.

Der Text stellt dar, dass die Beobachterin erst einmal wartet, ob sich etwas zwischen der Pflegekraft und der Bewohnerin entwickelt. Nachdem sie feststellt,

---

129 Ob die Position, die Frau Dörfert einnimmt, von ihr aus den eben genannten Gründen intentional eingenommen wird, d.h., ob sie ein psychisches Korrelat hat, kann nicht gesagt werden. Systemtheoretisch gesehen haben Absichten eine ausschließlich „soziale Existenz". Dabei kann es nur um Motivzuschreibung und Handlungszurechnung gehen, die aber von unterschiedlichen Akteuren unterschiedlich vorgenommen werden kann (vgl. Luhmann 1992: 112). In diesem Fall werden potentielle Zuschreibungen durch Interpretation vorgenommen, deren soziale Bedeutung aber erst durch den folgenden Text sichtbar wird.

dass nur zum Auftakt ein persönlicher Kontakt aufgenommen wird und das Tuch zurechtgerückt wird, möglicherweise, damit die Kleidung durch das Füttern nicht beschmutzt wird, nimmt die Beobachterin Kontakt auf. Der Text stellt dar, dass sie sich als Außenstehende beobachtet, was ein Hinweis darauf sein kann, dass sie selbst nicht dazu beiträgt, dass das Frühstück gereicht wird. Diese Position scheint unangenehm zu sein. Anstatt aber mitzuhelfen, beginnt sie ein Gespräch. Damit trägt die Beobachterin dazu bei, dass nur die Pflegekräfte eine pflegerische Absicht verfolgen und die teilnehmende Beobachterin ihre Publikumsrolle sozial validiert.

> Ich frage, ob Frau Dingel Müsli bekäme.

Die Gesprächsebene bezieht sich auf die Situation selbst. Sie signalisiert ein Interesse an dem, was es zu Essen gibt, wodurch die Pflegekraft die Möglichkeit hat, sich als potentiell absichtsvoll darzustellen.

> Sie sagt, dass es Haferschleim sei und sie danach Griesbrei bekäme, der aber schwerer verträglich sei. Frau Dingel esse aber den Haferschleim gerne.

Die Pflegekraft gibt eine Antwort, die eine pflegerische Perspektive darstellt. Es wird explizit ein Zusammenhang zwischen dem Essen und der Verdauung hergestellt und implizit einen Zusammenhang zum Geschmack angedeutet. Haferbrei, der häufig nur aus gesundheitlichen Gründen gegessen wird, und Griesbrei, der im Vergleich zum Haferschleim schmackhaft ist, aber, so die Pflegekraft, dafür schwer verdaulich. Der Text stellt dar, als ob die Pflegekraft sich für das, was als Essen gereicht wird, rechtfertige, wenn es heißt, dass Frau Dingel den Haferschleim aber gern esse. Das heißt, der Beobachterin wird ein potentiell kritischer Blick zugeschrieben, da mit der Frage die Beobachterin der Pflegekraft die Möglichkeit einer Absicht unterstellte. Die Pflegekraft wird als jemand dargestellt, die versucht, durch ihre Selbstbeschreibung im richtigen Licht, d.h. eine pflegerische Absicht verfolgend, darzustehen. Dabei erscheint es so, als ob sie die Verantwortung übernehme, für das, was an Essen gereicht wird, einzustehen. Es erscheint so, als ob der kritische Blick, der von der Beobachterin im Protokoll selbst dargestellt wird, auf einen Resonanzboden falle, aber sich die Ebene verschiebe. Der potentielle Konflikt wird von der Art und Weise, wie das Essen gereicht wird, auf das Essen selbst verschoben. Während die Darstellung der Auskunft der Pflegekraft anzeigt, dass sie weiß, was für Essen die Bewohnerin mag oder nicht, und damit auf einen persönlichen Kontakt hinweist, entsteht aus der Perspektive der Beobachterin, so die Darstellung im Text, eine potentielle Differenz zu dem, wie das Essen gereicht wird, welches durch die Stellung des Körpers und das Nichtreden als potentiell unpersönlich dargestellt wird. Es könnte aber auch ein Hinweis darauf sein, dass die beiden sich eingespielt haben und es ein vertrauter Umgang ist und die Bewohnerin morgens nicht mit Gesprächen belästigt werden möchte. Hier wird der Blick der Beobachterin konstituiert. Sie sucht danach, inwieweit Pflege auf eine personenbezogene (caring) Weise ausgetragen wird. Durch diesen Blick trägt sie dazu bei, dass eine verkappte Selbstbeschreibung des Hilfesystems aus der Perspektive des Menschen angefertigt wird.

> Dabei schiebt sie in einem Tempo den Brei in den Mund, dass ich nur staune. Mir scheint es ein Drei-Sekunden-Takt zu sein. Frau Dingel hat oft gerade erst hinuntergeschluckt, und wenn sie ihren Mund wieder für den nächsten Löffel öffnet, liegt noch ein Teil des Haferschleims auf ihrer Zunge. Es wird zwischendurch keine Pause eingelegt, und ich bin überrascht, dass Frau Dingel, ohne sich zu verschlucken und ohne Gegenwehr, sich auf diese Art und Weise auf diese Form des Essenreichens einlässt.

Die Darstellung des Textes im Protokoll ist eindeutig bewertend, obgleich versucht wird, objektiv darzustellen, woran diese Bewertung festgemacht wird. Es ist das hohe Tempo, in dem das Essen der Bewohnerin zugeführt wird. Es wird präsentiert, als ob es Indizien gäbe, die darauf hinweisen, dass es zu schnell ist, indem der Text aufzeigt, dass noch Schleim auf der Zunge ist. Dies könnte ein Hinweis sein, dass die Zeit nur gereicht hat, etwas, aber nicht alles hinunterzuschlucken. Doch ist das kein Hinweis, wie von der Bewohnerin dieses Tempo wahrgenommen wird, zumal die Bewohnerin als jemand beschrieben wird, die reibungslos beim Essen mitmacht, weder positive noch negative Gesten werden dargestellt. Das verweist auf die Diskrepanz zwischen der Wahrnehmung der Beobachterin und der der Bewohnerin. Das heißt, es findet eine unterschiedliche Handlungszurechnung statt, da Frau Dingel durch ihr Verhalten die pflegerische Absicht sozial validiert.

> In der Zwischenzeit kommt Frau Schmidt. Frau Dörfert weist mich daraufhin, dass ich auf ihrem Platz sitze und Frau Schmidt es bevorzuge, auch ihren eigenen Platz einzunehmen.

Die Interpretation, dass Frau Dörfert durch ihre Position möglicherweise den Überblick behalten möchte, um auf Dinge reagieren zu können, die sich jenseits der Interaktion zwischen ihr und Frau Dingel sich abspielen, wird validiert. Die Pflegekraft wird als jemand dargestellt, die den Überblick hat, mögliche Konflikte im Auge behält und diese aus dem Weg räumt, indem sie sich für die Interessen der Bewohnerin einsetzt. In diesem Fall geht es darum, den Sitzplatz einer Bewohnerin gegenüber der Beobachterin zu verteidigen. Dabei wird darauf hingewiesen, dass Frau Dörfert wisse, was die Bewohnerin möchte. Analog zu der Sequenz zuvor, wo die Pflegekraft als wissend bezüglich des Geschmacks der Bewohnerin dargestellt wird, wird sie hier als wissend gegenüber den Sitzpräferenzen der Bewohnerinnen gezeichnet. Aber im Unterschied zu der vorausgegangenen Szene ist in dieser das Wissen implizit, vielmehr wird in dem Text der Vollzug, d.h. die Performanz der personenbezogenen Pflege demonstriert.

> Ich frage, ob der Platz daneben noch frei sei, und setze mich dort hin.

Der Text stellt die teilnehmende Beobachterin als jemanden dar, die sich den „Regeln" unterordnet und den Platz für die Bewohnerin frei räumt. Dabei vergewissert sie sich, dass sie auf dem nächsten Platz nicht wieder jemandem im Wege sitzt. Sie wird so als jemand dargestellt, die die Sitzordnung beim Frühstück noch nicht kennt, aber bereit ist, diese zu akzeptieren und einen freien Platz für sich zu suchen.

> Ich frage, ob Frau Naber denn heute nicht zum Frühstück käme. Frau Dörfert erläutert, dass Frau Naber zu den Langschläfern gehöre. Aber sie würden es auch nicht immer schaffen, alle Wünsche zu berücksichtigen, obwohl sie es versuchten und deswegen manchmal Langschläfer nach der Morgenpflege zum Frühstück brächten und vice versa.

Der Text stellt die Beobachterin als jemand dar, die die Bewohnerin zu kennen scheint, nach der sie sich erkundigt. Die Pflegekraft antwortet auf diese Frage wieder in derselben Art wie auf die vorherigen Fragen. Sie zeigt, dass sie die Gewohnheiten und Wünsche der Bewohnerinnen kennt. In diesem Fall äußert sich das darin, dass sie anzeigt, dass sie um die Präferenz des langen Schlafens bei Frau Naber weiß. Da Frau Naber nicht anwesend ist, wird offensichtlich, dass den Wünschen der Bewohner nachgegangen wird. Bei dieser Textstelle scheinen Performanz und Selbstbeschreibung aus der Perspektive der Beobachterin zusammenzugehören, so dass die Ausführung einer personenbezogenen Pflege sozial validiert wird.

Vor diesem Hintergrund scheint es möglich zu sein, zuzugestehen, dass es nicht immer perfekt läuft. Dadurch wird auf eine mögliche Diskrepanz zwischen Selbstbeschreibung und Praktiken der Hilfe hingewiesen. Zugleich wird dargestellt, dass die Pflegekraft sich auf eine Art und Weise beschreibt, dass sie daran gehindert wird, eine personenbezogene Pflege dauerhaft aufrechtzuerhalten. Damit werden die Ursachen für eine nichtpersonenbezogene Hilfe der Umwelt, die nicht näher spezifiziert wird, zugeschrieben.

Frau Schmidt setzt sich auf ihren Platz und erscheint mir nicht besonders offen. Sie ist sofort mit ihrem Frühstück beschäftigt ...

Der Text wechselt den Blick von der Pflegekraft zu der neuen Bewohnerin, die offensichtlich als jemand dargestellt wird, die beim Frühstück nicht auf Hilfe angewiesen ist. Ähnlich wie Frau Dingel, die als Person nicht erscheint, wird auch Frau Schmidt als jemand beschrieben, die einen persönlichen Kontakt vermeidet und sich auf das Frühstücken konzentriert. Möglicherweise zeigt es auf, dass nur die Beobachterin ein Bedürfnis nach einem persönlichen Kontakt hat, während die Feldteilnehmerinnen diesen zum Frühstück nicht erwarten, sondern vielmehr an einem reibungslosen Ablauf interessiert sind.

... und schenkt sich mit stark zitternder Hand Kakao ein. Dabei kleckert sie. Es breitet sich eine fünf cm große Pfütze auf dem Tablett aus. Die Serviette ist sofort eingeweicht, und es sieht alles etwas chaotisch und unappetitlich aus.

Der Text stellt die Schwierigkeiten dar, die die Bewohnerin zu bewältigen hat, um essen oder trinken zu können. Das Zittern ist so stark, dass die Essende außer Kontrolle gerät. Die weiße Serviette als Inbegriff des Saubermachens, des zivilisierten Essens, wird vom dunklen Kakao beschmutzt, bevor sie überhaupt ihren Dienst, den Mund und die Finger abzuwischen, leisten kann. Aber sie ist auch nicht ausreichend, um die Kakaopfütze auf dem Tablett aufzusaugen.

Frau Dörfert reagiert mit einem „ze".

Der Erzähltext positioniert die Pflegekraft als eine, die auf das Kleckern von Frau Schmidt reagiert. Es stellt sich die Frage, welche Funktion das „ze" im Text hat.
Das „ze" kann ausdrücken, dass es im Text darum geht, dass die Pflegekraft ein Urteil über Frau Schmidt fällt, die sich abweichend verhält. Es stellt potentiell eine Problemlösung dar, durch die es Frau Dörfert ermöglicht wird, anzuzeigen, woran sich die soziale Ordnung orientiert. Das würde in diesem Fall bedeuten, dass jeder „gesittet" zu essen habe. Das „ze" hätte dann die Funktion, Frau Schmidt zu signalisieren, dass sie sich abweichend verhält, sie also die soziale Ordnung nicht einhält, damit sie zukünftig dieser Erwartung entspricht.
Es kann aber auch bedeuten, dass Frau Schmidt hätte warten sollen, bis ihr jemand ein Tuch umbindet, so dass ihre Kleidung vom Kleckern verschont würde. Hintergrundwissen: Wenn gemeinsam mit dem Essen begonnen wird, teilen die Pflegekräfte zunächst die Tücher aus, bevor das Essen verteilt wird. Dann hätte es die Funktion aufzuzeigen, dass Frau Schmidt mal wieder so ungeduldig

gewesen ist und nicht habe warten können bzw. nicht habe fragen können, bis ihr jemand einschenkt.

Darüber hinaus kann es auch ein Hinweis auf ein Wissen über die Bewohnerin Schmidt sein, die aufgrund des Kleckerns verurteilt wird, weil es typisch für sie ist, sich nicht an die Regeln zu halten. Dann signalisiert das „ze" Missachtung und weist auf die Schattenseite einer personenbezogenen Pflege hin. Der Pflegekraft ginge es möglicherweise darum, sich von der Anforderung, die „Drecksarbeit" zu vollziehen, zu distanzieren. Es wäre möglich, dass das „ze" die Funktion hat, einen Beziehungskonflikt zu regeln. Dann wäre das Problem kein Sachproblem, auf das die Pflegekraft mit einer Dienstleistung reagieren kann, indem sie das Tablett sauber wischt, da sie auch dafür bezahlt wird, sondern vielmehr ginge es um eine Schuldzuschreibung. Das heißt, dass die Sozialdimension im Vordergrund stände und die Beteiligten ihr Konflikterleben personenbezogen (re)strukturieren (vgl. Messmer 2003: 347f.). Es würden sich dann wechselseitige Anschuldigungen vollziehen und ein „regenerativer Schuldzuschreibungszirkel" entstehen (Messmer 2003: 349).

Die Beobachterin sieht sich nicht zu einer Handlung veranlasst, sondern beobachtet, wie die Pflegekraft mit diesem Vorfall umgeht. Dadurch wird eine Erwartung an die Pflegekraft gerichtet. Da Frau Dörfert aber schon vorher mit einem „ze" reagiert hat, ist diese Reaktion nicht als neutrale Reaktion zu sehen. Sie zeigt eher an, dass der Pflegekraft das Handeln zugerechnet wird und die Beobachterin sich Erleben zuschreibt und sich in der Beobachtungsposition behauptet. Es wird ihr möglich, das zu beobachten, was der Gegenstand der ethnographischen Forschung ist. Es kann sichtbar werden, ob im Konfliktfall personenbezogene Pflege reaktualisiert wird oder es vielmehr von der Bewohnerin erwartet wird, dass sie Störungen vermeidet.

Für die Bewohnerin kann die Beobachterin zur Mittäterin an der Verurteilung des Kleckerns und möglicherweise sogar an der Verurteilung ihrer Person werden. Dann würde der Beobachterin durch die Bewohnerin Handeln zugerechnet werden. Für die Pflegekraft kann die Konstituierung der teilnehmenden Beobachterin als Beobachterin bedrohlich werden, da die Gefahr besteht, dass ihre Reaktion überprüft wird, so dass diese sich von der Beobachterin aufgefordert fühlt, sich professionell darzustellen. Es kann aber auch sein, dass sie es für sich als Möglichkeit sieht, ihr Können zu präsentieren.

Was wären die Vergleichshorizonte? Die Beobachterin springt „für Frau Dörfert" ein. Damit würde die Beobachterin die Beobachterposition verlassen und zur Teilnehmerin werden, die sich wie eine Pflegekraft verhält und sich dieser Aufgaben annimmt. Das bedeutet auch, dass das Einschreiten dazu führt, dass die Beobachterin mit der Pflegekraft verglichen werden kann, und ihr zeigt, wie das Problem „richtig" zu handhaben ist. Es könnte aber auch eine Entlastung für die Pflegekraft bedeuten, die dadurch, dass sie gerade einer anderen Bewohnerin das Essen reicht, in dem Moment nicht in der Lage ist, zu helfen. Gleich welche Lesart favorisiert wird, die Situation zu einer Entscheidungssituation, in der die teilnehmende Beobachterin sich zwischen Teilnahme und Beobachterin positionieren muss, auch wenn sie gerade dieses zu vermeiden sucht. Als Teilnehmerin würde sie zur „Gesichtswahrung" sowohl der Bewohnerin als auch der Pflegekraft beitragen. Aber anstatt selbst eine Problemlösung zu bieten und eine von ihnen zu werden, steht im Fokus zu beobachten, welche Problemlösung in der Interaktion gewählt wird. Durch die beobachtende Position wird das Ereignis als potentielles Problem von der Forscherin mitkonstituiert (vgl. Atkinson 1992: 9). Ob und welches Problem es aber ist, zeigt sich erst in den darauf folgenden Sequenzen.

> Frau Dörfert grinst mich an.

Der Text stellt dar, dass die Pflegekraft mit ihrem Grinsen die Beobachterin in das Geschehen einbindet. Das heißt, sie wird der Erwartung der Beobachterin bzw. der (illusorischen) Hoffnung, neutral bleiben zu können, nicht gerecht. Die Beobachterin wird in dem Text herausgefordert, Stellung zu beziehen. Je nachdem, welche Funktion das „ze" für den Text hat, kann Verschiedenes von der Beobachterin erwartet werden.

Zentral ist (m.E.), dass dieses „Grinsen" eine Handlung anzeigt, die auf eine Herstellung von Gemeinsamkeit (eine Verbündung) der involvierten Personen zu beziehen ist, wobei diese Gemeinsamkeit in verschiedene Richtungen gehen kann:
1. Das Grinsen könnte die Funktion haben, Verständnis für die Schwierigkeit zu bekommen, die sie zu bewältigen hat. Oder
2. es könnte die Funktion haben, die Situation der Beschämung zu entschärfen, indem das Grinsen eben nicht so ernst genommen wird. So würde ein distanzierteres Verhältnis zum Geschehen gezeigt werden. Das heißt, dass sie die Wirklichkeit nicht so ernst nimmt, wie sie dem teilnehmenden Beobachter erscheinen könnte (vgl. Nassehi 1995: 133).
3. Durch das „Michangrinsen" kann das „ze" aber auch wie eine Schadenfreude wirken. Der potentielle Beziehungskonflikt wird noch einmal durch das Grinsen bestätigt. Es hätte die Funktion, dass die teilnehmende Beobachterin damit aufgefordert wird, sich auf ihre Seite gegen die Bewohnerin zu stellen. Nach dem Motto: „Wenn ich schon beobachtet werde, und dieses durch eine Einverständniserklärung zulasse, dann möchte ich wissen, dass diejenige, die mich beobachtet, auch auf meiner Seite steht und mich nicht anschließend ‚verpfeift'."

4. Das Grinsen entschärft den vormals geäußerten Zischlaut, damit jener nicht als zu aggressiv wahrgenommen wird. Es hätte die Funktion der Rücknahme der vorher geäußerten Kritik. Für die Beobachterin könnte das bedeuten, dass sie entweder zum Gesichtsverlust von Frau Dörfert beiträgt, indem sie nicht zurückgrinst, oder sie sich hinter Frau Dörfert stellt und auch grinst. Das kann eine Bestätigung dafür sein, die Situation nicht so ernst zu nehmen, oder eine Koalitionsbildung gegen die Bewohnerin bedeuten. Dadurch entsteht eine Konfliktsituation. Einerseits gibt es das inhaltliche Interesse der Beobachterin zur Generierung von Autonomie beizutragen, andererseits kann die Beobachterin das Vertrauen der Pflegekräfte verlieren, und damit den Zugang zum Feld, so dass die Möglichkeit zur ethnographischen Forschung verschlossen wird. Deswegen koaliert sie möglicherweise mit den Türöffnern auf Kosten der Bewohnerin.

Es wird deutlich, dass es sich um eine Entscheidungssituation handelt, in der die Beobachterin sich gegenüber den miteinander in Konflikt stehenden „Parteien" verhalten muss und nur das Grinsen die Chance hätte, wenn es von der Bewohnerin validiert würde, sich von Problemen des Pflegealltags zu distanzieren.

> Da auch auf der Untertasse Kakao ist, tropft dieser auf den hellen Pullover,

Das Nichtentscheiden zwischen den oben angedeuteten Möglichkeiten der Beobachterin zeigt sich im Protokoll, indem die Beobachterin nicht beschreibt, wie sie reagiert hat, und damit nicht, wie sie sich positioniert hat. Stattdessen folgt die Schilderung eines folgenden Ereignisses, da darin ausgemacht wird, dass das nächste Malheur passiert, indem der Pullover der Bewohnerin vom Kakao befleckt wird. Das Unglück (die schwarze Pechsträhne) breitet sich aus, und befleckt auch sie als Person bzw. ihre äußere Facon, die Kleidung. Anstatt, dass das Problem verschwindet, wird es verstärkt.

> was sofort von Frau Schmidt bemerkt wird.

Der Text stellt dar, dass es von Frau Schmidt selbst bemerkt wird und diese sich über den schmutzigen Pullover ärgert. Möglicherweise geht der Ärger noch darüber hinaus und bezieht sich darauf, dass sie ihre Facon, selbstständig essen zu können, verloren hat. Dadurch wird sie in eine Entscheidungssituation versetzt, in der sie dieses Problem bewältigen muss. Wie kann die Fassade wieder hergestellt werden? Wenn Frau Schmidt sich nicht darüber ärgern würde, wäre es möglicherweise ein Zeichen dafür, dass ihr der Kontrollverlust egal ist, d.h., sie würde die Fremdzuschreibung als Abweichlerin, Hilfsbedürftige akzeptieren. Es kann aber auch sein, dass wenn es nicht groß zum Thema gemacht wird, es auch weniger bedeutungsvoll ist. Es kann aber auch sein, dass sie sofort darauf besteht, dass wieder Ordnung hergestellt wird, oder dass sie die anderen beschuldigt, dass ihr so etwas passieren konnte.

Sie fordert von Frau Dörfert ein Lätzchen ein.

Der Text stellt dar, dass die Bewohnerin sich um sich selbst sorgt, indem sie die Pflegekraft dazu auffordert, sie in ihrer Selbstsorge zu unterstützen. Sie fordert Schutzmaßnahmen im Kontext des Frühstücks (ein Lätzchen, das möglicherweise zur Degradierung beiträgt, da es ein deutliches Zeichen für eine hohe Wahrscheinlichkeit ist, dass man kleckert und man damit die Normen des selbständigen Lebens nicht mehr erfüllt), um ansonsten, d.h. im sonstigen Alltag als zivilisiert (gepflegt) wahrgenommen zu werden. Damit zeigt sie, dass sie nicht die Distanz zur Situation hat und über dieses Missgeschick grinsen kann, sondern dass sie die Situation durchaus ernst nehmen möchte und um soziale Unterstützung bittet.

Der Text stellt dar, dass sie der Pflegekraft nur vordergründig keine Schuld zuschreibt und damit das Problem nur scheinbar nicht als Beziehungsproblem bewältigt. Scheinbar ist ihre Forderung auf das zukünftige Geschehen ausgerichtet, als Versuch, das Problem sachlich zu lösen. Aber zugleich wird mit dieser Forderung transportiert, dass die Pflegekraft auch schon in der Vergangenheit dafür hätte sorgen können. Zudem zeigt es, dass Frau Schmidt möglicherweise davon ausgeht, dass das Pflegeheim ein dienstleistungsorientiertes Unternehmen ist, das einen bestimmten Service zu erbringen hat, d.h. nutzerorientiert ist. Diese Dienstleistungsorientierung – als die Forderung nach angemessener Assistenz – kann als Problemlösung für das Problem des Kontrollverlusts gesehen werden.

Frau Dörfert entgegnet, dass es sowieso schon zu spät sei.

Der Text stellt dar, dass die Pflegekraft der Forderung der Bewohnerin nicht entspricht, weswegen von einer dispräferierten Folgeerwartung gesprochen werden kann. Die Aussage kann die Funktion haben, darauf aufmerksam zu machen, dass, wenn einmal ein Pullover befleckt ist, es auch nicht darauf ankommt, ob noch ein zweiter Fleck dazu kommt, da das Kleidungsstück auch schon bei einem Fleck gewaschen werden muss (Sachproblem) und aus diesem Grunde der Erwartung nicht entsprochen wird. Aber auch in diesem Fall wird die Bewohnerin nicht im Sinne des „der Kunde ist König" konstituiert, sondern die Erwartung wird relativiert. Die Erwartung wird nicht aus der Perspektive der Bewohnerin wahrgenommen, für die eine Dienstleistung zu erbringen ist, sondern aus der Perspektive der Organisation, d.h., dass der Pullover gewaschen werden muss und diese Mehrarbeit nun auch mit dem Tuch nicht mehr verhindert werden kann. Dadurch wird die Möglichkeit von Frau Schmidt, nicht als ganze Person befleckt zu sein, sondern das Problem zu einem Dienstleistungsproblem zu machen, abgelehnt. Auf diese Art und Weise trägt die Pflegekraft indirekt zum Fortschreiten des Kontrollverlusts bei. Es kann aber auch sein, dass die Bewohnerin sowieso schon auf der abweichenden Seite steht (Sozialproblem) und es der Pflegekraft darum geht, dies sichtbar zu machen, indem nichts dagegen unternommen wird, dass ein weiteres Malheur passiert. Die Bewohnerin wird aber im Ungewissen gelassen, warum ihr nicht geholfen wird. Dadurch wird die latente Zuschreibung von Verantwortung abgewehrt. Als Beziehungskonflikt gelesen, der sich auch schon in den vorangehenden Sequenzen andeutete, würde dies bestätigen, dass es um das Prinzip des Selbst-schuld-Seins ginge. Dadurch entstände ein Widerspruch zwischen Zittern als Ausdruck von Kontrollverlust mit den Nebenfolgen des Befleckens und Beflecktwerdens und der Zuschreibung von Verantwortung. Sie würde genötigt werden, Verantwortung zu übernehmen, obwohl sie dieser Forderung nicht (mehr) nachkommen kann. Da Frau Dörfert aber nicht reagiert hat, als nur das Tablett beschmutzt worden ist, trägt sie in gewisser Weise die Mitverantwortung für die Mehrarbeit für die Organisation, ohne dass sie dieses zeigt.

> Dann dreht sich Frau Schmidt nach hinten und beugt sich dabei nach unten, so dass sie völlig verdreht über der Armlehne hängt, um sich etwas von ihrem schräg hinter ihr stehenden Rollator zu holen.

Der Text stellt dar, dass Frau Schmidt sich erheblich anstrengt, um ihren eigenen Wunsch selbst durchzusetzen. Das heißt, anstatt sich bedienen zu lassen, wird im Text dargestellt, dass sie alles in ihrer Macht Stehende tut, um von dieser Hilfe nicht abhängig zu sein. Damit reagiert sie auf die dispräferierte Folgeerwartung. Das heißt, der Glaube daran, dass sie in ihren Anliegen unterstützt wird, ist möglicherweise verloren gegangen, und sie besinnt sich auf das, was sie selbst leisten kann. Damit übernimmt sie das, was dieser Sequenz vorausgegangen ist, den Zwang zur Selbsthilfe, wenn sie ihr Interesse erreichen möchte, und bestätigt ihn.

> Ich frage sie, was sie möchte, schiebe den Rollator zu ihr und frage noch einmal laut „Zucker?"

Der Text stellt dar, dass die Beobachterin die Bewohnerin unterstützt und fragt, was sie denn möchte, um ihr behilflich zu sein bzw. ihr beizustehen. Zugleich bedeutet die Nachfrage aber auch, dass die Bewohnerin von der Beobachterin als möglicherweise nicht eigenständig konstituiert wird. Dadurch ergibt sich eine Differenz zu der „Neutralität" der Beobachterin in der Sequenz davor.

Das kann aus der Erwartung heraus geschehen, dass Frau Dörfert sich nicht gegenüber Frau Schmidt engagieren wird und sie sich dieses Mal parteiisch für die Bewohnerin engagieren möchte, um dem Kontrollverlust entgegenzusteuern.

Frau Dörfert guckt neugierig zu und berichtet mir, dass Frau Schmidt keinen Zucker essen darf.

Der Text stellt Frau Dörfert als Beobachterin dar, die aber im Unterschied zur teilnehmenden Beobachterin darüber informiert, dass die Hilfe bei der Beschaffung des Zuckers nicht angebracht ist. Dadurch bekommt die Information für die teilnehmende Beobachterin einen Aufforderungscharakter. Der Text stellt dar, dass an sie die Erwartung gerichtet wird, als *teilnehmende* Beobachterin in Sinne der Unterstützung der Pflege zu reagieren. Dadurch wird das Ungleichgewicht, das durch das parteiische Engagement der teilnehmenden Beobachterin entstanden ist, in Frage gestellt, und die Erwartung formuliert, dass, wenn die teilnehmende Beobachterin schon parteiisch ist, sie sich auf die Seite der Pflegekräfte stellen soll. Dieses geschieht, indem Frau Dörfert der Beobachterin und nicht der Bewohnerin mitteilt, dass diese keinen Zucker essen darf. Hierdurch wird die Beobachterin explizit dazu aufgefordert, sich auf ihre Seite zu stellen und sich so zu verhalten, als ob sie der verlängerte Arm der Pflegekraft wäre. Die Beobachterin wird in eine Entscheidungssituation versetzt, diesem Anliegen gerecht zu werden oder mit der Pflegekraft einen Disput über den Sinn oder Unsinn dieses Nichtdürfens zu führen oder sich der Anforderung zu widersetzen.

Dadurch wird die in der vorangegangenen Sequenz durch das „Grinsen" eingeforderte Loyalität wiederholt. Die Anforderung an die Beobachterin, sich auf die Seite der Pflegekraft zu stellen, wird von Sequenz zu Sequenz verstärkt, so dass die vage Vermutung im Vollzug der Kommunikation Kontur bekommt, d.h. eine entsprechende Struktur generiert wird.

Im Unterschied zu der Sequenz vorher nimmt in dieser Sequenz die Pflegekraft die Bewohnerin als hilfsbedürftig wahr, aber in dem Sinne, dass die Bewohnerin daran gehindert werden soll, ihre Absicht durchzusetzen, da sie ihrem Wohl widerspricht. Der Text stellt dar, wie Frau Dörfert dafür sorgt, dass das Wohl der Bewohnerin gewährleistet und so eine pflegerische Ordnung etabliert wird. Dadurch konstituiert sie ihren Machtanspruch als Pflegekraft, die dafür zu sorgen hat, dass die Bewohner sich bei Krankheit an die ärztlichen Absprachen halten (Compliance). Dieses Verhalten ist auf dem Hintergrund qualitätssichernder Maßnahmen verständlich. Sie ermöglichen es, den Erfolg der Intervention durch die Beobachtung der Krankheitsverlaufskurven zu messen. Die Pflegekräfte werden dadurch dazu angehalten, darauf zu achten, dass sich eine Compliance zwischen ärztlichen Anweisungen und Bewohnerinnen vollzieht. Auf diesem

Hintergrund wird Frau Dörfert in die Situation gebracht, sich entscheiden zu müssen. Sie kann entweder ihrer Mitgliedschaftsrolle gerecht werden oder sich von der pflegerischen Ordnung distanzieren. Der Mitgliedschaftsordnung gerecht zu werden, bedeutet, Frau Schmidt der medizinischen Norm zu unterwerfen und dadurch auch in gewissem Maße zum Autonomieverlust beizutragen. Der Autonomieverlust wäre aber hier auf einer anderen Ebene als in der Situation zuvor. Denn der Autonomieverlust hier bezieht sich auf ein begrenztes Sachproblem. Hier stehen sich möglicherweise Wille und medizinisch definiertes Wohl der Bewohnerin gegenüber.

Dadurch, dass die Pflegekraft aber vorher die Bewohnerin in ihrem eigenen Anliegen nicht unterstützt hat, obwohl aus pflegerischen Gründen nichts dagegen gesprochen hätte außer das Unterbrechen des Fütterns von Frau Dingel, ist es möglich, dass Frau Schmidt die Aufforderung nicht auf sich als Person bezogen wahrnimmt und damit die Aufforderung nicht als Hilfe wahrgenommen wird, die ihrem persönlichem Wohl gilt.

> Ich lege ihr meine Hand auf ihren Rücken und sage mit sanfter Stimme: „Frau Schmidt, der Zucker tut Ihnen nicht gut, trinken Sie doch den Kakao ohne."

Der Text stellt die Beobachterin als jemanden dar, die sich für die Loyalität mit der Pflegekraft entscheidet und sich dadurch als Vollzugsgehilfin konstituiert:
Die Beobachterin stellt sich als jemand dar, die zwar Vollzugsgehilfin ist, aber sich in Differenz zu der Pflegekraft setzt, indem die Anweisung auf eine andere Art und Weise vollzogen wird. Die Differenz zeigt sich darin, dass sie betont, die Anweisung mit einer sanften Stimme und einer Berührung ausgeführt wird. Dadurch inszeniert sich die Beobachterin als eine „weibliche", sich um Frau Schmidt sorgende Pflegekraft.

> Aber sie lässt sich nicht abhalten, dreht nur kurz den Kopf zu mir und sagt: „Warum denn?"

Der Text stellt die Bewohnerin als widerständig dar, die auf der Sachebene und nicht auf der performativen Ebene der Zuwendung reagiert. Zwar fragt sie noch danach, warum sie keinen Zucker essen soll, fährt aber in ihrem Anliegen fort. Das heißt, es wird die Möglichkeit angeboten, sie über den Grund aufzuklären, ihrem Willen nicht zu folgen, aber letztlich wird im Text die Bewohnerin als jemand dargestellt, die sehr bestimmt ihrem Willen folgt und ihn auch gegen Widerstand durchsetzen will.

> Es gelingt ihr, den Zucker in ihren Kakao zu werfen.

Das Sachproblem ist aus ihrer Perspektive gelöst, da der Zucker im Kakao gelandet ist. Sie ist sozusagen „handgreiflich" geworden, anstatt das Thema in Ruhe auszudiskutieren, Vor- und Nachteile abzuwägen und, aus einer Distanz heraus, eine „richtige" Entscheidung zu treffen. Dadurch hat sie ihre Autonomie erfolgreich gegen den Widerstand durchgesetzt.

> Nun mischt sich Frau Dörfert energisch ein: „Frau Schmidt, lassen Sie den Zucker sein!"

Der Text stellt dar, dass die Art und Weise, wie die Pflegekraft sich mitteilt, auf eine Drohung hinweist, obwohl inhaltlich keine Drohung ausgesprochen wird. Das heißt, hier kündigt sich ein Machtkonflikt an, der sich um die Aufrechterhaltung der pflegerischen Ordnung dreht. Der Konflikt wird inszeniert, obwohl der Konfliktgegenstand nicht mehr gegenwärtig ist, da das, was verhindert werden sollte, schon eingetreten ist. „Obgleich die sprachliche Drohung nicht unmittelbar die Handlung ist, auf die sie hinweist, ist sie immer noch ein Akt, nämlich ein Sprechakt. Dieser Sprechakt kündigt nicht nur die kommende Handlung an, sondern zeigt eine bestimmte Kraft in der Sprache auf, eine Kraft, die eine nachfolgende Kraft sowohl ankündigt wie bereits einleitet. Während die Drohung normalerweise eine bestimmte Erwartung erzeugt, zerstört die Gewaltandrohung jede Möglichkeit von Erwartungen. Denn sie eröffnet eine Zeitlichkeit, in der man gerade die Zerstörung der Erwartung erwartet und damit zugleich gar nicht erwarten kann" (Butler 1998: 20f.). Derjenige, der droht, versteht nie vollständig die Handlung, die er ausführt. „Neben dem, was gesagt wird, gibt es eine Weise des Sagens, die das körperliche ‚Instrument' der Äußerung ausführt" (Butler 1998: 22). Durch die Drohung „Lassen Sie den Zucker sein!" wird die Unterwerfung ausgesprochen, die möglicherweise zukünftig, wenn die Bewohnerin nicht gehorcht, auch handgreifliche Formen annehmen kann. Die angedrohte Handlung und die Handhabung der Drohung sind durch einen Chiasmus miteinander verbunden (vgl. Butler 1998: 23), insofern in der Drohung gestisch das Kommende entworfen wird. Dabei wird aber offen gelassen, was das Kommende ist.

> Frau Schmidt betont, dass sie den Zucker gekauft habe, und er ihr gehöre, und sie deswegen bestimmen könne, dass sie ihn jetzt trinken möchte.

Der Text stellt dar, dass Frau Schmidt nicht auf der Ebene der Drohung reagiert, sondern ihrerseits den Gegenstand diskutieren möchte, indem sie ihre Position darstellt und dadurch ihr Handeln legitimiert. Das heißt, nachdem sie Tatsachen geschaffen hat, lässt sie sich mit aller Vehemenz auf eine diskursive Ebene ein, indem sie auf Rechte pocht, die sie hat, und gewillt ist, sie durchzusetzen. Zu diesem Recht gehört, den Zucker, den sie sich selbst gekauft hat, zu sich zu nehmen, unter Umständen auch dann, wenn es schädlich ist, da sie das Recht hat, ihr Leben selbst zu bestimmen. Damit stellt sie auf der Sachebene die Kulturalisierung der Gesellschaft und damit das Recht auf Selbstbestimmung der Medizinalisierung der pflegerischen Ordnung gegenüber. Das heißt, sie stellt einen anderen Referenzpunkt, das Recht auf Selbstbestimmung, welches sich am Eigentum festmacht und nicht angetastet werden darf, der Medizinalisierung gegenüber. Durch das Abweichen von sozialen Erwartungen wird Individualität konstituiert. Da sie ja in den Sequenzen zuvor ihr „Gesicht" vor Frau Dörfert schon verloren hat, hat sie nicht mehr viel zu verlieren, wenn sie durch den Widerstand Missachtung seitens der Pflegekraft provoziert. Im Gegenteil, es macht sie frei, sich nach sich selbst anstatt nach anderen zu richten, da sie nichts mehr außer der Verwirklichung ihres Wunsches, mit Zucker das Leben zu versüßen, zu verlieren hat.

> Frau Dörfert weist sie auf Diabetes hin und sagt, dass es nicht gesund sei.

Der Text stellt dar, dass nun Frau Dörfer auch auf der Sachebene reagiert, indem sie sie über den Grund der Intervention aufklärt und dabei andeutet, dass es nicht darum ginge, ob der Zucker von ihr gekauft wäre oder nicht, sondern darum, dass er aus Gesundheitsgründen nicht gegessen bzw. getrunken werden dürfe. Der Ausdruck „Diabetes", ein Expertenausdruck, wodurch professionelle Autorität seitens der Pflegekraft sowohl gegenüber der Bewohnerin als auch gegenüber der Beobachterin etabliert und dem Recht auf Selbstbestimmung gegenübergestellt wird. Frau Dörfert versucht scheinbar diskursiv Frau Schmidt mit rationalen Argumenten zu überzeugen, aber sie lässt sich genauso wenig auf den „Kommunikationsstil" bzw. den Rahmen von Frau Schmidt ein wie umgekehrt. Dabei wird aber nicht ausgeführt, was Diabetes für die Bewohnerin Frau Schmidt bedeutet, möglicherweise weil es von der Pflegekraft als Wissen seitens der Bewohnerin vorausgesetzt wird. Dann würde der Hinweis eher eine Erinnerungshilfe sein als eine Aufklärung.

> Dann versucht sie, ihr den Zucker wegzunehmen.

Der Text stellt dar, dass durch die Eröffnung des „neuen Rahmens der Selbstbestimmung" durch Frau Schmidt für Frau Dörfert die Möglichkeit, sich durchzusetzen, ungewisser wird. Anstatt abzuwarten, wie Frau Schmidt auf den Diskurs reagiert und sich einsichtig zeigt, sorgt sie dafür, dass sie die Absicht mit Sicherheit erreicht. Das Wegnehmen des Zuckers bietet Sicherheit für machtgesteuerte Prozesse (vgl. Luhmann 2003: 62). Nach dem Motto: lieber Fakten schaffen als Einsicht ermöglichen. Dadurch wird eine gesundheitserzieherische Absicht, die auf die Einsicht der Bewohnerin setzt, nicht möglich, aber dafür möglicherweise durch Gewalt erreicht, was für das Wohl aus der Perspektive der Pflegekraft angemessen erscheint. Dadurch wird das, was sich in der Drohung unspezifisch ankündigte, konkretisiert. Die Alternative, trotz Zuckerkrankheit Zucker zu essen, wird eliminiert (vgl. Luhmann 2003: 64). Die Gewaltanwendung ist ein „Kulminationspunkt eines Konflikts" und damit ein Machtkonflikt, da nur der eine oder andere gewinnen kann (vgl. Luhmann 2003: 65).

> Aber Frau Schmidt umklammert ihn.

Der Text stellt dar, dass Frau Schmidt sich auf den Nahkampf einlässt, indem sie den Zucker festhält. Das Ergreifen des Zuckers stellt sich als eine Art der Einverleibung dar. Dadurch wird die Erwartung getestet, inwieweit die körperliche Integrität unangetastet bleibt. Zugleich wird die Beobachterin benutzt, im Zweifelsfall Zeuge für einen möglichen Übergriff zu sein, so dass diese erkennen kann, wie mit dem Selbstbestimmungsrecht der Bewohnerin umgegangen wird.

> Frau Dörfert zuckt mit den Schultern und gibt auf ...

Der Text stellt dar, dass diese Grenzziehung von Frau Dörfert resignierend akzeptiert wird. Schulterzucken im Sinne, „es ist mir doch egal, mach, was du möchtest". Das heißt, die mögliche Erwartung von Frau Schmidt, dass die körperliche Integrität gewahrt bleibt, wird von der Pflegekraft bestätigt. Zugleich stellt das Schulterzucken eine Form der Distanzierung von der Situation dar, nachdem sie als unterlegen aus ihr herausgegangen ist. Möglicherweise hat es aber auch die Funktion, der Bewohnerin Missachtung zu zeigen.

> ... und lächelt mich dabei an.

Der Text stellt dar, dass Frau Dörfert durch das Lächeln sich vom Geschehen distanziert und es nicht so ernst nimmt, oder der Text weist auf eine Unsicherheit hin, da sie ihre Autorität verloren hat, da sie weder die pflegerische Ordnung aufrechterhalten konnte, noch im Nahkampf gewonnen hatte. Das Lächeln kann aber auch auf eine überlegene Position von Frau Dörfert zeigen, die aufrechterhalten wird, obwohl sie verloren hat. Es wäre dann wie in einem Boxkampf, in dem man zwar überwältigt worden ist und auf dem Boden liegt, aber solange man sich wieder erheben und auf den Beinen stehen kann, wird die nächste Runde eingeleitet. Dem Zuschauer (der teilnehmenden Beobachterin und der Bewohnerin als Publikumsrolle) wird hierdurch gezeigt, dass der Kampf noch nicht entschieden ist.

> Sie schimpft zu mir gerichtet, dass Frau Schmidt heute echt schlecht gelaunt und aggressiv sei.

Der Text stellt dar, dass die dritte Version sozial validiert wird. Frau Dörfert greift Frau Schmidt verbal an, indem sie sie als schlecht gelaunt und aggressiv bezeichnet (aber nur eingeschränkt auf den heutigen Tag, d.h. noch nicht generalisiert), wodurch sie sich wieder über Frau Schmidt stellt. Dieses Mal wird Überlegenheit aber nicht als Fachkraft, sondern als Person konstituiert, denn Frau Schmidt ist aufgrund ihrer schlechten Laune und ihrer Aggressivität an dem Verlauf des Geschehens schuld. Hier wird der Beziehungskonflikt explizit. Zugleich legitimiert sie gegenüber der Beobachterin die außergewöhnliche Situation des Handgreiflichwerdens.

> Dann kommt die Aushilfskraft von hinten und während Frau Schmidt mit Frau Dörfert im Disput ist, entwendet er ihr den Zucker grinsend.

Der Text stellt dar, dass die Aushilfskraft sich im Konflikt mit der Pflegekraft solidarisiert, indem er das Problem handgreiflich zu lösen versucht. Dadurch wird diese „handgreifliche" Art der Konfliktaustragung nicht als Versehen dargestellt, sondern als eine möglicherweise gewöhnliche Art der Konfliktregulierung.

Angesichts dessen, dass Frau Schmidt das nicht vorhersehen konnte und sich nicht wehrte, gewinnt die Aushilfskraft den Kampf. Zugleich distanziert er sich von der Tragik der Situation durch ein Grinsen: Spielpartnerin ist, wer mitgrinst.

> Es dauert nur zwei Sekunden, bis sie es merkt, ...

Das heißt, sie ist mit allen Sinnen bei der Sache, sie ist hellwach und überhaupt nicht eingeschränkt, halb blind oder nicht mehr viel wahrnehmend, wie es augenscheinlich wirkt.

> ... dann schimpft sie lauthals wie ein Rohrspatz.

Der Text stellt dar, dass es für Frau Schmidt kein Spiel ist. Sie schimpft laut, um sich zumindest dadurch zu wehren.

> Sie ist so aufgeregt, dass sie ihre Tasse mit der Kanne verwechselt und die Kanne hält, als ob sie aus einer Tasse trinke.

Der Text zeigt, dass sich der Kontrollverlust fortsetzt, denn es wird dargestellt, dass sie vor lauter Aufregung aus der Kanne anstatt aus der Tasse trinkt, wodurch sie wieder ihr Gesicht verliert, da sie anscheinend Tasse und Kanne nicht auseinander halten kann und dadurch nicht mehr mental klar erscheint.

> Dann schmiert sie sich das Brötchen aufgebracht und zitternd.

Der Text stellt dar, dass die Bewohnerin sich trotz der Aufregung nicht davon abhalten lässt zu frühstücken. Obwohl es ihr Schwierigkeiten bereitet (Zittern), setzt sie ihre Aktivität fort. Dabei schimpft sie weiter.

> Ich fühle mich hin- und hergerissen zwischen den beiden und merke, dass mir die mit dem Lächeln erzwungene Koalitionsbildung von Frau Dörfert nicht gefällt.

Der Text zeigt, dass auch jetzt der Beobachterin ein Lächeln zuteil wird, welches noch einmal die Distanz zu der Situation unterstreicht. Die Koalition mit der Pflegekraft fällt der Beobachterin nun eindeutig schwerer und wird von ihr als „erzwungen" dargestellt, da sich eine Koalition von zwei Pflegekräften gegenüber einer Bewohnerin gebildet hatte, und diese ihr Ziel erreicht haben. „Gezwungen" weist daraufhin, dass sie sich entweder für die Pflegekraft oder gegen sie entscheiden muss.

> …weswegen ich mir ein Lächeln abringe.

Während in der Sequenz zuvor die Beobachterin sich offenbar mit der Bewohnerin verbunden fühlt, wird hier ihr Verhalten so dargestellt, als ob sie eine gute Miene zum bösen Spiel mache und sich dadurch gegen die Bewohnerin stelle. Eine Lächeln abringen deutet aber darauf hin, dass das Lächeln möglicherweise nicht „ehrlich" ist und damit Denken und Handeln auseinander fallen. Die Beobachterin versucht etwas Bestimmtes zu erreichen und versucht es durch Anpassung an das, was offensichtlich gefordert wird. Die Bewohnerin dagegen versucht ihr Ziel zu erreichen, indem sie auf ihre Rechte pocht und damit bereit ist, Konflikte zu provozieren, die ihr mehr Handlungsspielräume eröffnen, als es normalerweise für sie vorgesehen ist.

> Frau Dörfert nimmt die Tabletten aus den kleinen Tablettenbehälter und legt sie auf den mit Joghurt gefüllten Löffel. Dann fordert sie Frau Schmidt auf, den Joghurt mit den Tabletten zu essen.

Der Text stellt dar, dass Frau Schmidt aufgefordert wird, Tabletten einzunehmen. Dadurch zeigt die Pflegekraft wieder die Sorge für das Wohl der Bewohnerin.

Frau Schmidt könnte zwar die Tabletten selbst einnehmen, aber indem Frau Dörfert Hand anlegt, versucht die Pflegekraft die Kontrolle aufrechtzuerhalten. Die Bewohnerin wird als unselbständig konstituiert, ohne dass vorher ein Versuch unternommen wurde, sie die Tabletten selbst einnehmen zu lassen. Das heißt, ihr wird die Non-Compliance bezüglich der Tabletteneinnahme unterstellt, was insofern möglich ist, da auch die Compliance hinsichtlich der Zuckerabstinenz aufgrund von Diabetes nicht gewährleistet gewesen ist. Es wird ihr unterstellt, dass sie grundsätzlich nicht für ihr Wohl sorgen kann, und nicht dass es je nach Sache einen Konflikt zwischen Wille und Wohl gibt.

> Sie (Frau Schmidt) weigert sich wieder.

Die unterstellte Non-Compliance wird durch Frau Schmidt bestätigt, indem sie sich weigert, obwohl, oder vielleicht auch gerade weil alles mundgerecht für sie vorbereitet ist. Unklar ist, ob die Ablehnung ein Resultat aufgrund der Nichteinsicht in die Notwendigkeit der Tabletteneinnahme ist oder ein Resultat aufgrund der Art, wie sie dazu gebracht wird, die Tabletten einzunehmen.

> Der Ton von Frau Dörfert wird schärfer: „Frau Schmidt", brummt sie grimmig, „Sie essen jetzt sofort den Joghurt!"

Die Aufforderung schlägt in einen Befehl um. Der Befehl lautet „Joghurt essen!" und nicht „Tabletten einnehmen!", wodurch die Degradierung im Sinne des Gefüttertwerdens steigt, was darauf hinweist, dass sich der Machtkonflikt zuspitzt.

> Frau Schmidt weigert sich noch einmal ...

Das heißt, sie behauptet ihren Willen gegenüber der angekündigten Drohung.

> ... und Frau Dörfert nimmt den Löffel und führt ihn bestimmt Richtung Mund.

Aufgrund der Weigerung droht Frau Dörfert jetzt auf eine andere Art und Weise, indem sie „Hand anlegt" und den Löffel Richtung Mund führt, den manifesten Willen der Bewohnerin dabei deutlich ignorierend. Im Unterschied zu der Sequenz vorher wird hier deutlich damit gedroht, die körperliche Integrität nicht zu wahren.

> Frau Schmidt öffnet ihn und schluckt die Tabletten hinunter.

Erst als noch einmal deutlich sichtbar bestätigt wird, dass sie dazu gezwungen wird, indem der Löffel trotz verbaler Weigerung zu ihrem Mund geführt wird, weiß sie, dass sie den Joghurt mitsamt den Tabletten essen muss, und schluckt ihn hinunter, anstatt dass sie sich noch einmal wehrt. Sie nimmt damit die ihr zugewiesene Rolle an, ein Rädchen in der pflegerischen Maschinerie zu sein, das keine Verantwortung für sich selbst tragen kann und deswegen zur ihrem „Glück" gezwungen werden muss. Dies geschieht auch gegen den Willen der Bewohnerin, wodurch diese erniedrigt wird. Dadurch stehen sich die beiden auf Augenhöhe nach dem Motto: „Wie Du mir, so ich Dir" gegenüber.

> Jetzt beschwert sich Frau Schmidt, dass der Kakao ja ganz kalt sei.

Sobald die nächste Möglichkeit entsteht, pocht Frau Schmidt wieder auf ihr Recht, d.h., sie versucht das Bild, selbstbestimmt zu sein und eigene Rechte zu haben, wieder herzustellen: Sie fordert ihr Recht auf einen heißen Kakao ein. Das heißt, nur wenn sie gezwungen wird, nimmt sie die Rolle an, aber sobald kein unmittelbarer Zwang ausgeübt wird, sorgt sie wieder dafür, autonom – als Person mit eigenen Wünschen und Bedürfnissen – darzustehen. Sie versucht nicht eine mögliche Niederlage zu verhindern, sondern provoziert die Pflegekraft durch ihre Forderung erneut. Im Unterschied zu der vorherigen Situation besteht bei dieser Forderung auch nicht die Gefahr, die körperliche Integrität zu verlieren.

> Frau Dörfert legt ihre Hand an die Kanne, um die Aussage zu überprüfen, meint aber, dass der Kakao noch einigermaßen heiß sei. Trotzdem nimmt sie die Kanne und geht schnellen Schrittes in die Spülküche, um in der Mikrowelle den Kakao zu erhitzen. Sie stellt nach meiner Einschätzung die Mikrowelle aber nur auf eine Minute und bringt den Kakao wieder zurück. Sie ermahnt sie, dass sie den „Ka-ka-o" schnell trinken soll, denn sie könnten ihn ja nicht ständig wieder erhitzen.

Der Text stellt dar, dass Frau Dörfert dieses Mal anders reagiert als vorher, da sie, nachdem sie die Aussage kontrolliert hat (Hand an die Kanne anlegen) und für nur bedingt berechtigt hält, letztlich doch diesem Wunsch nachkommt. Dieses Mal geht es um eine Dienstleistung und nicht um eine medizinpflegerische Definition von Gesundheit. Offensichtlich ist auch die Küche darauf vorbereitet, denn durch die Mikrowelle ist ein schnelles Aufwärmen möglich.
Aber diese Leistung wird widerwillig ausgeübt, indem der Kakao nur kurz erhitzt wird und beim Zurückbringen mit einer Mahnung (sie solle ihn schnell trinken) versehen wird, d.h., es wird eine „übertriebene" Anspruchshaltung herausgestellt.

Frau Schmidt nimmt einen Schluck und sagt jetzt etwas leiser, dass er immer noch nicht richtig heiß sei. Auch mir fällt auf, dass er nicht dampft.

Zwar stellt Frau Schmidt fest, dass ihre Intervention nicht besonders erfolgreich war, aber es verlässt sie der Mut, nun noch mehr zu fordern. Sie nimmt die Ermahnung seitens Frau Dörferts an und passt sich ohne großen Widerstand an.

Frau Dörfert verlässt die Szene, da auch Frau Dingel inzwischen aufgegessen hat, was sich durch den Ärger mit Frau Schmidt deutlich langsamer vollzog als vorher. Kaum sind wir alleine, versucht Frau Schmidt, mich auf ihre Seite zu ziehen, indem sie mir ihre Version des Geschehens ungefragt mitteilt.

*Zurechnung von Erleben und Handeln*

Die ersten Textsequenzen stellen eine Interaktion zwischen Frau Dörfert und der Bewohnerin Dingel dar. Es wird ein reibungsloser Ablauf des Fütterns repräsentiert, in der eine Zurechnung von Erleben und Handeln nicht möglich ist, da es weder eine kommentierende Selbstbeschreibung zu dieser Interaktion als Vollzug der Hilfe gibt, noch sonstige Hinweise existieren, die darauf hindeuten, um was es sich handelt. Vielmehr erscheint es als ein Vollzug der Grundpflege durch die Leistungsrolle, welche von der Publikumsrolle wahrgenommen wird: Die Bewohnerin fügt sich – scheinbar reibungslos – in die Art und Weise der gebotenen Hilfe ein. Der Text macht zwar kenntlich, dass die teilnehmende Beobachterin versucht, eine Beobachtung der Interaktion, bezogen auf den Vollzug der Hilfe, aus der Perspektive der Interaktionsteilnehmer vorzunehmen, aber der Text stellt auch dar, dass es letztlich nur eine indirekte kommunikative Beobachtung ist, welche sich auf das, was gegessen wird bezieht. Diese indirekte Beobachtung ergibt sich aufgrund eines Gesprächs, durch welches die teilnehmende Beobachterin ihre Position von einer reinen Beobachterposition zu einer teilnehmenden Position verschiebt. Dadurch wird die Möglichkeit zu einer Selbstbeschreibung der Pflegekraft initiiert, was eine kommentierende Beobachtung der Interaktion zwischen Pflegekraft und Bewohnerin gestattet. Die Pflegekraft nutzt diese Situation, um sich als „bedürfnisorientiert" darzustellen. Sie zeigt auf, dass die Bewohnerin entscheidet, was ihr bezogen auf die Verdauung gut tut und was ihr schmeckt. Dadurch wird der Bewohnerin Handeln zugeschrieben und der Pflegekraft Erleben, indem sie diese Bedürfnisse kennt und sie berücksichtigt. Sie macht somit sichtbar, dass sie sich selbst Erleben zurechnet, da sie ihr Handeln nach der Umwelt, in diesem Fall den Bedürfnissen der Bewohner, ausrichtet. So kann sie einerseits dem Willen der Bewohner gerecht werden, stellt aber andererseits diesem Willen äußere Umstände (Umwelt) gegenüber. Diese beiden

Dimensionen sind es, die ihre Darstellung der Grenzen ihres Handlungsspielraums markieren, in dem sie sich bewegen kann.

Zusammenfassend kann zu diesem Abschnitt gesagt werden, dass der Text aufzeigt, dass Frau Dörfert die Situation in der Weise erlebt, dass sie die Handlungsspielräume, die sich eröffnen, ergreift, gleichwohl aber nicht über sie hinausgeht. Frau Dörfert offenbart sich als ein passives Objekt der Verhältnisse, aber darin ist sie handelndes Subjekt. Das entlastet die Pflegekraft davon, die Genese der Verhältnisse, die kontingenten Bedingungen ihrer Entstehung und damit auch die Verstrickung in diese Genese zu thematisieren. Diese Schlussfolgerung ist, aufgrund der kurzen Selbstbeschreibung, zunächst nur hypothetisch zu verstehen.

Der zweite Abschnitt des Protokolls stellt eine Szene zwischen der gleichen Pflegekraft, aber einer anderen Bewohnerin dar. Hier wird der reibungslose Ablauf durch das Kleckern gestört, durch das sich eine beobachtende Kommunikation durch strukturelle Kopplung einstellt, welche die Selbstbeschreibungen der Anwesenden auf je spezifische Art und Weise ins Schwanken bringt. Anders gesagt: Das Kleckern führt dazu, dass die Erzählerin, die Pflegekraft und die Bewohnerin sich als erlebende Personen thematisieren. Die Bewohnerin wird als eine Person dargestellt, die versucht, die Kontrolle wieder zu erhalten. Die Pflegekraft wird als eine Person dargestellt, die sich von der Störung distanziert, indem sie sie zwar mit einem „ze" noch kommentiert, aber sich nicht näher darauf einlässt. Dadurch gestaltet sie die Situation, indem sie sie nicht gestaltet und sich auf die Aufgabe des Fütterns der anderen Bewohnerin zurückzieht. Der Text stellt dar, dass sie sich als Handelnde erlebt, die sich nicht unmittelbar auf situative Anforderungen einlässt, sondern mit ihrer Pflicht fortfährt, die Hilfe beim Essen gegenüber Frau Dingel auszuführen. Dies wird als vorrangig gegenüber dem Versuch der Wiedergewinnung der Kontrolle bei Frau Schmidt dargestellt. Dadurch entscheidet sie sich, das materielle Recht (Sozialrecht) höher zu bewerten als das Zivil„recht", nämlich den Anspruch eines jeden auf Autonomie bzw. als das Recht auf Dienstleistung, welches bedeuten würde, ein Malheur zu beseitigen, um die „Nutzerin" zufrieden zu stellen. Aber auch die teilnehmende Beobachterin wird auf eine Art und Weise dargestellt, dass sie ihr Forschungsinteresse höher bewertet als das Einspringen, um dazu beizutragen, dass die Bewohnerin die Kontrolle wieder zurückgewinnt. Das Nichteinspringen erscheint zunächst als die einzige Möglichkeit, forschend tätig zu sein. Dadurch konstituiert sie sich als Handelnde, welche aber von der Situation gefordert wird, sich zu entscheiden. Wenn sie selbst handelnd einspringen würde, könnte sie nicht mehr beobachten, wie das Ereignis durch die Pflegekraft beobachtend kommuniziert wird. Das Einspringen führt dazu, dass sie sich als Erlebende konstituieren würde. Wenn man die Position der Beobachterin mit der Position der Pflegekraft vergleicht, zeigen sich trotz augenscheinlicher Ähnlichkeiten doch Unterschiede. Während die Pflegekraft durch ein zeitliches Arrangement sowohl ihrer Verpflichtung zu helfen gerecht werden als auch einen Beitrag zur Wiedergewinnung der Kontrolle leisten könnte, wäre es der teilnehmenden Beobachterin durch das Einspringen nicht mehr möglich zu verfolgen, welche Problemlösung im Feld repräsentiert wird. Wenn die teilnehmende Beobachterin konsequent in solchen Situationen einspringen würde, liefe aber der Feldaufenthalt ad absurdum. Aus diesem Grunde überträgt sie „nur" ihren Wunsch als Erwartung an die Pflegekraft, die aber der Erwartung nicht entspricht. Das Grinsen als das nicht so Ernstnehmen dieser Situation wird von der Beobachterin der Pflegekraft als ein Handeln zugerechnet, um sich von den Erwartungen seitens der Bewohnerin und seitens der Forscherin zu distanzieren. Da diese Form der Distanzierung aber kommunikativ nicht validiert wird, wird die Pflegekraft sich Erleben zurechnen, da sich für sie ein Kontrollverlust andeutet. Der Text bringt zum Ausdruck, wie daraufhin auch der Kontrollverlust der Bewohnerin gesteigert wird, indem sie sich bekleckert. Auf das Erleben dieses Kontrollverlusts reagiert sie, indem sie Hilfe einfordert, wodurch ihr Handeln zugerechnet werden kann. Mit der Hilfeforderung ist zugleich die Erwartung expliziert, dass die Pflegekraft dafür zu sorgen habe, dass sie nicht „befleckt" wird. Die Formulierung dieses Anspruchs trägt zur Möglichkeit der Resymmetrisierung der vorher als asymmetrisch konstituierten Interaktion zwischen Pflegekraft und Bewohnerin bei.

Durch die Forderung wird die Pflegekraft zwar als Erlebende konstituiert, aber dadurch, dass sie sich dieser Forderung verweigert, kann ihr in der Interaktion Handeln zugerechnet werden. Auf diese Weise trägt sie zum Kontrollverlust der Bewohnerin bei und zeigt zudem auf, dass die Situation nicht als ein koproduktives Dienstleistungsverhältnis zu verstehen ist, welches zur Generierung von Autonomie seitens der Bewohnerin beiträgt.

Durch die Ablehnung erhebt sich die Pflegekraft in eine Machtposition, die zugleich kontingent ist. Macht muss „in eine zuverlässig erwartbare Praxis überführt werden, muß erwartbar gemacht werden, ohne dadurch den Charakter als Kontingenz zu verlieren. Der Macht-Code muß die Motivation und die ‚Glaubhaftigkeit' der Motivation des Machthabers mitkonstituieren" (Luhmann 2003: 50). Fehlt es an Glaubhaftigkeit oder an Information, indem z.B. erklärt wird, dass sie zunächst Frau Dingel füttern wollte, um danach sich ihr zuzuwenden, wird die Macht getestet. Das heißt, Macht wird einerseits vorausgesetzt, andererseits wird aber auch Protest provoziert, da das Recht der Bewohnerin auf eine Dienstleistung nicht nur nicht gewährleistet wird, sondern Frau Schmidt zudem keine Erklärung bekommt, warum ihr Wunsch nicht erfüllt wird. Der Hinweis, der gegeben wird – „dass es sowieso schon zu spät ist" –, dokumentiert eine auf die Organisation bezogene funktionale Perspektive und damit eine Differenz zur

Selbstbeschreibung als personenbezogene Pflege. Das heißt, es wird eine Situation arrangiert, in der Frau Schmidt mitgeteilt wird (funktionale Erziehung), dass sie sich in den Ablauf fügen und damit eine passive Publikumsrolle analog zu Frau Dingel einnehmen soll, ohne dass dieser Sachverhalt Gegenstand eines Diskurses ist.

Die nächste Textsequenz stellt dar, wie Frau Schmidt darauf folgend selbst Hand anlegt, anstatt eine Bitte zu formulieren. Dadurch konstituiert sie sich als Handelnde und macht sich unabhängig von der Pflegekraft und der teilnehmenden Beobachterin, da eine sie in ihrer Absicht unterstützende Dienstleistung nicht zu erwarten ist. Der Text offenbart, dass die Beobachterin ihre Beobachtungsposition verlässt und sich dadurch auf der Beobachtungsebene 1. Ordnung Handeln zurechnet, wodurch sie in ihrer Selbstreflexion (Beobachtungsebene 2. Ordnung) zur Erlebenden wird, da sie aufgrund der Interaktionsdynamik nun von der Beobachtungsrolle zur aktiven Teilnahme wechselt. Das heißt, sie fühlt sich von der Bewohnerin aufgefordert, ihr zu helfen. Im Text wird aufgezeigt, dass daraufhin die Pflegekraft als Handelnde eingreift, indem sie die Beobachterin dazu auffordert, in anderer als von ihr beabsichtigter Weise zu handeln, um die Bewohnerin an ihrer Handlung zu hindern. Durch die Aufforderung der Pflegekraft wird die Zurechnung des Erlebens seitens der Beobachterin sozial validiert. Die Beobachterin konstituiert sich aber als Handelnde, indem sie den Handlungsspielraum nutzt, den Auftrag auf ihre eigene Art und Weise auszuführen und sich dadurch in ihrer Selbstbeschreibung von der Pflegekraft absetzt. Der Text stellt dar, dass die Bewohnerin ihr Handeln fortsetzt, bis sie ihr Ziel erreicht hat. Sie setzt die pflegerische Ordnung als kontingent, indem sie diese dem Recht auf Selbstbestimmung unterordnet. Die Pflegekraft wiederum wehrt sich gegen diese Kontingentsetzung der pflegerischen Ordnung, indem sie erst droht, dann einen Diskurs führt und schließlich das Problem handgreiflich zu lösen versucht. Dadurch wird die pflegerische Ordnung in der Kommunikation als relevant konstituiert, denn die Pflegekraft entscheidet sich erneut, diese zu verteidigen. Der Konflikt verselbständigt sich und geht von einem Sachkonflikt, der auf der Ebene des Paradigmastreits ausgetragen wird, zu einem Beziehungskonflikt über, der als Machtkonflikt in Szene gesetzt ist. Dabei riskiert sie ihre Autorität, indem sie durch Gewaltanwendung Kontingenz auflöst, obwohl der Kampf nur noch ein symbolischer ist, da der Zucker schon in der Tasse gelandet war. Die Pflegekraft rechnet sich selbst Erleben zu, denn sie weicht durch diese Interaktion von der Selbstbeschreibung ab. Zudem schreibt sie Frau Schmidt die Schuld zu, etikettiert sie als aggressiv, womit die Diskrepanz zwischen Kommunikationsvollzug und Selbstbeschreibung, die sich schon in der Szene zuvor zeigte, offenbar wird. Die Hypothese, dass Frau Dörfert die Genese der Verhältnisse, die kontingenten Bedingungen ihrer Entstehung und damit auch die Verstrickung in diese Genese nicht thematisiert, wird deutlich bestätigt. Der Text stellt dar, dass erst mit der Unterstützung durch die Aushilfskraft das Ziel, die Gefahr für das „Wohl" der Publikumsrolle zu eliminieren, erreicht wird. Wohl wird die Bewohnerin in diesem Moment als Verliererin konstituiert, sie erscheint aber zugleich als moralische Gewinnerin, die zeigen kann, wie ungerecht sie gepflegt wird. Obwohl die Bewohnerin sich dadurch Erleben zurechnet, versucht sie diese Niederlage durch Schimpfen und damit durch öffentliche Beschwerde zu kompensieren. Dadurch streicht sie den moralischen Gewinn gegenüber der Beobachterin heraus. Das Handeln kompensiert hier das Erleben von Inferiorität. Zugleich zeigt der Text auf, dass die Bewohnerin die Beobachterin „benutzt", indem sie die Situation nutzt, ihr darzustellen, wie ungerecht es „hier" zugeht.

In gewisser Weise stilisiert der Text die Bewohnerin als Heldin, die ihren Kampf um Selbstbestimmung fortsetzt, unabhängig davon, was ihr entgegengesetzt wird. In der darauf folgenden Szene wird beschrieben, wie der Kampf um die Aufrechterhaltung der pflegerischen Ordnung nun am Gegenstand der Tabletteneinnahme noch einmal vollzogen wird, wobei der Handlungsspielraum für die Bewohnerin deutlich eingeschränkt wird, bis hin zu dem, dass die körperliche Integrität der Bewohnerin durch das Führen des Löffels zum Mund der Bewohnerin, obwohl diese die Hilfe vorher eindeutig abgelehnt hat, noch einmal in Frage gestellt wird. Dadurch wird die Pflegekraft als Handelnde konstituiert, welche die Bewohnerin zwingt, sich ihrem Wohl zu fügen. Durch die Gewalt bleibt die Pflegekraft im Spiel und „legt fest, dass die nächsten Züge etwas mit ihr zu tun haben" (Baecker 2005: 172).

Da die Bewohnerin dieses Mal mitspielt, d.h. den Mund nicht verschlossen hält, verliert sie tendenziell ihren vorher dargestellten Status als heldenhafte Widerstandskämpferin, da sich in der Interaktion gezeigt hat, dass, wenn ihre körperliche Integrität bedroht wird, sie sich doch unterordnet, wodurch ein Schatten auf ihr Selbstbild „Heldin" fällt. Das Schimpfen ist der letzte Versuch eines Widerstandes, der aber, da sie sich in die „Knie zwingen lassen" hat, eher an etwas erinnert, was verloren gegangen ist, als dass sie dadurch ihr Selbstbild aufrechterhalten kann. In gewisser Weise hat sich so eine Resymmetrisierung zwischen Pflegekraft und Bewohnerin eingestellt, da beide mit dem Verlust ihrer Selbstbeschreibung zu kämpfen haben. Die Bewohnerin erscheint nun nicht mehr als konsequente Widerstandskämpferin.

Der Text stellt dar, dass es erst auf der Ebene der Forderung nach einer Dienstleistung – das Aufwärmen des Kakaos – zwischen den beiden einen Kompromiss zu geben scheint, wodurch sich ein symmetrisches Verhältnis zwischen den beiden herstellt. Im Unterschied zu der Situation vorher hat Frau Dörfert hier die Grundpflege beendet, so dass es keinen Interessenkonflikt gibt und der Hilfeablauf nicht gestört wird, weswegen sie eher darauf eingehen konnte als vorher.

Zugleich kann sie, indem sie auf den Wunsch der Bewohnerin eingeht, das Selbstbild einer personenbezogenen Pflege wieder richtig stellen und den Übergriff wieder gutmachen. Genauso wie die Pflegekraft der Bewohnerin entgegen kommt, so kommt auch die Bewohnerin der Pflegekraft entgegen, als sie nicht noch einmal darum bittet, den Kakao zu erhitzen, obwohl er ihr offensichtlich immer noch zu kalt ist. Dadurch rechnet sie sich selbst Erleben zu, kann sich aber als Handelnde sehen, die sich, im Unterschied zu den vorherigen Situationen, nicht zu handeln entscheidet. Dadurch vollzieht sich eine wechselseitige Limitierung und damit soziale Integration. Der vorherige Beziehungskonflikt, der sich sogar zu einem Machtkonflikt ausbaute, wird in einen Sachkonflikt überführt, bei dem ein Kompromiss möglich ist, wenn er auch auf beiden Seiten widerwillig eingegangen wird. Der Beziehungskonflikt ist möglicherweise dadurch nicht aufgehoben, sondern nur aufgeschoben. Er ist vorübergehend ausgesetzt, wodurch gegenüber der Beobachterin das Selbstbild wieder verbessert werden kann. Der letzte Abschnitt macht auch deutlich, dass, nachdem die jeweiligen Selbstbilder im kommunikativen Vollzug außer Kontrolle geraten waren, sie nun wieder zurechtgerückt sind. Die Pflegekraft bedient die von ihr selbst anfänglich eingeführte Erwartungsstruktur einer personenbezogenen Pflege, indem sie den Kakao aufwärmt. Auch die Bewohnerin stellt sich nach der von der Pflegekraft signalisierten Offenheit als nicht ganz und gar egoistisch und ihren Willen durchsetzend dar, möglicherweise auch, weil sie weiß, was daraus resultieren kann. Dadurch kann die negative Resymmetrisierung auf der symbolischen Ebene in einer Resymmetrisierung auf der Ebene des Hilfevollzugs sich „real" einstellen, so dass schließlich ein ko-produktives Dienstleistungsverhältnis hergestellt wird, das nun im Unterschied zur Resymmetrisierung auf der symbolischen Ebene hier positiv konnotiert ist. Aus dieser Perspektive ist die in Fragestellung der körperlichen Integrität der Bewohnerin funktional gewesen, da sie die Voraussetzung für einen ko-produktiven Dienstleistungsvollzug gewährleistet und für beide die Möglichkeit zur Wiederstellung der Selbstbeschreibung geboten hat. Dadurch wird die Erwartungsstruktur reflexiv, da nun in anderer Art und Weise als vorher gehandelt wurde, indem der Machtkampf verhindert wird, der letztlich beide auf der symbolischen Ebene als Verliererinnen konstituierte, da er mit dem Verlust der Selbstbeschreibung einhergegangen ist. Aufgrund dessen aber, was dieser Szene der Resymmetrisierung vorausgegangen ist, ist die ko-produktive Dienstleistung als dauerhafte Erwartung sehr unwahrscheinlich und kann nur durch Reaktualisierung stabilisiert werden. Ansonsten stellt sie nur eine Pause dar, um Luft für den nächsten Kampf zu holen.

*Formen der Bewältigung und die Generierung von Erwartungsstrukturen*

In den vorliegenden Passagen des Protokolls zeigt sich, wie bei der Pflegekraft die Selbstbeschreibung einer personenbezogenen Pflege und der kommunikative Vollzug der Pflege auseinander driften, wodurch die Selbstbeschreibung aufgrund des Widerstandes der Bewohnerin zum Problem geworden ist. Nur zum Schluss kann diese Diskrepanz notdürftig aufgelöst werden. Dabei entsteht aber nicht wie bei einer trivialen Liebesgeschichte das Gefühl, dass, wenn das Ende gut sei, alles gut sei. Die Verlaufskurve der Bewältigung kann wie folgt zusammengefasst werden: Der Text stellt dar, dass nach einer Selbstbeschreibung einer personenbezogenen Pflege die Pflegekraft durch das Malheur mit dem Kakao in eine Situation versetzt wird, in der sie herausgefordert wird, personenbezogene Pflege kommunikativ zu vollziehen. Da gezeigt wird, dass sich die Pflegekraft für die Fortsetzung der begonnenen Grundpflege entscheidet und in keiner Weise unterstützend auf die andere Bewohnerin eingeht, wird die erzählte Selbstbeschreibung brüchig. Es wird dargestellt, wie die Bewohnerin nachfolgend die Möglichkeit des Scheiterns der Selbstbeschreibung der Pflegekraft forciert, indem sie die Pflegekraft durch die Bitte um das Tuch auffordert, auf sie einzugehen und sie dabei zu unterstützen, ihre Autonomie zu bewahren, indem ein weiteres Malheur verhindert werden soll. Das Nichteingehen auf diese Forderung bedeutet für die Bewohnerin, dass sie trotz des Widerstandes als heteronom konstituiert wird. Dadurch wird ein Verlaufskurvenpotential wirksam in dem Sinne, dass die Pflegekraft einerseits ihre Pflege gegenüber Frau Dingel weiterhin handlungsschematisch vollzieht, andererseits auch für sie selbst eine „Entfremdung" als eine Differenz zwischen Selbstbeschreibung und kommunikativem Vollzug entsteht, wodurch die erzählte Selbstbeschreibung in Frage gestellt wird (vgl. Schütze 1995: 129).

Der Widerstand der Bewohnerin gegen das Verbot, Zucker zu sich zu nehmen, trägt dazu bei, dass das Verlaufskurvenpotential sich dynamisiert. Dadurch wird das zuvor latente Verlaufskurvenpotential zu einer übermächtigen Verkettung äußerer Ereignisse konkretisiert (vgl. Schütze 1995: 129), auf die die Pflegekraft zunächst einmal nur noch konditionell reagiert, indem sie die Aufnahme von Zucker verbietet. Da dieses Verbot auf Widerstand stößt, die Bewohnerin das Verbot ignoriert und dadurch sich als autonom darstellt, wird die Pflegekraft als jemand demonstriert, die sich gegenüber der Bewohnerin nicht durchsetzen kann (Erleben). Der Konflikt wird daraufhin kurz auf der Sachebene ausgetragen, schaukelt sich aber sofort zu einem Machtkonflikt hoch, indem es nur noch um Gewinnen versus Verlieren geht. „Der Prozess der Konfliktintensivierung […] bezeichnet einen Vorgang zunehmender Systemintegration bei gleichzeitiger Desintegration der sozialen Beziehung" (Messmer 2003: 355), wobei sich die

Pflegekraft durch die Diskrepanz zwischen Selbstbeschreibung und kommunikativem Vollzug immer weiter isoliert. Der Zusammenbruch der Selbstbeschreibung vollzieht sich spätestens bei der Tabletteneinnahme, die sich durch die Drohung vollzog, die körperliche Integrität nicht zu wahren. Danach folgt eine kommunikative Verarbeitung des Orientierungszusammenbruchs der Verlaufskurve. Die Bedingungen äußerer Kontingenz werden deutlich betont, indem der Bewohnerin die Schuld zugeschoben wird. Dadurch vollzieht sich eine Reflexion der Bedingungen der eigenen Position, welche durch die Differenz zwischen Selbstbeschreibung und kommunikativem Vollzug gekennzeichnet ist. Zugleich vollzieht sich in der darauf folgenden Interaktion eine Bearbeitung dieser Differenz, als sie durch das Aufwärmen des Kakaos – die Erfüllung eines Wunsches der Bewohnerin – ihr Selbstbild wieder herstellen kann. In diesem Sinne scheint die Bewältigung der Situation als sehr fragil, so dass die nächste Herausforderung dieses labile Gleichgewicht möglicherweise schnell wieder zerstören kann. Ob es sich um einen gelungenen Kontrollversuch handelt, d.h. Situationen und Verhältnisse für beide Seiten geschaffen wurden, die es „attraktiv machen, weiterhin ähnliche Kontrollversuche zu unternehmen" (Baecker 2005: 230), kann Gegenstand der weiteren Beobachtung der Interaktion zwischen der Pflegekraft und der Bewohnerin sein.

### *IX.3.3 Zusammenfassung der Ergebnisse*

*1. Ethnographieforschung*

Im Unterschied zu Biographieforschung, in der der Lebenslauf beobachtet wird (Schefold 1993: Nassehi 1995), wird in der Ethnographieforschung durch die Beobachtung des kommunikativen Vollzugs die vorher erzählte Selbstbeschreibung reflektiert. Während in der Biographieforschung der Adressat in der Erzählung seiner Lebensgeschichte keine Begründungen liefert und die Lebensgeschichte selbst eine „Präsentation von Ordnung" (Luhmann 2004b: 268) bietet, die die Ereignisse nicht zufällig erscheinen lassen, sondern als notwendigerweise aufeinander folgend (vgl. Luhmann 2004b: 269), wird bei der Ethnographieforschung die Einheit der Differenz von der Selbstbeschreibung als personenbezogener Pflege und dem kommunikativen Hilfevollzug als re-entry des Systems ins System beobachtet.

Da die sozialen Adressen die Einheit der Differenz zwischen Selbstbeschreibung und kommunikativem Vollzug nur diffus beobachten und diese Differenz nur unzureichend darstellen, da sie im Unterschied zum Wissenschaftler nicht die Möglichkeit haben, diese Einheit der Differenz zwischen Selbstbeschreibung und kommunikativem Vollzug systematisch zu beschreiben, ist diese zu beobachten, ein wesentlicher Bestandteil der ethnographischen Forschung. Ethnographische Forschung ist selbst Intervention, wenn davon ausgegangen wird, dass Intervention zu allererst Beobachtung ist (Baecker 2005: 275). Sie legt möglicherweise einen Wechsel nahe, wo es andernfalls nicht zu einem Wechsel käme, da erst durch die teilnehmende Beobachtung die Pflegekraft mit der Differenz zwischen Selbstbeschreibung und kommunikativem Vollzug systematisch konfrontiert wird. Dadurch kann es wahrscheinlicher werden, dass eine frühere Kommunikation durch ein neues Angebot riskiert wird (vgl. Baecker 2005: 274). Zumindest trägt die teilnehmende Beobachtung, solange sie nicht zum „going native" geworden ist, zur Irritation bei, wodurch die „Beobachtungen so in die Verhältnisse einsteuern, dass diese [damit sind, in Bezug auf das Beispiel, die Pflegekraft und die Bewohnerin gemeint; B.H.] sich mit Blick auf ihre nötige und mögliche Veränderung selbst beobachten" (Baecker 2005: 275). Durch die ethnographische Forschung wird zur Rationalisierung personenbezogener Pflege beigetragen, indem durch sie das Interaktionssystem „Beobachtungen entwickelt, in denen der Unterschied zwischen System und Umwelt als Maßgabe der Selektion weiterer Operationen reflektiert und mitgeführt wird" (Baecker 2005: 161 vgl. SozSys 235f., 641).

Es werden wie in der Biographieforschung vor allem Probleme wie Liebe und Macht dargestellt und mit Spannung aufgeladen. Durch die Selbstbeschreibung als personenbezogene Pflege läuft Liebe als Erwartungsstruktur mit. Wenn wie in dem vorliegenden Forschungsbeispiel Machtkommunikation vollzogen wird, tritt Liebe als „Gegenhorizont" im Hintergrund als nicht eingetretene Erwartungsstruktur in Erscheinung.

„Die Spannung fungiert gewissermaßen als Realitätsäquivalent" (Luhmann 2004b: 292), und das zurückliegende Problem ermöglicht dem Sozialpädagogen, Rückschlüsse auf Ressourcen und Risikofaktoren der im Sinne der Selbstbeschreibung vollzogenen Hilfekommunikation zu ziehen. Ressourcen sind diejenigen Darstellungen, in denen sich ihre Erwartungsstruktur einer personenbezogenen Pflege erfüllt hat. Risikofaktoren weisen auf die Herstellung einer pflegerischen Ordnung hin, die mittels sanktionierender Macht durchgesetzt wird, und die zur fremd- anstatt zur selbstreferentiellen Attribuierung beitragen und damit die „Verlaufskurve des Erleidens" (Schütze 1995) vorantreiben. Bewältigung bedeutet, dass die Pflegekraft das Ereignis nicht mehr „benutzt", um zu zeigen, dass immer die Umwelt schuld ist,[130] sondern, wenn es ihr bezogen auf gegenwärtige Ereignisse gelingt, Kommunikation tendenziell selbstreferentiell zu attribuieren. Das setzt voraus, dass Abweichung nicht nur zugelassen, sondern

---

130 Die Schuldzuschreibung trägt zur Dynamisierung der Verlaufskurve des Erleidens bei.

als Material zur eigenen professionellen Reproduktion benutzt wird (vgl. Baecker 2005: 263).

## 2. Moralische Kommunikation

Die formalisierte Erwartungsstruktur der Leistungs- und Publikumsrolle des Hilfesystems wird durch den Widerstand in Klammern gesetzt, und es wird um die Veränderbarkeit gerungen. Moralische Kommunikation hat dann die Funktion, ein Passungsverhältnis zu dem psychischen System wahrscheinlicher zu machen, wodurch die Bewohnerin an das Hilfesystem angeschlossen werden kann (vgl. Fuchs 2004a). Dieser Anschluss vollzog sich aber durch die mit dem Konfliktsystem einhergehende Systemintegration sehr brüchig.

Es geht nicht darum, dass dauerhaft moralisch kommuniziert werden soll, sondern vielmehr steht im Vordergrund, wie sich moralische Kommunikation aufgrund des Widerstandes eines Adressaten vollzieht. Dann ist der Widerstand das Problem, aufgrund dessen sich moralische Kommunikation in Form von Achtungs- bzw. Missachtungskommunikation vollzieht.

„Reine" moralische Kommunikation ist genauso unwahrscheinlich wie „reine" unmoralische Kommunikation. Es ist nur eine Annäherung an moralische Kommunikation in der Zeit, nie aber moralische Kommunikation in „Reinform" möglich, da diese Fiktion und nicht Wirklichkeit ist. Das bedeutet aber zugleich, dass die Einheit, die moralische Kommunikation, die identisch gehalten wird, nicht subsumptionslogisch[131] durch den Bezug auf rationales kommunikatives Handeln gebraucht wird, denn dann würde die ethnographische Forschung Widersprüche nicht vermeiden, sondern gerade produzieren. Stattdessen geht es um eine „kybernetische Methode", die nicht von der Fiktion der Achtungskommunikation als garantiert sicherer Position ausgeht, da diese nicht extern validiert werden kann. Die Sicherheit moralischer Kommunikation liegt vielmehr im Prozess selbst (vgl. WdG: 418). Das bedeutet, die „Ausgangspositionen aller Schritte (auch der ‚ersten'!) jederzeit revidieren zu können, wenn der Prozeß dazu Anlaß gibt" (vgl. WdG: 418). An diesem lässt sich ablesen, inwieweit sich ein Mehr oder Weniger von Achtungskommunikation im Verlauf der Aufeinanderfolge der Sequenzen durchsetzt (vgl. WdG: 418).

Das, was möglicherweise zunächst als misslingende Problemlösung erscheint, wie die Infragestellung der körperlichen Integrität, kann sich, wenn ein

---

[131] Subsumptionologisch würde bedeuten, ausgehend von der Elementarlehre festzustellen, dass weder auf der Ebene der Erziehungswirklichkeit noch auf der Ebene der Bildungswirklichkeit Autonomie konstituiert wurde. Erst auf der Ebene der Beschwerde über die Dienstleistungsqualität, d.h. dem zu kalten Kakao wurde die Hilfe individualisiert, so dass sich ansatzweise eine Sozialintegration vollzog.

Beziehungskonflikt vorliegt, der sachlich sich nicht zu lösen scheint, im Verlauf der Kommunikation als gelingende Problemlösung herauskristallisieren und umgekehrt. „Das zeigt: die Unterscheidung von Problem und Problemlösung hat eine gewisse Willkürlichkeit. Sie wird einem unklaren Sachverhalt oktroyiert" (WdG: 421). Das Potential, das darin liegt, ist, dass sachliche Komplexität temporalisiert wird. Das bedeutet nicht, dass die Infragestellung körperlicher Integrität als die Form der „negativen" Resymmetrisierung eine prinzipielle gelingende Problemlösung ist, sondern innerhalb dieser konkreten sozialen Kontextur hat sie sich als gelingende Problemlösung erwiesen, die aber sehr fragil ist und jederzeit wieder ins Gegenteil kippen kann, je nachdem, wie die weitere Kommunikation anschließt. Die Problemlösung als der kommunikative Vollzug dessen, was in der Selbstbeschreibung vorgegeben worden ist, aber durch die vorausgehende Kommunikation in Frage gestellt wurde, entdeckt das Problem, das die Problemlösung löst und sich deshalb eher als Problemlösung behaupten kann. „In der Praxis der Forschung, in der Sequenz ihrer Operationen ist dieser Zirkel von Problem und Problemlösung gerade die Garantie dafür, daß es immer weitergeht. Hierin liegt, anders gesagt, die Absicherung einer Restliquidität gegenüber allen theoretischen Festlegungen" (WdG: 423). Genau das ermöglicht, dass die rekonstruktive Forschung über die Theorie hinausschießt und zur Komplexitätssteigerung beiträgt (vgl. WdG: 423; vgl. Nassehi 2000: 199).

Theoretische Problemlösungen, die aus der empirischen Forschung gewonnen werden, wie die Vermeidung einer offensichtlichen Machtkommunikation, da bei dieser nur beide verlieren können, erscheint als Problemlösung, die jederzeit reproblematisiert werden kann. Es ist eine Problemlösung, bei der nicht die Distanz zur Situation, sondern die individuelle Bewältigung der Situation und die Anerkennung dieser Bewältigung durch die teilnehmende Beobachterin im Vordergrund stehen. Da das Problem als Beziehungs- bzw. sogar als Machtproblem wahrgenommen wird, kann Abschreckung und eine anschließende positive Selbstdar-stellung als Problemlösung möglich werden.

Das Prekäre einer solchen Form professioneller Handlungspraxis, die sich als personenbezogene Pflege versteht (Benner/Wrubel 1989: Benner/Tanner/Chesla 1996), besteht darin, dass eine Außenlegitimität als im Kontext einer funktional differenzierten Gesellschaft nicht selbstverständlich (Bommes/Scherr 2000) zugestanden wird. In der Pflege wird immer wieder betont, dass die Angemessenheit dieses Wissens- und Methodenrepertoirs jeweils in der Situation unter Beweis gestellt werden muss (vgl. Dewe 2002: 107; vgl. Dreyfuß/Dreyfuß/Benner 1996). Vom Gelingen des Einzelfalls hinge es ab, ob eine Legitimation aufgebaut werden könne[132].

---

[132] „Caring in its purest form is not ordinary loving; it is doing spontaneously whatever the situation demands. [...] Each person must simply respond as well as he or she can to each unique situation

Baecker weist darauf hin, dass sich seit der Antike in diesem Kontext der Begriff des Ethos eingebürgert habe, „der das Problem formuliert, dass an ein und demselben Leben vorgeführt werden muss, dass es Anforderungen einer bestimmten Gesellschaft entspricht, während es zugleich die Distanz des Individuums gegenüber der Gesellschaft sicherstellt" (Baecker 2005: 269). Dieses gelingt, indem die Konfliktpartner, die einen Diskurs über eine institutionelle Moral versus einem Recht auf Selbstbestimmung führen, „im Rahmen und zugleich außerhalb ihres Konflikts herausfinden und miteinander abgleichen können, welche Zumutungen zumutbar sind und welche nicht"[133] (Baecker 2005:

---

with nothing but experience-based intuition as a guide [...]. This requires having enough experience to give up following the rules and maxims dictating what anyone should do, and, instead, acting upon the intuition that results for a life in which talent and sensibility have allowed learning form the experience of satisfaction and regret in similar situations" (Dreyfus, Dreyfus, Benner 1996: 274). Diese Form des Caring und der Möglichkeit durch ethnographische Forschung zur Rationalisierung des Caring beizutragen, unterscheidet sich von Nursing, welches im Kontext der Qualitätssicherung im Vordergrund steht. Sie trägt zu einer Erwartungserwartung eines handlungsschematischen Vollzugs der Hilfe bei. Im Kontext der Qualitätssicherung wird eine spezifische Hilfeleistung als in der stationären Altenhilfe herzustellendes Produkt hierarchisch kontrolliert (vgl. Baecker 2005: 249), aber nicht im Sinne des Panopticons, d.h. unter der Voraussetzung von Anwesenheit, sondern durch Organisation. Die Qualitätssicherung ermöglicht Kontrolle trotz Abwesenheit des Medizinischen Dienstes der Krankenkassen, indem durch Aktenführung die Leistungen für den medizinischen Dienst der Krankenkassen nachvollziehbar werden (vgl. Baecker 2005: 115). Obwohl die Kriterien für die Qualitätssicherung von den Pflegewissenschaften selbst erarbeitet worden sind (Igl/Klie 2002: 8), nimmt sie dadurch, dass sie durch die Organisation und nicht durch die Interaktion vollzogen wird, den Charakter einer Fremdkontrolle an, obwohl die Kriterien für die Qualitätssicherung von den Pflegewissenschaften selbst erarbeitet worden sind (Igl/Klie 2002: 8).

[133] Reichenbach kritisiert mit Foucault die Vorstellung des Authentischseins als eines Ausdrucks des Mit-sich-identisch-Seins, welcher sich in die Tiefe des Selbst richtet. „Soll das Selbst jedoch ethisch und bildungstheoretisch relevant bleiben, muß es exoterisch betrachtet werden. Dann müßen die konkreten, auch von außen verstehbaren Praktiken interessieren, mit denen sich das Selbst konstituiert" (Reichenbach 2000: 183). Damit wird das ethische Subjekt zu einem Subjekt der Erfahrung, welches sich durch Selbstpraktiken bildet, das durch die Praktiken zu einem anderen wird, der eine offene Geschichte hat (vgl. Reichenbach 2000: 183). Ziel ist die Freiheit des Menschen, welche sich am Ethos zeigt, einem Stil der Selbstformung. Die politische Dimension bestünde darin, nicht untertan sein zu wollen, d.h. nicht Sklave, sondern Bürger sein zu wollen. In der gesellschaftlichen Dimension geht es dann vielmehr darum, eine Form von Gesellschaft zu finden, die ein durch Selbstpraktiken sich konstituierendes Subjekt ermöglichen (vgl. Reichenbach 2000: 183). „Das ethische Subjekt ist – im Gegensatz zum epistemischen Subjekt – durch ein ‚asketisches Selbstverhältnis' charakterisiert [...], es hat an sich Arbeit zu leisten, kurz: es bildet sich. Seine ‚Bildung' besteht darin, von der passiven und normierten zur aktiven und ethischen Form der Selbstkonstituierung zu kommen. Durch den Gebrauch der Freiheit ‚schafft' es gleichsam an den Voraussetzungen für eine ‚freiheitliche Gesellschaft' mit, d.h. einer Gesellschaft, das das Individuum in den Mittelpunkt stellt" (vgl. Reichenbach 2000: 184). Diese Form der Selbstorganisation kann keine Form der Identität sein, sondern höchstens eine Kohärenz. „Stil bedeutet Kohärenz" (Reichenbach 2000: 184).

225). Dadurch etabliert sich individualisierter Protest[134] außerhalb und zugleich innerhalb der Organisation, welcher sich in der Interaktion zwischen der Pflegekraft und der Bewohnerin zeigte und welcher ansatzweise auf Resonanz gestoßen ist.[135]

Der Widerstand als Möglichkeit zur Selbstbestimmung kann durch die zivilrechtliche Dimension, die mit dem Betreuungsgesetz noch einmal in der Bedeutung deutlich unterstrichen wurde, durch Aktenführung auf der Ebene der Organisation anerkannt werden. Dadurch würde die Pflegekraft von der mit den Mitgliedschaftsbedingungen einer Organisation einhergehenden Verpflichtungen, den Rechtsanspruch auf eine Hilfeleistung zu erbringen, entlastet werden. Aber diese Möglichkeit wurde in dem Forschungsbeispiel nicht aktualisiert. Das Betreuungsgesetz, mit dem eigentlich kein Bildungsanspruch verbunden wird, konstituiert insofern die Möglichkeit zur Bildung, als es einerseits die Möglichkeit lässt, die Gewohnheiten aufrechtzuerhalten, andererseits aber ein Konflikt zum Anlass genommen werden kann, zu reflektierten, ob diese Lebensgewohnheit trotz aller Probleme aufrechterhalten werden soll (vgl. Crefeld 1996: 25f.). Dadurch könnte sich seitens der Bewohnerin ein Lernen, dass Gewohnheiten gelernt werden, ergeben (Heyting 1992: 137). „Pädagogische Semantik als eine der Ausdrucksformen dieser Reflexivität sozialer Systeme bezieht sich direkt auf die Mitglieder eines Systems. In dieser Semantik äußert sich das Bewußtsein, daß es auch anders möglich ist (daß Gewohnheiten Gewohnheiten sind)" (Heyting 1992: 140). Diese Reflexivität wird produktiv, sobald die Bewohnerin Gewohnheiten anhand von Kriterien für „besser" oder „schlechter", d.h. im Hinblick auf Wertzuschreibungen, zu beurteilen beginnt.

*3. Sozialpädagogische Wirklichkeit als Bildungs„system" im Hilfesystem*

Das auf diese Weise konstituierte Bildungs„system"[136] ist im Unterschied zur Schule kein primäres Funktionssystem, sondern es ist sekundär als „Immun-

---

[134] Mit institutioneller Moral ist eine funktionsspezifische Verbindlichkeit gemeint. Sie wehrt universelle Ansprüche ab, indem sie Code-Verletzungen markiert, was ermöglicht, sich auf das zu beschränken, was sie leisten kann. Durch kontroverse Diskurse kommt es aber zum Aufbau neuer Institutionen, „die als moralisch responsiv gegenüber moralischem Protest ausgegeben werden können" (Krohn 1999: 321). Die Funktion der Protestmoral läge darin, die Leistungsdefizite der Funktionssysteme herauszustellen (vgl. Krohn 1999: 321).
[135] Abweichung als Möglichkeit zur Selbstbestimmung kann durch Aktenführung, die dokumentiert, dass die Bewohnerin die Hilfe verweigert hat, auf der Ebene der Organisation anerkannt werden. Dadurch wird die Pflegekraft, der mit den Mitgliedschaftsbedingungen einer Organisation einhergehenden Verpflichtung, eine Hilfeleistung zu erbringen, entlastet.
136 Genauso wie im Bildungssystem geht es auch hier um „Veränderungen von Personen" (Kurtz 2004: 14). Die Vermittlung von Wissen beschränkt sich dabei auf die Lebensführung des Adressaten und die Vorbereitung auf das, was sich in den Organisationen der Jugendhilfe vollzieht. Damit ist

system" im Hilfesystem zu verorten. Die Funktion des Bildungs„systems" bestände darin, zu vermeiden, dass ein Konfliktsystem, d.h., dass sich Systemintegration durch Machtkommunikation vollzieht. Auch als sekundäres Bildungs„system" muss es eine angemessene Komplexität ausbilden.

Dabei ist unter Bildungs„system" nicht die Orientierung an der politisch rechtlichen Form des Bildungs„systems" durch das Zivilrecht zu verstehen, da dadurch das, was an Willensbildung noch nicht institutionalisiert ist, oder das, was möglicherweise unter Willensbildung verstanden wird, aus dem Bildungs„system" ausgeschlossen wäre. Das Bildungs„system" ist das soziale System des Erlebens und Handelns, das sich bewusst an der Willensbildung orientiert und sich dadurch aus dem alltäglichen Hilfevollzug des Hilfesystems ausdifferenziert.

Es bedarf einer Amtsinhaberschaft, um sich an der Willensbildung auszurichten. Das bedeutet, die Frage aufzuwerfen, wie Organisationspraktiken implementiert werden können, die Sprecherpositionen ermöglichen (vgl. Saake/Nassehi 2004: 127). Dadurch entsteht eine Realität, in der Sprecher sichtbar werden, von denen man nun erwarten kann, dass das, was sie tun, als Kultur erscheint (vgl. Saake/Nassehi 2004: 128).

Bei der Ermöglichung von Sprecherpositionen geht es nicht um ein abstraktes Einheitsprinzip, das auf Perfektionierung ausgerichtet ist, sondern es geht um ein Regulativ für Entwicklung der Verbesserung der Anschlussfähigkeit. Aber aus der im Bildungs„system" angelegten Steigerung von Autonomie und Heteronomie ergibt sich ein Bedarf für die Spezifikation und Kontrolle von Selektionsgesichtspunkten. Als Antwort auf diesen Bedarf muss die Frage nach der Willensbildung neu formuliert werden. Das Bildungs„system" ist dann adäquat komplex, wenn der Bezugspunkt nicht direkt auf Handlungen oder Entscheidungen bezogen ist, sondern der Bezugspunkt auf dem Bildungs„system" selbst und seinen Strukturen liegt, die dann als Entscheidungsprämissen wirksam sein können. Es geht um Strukturanalysen und Strukturkritik und nicht um eine anwendbare Entscheidungsnorm. Dadurch bleibt die hohe Unbestimmtheit des Begriffs der Willensbildung erhalten. Willensbildung ist eine Dachformel für Konformität mit Ansprüchen, die an die Konsistenz des Entscheidens im Bildungs„system" gestellt werden. Nur dadurch wird es möglich, dass ungleiche Fälle ungleich (Personenbezug) entschieden werden. Die geforderte gesellschaftliche Komplexität des Bildungs„systems" ist höher als die im System tragbare entscheidungsmögliche Komplexität, weil im gesellschaftlichen Erleben möglicherweise bildungsrelevante Fakten und Normenansprüche komplexer sind als das, was als Information und Entscheidungsprämisse in das Bildungs„system" übernommen

---

wiederum die Möglichkeit für eine Möglichkeit der Inklusion in andere Subsysteme der Gesellschaft gegeben (vgl. Kurtz 2004: 14).

werden kann. Das setzt eine Unabhängigkeit von jeder systeminternen Differenzierung durch Werte oder Normen voraus. Bildung kann nicht in einer relationalen Beziehung einzelner Entscheidungen auf einzelne Werte oder Normen gefunden werden, sondern nur in der Art, wie das Bildungs„system" als Ganzes Entscheidungsmöglichkeiten limitiert. Eine sozialpädagogische Reflexionstheorie muss zwischen einer Systemkomplexität und den Entscheidungsmöglichkeiten vermitteln. Bildung ist weder die Realität eines Systembestandes als „individualisierter Unterricht" noch eine Idee für sich. Es reicht nicht aus, zu sagen, dass autonomiegenerierend gehandelt werden soll. Es geht stattdessen um eine nicht mehr beliebig zu ordnende Ordnung, die eine interne Dynamik von Negationen, Möglichkeitsprojektionen und Selbstbeschränkungen erzeugt. Konsistentes Entscheiden bedeutet bei einem komplexen Bildungs„system", dass das Phänomen bewältigt werden muss, dass bei einem komplexen Bildungs„system" Negationsleistungen involiert sind, d.h. auch sanktionierende Machtkommunikation eine bildende Wirkung haben kann. Es geht um Folgeprobleme des vorteilhaften Gebrauchs von Negationen. Dann ist aber eine Kontrolle derjenigen Bedingungen notwendig, unter denen Prämissen in Fallentscheidungen umsetzbar sind, wie z.B. wenn das kulturelle Systems selbst gefährdet wird, ist ein Ausschluss möglich, um die Bedingungen bereitzustellen, dass ein Bildungs„system" ein Bildungs„system" sein kann. Dadurch vollzieht sich eine Konditionalprogrammierung, mit Hilfe derer eine Entscheidung getroffen werden kann. Es ist ein Vergleich notwendig zwischen Fällen, in denen diese Entscheidung zu negativen Folgen führte, und denen, die positive Folgen hatten, um zu erkennen, ob die Negationsleistung gerecht ist. Dabei geht es nicht um die konkrete Gleichheit von Sachverhalten und Tatbeständen bei der Anwendung einer Entscheidung aufgrund der Entscheidungsprämisse, sondern um eine „Relationierung von Relationen" (AdR: 397). Es handelt sich um Relationen, da die Normen und Sachverhalte kontingent erscheinen. Der Begriff der Konditionalprogrammierung bezeichnet den Kontext, der zur Explikation des Reaktionsbegriffs benötigt wird, auf den sich die Relation bezieht. Es stellt sich die Frage, ob die Gleichheit zur Negationskontrolle ausreicht und was durch Prüfung ihrer Negation kontrolliert werden kann. Es kann trotz Verwendung der Negation fortgesetzt werden, vor allem wenn die Negation als Ausnahme von der Regel gilt. Um die Konsistenz von Negationen zu kontrollieren und in diesem Sinne konsistent zu entscheiden, impliziert ein Verzicht auf Entscheidungsvereinfachung. Das Negierte darf, weil es negiert wird, nicht aus dem Blickfeld verschwinden. Aus diesem Grund kann es für das Hilfesystem auch kein generalisiertes Kommunikationsmedium geben. Der Verzicht auf Entscheidungsvereinfachung ist nur möglich, indem das Hilfesystem einzelfallbezogen gesteuert werden kann, was nichts anderes bedeutet, als dass eine Profession eine vorherrschende Position im Hilfesystem einnimmt.

# X. Hilfeplanung

Eine Rekontextualisierung der sozialpädagogischen Theorie als Reflexionstheorie des Hilfesystems ist erst mit der Verabschiedung des Kinder- und Jugendhilfegesetzes (KJHG) systematisch möglich geworden. Seither ist das Steuerungsmedium Recht in der Jugendhilfe fachpolitisch profiliert (vgl. Merchel 2003b: 24). Hornstein spricht deswegen sogar von der „Sozialpädagogisierung des Jugendhilferechts" (Hornstein 1997: 27)[137]. Durch das KJHG entsteht ein kommunikativer Kontext, durch den die sozialpädagogische Reflexionstheorie als „Rechtfertigungsgrundlage akzeptiert" (Heyting 2004: 104) werden kann. Es trägt dazu bei, dass eine strukturelle Voraussetzung dafür geschaffen wird, dass Sozialpädagogik als eine leitende Profession im Hilfesystem wahrscheinlicher wird[138]. Anders gesagt erst die strukturellen Voraussetzungen machen eine sozialpädagogische Wirklichkeit möglich (vgl. Mollenhauer 1968: 295ff.).

Seit der Einführung des KJHG ist das organisierte Hilfesystem der Jugendhilfe nicht mehr kompensatorisch ausgerichtet, sondern kennzeichnet sich durch den Bezug auf die sozialpädagogische Wirklichkeit als Interventionssystem, das sich an der Zukunft orientiert (vgl. Merten 2001: 671, Bundesjugendkuratorium 2001: 7). Durch die Hilfeplanung (§ 36 SGB VIII) gilt dieses nun nicht nur für die Jugendarbeit, sondern auch systematisch für den Bereich der „Hilfen zur Erziehung" (§ 27 SGB VIII). Die Hilfeplanung bietet Möglichkeiten, dass sich ein Bildungs„system"[139] im Hilfesystem entwickelt[140] Dadurch wird die „traditi-

---

[137] Merchel weist daraufhin, dass die Lebensweltorientierte Sozialpädagogik zwar für die Konstituierung des KJHG kaum von Bedeutung gewesen wäre, aber sie im 8. Jugendbericht zur „fachpolitischen Bewertung des KJHG und für die fachpolitische Konzipierung der Implementationsprozesse" (Merchel 2003b: 23) wegweisend wurde.

[138] Der rechtlichen Grundlegung gingen Entwicklungen in den 1980er Jahren voraus, die abhängig von den Jugendämtern diese strukturellen Möglichkeiten durch Dienstvorschriften schon vorwegnahmen (vgl. von Soest 2000).

[139] Die Jugendhilfe unter der Bildungsperspektive zu denken, ist ein Anliegen, das in der Streitschrift „Zukunftsfähigkeit sichern! – Für ein neues Verhältnis von Bildung und Jugendhilfe" des Bundesjugendkuratoriums (2001) formuliert worden ist.

[140] In der Altenhilfe gibt es keine Hilfeplanung im Sinne des KJHGs. Diese Aufgabe übernimmt vielmehr die gesetzliche Betreuung, welche möglichst von Angehörigen ausgeführt werden soll und nur, wenn dieses nicht möglich ist, in professionelle Verantwortung (Berufsbetreuer) übergeht (vgl. Crefeld 1996: 26). Die gesetzliche Betreuung ist nicht wie die Hilfeplanung im Jugendamt verortet, d.h. behördlich organisiert, sondern vielmehr wird sie vom Betreuungsverein oder von selbständig

onelle Unterscheidung zwischen bildungsnahen („positiven") und bildungsfernen („negativen") Handlungsfeldern" (Bundesjugendkuratorium 2001: 8, 27) aufgegeben. Im Kontext der Hilfeplanung bekommt die Bildung die Gestalt eines Beitrags zur individuellen Lebensbewältigung/-führung auch für Benachteiligte (vgl. Bundesjugendkuratorium 2002: 13, 17, 19, 27, 33, BMFSFJ 2002: 163, Modellprogramm Fortentwicklung des Hilfeplanverfahrens 2003: 8). Hilfeplanung kann als sozialpädagogische Strategie des aktivierenden Sozialstaats bezeichnet werden, die gezielt Bewältigungsstrategien bei Individuen entwickelt oder fördert (vgl. Opielka 2003: 544).

Die gesetzlichen Reformen des Kinder- und Jugendhilferechts tragen dazu bei, dass Sprecherpositionen in den Organisationen der Jugendhilfe systematischer etabliert werden können (vgl. Kapitel X.1). Die Hilfeplanung ist der Ankerpunkt für diese Ausrichtung. Sie ist ein Ort oder eine „Klinik", die im Rahmen der „Hilfen zur Erziehung" eine beobachtende Funktion einnimmt und die zur Kontrolle der Berufe beiträgt, die die Hilfen zur Erziehung durchführen (vgl. Kapitel V.2). Kontrolliert werden soll, inwieweit die Hilfe adressatengerecht durchgeführt wird (Modellprogramm Fortentwicklung des Hilfeplanverfahrens 2003: 10). Sozialpädagogik als erziehungswissenschaftliche Disziplin stellt durch den klinischen Blick als Reflexionstheorie das entsprechende Wissen zur Verfügung,[141] das von Sozialpädagogen in der Hilfeplanung unter Handlungszwang verwendet werden kann (vgl. Marotzki 2004, Nittel 2004). Dadurch entsteht Hilfeplanung als ein Interventionssystem, das eine Beobachtung des Hilfesystems von „innen" ermöglicht (vgl. Kapitel VIII.3).

## X.1 Die Etablierung von Sprecherpositionen im KJHG

Sprecherpositionen in der Jugendhilfe werden durch das Recht auf Selbstbestimmung möglich. Es ist ein entscheidendes Kriterium zur Konstituierung einer sozialpädagogischen Ordnung im Hilfesystem. Darauf wird auch im Frankfurter

---

Tätigen verantwortet (vgl. Crefeld 1996: 28). Damit geht einher, dass im Unterschied zur Hilfeplanung kein Link zwischen der gesetzlichen Betreuung zur personengerechten Organisation der Hilfe und der Möglichkeit, Mängel zur Grundlage der Infrastrukturentwicklung der Hilfen zu nehmen, existiert. Zum Schluss kann als Differenz noch darauf hingewiesen werden, dass die Hilfeplanung in der Jugendhilfe gesetzlich nach einem bestimmten Verfahren strukturiert ist, welches erst dazu beiträgt, dass sich ein „Bildungssystem" im Hilfesystem entwickelt, während bei der gesetzlichen Betreuung die Gestaltung der Hilfeplanung nicht systematisch von der Übernahme der Hilfe separiert ist und die Gestaltung dem jeweiligen Betreuer überlassen wird. Es geht in der gesetzlichen Betreuung um Interessenvertretung und nicht um einen pädagogischen Akt wie in der Hilfeplanung.

[141] Pies/Schrapper (2003: 586) und Heiner (2001: 263) weisen gerade auf die Notwendigkeit der Entwicklung einer Interventionstheorie hin.

Kommentar des KJHGs deutlich hingewiesen. Dort heißt es: „Entscheidend für das sozialpädagogische Profil des Jugendhilferechts ist die Tatsache, dass diese Angebote und Leistungen nicht einseitig von Seiten der Träger realisiert werden können, sondern nur dann, wenn die Leistungsberechtigten (Minderjährige, junge Menschen, Personensorgeberechtigte) dies wollen" (Münder, u.a. FK-SGB VIII, Einl. Rz 49)[142]. Die beteiligungsorientierte Fachlichkeit ist zwar rechtlich im KJHG und in den Ausführungsbestimmungen der Länder festgelegt, sie ist aber in der Praxis noch einzulösen (Münder u.a. FK-SGB VIII, Einl.: 81).

Das folgende Kapitel will zeigen, wie eine Beteiligung größtenteils rechtlich gewährleistet wird. Vorweg muss aber geklärt werden, wer überhaupt beteiligt wird. Das heißt, wer die Leistungsberechtigten für die Hilfen zur Erziehung sind und wer die Adressaten. Leistungsberechtigte der Hilfen zu Erziehung sind bei minderjährigen Kindern und Jugendlichen die Eltern. Das wird damit begründet, dass das Adressatenwohl in der Jugendhilfe nicht nur eine Regelung zwischen Staat und Kind (Verfassungsrecht), sondern auch eine zwischen Staat und Eltern (Elternrecht) und Eltern und Kind (Familienrecht) ist. Im Elternrecht ist inzwischen sowohl das Abwehrrecht gegen einen staatlichen Eingriff (vgl. Münder/Muntke/Schone 2000: 7) als auch die Förderpflicht des Staates konstituiert. Dieses Elternrecht schlägt sich im § 1 Abs. 2 und Abs. 3, 2 SGB VIII nieder. Es räumt den Eltern eine zentrale Rolle ein, indem ihnen die Wahrung der Interessen der Minderjährigen anvertraut wird. Im KJHG schlägt sich dieses in § 8 SGB VIII nieder, indem nicht den jungen Menschen, sondern den Personensorgeberechtigten ein Recht auf Leistungen zur Hilfe zur Erziehung zugesprochen wird (vgl. Merchel 2003b: 29). Die Familie, die die Funktion der Reproduktion der funktional differenzierten Gesellschaft hat, wird durch das Elternrecht geschützt, wodurch Bedingungen bereitgestellt werden, dass die Familie als System sich selbstreferentiell hervorbringt, anstatt die Jugendhilfe als selbständige Sozialisationsinstanz zu entwickeln (vgl. Merchel 2003b: 29). Systemtheoretisch ausgedrückt, hat die Familie die Funktion, Möglichkeiten für eine Inklusion in die Funktionssysteme der funktional differenzierten Gesellschaft bereitzustellen, indem sie persönliches Vertrauen in Systemvertrauen verwandelt und dadurch das reibungslose Funktionieren der Funktionssysteme ermöglicht (vgl. Merchel 2003b: 60ff.).

Weil es ungewiss ist, ob die Familie Hilfe in Anspruch nimmt, wenn es für das Wohl des Kindes notwendig erscheint, ist das Elternrecht, das in Art 6 Abs.

---

[142] Es ist die Grundlage für eine adressatenorientierte Hilfeplanung, in der es darum geht, positive Lebensbedingungen für Kinder und Jugendliche und ihre Familie zu ermöglichen. Es ist nicht der Staat, der

2, 1 GG geregelt ist, kein klassisches Grundrecht, sondern ein „fremdnütziges Recht" (Münder/Muntke/Schone 2000: 17).
Als fremdnütziges Recht dient es zuvorderst dem Interesse des Kindes (vgl. Münder/Muntke/Schone 2000: 17; Maas 1992: 26), was in § 1 Abs. 1 SGB VIII grundgelegt ist[143]. Dadurch wird die Funktion der Familie, dafür zu sorgen, dass das Kind in den Funktionssystemen reibungslos funktioniert, wahrscheinlicher. Ist das Kind gefährdet, besteht die Möglichkeit des Staats einzugreifen (§ 1 Abs. 3 SGB VIII).
Anlass für eine staatliche Intervention kann sein:

1. die Bitte des Kindes (§ 42 SGB VIII Inobhutnahme), welcher das Jugendamt zunächst nachzukommen hat, bis ein Gerichtsbeschluss des Vormundschaftsgerichts über die Rechtmäßigkeit dieser Entscheidung vorliegt, oder
2. der Verdacht, der darauf hinweist, dass es der Familie nicht gelingt, ihrer Erziehungsfunktion gerecht zu werden (vgl. Müller 1997: 64). In diesem Fall werden meistens nicht mehr familienbezogene Unterstützungsmaßnahmen eingeleitet, sondern das Wohl des Kindes betont, auch wenn es gegen den Willen der Eltern gerichtet ist. Dann kann z.B. Hilfe durch Heimerziehung gegen den Willen der Eltern gewährleistet werden (vgl. Schmidt u.a. 2002: 26).

In diesem Fall droht das Recht der Eltern als Leistungsberechtigte[144] für die Hilfen zur Erziehung (§ 27 SGB VIII) in eine Pflicht umzuschlagen. Um diese Frage zu klären, ist vor der Gewährleistung der Hilfen zur Erziehung eine Hilfeplanung durchzuführen, an der die Eltern und die Kinder zu beteiligen sind (§ 36 Abs. 1 SGB VIII). Sie können sich bei der Auswahl der Einrichtung beteiligen und sich bei der Gestaltung der Hilfe einbringen (vgl. § 5 und § 36 Abs. 1, SGB VIII). Durch die vorausschauende Planung, die die Wünsche der Leistungsberechtigten berücksichtigt, sollen Konfrontationen verhindert werden (Münder u.a. FK-SGB VIII § 5 RZ 5). Es sind auch „suboptimale Wünsche zu berücksichtigen, es sei denn, die gewünschte Leistung wäre nicht mehr geeignet" (Münder u.a. FK-SGB VIII § 5 Rz 9).

---

Erziehungsziele vorgibt, sondern die Menschen werden in ihren Lebenslagen akzeptiert. „Deswegen ist eine positive Benennung konkretisierter Erziehungsziele nicht nur schwierig, sondern auch problematisch. Sinnvoll ist die Angabe von Faktoren, die dem Entwicklungsprozess hinderlich sind" (Münder, u.a. FK-SGB VIII, § 1 RZ 11).
[143] Dieser regelte das Recht des jungen Menschen auf individuelle und soziale Entwicklung. Das bedeutet, dass die Eltern sowohl das Recht als auch die „Pflicht zur Pflege und Erziehung der Kinder" (Münder/Muntke/Schone 2000: 18) haben.
[144] Leistungsberechtigte der Hilfen zur Erziehung sind Eltern und junge Volljährige (§16 SGB VIII).

Zwar wird im Jugendhilferecht seit Anfang der 1990er Jahre das Vorrecht der Eltern in Bezug auf die Erziehung eingeräumt (vgl. Merchel 2003b: 29f.), aber die Kinder haben „Mitwirkungsrechte, die auf eigenständige Positionen Minderjähriger gegenüber Jugendhilfe und gegenüber Eltern verweisen" (Münder/Muntke/Schone 2000: 21). Im Frankfurter Kommentar wird betont, dass die Neuordnung des KJHGs zwar einerseits Beteiligungsrechte von Kindern gestärkt habe, andererseits sei aber den Eltern für das Wohl des Kindes eine Vorherrschaft eingeräumt worden, so dass die Beteiligungsrechte von Kindern an Bedeutung verlieren. Hintergrund sei, dass die „beiden Ebenen – Elternrecht als Abwehrrecht gegen hoheitliche Eingriffe einerseits, Ausgestaltung des privatrechtlichen Eltern-Kind-Verhältnisses andererseits" (Münder u.a. FK-SGB VIII § 1 RZ 15) vermengt werden. Die Verfahrensbeteiligung von Kindern (§ 8 Abs. 1 SGB VIII) sei je nach Stand der Entwicklung rechtlich nicht systematisch sichergestellt, sondern könne vielmehr als eine „programmatische Aufforderung an die Akteure der Jugendhilfe, in der Praxis der Jugendhilfe [angesehen werden; B.H.] für eine entsprechende Beteiligung von Minderjährigen zu sorgen" (Münder u.a. FK-SGB VIII § 8 Rz 2). Das heißt, dass professionelle Hilfeplanung voraussetzt, dass die Jugendlichen, die von Entscheidungen betroffen sind, angehört werden (vgl. Maas 1992: 26f.), zumal in der Jugendhilfe-Effekte-Studie deutlich gezeigt werden konnte, dass Kooperation insbesondere mit dem Kind wesentlich zum Gelingen von Hilfeverläufen beiträgt (vgl. Schmidt u.a. 2002: 33). Fragen der Beteiligung bekommen eine hohe Relevanz, da es nicht nur darum geht, dass die Sozialrechte gewährt werden, sondern darüber hinaus Freiheitsrechte gewährleistet werden sollen (vgl. Maas 1992: 28). Nicht nur Juristen weisen darauf hin, dass „die Achtung der Selbstbestimmungsrechte des Klienten zur fachlichen Substanz sozialer Arbeit gehört" (Maas 1992: 28), sondern auch innerhalb des Professionalisierungsdiskurses wird dieses als eine entscheidende Voraussetzung für professionelles Handeln formuliert (vgl. Oevermann 1997: 116).

Rechtlich wird aber die Anhörung von Jugendlichen nur im Konflikt- bzw. im Notfall relevant (§ 8 Abs. 3 SGB VIII), da unter diesen Bedingungen den Kindern bzw. Jugendlichen eine von den Eltern unabhängige Beratungsmöglichkeit eingeräumt wird (Münder u.a. FK-SGB VIII § 8 Rz 11–15). Zwar soll ein Fall von Gefährdung des Kindeswohls, bevor es im Gericht thematisiert wird, vom Jugendamt als sozialpädagogischer Fachbehörde möglichst selbst gelöst werden (vgl. § 50 Abs. 3 SGB VIII). Wenn dies aber nicht möglich zu sein scheint, ist das Gericht einzuschalten. „Die Bestimmung trägt dem Grundsatz Rechnung, dass einvernehmlich gewährte Hilfen zur Erziehung Vorrang haben vor hoheitlichen Eingriffen" (vgl. Münder/Muntke/Schone 2000: 29).

Ein Konfliktfall, der eine Anrufung des Gerichts nötig macht, tritt ein, wenn sich Personensorgeberechtigte zur Inanspruchnahme einer notwendigen Jugendhilfeleistung weigern und dadurch das Wohl der Minderjährigen gefährden. In diesem Fall ist das Vormundschaftsgericht nach §§ 1666, 1666a BGB aufgerufen, die erforderlichen Maßnahmen zu treffen.

Wenn – trotz der Angebote und Leistungen der Jugendhilfe – das Kindeswohl gefährdet ist, müssen die Fachkräfte der Jugendhilfe prüfen (§ 50 Abs. 3 SGB VIII), ob es erforderlich ist, das Gericht einzuschalten, damit das staatliche Wächteramt ausgeübt werden kann. In Notfällen und bei Gefahr im Verzug kann die Jugendhilfe gem. §§ 42, 43 SGB VIII selbst die Rechte des Kindes durchsetzen und sichern" (Münder/Muntke/Schone 2000: 26). Auf diese Weise wird das Rechtsschutzrecht des Kindes gewährleistet, wodurch der Fremdnutzen des im Grundgesetz geregelten Elternrechts zum Tragen kommt (vgl. Münder/Muntke/Schone 2000: 18)[145]. Das Gericht kann nicht nur bei Vernachlässigung, körperlicher und seelischer Kindesmisshandlung und sexuellem Missbrauch eingeschaltet werden, sondern auch bei Autonomiekonflikten, die im Kontext einer zivilrechtlichen Orientierung der KJHG eine besondere Rolle spielen (vgl. Münder/Muntke/Schone 2000: 47). Wenn Eltern die Ablösung des Kindes nicht akzeptieren, entstehen krisenhafte Auseinandersetzungen, die die Autonomieentwicklung und damit die „Selbstbestimmungs- und Selbstverantwortungsfähigkeit" des Jugendlichen erschweren oder sogar verhindern können (vgl. Münder/Muntke/Schone 2000: 61). Der Staat hat in diesem Fall die Aufgabe, die Autonomie des jungen Menschen vor das Elternrecht zu stellen (vgl. Münder u.a. FK-SGB VIII § 9 Abs. 2 Rz 6; Maas 1992: 155).

---

[145] Die Möglichkeiten des Gerichts einzugreifen sind gestaffelt:
1. Zwang der Eltern Hilfen zu Erziehung anzunehmen bzw. zur Annahme einzuwilligen
2. langfristige Hilfen zur Erziehung auch ohne Einwilligung der Eltern durchzuführen
3. Entzug von Teilen der elterlichen Sorge wie z.B. Gesundheitsfürsorge, Aufenthaltsbestimmungsrecht des Kindes etc.
4. Übertragung des Personensorgerechts auf einen Personensorgerechtspfleger
5. umfassender Entzug elterlicher Sorge (vgl. Münder/Muntke/Schone 2000: 33f.).

Fazit der empirischen Untersuchung ist, dass selbst die erste Möglichkeit der Lösungen schon als Eingriff erlebt wird, weil die Zuwilligung zu Hilfen zur Erziehung erzwungen worden ist (vgl. Münder/Muntke/Schone 2000: 356). Entsprechend groß ist die Arbeit seitens der Mitarbeiter im Jugendamt, die Eltern zu motivieren, diesen zuzustimmen (vgl. Münder/Muntke/Schone 2000: 356). Aber es verbleiben immer noch Selbstbestimmungsrechte der elterlichen Sorge, selbst wenn z.B. das Aufenthaltsrecht entzogen wird. „Wenn das Jugendamt mit Familien arbeitet, in denen das Wohl der Kinder potenziell gefährdet ist, verschränken sich dienstleistungs- und wächterorientierte Aufgaben oft so miteinander, dass für die Familien Zwangskontexte unterschiedlicher Dichte und Intensität entstehen" (Münder/Muntke/Schone 2000: 356). Dieser Zwang liegt im Interessensgegensatz zwischen Kindern und Eltern begründet. Die Kinder erleben aber den Entzug des Sorgerechts der Eltern häufig als Befreiung (vgl. Münder/Muntke/Schone 2000: 357).

## X.2 Hilfeplanung als Interventionssystem: der klinische Ort des Hilfesystems

Die Hilfeplanung ist neben der Durchführung der Hilfe ein eigenes Interventionssystem, das zur Herausbildung einer präventiven Jugendhilfe beiträgt (vgl. Münder u.a., FK-SGB VIII Vor § 27 Rz 11; Petermann/Schmidt 1995: 15). Sie gehört zu den zentralen Reformen vom JWG zum KJHG (vgl. Münder 1995: 212), durch die die Doppelstruktur von staatsbürgerlichen und sozialstaatlichen Leistungen gewährleistet wird (vgl. Schefold 1999: 287). Dadurch vollzieht sich eine Demokratisierung der sozialpädagogischen Wirklichkeit, die mit der zur Zeiten Nohls nicht vergleichbar ist (vgl. Mollenhauer 1968: 225; Münchmeier 1981: 80)[146]. Die Hilfeplanung wird von Schefold als Verfahren dargestellt, das die Lebensführung prospektiv bestimmt (vgl. Schefold 1999: 286). Bei der Hilfeplanung geht es um „Hilfegewährung" durch einen „Verwaltungsakt" (§ 8 SGB X) (vgl. Maas 1992: 156f.). Die Hilfeplanung ist aus rechtlicher Perspektive ein Verfahren (Schefold 2002: 1086), das einen vorbereitenden Status hat, um eine Entscheidung, welche Maßnahmen im jeweiligen Einzelfall bewilligt werden sollen, zu ermöglichen (vgl. Maas 1992: 156). Es ist der Versuch, „im zeitlichen Vorgriff eine Entscheidung über die erwartbare beste Handlungsalternative unter kontingenten Entscheidungsbedingungen und prinzipiell ungewissen Hilfeverläufen" (Messmer 2004: 73) zu gewährleisten.

Das Verfahren der Hilfeplanung, so Schefold, besteht aus einem geregelten Interaktionssystem zwischen Fachkräften und Anspruchsberechtigten (vgl. Schefold 2002: 1086). Es hat „eigene Prozessstrukturen und Kompetenzanforderungen ausgebildet" (Schefold 2002: 1086). Das Verfahren der Hilfeplanung dient der einzelfallbezogenen Steuerung der Hilfeprozesse.

Bei der Hilfeplanung gibt es keine inhaltliche Legitimierung der Entscheidungen, sondern Entscheidungen legitimieren sich durch das Verfahren, das vom Jugendamt als sozialpädagogischer Fachbehörde auf ihre Angemessenheit hin überprüft wird (vgl. Petermann/Schmidt 1995: 9). Die Etablierung eines Verfahrens der Hilfeplanung ermöglicht das Technologiedefizit der Hilfeplanung auf der Ebene der Interaktion zu kompensieren (vgl. Kuper 2004: 131). Das Verfahren ermöglicht, dass Entscheidungen gefällt werden, unabhängig, wie diese begründet werden (vgl. Kuper 2004: 140). „Die organisationale Basisoperation ‚Entscheidung' fungiert in dieser Argumentation als Substitut für den Mangel an rationalen, auf Wissen über Kausalzusammenhänge basierenden Kriterien und schafft innerhalb der Organisation Strukturen und damit Koordinationserforder-

---

[146] Allerdings, so muss einschränkend hinzugefügt werden, sind die staatsbürgerlichen Rechte durch die Partizipation der Adressaten zwar verbessert worden, aber, falls das Kindeswohl bedroht zu sein scheint, werden die staatsbürgerlichen Rechte der Adressaten in Frage gestellt (vgl. Meysen 2007).

nisse, Mechanismen der Zuschreibung von Verantwortungen" (Kuper 2004: 141). Wenn sich Legitimität durch Verfahren einstellt, bekäme das organisierte Verfahren eine Eigendynamik, welche dem sozialpädagogischen Handeln allerdings äußerlich bliebe (vgl. Kuper 2004: 134). Der Positivierung der Hilfeplanung entspricht es, den Begriff der Legitimation auf die Anerkennung der mit der Hilfeplanung einhergehenden Prozesse für verbindlich zu halten (vgl. Luhmann 1975: 31). Diese Legitimationsfunktion darf aber nicht gleichgesetzt werden mit der Richtigkeit der Hilfeplanung und der ihr zugehörigen Prozesse. Wenn das Interventionssystem der Hilfeplanung darauf beruhen würde, dann würde es abhängig von den Überzeugungen der Professionellen sein und wäre damit nicht mehr System. Professionelle Sozialpädagogen müssen auch immer an der Hilfeplanung ausgerichtete Entscheidungen als „Prämisse ihres eigenen Verhaltens übernehmen und ihre Erwartungen entsprechend umstrukturieren. Legitimität beruht aber nicht auf ‚freiwilliger' Anerkennung, auf persönlich zu verantwortender Überzeugung, sondern im Gegenteil auf einem sozialen Klima" (Luhmann 1975: 35), das die Anerkennung von habitualisierten Entscheidungen der Ausübung der Hilfeplanung als Selbstverständlichkeit institutionalisiert und sie nicht als Folge einer persönlichen Entscheidung ansieht. Bei der Legitimation durch das strategische Verfahren der Hilfeplanung geht es um Umstrukturierung des Erwartens durch den faktischen Kommunikationsprozess, der nach Maßgabe der Hilfeplanung abläuft. Es geht also um wirkliches Geschehen und nicht um eine normative Sinnbeziehung. Die Hilfeplanung würde als eine Entscheidungsgeschichte ablaufen, wenn sie denn als Strategie genutzt würde. Diese Entscheidungsgeschichte kann als Prozess verstanden werden, welcher zum System wird und dem eine bestimmte Struktur zugrunde liegt. „Systeme ermöglichen durch solche Reduktion eine sinnvolle Orientierung des Handelns" (Luhmann 1975: 41).

Dem organisierten Verfahren liegt auch eine bestimmte Chronologie des Hilfeplanungsprozesses zugrunde. Es ist Selektionsinstrument für die Konstruktion von spezifischen Karrieren in der Jugendhilfe (vgl. Pies/Schrapper 2003: 586).

In der Hilfeplanung verbindet sich eine schriftliche mit einer oralen Kultur. Das ist Voraussetzung dafür, dass auch bei der Durchführung der Hilfe ein reflexiver Prozess institutionalisiert wird, in der der Adressat als Bürger und der Sozialarbeiter als professionell Handelnder konstituiert wird. Es ist zugleich die Voraussetzung für die Kontrolle der Hilfeplanung durch die Führungskräfte des Allgemeinen Sozialdienstes des Jugendamtes, welche überprüfen, ob das Verfahren sachgerecht durchgeführt wurde.

Von den Hilfeplanern wird die Legitimität durch Verfahren immer noch nicht anerkannt (Pies/Schrapper 2003: 586). Verfahrensfehler führen weder dazu, dass der Hilfeplan nicht akzeptiert wird, noch werden diese geahndet, geschweige denn, dass sich daraus Konsequenzen für die Mitgliedschaftsrolle der Hilfeplaner ergeben[147]. Problematisch ist auch, dass in empirischen Untersuchungen Abkürzungen des Verfahrens, Interessen an Einsparungen als rationale Verwaltungslogik dargestellt werden (vgl. Ader 2006: 211), anstatt zu sehen, dass sie einer informellen Organisationslogik entsprechen, aber gerade im Widerspruch zur rationalen Verwaltungslogik stehen.

Hilfeplanung ist als Beobachtungsebene 2. Ordnung „über den sozialpädagogischen Handlungsprozessen der Erziehung, Beratung, Unterstützung" (Schefold 2002: 1096) in den Organisationen des Hilfesystems zu verorten. Sie dient der Reflexivität der Hilfeprozesse und trägt zur Autonomie des Hilfesystems bei, indem die sozialpädagogische Hilfeplanung die Binnenperspektive des Hilfesystems übernimmt (vgl. Kurtz 2004: 245). Die Hilfeplanung vermittelt auf der Ebene der Interaktion vom negativen zum positiven Wert hin. Der Hilfeplaner bietet Lösungsmöglichkeiten an, dass selbstreferentiell gesteuerte Hilfe wahrscheinlich wird, ohne diese garantieren zu können (vgl. Kurtz 2004: 244f.). Durch den Hilfeplan (§ 36 SGB VIII) wird der Übergang vom Eingriffsrecht zum Leistungsrecht „prozedual", d.h. durch Verfahren eingelöst (vgl. Schefold 1999: 284; vgl. Urban, U. 2004: 46; Merchel 2003b: 35[148]). Es wird ein Rahmen bereitgestellt, durch den Leistungen als gewählte Leistungen und damit vom Leistungsberechtigten bzw. Adressaten mitbestimmt werden (vgl. von Soest 2000: 184). Dadurch, dass der Leistungsberechtigte bzw. der Adressat diese Leistung gewählt hat, kann die Durchführung der Leistung als selbstbestimmt attribuiert werden[149]. Das heißt, beim Hilfeplan handelt es sich um ein kulturelles System, das ermöglicht, dass die gleichen Maßnahmen, die vorher als Eingriffe wahrgenommen wurden, mit der Umstellung vom JWG auf das KJHG als Leistung interpretiert werden. Ermöglicht wurde diese veränderte Wahrnehmung

---

[147] Da eine „Pflicht" besteht, dass der Hilfeplan durch Aktenführung dokumentiert wird (vgl. Maas 1992: 186f.), kann es bedeuten, dass es möglich ist (vgl. Gragert 2004:369), dass der Mitarbeiter seine Mitgliedschaftsrolle riskiert, wenn sichtbar wird, dass er den Regeln der Hilfeplanung nicht gefolgt ist. Auf diesen empirisch nachzuweisenden Mangel an geregelter Kontrolle und Sanktionen weisen Pies/Schrapper (2003) auf dem Hintergrund ihrer Ergebnisse aus dem Bundesmodellprojekt „Hilfeplanung als Kontraktmanagment?" hin (vgl. Pies/Schrapper 2003: 586).

[148] Merchel weist darauf hin, dass die Einschätzung des KJHGs als Leistungsrecht nicht immer eindeutig gewesen ist. Hintergrund der Einschätzung sei der Blick auf die Leistungsverpflichtung gewesen, die in der Tat nicht systematisch im KJHG gegeben sei. Da das KJHG ein Bundesgesetz sei, die Jugendhilfe aber kommunal gesteuert werde, sei eine Leistungsverpflichtung auf der Ebene des Bundesgesetzes nicht denkbar. Stattdessen setze das KJHG auf Verfahren, durch die Leistungsansprüche konstituiert würden (vgl. Merchel 2003b: 35).

[149] Pies/Schrapper weisen in ihrer Untersuchung deutlich darauf hin, dass Hilfeplanung häufig daran scheitert, dass Adressaten nicht hinlänglich in die Hilfeplanung mit einbezogen worden sind (vgl. Pies/Schrapper 2003: 589, 591).

dadurch, dass im KJHG die Leistungsberechtigen bzw. Adressaten nicht mehr „als bedürftige Objekte betrachtet werden, sondern als anspruchsberechtigte Subjekte mit Expertenstatus in persönlichen Angelegenheiten" (Urban, U. 2004: 37; vgl. Schrapper 1994: 70; Petermann/Schmidt 1995: 9) wahrgenommen werden. Dadurch werden sie als „Verhandlungspartner" in der Hilfeplanung konstituiert (vgl. Urban, U. 2004: 37). Es geht letztlich um eine Änderung der Perspektive auf die Leistungsangebote, ohne dass sich diese zunächst[150] selbst geändert haben. Anstatt einer Defizitorientierung ginge es nun um Förderungsangebote (vgl. Wiesner 2000: 14f.) „Die beiden grundlegenden Imperative der Fachlichkeit und Beteiligung werden in ein geregeltes Interaktionssystem umgesetzt und sollen darin balanciert werden" (Schefold 1999: 284). Voraussetzung ist, dass die Hilfe nicht willkürlich erfolgt, da sie dann auf Kosten des Gemeinwohls ginge, sondern dass ein Passungsverhältnis als Einheit der Differenz von Wille und Wohl hergestellt wird, welches Grundlage für die Auswahl konkreter Leistungsangebote sein wird. Der Hilfeplaner hat für die Publikumsrolle eine anwaltschaftliche Funktion, um die „Produktionsbedingungen" der Hilfe für den Adressaten zu verbessern. Dadurch ist es leichter, die Hilfen zur Erziehung nicht als Eingriffsrecht, sondern als Leistungsrecht wahrzunehmen (vgl. Petermann/Schmidt 1995: 13; vgl. von Soest 2000: 184f.).

Das setzt voraus, dass die Hilfeplanung eine zeitintensive Intervention ist, die es ermöglicht, dass Hilfen nicht ad hoc eingeleitet werden, sondern dass diese langfristig geplant und Eskalationen antizipiert werden, da das Risiko des Scheiterns von Leistungsangeboten relativ hoch ist (vgl. Ader 2006: 175). Die Hilfeplanung ermöglicht strukturell die Partizipation von Adressaten auch bei der Reflexion der Durchführung der Hilfen. Diese Auslegung ist insofern nicht eindeutig, da vom Deutschen Jugendinstitut (Pluto/Mamier/van Santen/Seckinger/Zink 2003) zu Recht darauf hingewiesen wurde, dass die Beteiligung der Leistungsberechtigten und der Adressaten sich auf dieser Ebene rechtlich nicht niederschlägt, sondern vielmehr die fachliche Reflexion betont wird (vgl. § 36 Abs. 2 KJHG). Wenn sich sozialpädagogische Fachlichkeit aber als Expertenschaft bezüglich des Verfahrens[151] darstellt, würde es bedeuten, dass die Partizipation der Leistungsberechtigten und der Adressaten auch bei der Evaluation ernst zu nehmen ist.

---

[150] Ich schreibe „zunächst", da ich darstellen werde, dass die Hilfeplanung nicht nur die Wahl von Leistungsangeboten ermöglicht, sondern zugleich zur Herausbildung eines Urteilsvermögens beitragen kann, welche eine kritische Haltung gegenüber den Leistungsangeboten ermöglicht. Dadurch besteht die Notwendigkeit, ein Passungsverhältnis herzustellen.
[151] Ich werde zeigen, dass es sich bei dem Verfahren nicht nur um ein juristisches Verfahren handelt, sondern vielmehr um einen pädagogischen Prozess, der eine hohe Komplexität aufweist. Dann liegt der Schwerpunkt aber auf der Vermittlung/Aneignung als Fachlichkeit und nicht in einer klinisch-therapeutischen Diagnostik.

Hilfeplanung als Verfahren und damit als organisatorische Regulation vollzieht sich nur in der Umwelt der sozialpädagogischen Interaktion der Hilfeplanung. Es ist damit in der Interaktion selbst nicht operativ wirksam. Zugleich muss sich „die pädagogische Interaktion [...] fortwährend mit den Folgen von Organisation auseinander setzen, weil aus ihr selbst heraus nicht die in einem gesellschaftlichen Subsystem erforderlichen Koordinationsleistungen generierbar sind" (Kuper 2004: 135). Während es aus systemtheoretischer Perspektive auf der Ebene der Organisation nicht möglich ist, dass ideenbasierte Begründungsmuster von Verhalten und der operative Bereich auseinander fallen, ist dieses auf der Ebene der Professionalität sehr wohl denkbar (vgl. Kuper 2004: 139). Entsprechend wurde in den Interviews mit den Hilfeplanern des Allgemeinen Sozialdienstes des Jugendamtes als Schwierigkeit bezüglich der Umsetzung der Partizipation im Hilfeplanverfahren die Umkehrung der Machtverhältnisse benannt, die dazu beitrage, dass sie sich selbst nicht mehr als Fachkräfte wahrnehmen würden (vgl. Pluto/Mamier/van Santen/Seckinger/Zink 2003: 52). Das heißt, Beteiligung wird nicht als Bedingung ihrer eigenen Möglichkeit, Experten für Verfahren der Hilfeplanung zu sein, gesehen. Dadurch wird es wahrscheinlich, dass informell das unterlaufen wird, was durch das Verfahren ermöglicht wurde.

## X.3 Sozialpädagogische Reflexionstheorie der Hilfeplanung: der klinische Blick

Ich werde ausgehend von dem, was ich als sozialpädagogische Reflexionstheorie dargestellt habe, zeigen, wie die sozialpädagogische Reflexionstheorie einerseits der rechtlichen Grundlegung der Hilfeplanung entspricht, andererseits dieses Verfahren auch reflexiv gestalten kann. Dadurch wird der Versuch unternommen, sich dem zu nähern, was Merchel als den „sozialpädagogischen Gestaltungsauftrag" (Merchel 1998b: 14) bezeichnet hat. Es geht um eine sozialpädagogische Lesart der Hilfeplanung als Verfahren. Sie macht deutlich, dass Hilfeplanung ein Instrument zur „Destandardisierung" als wissensgestützte Routine ist, durch das eine selbstreferentielle Steuerung der Hilfe durch den Adressaten möglich wird[152]. Durch die sozialpädagogische Lesart entsteht Hilfeplanung als ein reflexives Verfahren, da es Abweichungen von dem, was erwartet wird, systematisch als Bedingung der eigenen Möglichkeit einbaut. „Reflexivität bezeichnet mithin einen Prozess der Selbstkonfrontation sozialer Praxis unter dem Gesichtspunkt ihrer Verbesserungsfähigkeit" (Messmer 2004: 74). Das sei durch die „Radikalisierung des Zweifels" und die „Offenheit für sozialen Dissens"

---

[152] Erst wenn eine Irritation durch eine Abweichung von der Erwartung als Bedingung der eigenen Möglichkeit wahrgenommen wird, verliert sie ihren bedrohlichen Charakter (vgl. Ader 2006: 214ff.).

(Messmer 2004: 74) möglich. Die sozialpädagogische Lesart der Hilfeplanung kann auch als sozialpädagogisches Programm bezeichnet werden. Dem Programm geht es um die „Installation von Erwartungsmustern und Kriterien, unter denen das operative Geschehen reflektiert und bewertet wird" (Kuper 2004: 147). Das Programm wirkt als Beobachtungsschema, indem es die entscheidungsorientierte Kommunikation davor schützt, mit der vollen Komplexität vor Ort konfrontiert zu werden (vgl. Kuper 2004: 147: Hansbauer 1995: 14). Zugleich kennzeichnet sich das sozialpädagogische Programm dadurch, dass je einzelfallbezogen entschieden wird, was eine Komplexitätsreduktion nur bedingt möglich macht. Gegenüber der Sozialpolitik, aber auch gegenüber den Organisationen der Jugendhilfe, die die Hilfe durchführen, wird durch das Programm die konkrete Leistung deutlich, die im Kontext der Hilfeplanung vollzogen wird. Das Programm „dient als Appellationsinstanz, mit der sich die Organisation zu ihren Umwelten positioniert und damit einerseits eigene Ansprüche auf eine [sozial-;B.H.]pädagogische Deutung von Ereignissen in diesen Umwelten anmeldet und andererseits aus den Umwelten heraus reklamierbaren Erwartungen an die eigenen Leistungen eine Adresse gibt" (Kuper 2004: 148). Das heißt, dass das Programm als die sozialpädagogische Gestaltung des rechtlich konstituierten Verfahrens der Hilfeplanung angesehen werden kann, welches über das, was rechtlich konstituiert und sich als Organisationspraxis institutionalisiert hat, einzelfallbezogen hinausgeht[153].

Im Folgenden werde ich auf die Chronologie der Hilfeplanung näher eingehen, die als Anamnese, Diagnose, Intervention und Evaluation beschrieben werden können. Ich werde diese Phasen der Hilfeplanung aus der Perspektive einer sich erziehungswissenschaftlich verstehenden Sozialpädagogik entfalten[154].

### X.3.1 Anamnese als Erziehungswirklichkeit

Wenn für die Sozialpädagogik das Subjekt ausschlaggebend ist, stellt sich die Frage, wie in der Hilfeplanung so kommuniziert werden kann, dass „Autonomie" des Adressaten konstituiert wird, oder um es mit Hansbauer auszudrücken: Wie können sozialpädagogische Fachkräfte die Adressaten zu starken Akteuren in der

---

[153] Das Programm wird aber nur dann durchgeführt werden können, wenn entsprechende zeitliche Ressourcen für die Hilfeplanung zur Verfügung stehen (vgl. Pluto/Mamier/van Santen/Seckinger/Zink 2003: 31ff.) und es keine Entscheidungsroutinen gibt, welche Hilfen zur Erziehung angemessen zu sein scheinen (vgl. Hansbauer 1995: 16).
[154] Liest man den Bericht des DJI zur Partizipation im Kontext erzieherischer Hilfen, fällt deutlich auf, wie sehr der Bericht von einer pädagogischen Perspektive geprägt ist und wie häufig darauf hingewiesen wird, dass es notwendig ist, die Hilfeplanung didaktisch zu gestalten, um Partizipation zu ermöglichen (vgl. Pluto/Mamier/van Santen/Seckinger/Zink 2003). Es scheint so, als ob die Entwicklungen im Kontext der Jugendhilfe selbst eine Pädagogisierung der Hilfeplanung nahe legen.

Hilfeplanung machen (vgl. Hansbauer 1995: 18)? Im Folgenden werde ich nicht zwischen den Eltern als Leistungsberechtigte der Hilfen zur Erziehung und den Kinder als Adressaten unterscheiden, da eine Differenzierung auf dieser abstrakten Ebene eher verwirren würde, als dass sie zum Erkenntnisgewinn beitrüge. Dennoch muss betont werden, dass beim faktischen Vollzug der Hilfeplanung die Differenzierung zwischen der Perspektive der leistungsberechtigten Eltern und den Adressaten/Jugendlichen eine signifikante Rolle für das Gelingen des Hilfeprozesses spielt[155]. Eine Überidentifikation mit einer Seite, z.B. den Kindern/Jugendlichen, kann zur Blockade seitens der leistungsberechtigten Eltern führen,[156] was bedeutet, dass diese die Hilfeleistungen nicht weiter in Anspruch nehmen. Umgekehrt besteht die Gefahr, dass die Kinder und Jugendlichen den Sinn der Hilfen nicht verstehen, wenn sie in die Hilfeplanung nicht einbezogen werden und sie sich deswegen der Hilfeleistungen verweigern (vgl. Ader 2006: 180, 191, 219).

In Kapitel VI.1.1 habe ich bereits darauf hingewiesen, dass Ausgangspunkt für Autonomie ein Konflikt bzw. ein Widerstand des Adressaten ist, der sich dem Sozialpädagogen durch abweichendes „körperliches Verhalten"[157], man könnte auch sagen Mitteilungsverhalten, zeigt. Erst durch die Abweichung nimmt jener den Adressaten in seinem Anderssein wahr. Wenn sich Abweichung gegen die Erwartung durchsetzen soll, ist eine Sicherheitsvorkehrung notwendig, die dieses ermöglicht. Im Kontext der Hilfeplanung ist diese Sicherheitsvorkehrung durch das Verfahren selbst gegeben, indem die Beteiligung der Leistungsberechtigten und der betroffenen Kinder bzw. Jugendlichen betont wird und zwar auch dann, wenn sie dem fachlichen Interesse entgegengesetzt sind.

---

[155] Frühe Abbrüche werden einseitig von Eltern gefällt, wenn sie aufgrund schlechter Kooperation nicht zum Zuge kommen, insbesondere dann, wenn ihr Kind beteiligt wird und auch zu einer Beteiligung in der Lage ist (vgl. Schneider 2002: 435). Bei späteren Abbrüchen hingegen sind die Kooperation mit dem Kind, das Erreichen der elternbezogenen Ziele und die Veränderung psychosozialer Belastungen von entscheidender Bedeutung (vgl. Schneider 2002: 435).
[156] Häufig gibt es, gerade wenn Heimerziehung als Möglichkeit in Betracht gezogen wird (§ 34 SGB VIII), gegenüber den Eltern oder Freunden eine Defizitperspektive, die dazu beiträgt, dass die betroffenen Kinder und Jugendlichen an einer Entwicklung gehindert werden, obwohl diese als Ressourcen im emotionalen Umfeld von den Adressaten wahrgenommen werden. Entsprechend wird versucht, den Kontakt mit den Freunden oder auch den Eltern zu tabuisieren (vgl. Normann 2003: 155). Wenn die Erfolgsbilanzen bei der Bewältigung schwieriger Lebensereignisse nicht wahrgenommen werden, besteht die Gefahr, dass die Leistungsangebote als Eingriffe wahrgenommen werden und entsprechend bekämpft werden (vgl. Lambers 1996: 184ff.). Dadurch besteht das Risiko, dass sie zur Destabilisierung des Hilfesystems beitragen.
[157] Abweichendes körperliches Verhalten kann sich sowohl auf der verbalen Ebene der Mitteilung beziehen als auch nichtsprachliche Signale umfassen. Letztere spielen insbesondere bei Kindern mit einem geringeren Entwicklungsstand eine große Rolle (vgl. Pluto/Mamier/van Santen/Seckinger/Zink 2003: 54).

Das Herausfinden der eigenen Interessen des Adressaten bzw. des Leistungsberechtigten trägt dazu bei, dass sich die „moralische Ökonomie" des Selbst artikuliert. Das Identitätsproblem wird noch nicht individualisiert, sondern es basiert auf der Distanz zu dogmatischen auf das Wohl gerichteten Vorgaben (vgl. Luhmann 1994: 193), was bei den vorliegenden Problemen am besten zu tun ist[158].

Bei der Anamnese geht es um eine Projektion, inwieweit das abweichende Verhalten als Beitrag zur Verstärkung der Verlaufskurve gesehen werden kann, oder ob diese durch einen „pädagogischen Bezug", d.h. durch das Verstehen der Selbst- und Weltdeutungen der Jugendlichen in eine Verlaufskurve der Integration transformiert werden kann (vgl. Hanses 2000: 376; Mollenhauer/Uhlendorff 1995: 134[159]).

---

[158] In der sozialpädagogischen Anamnese geht es um eine Darstellung, die wechselseitig darauf beruht, sich so darzustellen, wie man ist, aber offensichtlich doch nicht ist. Das heißt, es wird eine Differenz zu der Interaktion im Hilfesystem eingeführt. In der Face-to-Face-Kommunikation der Beratung wird der professionelle Helfer versuchen, nicht zu zeigen, dass er der konkreten Form der Willensbildung kritisch gegenübersteht, um die Voraussetzung für Vertrauensbildung zu schaffen. Aber auch die Leistungsberechtigten bzw. Adressaten befinden sich durch die Anwesenheit des professionellen Helfers in einer anderen, d.h. öffentlichen, von außen wahrgenommenen Situation, in der sie überlegen, was sie von sich darstellen. Dadurch werden die realen Konflikte zwischen professionellen Helfern, denen es auch um das Wohl des Adressaten geht, und dem Willen des Adressaten auf die Situation des unmittelbaren Gegenüberseins in der Beratung übertragen. Es wird wechselseitig die Kommunikation daraufhin beobachtet (exzentrische Positionalität), inwieweit der andere die Bedingungen erfüllt, die Voraussetzungen dafür sind, das zu sein, was semantisch vorgegeben wird, zu sein (vgl. Körner 2001: 51).
Im Unterschied zur psychoanalytischen Situation, in der Abstinenz gefordert wird (Körner 2001), welche symbolisch mit der Couch in Verbindung gebracht wird, bedeutet Abstinenz in der sozialpädagogischen Beratung, dass professionelle Helfer in der Kommunikation von den Adressaten als Erlebende attribuiert werden. Dadurch stellen sie das Gegenteil dar, was von einem professionellen Helfer erwartet wird (vgl. Kunstreich 2004 u.a.: 33).
Eingeschliffene Beziehungsmuster gegenüber Helfern können dadurch irritiert werden. Die Selbstreferenz ermöglicht Autonomie, indem „neue selbstregulierte Verknüpfungsmuster" hergestellt werden können (vgl. Kunstreich 2004 u.a.: 35f.).
Die sozialpädagogische Anamnese opfert das, was eine Profession als Profession ausmacht. Sie rekonstruiert es aber als Bedingung ihrer Möglichkeit, professionell zu sein, da es die Voraussetzung für Adressaten ist, sich selbstreferentiell zu attribuieren. Das, was auf der Beobachtungsebene 1. Ordnung als Erleben des professionellen Helfers attribuiert wird, wird durch die Rekonstruktion im Beratungsgespräch, auf der Beobachtungsebene 2. Ordnung, als professionelles Handeln der Sozialen Arbeit gedeutet. Umgekehrt ist der Adressat, der auf der Beobachtungsebene 1. Ordnung erst durch Abweichung als Handelnder „erscheint", auf der Beobachtungsebene 2. Ordnung Erlebender, der sich dazu entscheidet, sich dem Verfahren der akzeptierenden Lebensweltorientierten Sozialen Arbeit zu unterwerfen. Dieses ermöglicht, die Überführung von fremd- in selbstreferentielle Attribuierung. Damit ist die Voraussetzung geschaffen, dass der Wille dem Wohl des Jugendlichen gegenübergestellt wird.

[159] Hanses weist darauf hin, dass das Verfahren der sozialpädagogischen Diagnose von Mollenhauer/Uhlendorff durch den entwicklungspsychologischen Zugang eine Tendenz zur psychosozialen

"Die Adressaten sind hier nicht nur Datenlieferanten oder Lieferanten von Erzählmaterial, sondern sie sind insofern Partner und Beteiligte bei der Konstruktion ihres ‚Falles', als sie zum einen ihre Situationsdefinition und ihre Problemperspektive unmittelbar als vom ‚Diagnostiker' ernst zu nehmender Gegenstand zur Geltung bringen und zum anderen die Bedeutung der in hermeneutischen Prozessen erarbeiteten und dargebotenen ‚Diagnose' in kommunikativer Weise bewerten müssen" (Merchel 2003a: 534). Dennoch trägt der „pädagogische Bezug", der auf ein Verstehen des Adressaten abzielt, dazu bei, dass die Sichtweise des Adressaten den Interpretationen des Sozialpädagogen untergeordnet wird (vgl. Meinhold 1987: 207). Auch eine sozialpädagogische Diagnostik kann als eine „klinische Kodifizierung des ‚Sprechen-Machens'" (Foucault 1986: 84) verstanden werden, die darauf zielt, den latenten Sinn der Aussagen des Adressaten wissenschaftlich akzeptabel zu machen[160]. So gerate der Sozialpädagoge „trotz der zunächst auf Koproduktivität ausgerichteten Vorgehensweise schnell in den Status eines mit Wahrheitsanspruchs auftretenden Experten" (Merchel 2003a: 536; vgl. Kunstreich 2003). Merchel und Kunstreich setzen anstatt auf Verstehen auf Verständigung, die im Kern auf Aushandlung basiert. Das bedeutet nicht, das Verstehen aufzugeben, sondern dass Verständigung dort beginnt, wo das Verstehen aufhört. Dadurch wird die Aufmerksamkeit auf die Abweichung vom „pädagogischen Bezug" und den damit verknüpften Erwartungen gelenkt. Das heißt, dass das psychische System, das als Publikum außerhalb des Interaktionssystems zu verorten ist, durch abweichendes Verhalten als „Unbewusstes"[161] an der Oberfläche des Interaktionssystems wieder auftaucht. Dadurch wird die gesellschaftliche Voraussetzung für Soziale Arbeit, dass das psychische System sich fremdreferentiell attribuiert, durch moralische Kommunikation ins System als Thema projiziert (Fuchs 1999). Es wird versucht, den Adressaten in die Lage zu versetzen, Präferenzen zu setzen, d.h. Entscheidungen zu fällen. Die Entscheidung ist das eingeschlossene ausgeschlossene Dritte, das die Unterscheidung zwischen den Alternativen verwendet. Wer aber entscheidet? Ist es der Adressat? Der Adressat wird nur dadurch zum Entscheider, weil der professionelle Helfer ihn dazu bringt, zwischen den Alternativen zu unterscheiden. Wenn der Adressat in die Situation versetzt wird, zu entscheiden, ist er „Parasit"

---

Diagnostik hätte. Das heißt, es sei zwischen der biographischen Diagnostik und der psychosozialen Diagnostik nach Harnach-Beck (2000) einzuordnen, das in der Gefahr bestehe, dass die Einmaligkeit des Falles vorschnell unter entwicklungspsychologische Kategorien subsumiert werde (vgl. Hanses 2000: 363).
[160] Foucault nennt diese Form des Sich-selbst-Kennens „Exogoreusis". Es geht um eine analytische und kontinuierliche Verbalisierung der Gedanken, welche hervorgebracht werden, um einem anderen zu gehorchen (vgl. Foucault 1997: 245).
[161] Unbewusst bedeutet das, dass dem Adressaten nicht bewusst ist, dass die Nichtentscheidung ebenfalls eine Entscheidung ist.

seiner Entscheidung (OuE: 137), wodurch die Einheit der Differenz zwischen Willen und Nichtwillen konstituiert wird. Er profitiert davon, dass der Entscheidung Alternativen zugrunde liegen. Die Entscheidung vergeht, er bleibt. Wenn er oder der Sozialpädagoge sich bzw. ihm die Entscheidung als Entscheidung zuschreibt, wird er zum Bürger, der eine Wahl getroffen hat[162].

Die Geheimnisse der Modalitäten der Entscheidungen geben sich nur dem preis, der entscheidet, der das Ungewisse bändigt und dabei sich nur auf sein eigenes Maßgefühl zwischen den Alternativen verlassen kann (vgl. Plessner 1980: 214; vgl. OuE: 137). Rezeptivität, d.h. die Wahrnehmung der Alternativen und Produktivität, d.h. die Entscheidung, die nicht mit einer der Alternativen zusammenfällt, stoßen hier aufeinander.

Der Leistungsberechtigte, das Kind oder der Jugendliche als Adressat hört erst, dass er selbst bestimmt hat, nachdem er sieht, dass er aufgrund einer Beschwerde über das, wie er wahrgenommen wurde, von dem Sozialpädagogen anders wahrgenommen wird. Das wiederum kann dazu motivieren, die Differenzen zwischen Fremd- und Selbstwahrnehmung zu thematisieren. Das heißt, es trägt dazu bei, auch beim nächsten Mal Differenzen zu thematisieren, so dass eine Entscheidung auf die nächste rekursiv folgt. Dadurch entsteht im Kontext des Interventionssystems der Hilfeplanung eine thematische Sinngebung. Die dadurch immer wieder entstehende strukturelle Kopplung und damit die Bildung einer öffentlichen Meinung über das sozialpädagogische Verstehen der Selbstdeutungen des Kindes bzw. Jugendlichen einerseits und des Leistungsberechtigten andererseits trägt zur Bewältigung des Paradox bei, „daß gerade das Immer-Schon-Verstanden-Haben wirkliches Verstehen blockieren kann, unfähig machen kann, zu ‚sehen', ebenso wie das dringende ‚Helfen-Wollen' hindern kann, wahrzunehmen, wie und wo Hilfe überhaupt nötig ist" (Müller 1997: 80). Anstatt auf das „Sehen" und damit die schematische Sinngebung, die das Gefühl ermöglicht, den anderen verstanden, „begriffen" zu haben, komme es, so Müller, vielmehr auf das „Hören" an (vgl. Müller 1997: 80). Durch das „Hören" entsteht eine „thematische Sinngebung" als ein Prozess, indem bei einer Abweichung von der Erwartung immer wieder neu verstanden werden muss, indem die Koproduktivität des Verstehensprozesses wieder neu hervorgebracht wird, anstatt sie vorauszusetzen. Die Verstehenskomponente sorgt „für den Anschlußzusammenhang weiterer kommunikativer Ereignisse" (Nassehi 1997b: 140). „Sobald Kommunikation weitergeht, wurde also verstanden, was übrigens Mißverstehen, Miß-

---

[162] Freiheit wird „nicht mehr als Vermögen der Person gedacht, qua Aneignung einer kulturellen Identität sich selbst zu gestalten und diese vorgefundene Wirklichkeit weiterzuentwickeln" (Forneck 2002: 249), wie es für die Lebensweltorientierte Sozialpädagogik kennzeichnend gewesen ist. „Freiheit wird vielmehr als Wahlmöglichkeit begriffen, also apriorisch" (Forneck 2002: 249f.), welche durch die Anamnese konstituiert wird.

verständnisse einschließt" (Nassehi 1997b: 141). Dieses operative Verstehen unterscheidet sich von einem Perfektibilitätsmodell des Verstehens (vgl. Nassehi 1997b: 141). Beim „beobachtenden" Verstehen (vgl. Nassehi 1997b: 141) im Kontext der strukturellen Kopplung geht es um einen systemrelativen Beobachtungsvorgang. Dabei kann es kein systemexternes Kriterium für richtiges Verstehen geben – in der sozialen Praxis lässt sich richtiges Verstehen letztlich nur evolutionär beurteilen. „Richtig verstanden ist etwas dann, wenn sich das Verstehen im entsprechenden Kontext bewährt" (Nassehi 1997b: 142). Dann geht es nicht nur darum, fremde Beobachtungen zu verstehen, sondern reflexiv gegenüber dem eigenen Verstehensprozess, d.h. den eigenen System-Umwelt-Unterscheidungen zu sein (vgl. Nassehi 1997b: 143). Das setzt voraus, dass das operative Verstehen, das heißt die Art, wie der Adressat verstanden wird, konkretisiert und transparent gemacht wird. Dadurch können Differenzen deutlicher wahrgenommen und der Verstehensprozess reflexiv vorangetrieben werden. Es entsteht eine rhythmische Gliederung und damit eine Verzeitlichung des Verstehens (vgl. Hünersdorf 2000: 75). Entsprechend ist es wenig sinnvoll, sehr aufwendige Interpretationen an den Tag zu legen, wie sie im Kontext der Biographieforschung üblich sind und insbesondere an der Gesamthochschule Kassel vorangetrieben werden (vgl. Fischer/Goblirsch 2004). Stattdessen kann das Verfahren des Verstehens der Selbstdeutungen der leistungsberechtigten Eltern und der Adressaten deutlich verkürzt und dafür der Wahrheitsanspruch aufgegeben werden (vgl. Rieger-Ladich 2002: 412). Als funktionales Äquivalent kann die diskursive Auseinandersetzung, aufgrund von Dissens zwischen Sozialpädagogen und Leistungsberechtigten bzw. Adressaten im Kontext einer strukturellen Kopplung betont werden (vgl. Merchel 2003a: 536ff.; Kunstreich 2003)[163]. Durch die diskursive Auseinandersetzung kann die Kooperation der Akteure gefördert werden (vgl. Wolff 2000: 209f.), was insofern sinnvoll ist, da mangelnde Kooperation ein „Frühwarnsystem" für das Misslingen von Hilfeverläufen ist (vgl. Schmidt u.a. 2002: 434).

Durch dieses methodische Arbeitsprinzip der Sozialpädagogik, welches Zufälle in einen Strukturgewinn transformiert (Luhmann 2004a: 22), geht eine moralisch gebotene Distanz einher, die sich streng an das Wissen hält, so dass das psychische System als solches niemals verstanden werden kann. Das Verbot, in das hinter dem abweichenden Verhalten stehende psychische Selbst einzudringen, ermöglicht durch strukturelle Kopplung eine öffentliche Meinungsbildung, durch welche ein virtuelles Bild von dem, was sich unter der Oberfläche

---

[163] Ader weist darauf hin, dass die Hilfeplaner dazu tendieren, sich bei Konflikten auf die formale Ebene zurückzuziehen, anstatt diese diskursiv auszutragen (vgl. Ader 2006: 189). Das mag daran liegen, dass das Austragen von Konflikten nicht zum professionellen Selbstverständnis gehört und es als zu anstrengend erlebt wird.

des abweichenden Verhaltenssystems abspielt, erzeugt wird (vgl. Luhmann 2004a: 12f.). Dadurch nehmen die Bedeutungen der Entscheidungen der Leistungsberechtigten bzw. der Adressaten zu, so dass diese als Entscheider (vgl. OuE: 138) in der Hilfeplanung konstituiert werden (vgl. Kuper 2004: 150).

Aus diesem Grunde können die strukturellen Kopplungen auch „als ‚Schaltstellen' oder ‚Wendepunkte' einer Entwicklung von Fremd- in Selbstreferentialität interpretiert werden[164] die sich teilweise selbst wiederum als Entwicklungsprozesse identifizieren lassen" (Jüttemann 1990: 23)[165]. Je häufiger jemand sich als Entscheider attribuiert, desto mehr habitualisiert sich diese Form der Attribuierung, Entscheider zu sein.

Dadurch wird gegenwärtig vorweggenommen, dass der Adressat Entscheider „ist", was zukünftig manifest werden soll (vgl. Kunstreich u.a. 2004: 31; Körner/Müller 2004: 136f.). Es vollzieht sich eine Pädagogisierung der Kommunikation, indem zwischen gegenwärtig und zukünftig unterschieden wird. Der Adressat wird dazu aufgefordert, zu sein, „was er noch nicht ist", was er „allererst vermittels eigener Selbsttätigkeit wird" (Benner 1987: 71). Sozialpädagogik vollzieht eine Transformation, indem sie das, was in der gesellschaftlichen Kommunikation in der Sozialdimension als pathologisch[166] beobachtet wird, in ein Zeitschema einführt. Dadurch kann sie im Gegenwärtigen Zukünftiges sehen. Sie setzt die pathologische Dimension in Klammern und ersetzt sie durch das Moralschema (vgl. Fuchs 2004a: 22f.). Die Nichtentscheidung durch moralische Kommunikation anzuerkennen, bedeutet, sich für ein Programm zu entscheiden,

---

[164] Genau diese Struktur wird der Lebensweltorientierten Sozialen Arbeit als genetischer Fehlschluss vorgeworfen, da von der Explikation eines impliziten Sinns auf eine gültige Norm geschlossen wird (vgl. Prange 2003: 309). Aus der systemtheoretischen Perspektive handelt es sich aber nicht um einen genetischen Fehlschluss, sondern um eine generative Methodik, die sich durch die Vermittlung zwischen Sein und Sollen durch Entscheidung vollzieht. Dabei ordnet sie sich selbst im Kontext des Relativismus ein, da jede Entscheidung kontingent ist. Sie transformiert Relativität durch das Aufeinanderfolgen von Entscheidungen, die auf Entscheidungen rekursiv beruhen, Kontingenz und damit Fremdreferentialität in Selbstreferentialität. Autonomie wird nicht vorausgesetzt, wie es Prange der Lebensweltorientierten Sozialen Arbeit vorwirft (vgl. Prange 2003: 309), sondern sie wird durch das Verfahren konstituiert, was aber den Vertretern der Lebensweltorientierten Sozialen Arbeit selbst wiederum nicht bewusst ist. Es handelt sich um den blinden Fleck der Lebensweltorientierten Sozialen Arbeit, der auf der Beobachtungsebene 1. Ordnung durchaus Sinn macht, da ansonsten das Verfahren manipulativ wirken würde, anstatt akzeptierend zu sein. Das heißt, vergessen, was Lebensweltorientierte Sozialpädagogik möglich macht, ist die produktive Voraussetzung für ihre Wirksamkeit.
[165] Während Jüttemann dies entwicklungspsychologisch interpretiert, geht es aus systemtheoretischer Perspektive eher um eine sozialwissenschaftliche Entscheidungstheorie. Die Differenz liegt darin, dass eine Entscheidung nicht als „inneres" Ereignis betrachtet werden kann (vgl. Jüttemann 1990: 23), sondern als ein „Parasit" einer Situation, da sie als kulturelles System eine Wahl zwischen Alternativen konstituiert.
[166] Ich spreche von pathologisch, da sich hier eine Abweichung von der politischen Erwartung, unabhängig zu sein, vollzieht.

das selbstreferentielle Attribuierung gegenwärtig ermöglicht[167], auch wenn es aus der Perspektive z.B. des sozialpolitischen Systems, das unabhängige Bürger erwartet, die sich mit dem Wohl auseinander setzen und es nicht per se ablehnen, pathologisch ist (vgl. Körner/Müller 2004: 143)[168].

„Die Substanzlosigkeit und die Grundlosigkeit des Subjekt-Sujets erscheinen damit nicht länger als ein Makel oder ein Defizit, vielmehr werden sie nun gerade zur Voraussetzung einer politischen Praxis, die die Eröffnung neuer Handlungsspielräume betreibt, ohne sich dabei ängstlich über Identitäts- und Wahrheitsfrage abzusichern" (Rieger-Ladich 2002: 412). Erst dadurch können alternative Formen des Selbstverhältnisses ausprobiert werden, wodurch eine praxeologische Perspektive auf Subjektivität[169] entsteht (Saar 2003), die zur Selbsttransformation beiträgt (vgl. Foucault 1995: 37ff.). Dadurch wird im Hier und Jetzt die Verlaufskurve der Abweichung in eine der Integration überführt (vgl. Foucault 1995: 140)[170]. Foucault weist daraufhin, dass die „Ästhetik der Existenz" zugleich eine Praktik der Freiheit wie der Mäßigung sei (vgl. Foucault 1995: 16). Sie trägt nach der Entpolitisierung durch die Exogoreusis zur Repolitisierung der Selbstsorge bei (vgl. Reichenbach 2005: 195).

Diese ist die Grundlage für die Auseinandersetzung mit dem eigenen Wohl, welches im Kontext der sozialen Diagnose als Einheit der Differenz zwischen Wille und Wohl thematisiert wird. Anders gesagt: Die Einheit der Differenz von Wille und Nichtwille trägt dazu bei, dass Hilfe freiwillig angenommen wird. Diese freiwillige Annahme von Hilfe wird aber im Kontext der Anamnese noch nicht zu einer schriftlich dokumentierten Entscheidung verdichtet. Insofern hat sie einen vorbereitenden Status, der aus der Perspektive dessen, was folgen wird,

---

[167] Abweichendes Verhalten ist als Bewältigungsverhalten zu verstehen. Hinter jedem Verhalten steht etwas, das nicht auf die Norm, sondern auf den sozialbiographischen Hintergrund des Subjekts verweist. Konkret sind die Möglichkeiten gemeint, die vorenthalten oder genommen wurden, sich durch soziale Anerkennung und der Erfahrung von Selbstwirksamkeit zu entwickeln und das Leben entsprechend zu gestalten (Böhnisch 1998: 11 ff.).

[168] Dieses hatte ich im Kapitel V.I.1 als reflexive Erziehungswirklichkeit, welche sich durch eine soziale Praxis des Liebesspiels kennzeichnet, bestimmt. Die soziale Praxis des Liebesspiels als der Aushandlung wird dem pädagogischen Bezug als Schema des Liebesspiels gegenübergestellt.

[169] Dass diese bildungstheoretisch anschlussfähig ist, darauf weisen Reichenbach (2000: 117) und Koller (2001: 25) hin.

[170] Im DJI-Bericht wird deutlich, dass es notwendig zu sein scheint, dass mit Konsequenzen gedroht wird, wenn die Adressaten nicht bereit sind, sich auf bestimmte Dinge einzulassen. Das wird als Widerspruch zur Aushandlung angesehen und nicht als soziale Bedingung für die Möglichkeit der Aushandlung (vgl. Pluto/Mamier/van Santen/Seckinger/Zink 2003: 68). Die Drohung wird als Macht wahrgenommen. Im Bericht wird darüber hinaus auch darauf hingewiesen, dass es notwendig ist, dass die Regeln ebenfalls Gegenstand der Aushandlung sind und nicht schon im Vorhinein festgelegt sind (vgl. Pluto/Mamier/van Santen/Seckinger/Zink 2003: 69), wodurch Drohungen anders wahrgenommen werden. Systemtheoretisch handelt es sich bei dieser Form von „Macht" um Selektion, welche die Grundlage für eine sozialpädagogische Systembildung ist.

resultiert. Es geht um ein Als-ob, d.h. um eine symbolische Ebene des Vollzugs von Entscheidungen und nicht um eine reale Ebene, welche sich im Vertrag erst im Kontext des Kontraktmanagements dokumentiert. Sie obliegt der Verantwortung des Hilfeplaners und kann nicht als eine strukturelle Vorkehrung des Verfahrens selbst angesehen werden (vgl. Kuper 2004: 141)[171]

Da Freiwilligkeit als Voraussetzung für professionelles Handeln dargestellt wird, ist die Anamnese, die Freiwilligkeit generiert, von zentraler Bedeutung. Sie ist die „Vorgeschichte" zu dem, was eigentlich die Hilfeplanung als Hilfeplanung ausmacht – die sozialpädagogische Diagnose.

*X.3.2 Sozialpädagogische Diagnose als Bildungswirklichkeit*

In der sozialpädagogischen Diagnose steht der Wille als Protest dem Wohl des Adressaten gegenüber. Das ist aber nicht Ausdruck der Delinquenz, sondern Widerstand des Adressaten gegen die fremdreferentielle Attribuierung der Hilfe. Die Einheit der Differenz von Wille und Wohl ist ein Reinigungsvorgang, der selbstreferentielle Attribuierung des Hilfeprozesses ermöglicht und wesentlich zum Gelingen des Hilfeprozesses beiträgt (vgl. Schmidt 2002: 526). In der sozialpädagogischen Diagnose als Bildungswirklichkeit wird eine potentielle Desorganisation des Hilfeprozesses vorweggenommen, indem die Abweichung von der Erwartung, was für das Wohl angemessen ist, sichtbar gemacht wird (vgl. Ader 2006: 218). Es wird somit vermieden, dass die Abweichung erst bei der

---

[171] Es geht in der Anamnese um eine „informierte Zustimmung", welche Schritt für Schritt immer wieder vom Adressaten vollzogen werden sollte (vgl. Pluto/Mamier/van Santen/Seckinger/Zink 2003: 39). Dieses könne durch entsprechende Faltblätter, die über die Rechte der Adressaten aufklären, gefördert werden (vgl. Pluto/Mamier/van Santen/Seckinger/Zink 2003: 40). Dabei bestehe aber die Gefahr, dass die aktive Bedarfsorientierung dazu beitrage, dass der Kostenrahmen gesprengt werde, weswegen diese offensive fachliche Haltung nicht eingenommen werde (vgl. Pluto/Mamier/van Santen/Seckinger/Zink 2003: 41). Das heißt, dass die Fachkräfte finanzielle Dimensionen reflektieren und sie für sich als handlungsleitend betrachten. Dadurch trage sie dazu bei, dass nicht die Einheit der Differenz von Effektivität und Effizienz vorangetrieben werde, was aber die Grundlage für Verwaltungshandeln sei (vgl. Luthe 2003), sondern vielmehr die Einheit der Differenz von Effizienz und Effektivität im Vordergrund stehe. Bei letzterem Vorgang kann zu Recht von Ökonomisierung gesprochen werden, die die Fachlichkeit unterwandert. Diese Form der Ökonomisierung wird aber von den Fachkräften aktualisiert, ohne dass Ökonomisierung zwingend gegeben ist. Im Gegenteil, die Einheit der Differenz von Effizienz und Effektivität könnte zum Gegenstand einer Verwaltungsklage werden (vgl. Luthe 2003), da es sich um eine „Vereinseitigung der Blickrichtung" (Luthe 2003: 15) handelt. Das hauswirtschaftliche Steuerungsinteresse kann sich „nur in einer auch das Individualrechtsgut berücksichtigenden Abwägungsentscheidung zur Geltung bringen, zumal das ‚soziale Recht' eines jeden Einzelnen mit einem abstrakten, aber relativierbaren Vorrang ausgestattet ist" (Luthe 2003: 16f.).
Eine aktive Bedarfspolitik kann eine Dienstleistungsorientierung stärken und dadurch präventiv wirken, wodurch die Hilfeplanung als anwaltschaftliches anstatt als kontrollierendes Instrument wahrscheinlicher wird.

Durchführung der Hilfe auftreten würde[172]. Dadurch wird das abweichende Verhalten dessentialisiert. Die Ablehnung, sich an dem auszurichten, was für das Wohl notwendig wäre, führt zwar im Kontext der sozialpädagogischen Diagnose zu einer Krise, aber im Anschluss kann das Attribut des Pathischen (Reiz) zur Höhe einer anschließenden (Trieb)kraft (Agens) (s.o. S. 14, vgl. v. Weizäcker 1986: 184), den Hilfeprozess selbstreferentiell steuern zu können, steigen. Dadurch wird das Interventionssystem zu einem „kausalen" Raum, durch den eine dem Willen des Adressaten gerechte Veränderung der „Produktion von Hilfe" um so eher möglich wird, je mehr er Widerstand leistet. Die Hilfeplanung entwickelt sich zu einem Immunsystem des Hilfesystems, indem dem Adressaten ein Handlungsspielraum eröffnet wird[173].

Um das Wohl des Kindes im Kontext der Jugendhilfe beurteilen zu können, liegt eine Normalitätsperspektive zugrunde. „Der jugendhilferechtliche Leistungsanspruch wird ausgelöst, wenn die Sozialisationsbedingungen den jungen Menschen im Vergleich zu anderen erheblich benachteiligen. Benachteiligung liegt vor, wenn das, was für Sozialisation, Ausbildung und Erziehung Minderjähriger in dieser Gesellschaft ‚normal', üblich und erforderlich ist, tatsächlich nicht vorhanden ist. Es bedarf also eines wertenden Vergleichs der konkreten Lebens- und Sozialisationssituation des jungen Menschen mit der üblichen Altersgruppe. Gefordert ist ein Balanceakt zwischen dem Respekt vor andersartigen Lebensentwürfen [...] und dem Bemühen, Benachteiligungen abzubauen (§ 1 Abs. 3 SGB VIII), um weitest mögliche soziale Teilhabechancen zu eröffnen" (Trenczek 2005: 2, Wiesner 2000). Mit der Ausrichtung an sozialen Teilhabechancen durch den Bezug auf das Wohl des Kindes bzw. Jugendlichen geht eine Setzung von Normalitätsstandards einher (vgl. Merchel 2003b: 41). Wird von diesen abgewichen, muss interveniert werden, um die Chance zur sozialen Teilhabe zu verbessern (vgl. Kessl 2005: 150).

In der Hilfeplanung bekommt diese Ausrichtung an Normalitätsstandards insofern Bedeutung, als dort eine Ressourcen- und Risikokalkulation durch eine interprofessionelle Zusammenarbeit verbindlich gemacht wird (vgl. Petermann/Schmidt 1995: 15, 87, Staub-Bernasconi 2005: 531). Die professionellen Vertreter des Gesundheitssystems, wie z.B. die Ärzte, die Juristen etc., treten als Publikumsrolle im System der Sozialen Arbeit auf. Die professionellen Vertreter

---

[172] In dieser Argumentation werden die Adressaten als „unfertig" in dem Sinne angesehen, als dass davon ausgegangen wird, dass durch Vermittlungsprozesse, diese „Unfertigkeit" beseitigt werden könnte (vgl. Heyting 2004: 110). Mitsprache gilt als „Vermittlungshilfe zur Aneignung stabiler und integrierter Verhaltensformen" (Heyting 2004: 111). Dadurch wird das Ideal demokratischer Verhältnisse als Erziehungsideal repräsentiert (vgl. Heyting 2004: 111).

[173] Die sozialpädagogische Diagnose wird den Erwartungen der Sachverständigenkommission zum 11. Kinder- und Jugendbericht gerecht, die dafür plädiert, dass die sozialpädagogische Diagnose nicht klinisch-therapeutisch ausgerichtet sein sollte, keine

haben als Interessenvertreter des Wohls des Adressaten die Funktion des „Zulieferungsdienstes" (PdG: 245) für den Hilfeplan. Sie repräsentieren die Interessen der Teilhabe an sozialer Gerechtigkeit, indem sie darstellen, was für das körperliche Wohl etc. notwendig ist. Dadurch repräsentieren sie die Umwelt des Systems der Sozialen Arbeit. Die professionellen Vertreter dokumentieren historisch die Vielfalt der Funktionssysteme, an die eine Teilhabe gewährleistet werden soll. Sie vertreten anwaltschaftlich jeweils die spezifischen Interessen der Funktionssysteme, die sie repräsentieren[174].

Das Wohl des Adressaten kann auf verschiedenen Ebenen bestimmt werden, je nachdem, welche anderen Professionen für das Wohl des Kindes zuständig sind und in das Verfahren mit einbezogen werden sollen (§ 36 Abs. 2, 2 SGB VIII, vgl. Petermann/Schmidt 1995: 15, Merchel 1998b: 67ff., Messmer 2004: 76). Deswegen werde ich hier nur diejenigen exemplarisch nennen, die in diesem Kontext eine besonders große Bedeutung haben:

1. körperliches Wohl: medizinische Anamnese
2. seelisches Wohl: psychologische Anamnese
3. geistiges Wohl: sozialpädagogische Anamnese

Medizinische Anamnese[175] habe die Aufgabe zu klären, inwieweit somatische Schädigungen als Ursache für soziale Beeinträchtigungen vorliegen. Die psychologische Anamnese habe zu klären „inwieweit eine Abweichung von der altersgemäßen Entwicklung vorliegt, um auszuschließen, dass seelische Verletzungen vorliegen" (Schrapper 2004: 44). Bei der sozialpädagogischen Anamnese geht es darum, zu klären, inwieweit eine Abweichung vom alterstypischen Zustand vorliegt, sich als Entscheider selbstreferentiell zu attribuieren,[176] und inwieweit es

---

Verfahren der qualitativen Sozialforschung benutzen und keine diffuse Fallbeschreibung, aber auch keine additiven Checklisten implizieren sollte (vgl. BMFSFJ 2002: 254).

[174] Während bisher immer betont wurde, dass Soziale Arbeit gegenüber den anderen Professionen in den anderen Funktionssystemen subordiniert ist (vgl. Müller 1992: 105ff.), gestaltet sich dieses Verhältnis im Kontext der Hilfen zur Erziehung mit umgekehrten Vorzeichen.

[175] Ich spreche im Unterschied zu Schrapper von Anamnese und nicht von Diagnose, da die Ermittlung, was für das Wohl des Adressaten förderlich sei, in diesem Kontext der Orientierung dient und nicht den Status eines abschließenden Urteils hat, wie in der Intervention vorzugehen ist. Das Ergebnis wird erst durch die Einheit der Differenz von Wille und Wohl zu einem Urteil, wie die Intervention auszusehen hat (vgl. Staub-Bernasconi 2005: 530). Man kann von objektiver Diagnostik sprechen, da es nicht nur um die Mitteilung des Adressaten geht, warum er sich abweichend verhalten hat (Anamnese), sondern weil es um das Reflexivwerden als das Abweichen von der Darstellung der Motive des abweichenden Verhaltens geht, wodurch der Zufall in Strukturgewinn überführt wird (objektive Diagnostik, in der die Anamnese mit eingeht, wodurch das Verfahren selbstreferentiell wird).

[176] Der Sozialpädagoge als Anwalt des Kindes entscheidet nicht stellvertretend, welche Inhalte aus sozialpädagogischer Perspektive relevant sind, wie es in der psychosozialen Diagnostik vertreten

Eltern oder andere Bezugspersonen gibt, die für die Einheit der Differenz zwischen Willen und Wohl des Kindes bzw. des Jugendlichen anwaltschaftlich eintreten (vgl. Brumlik 2004). Dadurch treten unterschiedliche Perspektiven bezogen auf den Fall auf, die auch noch durch Lehrer oder andere Vertreter des Hilfesystems, mit denen der Adressat vorher Kontakt hatte,[177] erweitert werden. Diese auf das Wohl ausgerichteten Kalkulationen sind präventiv auf künftige Entwicklungen ausgerichtet[178]. Ihnen liegt eine Risikokalkulation bzw. eine Kalkulation bezogen auf günstige Entwicklungen zugrunde, die aber je nach Perspektive differieren kann.

Dadurch entstehen „Schwierigkeiten zwischen Personen, die unterschiedlich definieren, wer oder was das Problem ist" (Müller 1997: 90). Das heißt, dass das Problem grundsätzlich relativ (Perspektivenvielfalt) (vgl. Heiner/Schrapper 2004: 110) und damit vom Standpunkt und den damit einhergehenden Zuschreibungsprozessen abhängig ist (vgl. Müller 1997: 90). Eine funktionale Analyse, welche Hilfe zu leisten ist, wird vor diesem Hintergrund deutlich machen, dass ein angemessenes Urteil nicht durch ein einzelnes Urteil, sondern durch die Möglichkeit der Reversibilität von Urteilen durch Wechsel der Bezugspersonen, die ein Urteil fällen, und damit einhergehend die unterschiedliche Bewertung und die Vermeidung von Extremfällen gewährleistet wird (vgl. Schefold/Glinka/Neuberger/Tilemann 1998: 195; Scheunenpflug 2004: 81). Dadurch wird ein höheres Maß an Varietät[179] eingeführt (vgl. Ader 2006: 246). Das bedeutet, dass jede einzelne Urteilsbildung der an der sozialen Diagnose Beteiligten zur Disposition gestellt wird.

Da im Kontext der Hilfeplanung ein Vorrang des Willens vor dem Wohl für das Gelingen des Hilfeprozess förderlich ist,[180] ist die sozialpädagogische

---

wird (vgl. Adler 1998; Gehrmann/Müller 1993; Harnack-Beck 1995), da ein solches Vorgehen den partizipatorischen Ansatz und damit die Willensbildung unterlaufen würde. In diesem Fall würde sich strukturell keine Differenz zu den anderen Professionen ergeben, sondern nur das Wissen der anderen Professionen durch das eigene ausgetauscht werden. Das heißt, der expertokratische, wissenschaftlich legitimierte Hoheitsanspruch würde aufrechterhalten werden. Stattdessen gilt es, im Kontext der Bildungswirklichkeit mit dem Vorrang selbstreferentieller Attribuierung Ernst zu machen (vgl. Benner 2001: 280).

[177] Heiner/Schrapper weisen darauf hin, dass die institutionellen Normen und Werte dieser Fachkräfte und ihrer Organisationen jeweils mit in den Blick genommen werden müssten, um zu erkennen, wie diese sich auf das diagnostische Fallverstehen auswirken (vgl. Heiner/Schrapper 2004: 209).

[178] Insbesondere für chronifizierte Störungen spielen klinische Orientierungen eine große Rolle (vgl. Schmidt 2002: 536ff.).

[179] Voraussetzung dafür ist die wechselseitige Transparenz und Akzeptanz der Beteiligten (vgl. Düppe 2004: 192).

[180] Das unterschiedet diesen Ansatz von dem, der von Heiner/Schrapper (2004: 210ff.) dargestellt wird, da diese von drei Dimensionen ausgehen, die im Kontext der Hilfeplanung gleichberechtigt zu ermitteln sind:

Anamnese von zentraler Bedeutung. Sie wird zugleich zum „methodischen Arbeitsprinzip" (Frommann/Schramm/Thiersch 1977: 127), durch welches der Rahmen bereitgestellt wird, innerhalb dessen es zu einer Urteilsbildung im Sinne der Einheit der Differenz von Wille und Wohl kommt (vgl. Brumlik/Keckeisen 1976: 258; Heiner 2001: 257; Müller 1985: 119ff.). Der Wille als Einheit der Differenz von Wille und Nichtwille fungiert als kritischer Standpunkt gegenüber der auf das Wohl ausgerichteten Diagnose der expertokratisch orientierten Professionen (Düppe 2004: 190f.)[181].

Die Konstituierung der Einheit der Differenz zwischen Wille und Wohl vollzieht sich in einem sozialpädagogischen Unterricht,[182] für den der Hilfeplaner die Verantwortung übernimmt[183]. Der sozialpädagogische Unterricht trägt dazu bei, dass die soziale Diagnose als Bildungswirklichkeit konstituiert wird. Dies geschieht, indem die Vertreter der medizinischen und psychologischen Profession die verschiedenen Optionen aufzeigen, wie sich die Verlaufskurven etc. abhängig von der Inanspruchnahme der Hilfeleistungen wahrscheinlich entwickeln werden. Sie treten in Opposition zu dem vom Adressaten oder seinem Anwalt vorgetragenen Willen und tragen dadurch zur Entscheidungsfindung als Einheit der Differenz von Wille und Wohl bei. Dieser Schritt der Hilfeplanung besitzt eine „doppelte Lernausrichtung" (vgl. Dräger 2000: 92ff.). Das experimentelle Simulieren, was passiert, wenn dieser oder jener Weg gegangen wird, ist einerseits „Darstellung des mit ihm gewonnenen neuen Wissens und ist andererseits zugleich die Darstellung des Verfahrens" (Dräger 2000: 96) und nicht nur auf die Gegenwart orientiert, sondern auf Zukunft ausgerichtet. Die Simulationen als didaktische Gestaltung des Unterrichts bringen ihm das abstraktere Wissen anschaulich, aber auch simplifizierend näher. An die Adressaten wird die Forderung eines denkenden Umgangs mit den Darstellungen der „Sozialstaatsanwälte" gerichtet (vgl. Benner 2001: 281). Diese tragen zur Erzeugung einer neuen wissenschaftlich basierten Erkenntnis über andere Möglichkeiten, wie das

---

1. Lebenslagen, Lebenssituationen und Lebensgeschichten, 2. Selbstaussagen zu Lebenssituations- und Problemdeutungen, 3. Hilfesystem und Hilfegeschichten. Die erste Dimension ist jeweils in die 2. bzw. 3. Dimension als Außenseite mit repräsentiert. Sie spielt nur in der beschreibenden Bewertung der jeweiligen Perspektiven eine Rolle, aber nicht an sich.

[181] Dadurch wird die Experimentierfreudigkeit der Mitarbeiter trotz des Einbezugs anderer Fachkräfte gefördert. Zugleich liegt die Verantwortung auf der je individuellen und nicht auf der routinierten Entscheidung, was zwar einerseits den Druck für die sozialpädagogischen Fachkräfte erhöht (vgl. Hansbauer 1995: 20), andererseits aber gerade Voraussetzung für professionelles Handeln ist.

[182] Da ich bereits die Struktur des sozialpädagogischen Unterrichts dargestellt habe (s. Bildungswirklichkeit als sozialpädagogischer Unterricht (Kapitel VI.2.1), möchte ich an dieser Stelle nicht mehr näher darauf eingehen.

[183] Winkler (2000: 215) und Merchel (2003b: 96) weisen deutlich auf die Notwendigkeit hin, Hilfeplanung als einen „pädagogischen Prozess" zu verstehen, und zeigen auf, dass dies bisher noch nicht in ausreichender Intensität vorangetrieben wurde.

Leben bewältigt werden kann, bei. Die Darstellung der Alternativen ermöglicht einen eigenständigen diskursiven Umgang mit dem dargebotenen Wissen. Bestimmte mögliche Formen der Lebensbewältigung können in einen strategischen Aufbau von alltagspraktischen Arrangements und Hilfeleistungen transformiert werden. Dadurch geht das Gespräch über die Darstellung von Wissen hinaus und trägt zur „Diskussion über das Wissen in pragmatischer Absicht" (Dräger 2000: 97) bei. Der Adressat emanzipiert sich von der Darstellung des Wissens durch einen Dritten, wenn die Hilfeplanung durch Fragen und Impulse beim Adressaten als Lernendem evoziert. Dann geht es nicht nur um ein Wissen in pragmatischer Absicht, sondern um eine Anregung zum denkenden Umgang mit den antizipierten Darstellungen möglicher Entwicklungen in Bezug auf das eigene Wohl (vgl. Benner 2001: 276).

Dabei handelt es sich nicht um einen rein „rationalen" Unterricht, da dieser am Willen als der Einheit der Differenz von Entscheidung und Nichtentscheidung ausgerichtet ist. Das „Unbewusste" geht dadurch mit in die Verhandlungen ein, wenn der Adressat als Experte in eigener Sache wahrgenommen wird[184]. Durch die Konfrontation von Wille und Wohl (Methodik) kann ein Passungsverhältnis hergestellt werden, durch das sich beide wechselseitig limitieren[185]. Da es aber nicht um eine unmittelbare Vermittlung in Leistungsangebote geht[186], sondern vielmehr darum, Leistungsangebote abstrakt einschätzen zu lernen, um später konkret auswählen zu können, geht diese Form der Aufklärung über die Darstellung der konkret vorhandenen Leistungsangebote der Jugendhilfe hinaus. Erst dadurch wird eine Kritik an konkreten Leistungsangeboten bzw. an Lücken in der lokalen Infrastruktur möglich.

Die Ergebnisse können zwischen dem Sozialpädagogen und dem Leistungsberechtigten bzw. dem Adressaten aufgearbeitet und zur Grundlage einer Hilfekonferenz gemacht werden, in der letztlich der endgültige Hilfeplan entworfen wird.

Die „öffentlichen Anhörungen" in der Hilfekonferenz über die Gestaltung der zukünftigen Hilfe können als Öffentlichkeitsarbeit[187] der Sozialen Arbeit

---

[184] Dadurch können die Bedenken Bernfelds, dass Didaktik rein sachlich orientiert sei (vg. Bernfeld 1973: 25), im Kontext der Hilfeplanung ausgeräumt werden.

[185] Dadurch kann die Gefahr einer Medikalisierung der Jugendhilfe verhindert werden (vgl. Winkler 2003: 156).

[186] Die Vermittlung in konkrete Leistungsangebote kann als „Fall für" bezeichnet werden. Sie vollzieht sich in einer eigenen, auf der Klärung des Falls aufbauenden Phase, die ich als Intervention bezeichne.

[187] Öffentlich basierte Koordinationsleistungen gleichen die verwendeten Schemata zur Beobachtung ab und sorgen jeweils für eine „geeignete Handhabung von framings" (Beetz 2003: 114). Die öffentliche Anhörung hat, weil das Zentrum die Peripherie nicht sehen kann, die Funktion, die Umwelt zu beobachten. Dabei stellen die professionellen Vertreter die Umweltsektoren dar, die die „issues" der

bezeichnet werden und tragen dazu bei, dass ein Hilfeplan erwartet wird, der für den Adressaten, aber auch für die Leistungsanbieter zum „Gesetz" wird, an das sie sich zu halten haben. Der Hilfeplan hat einen legislativen Charakter, d.h., er gibt den Rahmen vor, der in Zukunft angewendet, und kontrolliert wird.

In der Hilfekonferenz „erscheint das Wissen nicht als positives Wissen, wie es die Präsentation gibt, sondern als beurteiltes Wissen in der Vielfalt seiner möglichen pragmatischen Verwendbarkeit. Die das Wissen in seiner Wertigkeit aufblätternde Unterhaltung gibt Anregung für Auswahl und Anschluss der eigenen Wissensverwendung" (Dräger 2000: 96).

Der Moderator sorgt im Kontext der Hilfekonferenz für die Einhaltung der Regeln. Er moderiert die Gesprächsführung, so dass das Gespräch für den Adressaten nachvollziehbar ist, und führt Richtlinien ein, deren Einhaltung immer wieder sicherstellen, dass der Adressat aktiv am Gespräch teilnimmt. Die professionellen Vertreter werden dazu aufgerufen, den ihnen vorliegenden vorläufigen Hilfeplan zu kommentieren bzw. Anfragen an den Adressaten zu stellen, die dieser kommentieren soll. Dabei wird den professionellen Vertretern nur jeweils ein begrenzter Zeitraum für ihre Anfragen zur Verfügung gestellt, je nachdem, wie hoch ihr Anteil an dem zugrunde liegenden Hilfeplan ist. Es kommt für die professionellen Vertreter nicht nur darauf an, auf dem Hintergrund der Prävention Probleme zu „erfinden", sondern genauso zentral ist es, vorzugeben, diese lösen zu können. Erst dann wird die Bereitschaft, die Angebote aufzusuchen, auch geweckt. Auf diese Art und Weise können sich die professionellen Vertreter ein besonderes Gewicht in der Arena verschaffen und dadurch möglicherweise bei der Entscheidung des Adressaten berücksichtigt werden. Je mehr Differenz zu den Vorschlägen der Selbstregierung formuliert wird und je machbarer der Vorschlag erscheint, desto mehr wird die Unabhängigkeit der professionellen Vertreter unterstrichen.

Die Ergebnisse der Hilfekonferenz können als Diagnose bezeichnet werden. Sie basieren auf einem „Auseinander-Erkennen" (Müller 1997: 53) von Wille und Wohl. Durch die mit der Hilfekonferenz einhergehende Ausrichtung am Fremden wird die eigene Besonderheit konstituiert. Indem die Differenz zwischen Wille und Wohl als Problem anerkannt wird, wird zugleich deutlich, dass eine befriedigende, konsensuale Lösung nicht bereitsteht. Dadurch ist der Adressat wieder, wenn nun auch als informierter Bürger, auf sich selbst zurückgeworfen. Er wird zu einem „Durchblick" (Müller 1997: 53) als Einheit der Differenz von Wille und Wohl genötigt, der sich in einem begründeten Hilfeplan niederschlägt. Diese Grundlage ist für die konkreten Verhandlungen mit den Einrichtungen, die das Leistungsangebot potentiell bereitstellen, von zentraler Relevanz.

---

Selbstsorge auf Entscheidungsmöglichkeiten hin verdichten. Durch das Wissen der anderen Professionen, die in Opposition zur Selbstregierung des Adressaten gehen, wird die Willensbildung blockiert.

## X.3.3 Intervention durch Kontraktmanagement als Hilfewirklichkeit

Intervention meint im Kontext der Hilfeplanung nicht die Durchführung der Hilfe, sondern vielmehr das Kontraktmanagement zwischen den anbietenden Organisationen der Hilfe, den Leistungsberechtigten und dem Jugendamt, wodurch die Hilfeplanung zu einem rechtskräftigen Verwaltungsakt wird (vgl. Pies/Schrapper 2003: 585, Fußnote 1). Kontraktmanagement ist eine verbindliche Absprache zwischen den in einem hierarchischen Verhältnis zueinander stehenden Adressaten und dem Leistungsträger, die sich auf einen festgelegten Zeitraum bezieht[188]. Sie dient der Zielvereinbarung über die zu erbringenden Leistungen, die bereitzustellenden Ressourcen und Controlling sowie Erläuterungen, wie mit den durch das Controlling festgestellten Abweichungen umgegangen wird (vgl. Beitrag im Online-Verwaltungslexikon olev.de, Version 1.43). Das Kontraktmanagement begrenzt das Moratorium des sozialpädagogischen Unterrichts und die mit der Erziehungs- und Bildungswirklichkeit einhergehende „kulturelle" Autonomie des Jugendlichen[189].

Im Vordergrund steht die Vermittlung zwischen der Einheit der Differenz von Wille und Wohl, die im Kontext des Kontraktmanagements die Gestalt eines Bedürfnisses bekommt, und dem verwirklichten Bedarf, der sich im bereitgestellten Leistungsspektrum der Jugendhilfe widerspiegelt. In der Anwendung des aus dem Unterricht entwickelten Urteils durch die Auswahl eines Leistungsangebotes erweitert der Adressat seine Kenntnisbestände über die Bedingungen der möglichen bedürfnisgerechten Gestaltung der Leistungsangebote. Hier stehen der auf den Bürgerstatus vorbereitete Adressat bzw. der Leistungsberechtigte, der durch den Kontrakt als Bürger konstituiert wird, und der Repräsentant des Leistungsträgers wie z.B. der Heimleitung gegenüber.[190] Es vollzieht sich ein

---

[188] Wenn das Ziel der neuen Steuerung Nachfrageorientierung ist, bedeutet es, dass der Adressat gegenüber dem Leistungsträger in einem hierarchischen Verhältnis im Sinne des „Der Kunde ist König" steht.

[189] Erst nach der Entscheidung über die Hilfeart wird in der Regel Kontakt mit den Einrichtungen aufgenommen (vgl. van Santen/Mamier/Pluto u.a. 2003: 344).

[190] In der Literatur zur Hilfeplanung wird bemängelt, dass die Leistungsträger erst nach der Festlegung des Hilfebedarfs in das Hilfeplanverfahren einbezogen werden. Dieses wird als hoheitliches Vorgehen des Jugendamtes bezeichnet (Modellprogramm Fortentwicklung des Hilfeplanverfahrens 2003: 64). Zugleich wird bemängelt, dass die Hilfeplanung sich häufig an den vorhandenen Leistungsangeboten ausrichtet (vgl. Pies/Schrapper 2003: 588), anstatt zu erkennen, dass die Trennung erst die Differenzen zwischen Bedarf und vorhandenem Angebot deutlich sichtbar macht. Erst dadurch können systematisch Forderungen an die Leistungserbringer gestellt werden, bzw. sich Hinweise für einen zukünftigen Bedarf im Kontext der Jugendhilfeplanung ergeben. Auch Merchel weist auf die Notwendigkeit der Differenzierung zwischen Jugendamt und freien Trägern hin (Merchel 1998b).

Diskurs, der Dissens als normale Organisationsform hat. Dabei sind zwar beide aufeinander angewiesen, bringen aber eine je eigene Perspektive mit ein. Während der Adressat bzw. der Leistungsberechtigte sich auf eine Art und Weise darstellt, dass er die Besonderheit seines Falls betont, liegt der Fokus des Leistungsträgers eher darauf, standardisierte Leistungsangebote[191] bereitzustellen, da diese die Qualität des Leistungsanbotes im Sinne der Qualitätssicherung garantieren und darüber hinaus die Ablauforganisation vereinfachen (vgl. Düppe 2004: 191). Da aber das Leistungsangebot nur wahrgenommen wird, wenn Spielräume für die konkrete Nachfrage eingeräumt werden, die Nachfrage aber Voraussetzung für die Weiterfinanzierung seines Leistungsangebotes ist, ist es wahrscheinlich, dass er dem Anliegen des Adressaten entgegenkommt[192]. Das heißt, es wird von den Vertretern der Leistungsträger erwartet, dass sie in die Zukunft investieren, indem sie Experimentierräume für neue Leistungsangebote als Reaktion auf die neue Nachfrage schaffen[193]. Ziel ist, dass nicht nur die Spielregeln, wie sie vorherrschen, akzeptiert werden, sondern dass sie durch die Adressaten selbst mitgestaltet werden können (vgl. Otto/Ziegler 2005: 137), wodurch zur Umweltsensibilität der Organisation beigetragen werden kann (vgl. Otto/Ziegler 2005: 138), mit der eine Flexibilisierung der Hilfe einhergeht.

Die Verhandlung, die scheinbar nur eine Verhandlung zwischen zwei Personen ist, führt einen eingeschlossenen ausgeschlossenen Dritten – die wirtschaftliche Jugendhilfe – mit sich (vgl. van Santen/Mamier/Pluto u.a. 2003: 354, Pies/Schrapper 2003: 589). Das bedeutet, dass der Leistungsberechtigte bzw.

---

[191] Standardisierte Leistungsangebote existieren insbesondere in den Tagesgruppen und in der Heimerziehung, hingegen weniger bei der Sozialpädagogischen Familienhilfe und fast gar nicht bei den Erziehungsbeistandschaften (vgl. Schmidt u.a. 2002).
[192] Diese Finanzierungsform widerspricht allerdings den Vorstellungen der KGSt (1998: 34ff.), die vorschlagen, die Erziehungshilfen mittels eines Sozialraumbudgets zu finanzieren. Ein Sockelbetrag werde zur Finanzierung der Träger beitragen, welcher aber mit der Verpflichtung einhergehe, dass Einzelfälle übernommen werden müssten. Darüber hinaus solle für qualitativ hochwertige Arbeit eine Zusatzfinanzierung als Anreizsystem möglich werden. Letzteres soll durch ein Controlling geschehen, welches aber auf Standards setzt und damit gerade hier Potential der Flexibilisierung der Erziehungshilfen unterwandert. Aus diesem Grunde moniert auch Münder das Sozialraumbudget, da es „mit der klassischen Ausrichtung von Sozialleistungsgesetzen an
individuellen (und d.h. immer fallbezogenen) Rechtsansprüchen" (Münder 2000: 132) bricht. Das heißt, dass das Sozialraumbudget die potentielle Macht der Bürger unterwandert und aus diesem Grunde aus sozialpädagogischer Perspektive in Frage gestellt werden muss (vgl. Merchel 2003: 126ff.).
[193] Die „Erfahrungswerte" aus den Experimenten werden bei der Evaluation zur Schau gestellt. Die Experimente tragen zur Förderung der Machbarkeitsvorstellung der Transformation von fremdreferentieller in selbstreferentielle Steuerung bei. Dadurch wird bei den professionellen Vertretern Motivation geschaffen, Interessen der Jugendlichen zu berücksichtigen, da die öffentliche Darstellung von Best-Practice-Modellen, denen ein Passungsverhältnis von Wille und Wohl gelungen ist, dazu beiträgt, dass sie auch zukünftig nachgefragt werden.

Adressat vorher abklären muss, wie hoch bei besonderen Bedingungen die Ausgaben sein werden, um abzuschätzen, inwieweit ein für solche Fälle übliches Budget überschritten wird (vgl. Merchel 2003b: 55)[194]. Dabei ist es prinzipiell möglich, dass Leistungsangebote auf Grund der Kostenkalkulation auf neue Art und Weise arrangiert werden. Der Leistungsberechtigte bzw. der Adressat wird dazu genötigt, mit dem für seinen Fall zugesprochenen Geld zu haushalten, indem er es zweckgerichtet, d.h. am Hilfeplan orientiert einsetzt. In diesem Sinne geht es bei dem Kontrakt um eine Sozialpolitisierung der Jugendhilfe, die sich aber im Unterschied zur Sozialpolitik im sozialpolitischen System auf eine soziale Praxis bezieht, die eine „individualisierte" soziale Gerechtigkeit dokumentiert, da die Finanzierung gegenüber dem Anspruch auf eine fachliche, geeignete Hilfe im Hintergrund steht (vgl. Pies/Schrapper 2003: 589, Wolff 2000: 182). Im Vordergrund steht somit die Vermittlung zwischen dem privaten Bedürfnis als der Einheit der Differenz von Wille und Wohl und dem öffentlichen Bedarf, der sich an der Verteilungsgerechtigkeit orientiert (vgl. Opielka 2003: 549). Bei dem Bedarf geht es um die Einheit der Differenz der Ermöglichung der Teilhabe an sozialer Gerechtigkeit und dem Gemeinwohl[195]. Das Jugendamt, dass letztlich die Entscheidung über den Hilfeplan trifft, wenn kein Konsens möglich ist (Göbbel/Kühn/Thiel 2000: 7), lenkt die Aufmerksamkeit darauf, inwiefern es in Rela-

---

[194] Diese Denkweise ist mit der Einführung der Leistungsentgelte (§ 77/78a-g SGB VIII) sehr viel wahrscheinlicher geworden, da die Leistungsentgelte prospektiv ausgerichtet sind. Das heißt, dass „ein vorher kalkulierter Preis für eine Leistung bezahlt wird" (Merchel 2003b: 54) und zwischen den „Grundleistungen der Einrichtung, die durch das Leistungsentgelt abgegolten sind, und weiteren individuellen Leistungen, die einzelfallbezogen zusätzlich ausgehandelt und finanziert werden müssen" (Merchel 2003b: 54) unterschieden wird. Da die Leistungsentgelte aber nicht kommunal sondern durch regionale bzw. landesweite Kommissionen festgelegt werden (vgl. Merchel 2003b: 109), wird die einzelfallorientierte Finanzierung erschwert.
Die Kriterien für die Zuwendung an Leistungsträger nähern sich dem Leistungsentgeltorientierten Prinzip an (vgl. Merchel 2003 b: 52). Für die Steuerung von Leistungen (Leistungsvereinbarungen) ist „nicht in erster Linie entscheidend, welche Ressourcen (Geld u.a.) in eine Einrichtung hineingegeben werden (,Input'), sondern das, was beim Kind, beim Jugendlichen und bei den Eltern als pädagogische und betreuende Leistung ankommt (,Output'). Umgesetzt auf die Finanzierung bedeutet dies, dass der öffentliche Träger nicht nur Geld an die Einrichtung gibt, damit diese ihre Zwecke erreichen kann, sondern dass mit der Vergabe von Geld konkrete Leistungsanforderungen und Leistungsmerkmale verkoppelt werden" (Merchel 2003b: 51). Dabei spielt unter anderem die Belegung eine Rolle (vgl. Merchel 2003b: 52).
Zwar sieht Merchel dadurch die Gefahr, dass die Träger an Autonomie verlieren, aber im Unterschied zu Merchel möchte ich darauf hinweisen, dass die Autonomie strukturell nur eingeschränkt wird, damit die Leistungsträger ihrem Selbstbild, im Interesse der Adressaten zu handeln, gerecht werden. Ich werde zum Schluss noch darstellen, inwieweit es Sinn macht, dass die Hilfeplanung weiterhin in der öffentlichen Hand liegt und dadurch möglicherweise die von Merchel angesprochene Gefahr verhindert werden kann.
[195] Der Bedarf ist polit-ökonomisch zu verstehen (vgl. Jordan 2001: 876), da es bei ihm um eine relational beste Verteilung knapper Ressourcen des kommunalen Sozial- bzw. Jugendhilfeetats geht.

tion zu vergleichbaren Fällen angemessen ist, Steuergelder, sofern gefordert, in einem höheren Maße für diesen Fall zu investieren[196]. Zur Legitimation muss der anwaltschaftliche Vertreter die Besonderheit des Falles und damit die Nichtvergleichbarkeit scheinbar vergleichbarer Fälle legitimieren. Die Bereitschaft, sich auf die Besonderheit des Falles einzulassen, existiert nur, wenn der Hilfeplaner aufzeigen kann, dass der Einsatz der Steuern für Sozialausgaben effektiv und effizient gestaltet ist. Aus diesem Grunde kann auch vom Jugendamt als sozialpädagogischer Fachbehörde gesprochen werden. Dabei gilt es, die Entscheidung transparent zu gestalten, d.h. dem Adressaten Einsicht in die Akten gewähren zu lassen und ihn über die Entscheidungsfindung durch den anwaltschaftlichen Vertreter aufklären zu lassen.

---

[196] Sozialpolitik, die letztlich die Entscheidung über den Umfang des Haushalts für die Jugendhilfe trifft und damit ein anderes soziales System, eben das politische und nicht das Hilfesystem ist, muss sich „in der Öffentlichkeit stets als Repräsentantin des Volkes präsentieren, muss also eine Kollektivität (des Volkes) simulieren, und das heißt in diesem Falle: herstellen" (Beetz 2003: 117). Wenn das nicht gelingt, wird die politische Anschlussfähigkeit riskiert (vgl. Beetz 2003: 117). Politiker lenken ihre Aufmerksamkeit darauf, inwiefern die Bevölkerung bereit ist, Steuern zu zahlen und so das Sozialsystem zu finanzieren. Diese Bereitschaft existiert nur, wenn die Bevölkerung als Wählerpublikum das Gefühl bekommt, dass der Einsatz der Steuern für Sozialausgaben effektiv und effizient gestaltet ist. Die Rede von der Ökonomisierung des Sozialstaates gibt also nicht die Vorherrschaft des Funktionssystems der Wirtschaft gegenüber dem politischen System wieder, das wäre aus systemtheoretischer Perspektive auch gar nicht möglich, sondern sie ist vielmehr als ein Diskurs, eine Selbstbeschreibung des sozialpolitischen Systems zu verstehen, bei der das Argument der knappen Mittel die sozialpolitische Steuerung ermöglicht (vgl. Lenzen 1999). In diesem Diskurs dient die „politische Ökonomie" der Selbstbeschreibung des sozialpolitischen Systems, indem auf dieser Ebene die Kollektivität des Volkes simuliert wird, also darauf geachtet wird, dass „private Interessen" nicht auf Kosten des Gemeinwohls gehen, sondern soziale Gerechtigkeit gewährleistet wird.

Mit dem Kontraktmanagement[197] werden den Adressaten Zugänge zu Gütern und Ressourcen verschafft. Sie werden darin unterstützt, „diese Ressourcen in reale Freiheitsräume zu transformieren" (Otto/Ziegler 2005: 135). Dabei würden die Adressaten „enabelt", das von ihnen gewünschte Leben zu führen (vgl. Otto/Ziegler 2005: 135). Das gelingt, indem der Kontrakt Entscheidungsprämissen enthält, die sich zum einen auf „Entscheidungsprogramme" (OuE: 225), d.h. die Leistungsangebote, die auf der Mitteilungsebene dazu beitragen, dass der Zweck erreicht wird, und zum anderen auf „Kommunikationswege" (OuE: 225) beziehen, die eingehalten werden müssen, wenn die Entscheidung eine der Hilfeplanung angemessene Anerkennung finden soll. Kommunikationswege beziehen sich darauf, dass bestimmt wird, wer im Konfliktfall bei der Durchführung der Leistungsangebote angesprochen wird und wie das Problem durch ein Beratungsgespräch in kommunikativ-professioneller Kommunikationsweise gelöst wird. Inwieweit der Hilfeplan von den Vertragspartnern eingehalten und damit die versprochene Qualität sichergestellt wird und welche Folgen eine Abweichung haben kann, muss in der Aushandlung des Kontrakts mit thematisiert werden.

Die Leistungsempfänger werden zum Aktivposten, obwohl sie es strukturell im Hilfesystem nicht sind (vgl. Nüßle 2000, Bauer 2001), da sie eine Publikumsrolle einnehmen. Es wird ihnen eine Stimme (‚voice') (Otto/Ziegler 2005: 137) gegeben, mit der sie als „kundiger" Bürger mitentscheiden können. Das könne

---

[197] Im Kontraktmanagement werden Entscheidungen getroffen, die sich im Vertrag widerspiegeln und an die sich die Vertragspartner zu halten haben. Es dient der „Zweckprogrammierung" (OuE: 266) der Hilfeplanung. Zweckprogrammierung ist „eine Leistung einer reflektierenden Urteilskraft, die sich ihren Gegenstand so zurechtlegt, als ob er zweckmäßig wäre" (OuE: 266). Sie ist in „programmatischer, vorschreibender Intention" (OuE: 266) auf Zukunft ausgerichtet. Zweckprogrammierung trägt zur Individualisierung des Verwaltungshandelns bei (vgl. Ortmann 2004: 250f.). Dadurch, dass Zukunft unbestimmbar ist, wird Elastizität erforderlich, d.h., dass Mittel geändert werden können, um den Zweck der Einheit der Differenz von Wille und Wohl des Adressaten zu erreichen. Dadurch kann das Verhältnis von Zweck und Mittel optimiert werden. Während das Ziel positiv bewertet wird, sind die konkreten Leistungsangebote, die als Mittel zur Erreichung des Zwecks beitragen sollen, potentiell negativ (vgl. OuE: 267). Sie können gegebenenfalls durch Alternativen ausgetauscht werden, wenn sie eine höhere Erfolgswahrscheinlichkeit aufweisen, das angestrebte Ziel zu erreichen (vgl. OuE: 268). Beim Kontraktmanagement geht es meistens nicht um einen Gesamtzweck, sondern um eine Differenzierung durch „Programmierung" des Gesamtzwecks durch Entscheidungsprämissen. Entscheidungsprämissen unterscheiden sich von Entscheidungen dadurch, dass sie einerseits Entscheidungsmöglichkeiten einschränken, andererseits zukünftige Entscheidungen nicht festlegen. „Sie fokussieren die Kommunikation auf die in den Prämissen festgelegten Unterscheidungen, und das macht es wahrscheinlich, dass man künftige Entscheidungen mit Bezug auf die vorgegebenen Prämissen unter dem Gesichtspunkt der Beachtung oder Nicht-Beachtung und der Konformität oder Abweichung beobachten wird, statt die volle Komplexität der Situation jeweils neu aufzurollen" (OuE: 224).

als Teilhabe bezeichnet werden, die zur Öffnung sozialer Räume beitrage (vgl. Otto/Ziegler 2005: 138; vgl. Klatetzki 1994; Wolff 2000). Durch diese Form des Kontrakts kann Reflexivität garantiert werden, da das Hilfesystem (Soziale Arbeit als Einheit der Differenz von Hilfeplanung (Sozialpädagogik) und Hilfedurchführung (Sozialarbeit)) auf zwei Ebenen zugleich operiert, „die es aber selber unterscheidet und getrennt hält" (OuE: 229). Die Einheit der Operationsweise erzwingt Autonomie, wenn es gelingt, diese „zwei Ebenen zu trennen und auf diese Weise Selbstorganisation zu ermöglichen" (OuE: 229). Dadurch wird die Realität einer Organisation, die Hilfe anbietet, problematisiert, wodurch bei jeder Entscheidung mitgeführt wird, dass es auch Alternativen gibt (vgl. OuE: 229). Es wirken die „Entscheidungsprämissen mithin wie ein virtuelles Irritationspotenzial, das nur auf geeignete Umstände wartet, um in den Scheinprozess wiedereingeführt zu werden" (OuE: 229).

Anders ausgedrückt: Die Entscheidungsprämissen werden zur bewertenden bzw. urteilenden Perspektive für die Wahl eines Leistungsangebots und für die Kontrolle der Durchführung. Es wird im Vorhinein festgelegt, was im Nachhinein durch eine Reflexion der durchgeführten Leistung kontrolliert wird (Evaluation), wodurch eine ergebnisorientierte Steuerung „auf Abstand" entsteht[198] (vgl. Kessl 2005: 151ff.). Dabei wird weitgehend auf Verfahrenskontrolle, Einzelanweisungen und -eingriffe verzichtet (vgl. Wohlfahrt 1996: 93; vgl. Flösser 1994:

---

[198] Dadurch bekommt die Hilfeplanung eine analoge Struktur zum Beobachtungsturm in Benthams Panopticon. Auch hier geht es darum, die Hilfe in den einzelnen „Parzellen", d.h. in den einzelnen Feldern, in denen die Interventionen durchgeführt werden, zu beobachten. Die Wirksamkeit der Beobachtung entfaltet sich insbesondere dort, wo der Adressat sich dem die Hilfeplanung konstituierten Blick unterwirft, so dass der Hilfeplaner überflüssig wird (vgl. Fußnote 67). Im Unterschied zum Panopticon basiert die Hilfeplanung aber auf einem klinischen Blick des „Sprechen-Machens" (SuW1). Dadurch verweben sich Selbst- und Fremdreferentialität auf eine andere Weise als im Panopticon, da der Blick selbst nicht rein fremdreferentiell zugeschrieben werden kann, sondern Selbstreferentialität zur Voraussetzung für Normalisierung und damit zur Zivilisierung hat. Selbst der Widerstand durch die Ästhetik der Existenz kann auf diesem Hintergrund nur als eine noch diffizilere Form verstanden werden, die die Individualisierung noch weiter vorantreibt als die klinische Kodifizierung des Sprechen-Machens.
Das heißt, dass es sich um drei Ebenen handelt, die die Individualisierung der Hilfe immer weiter vorantreiben:
1. das Panopticon, das auf Normalisierung ausgerichtet ist,
2. die klinische Kodifizierung des Sprechen-Machens
3. die Ästhetik der Existenz
Die jeweils vorausgehende Ebene ist nicht durchgestrichen, sondern als Durchgestrichene in der Nächsten wieder inbegriffen. Dadurch wird der klinische Blick zu einem immer genaueren Sehen. Durch das „horror vacui" wird es vorangetrieben, um das wahre Sichtbare herbeizurufen, nicht als Ersatz für Irrtümer, sondern als ihre Erklärung und relative Rechtfertigung. Das Sichtbare kann immer nur in und mit der Form, die sie hervorbringt, gesehen und bewertet werden. Der klinische Blick ist somit ein Spiegelphänomen, welches eine Spaltung zwischen Erscheinung und Sein vollzieht, die von Stufe zu Stufe nur eine diffizilere Form der Individualisierung hervorbringt.

134). Es handelt sich um ein vorbeugendes Prinzip, da die Leistungsträger, die die Leistungen ausführen, Transparenz über den durch das Leistungsangebot abgedeckten Bedarf, die Leistungserbringung und -kontrolle sowie deren Kosten schaffen, um als geeigneter Anbieter in Frage zu kommen. Erhalten sie den Auftrag der Leistungserbringung, sind sie durch einen Kontrakt verpflichtet, diese auch in der angegebenen Weise durchzuführen. Das heißt, dass hier die Grundlage für ein Monitoring bezogen auf die geleistete Hilfe gelegt wird (vgl. SGB VIII § 36 Abs. 2, 2).

Ob es aber überhaupt zu einem Kontrakt kommt, hängt davon ab, ob ein Leistungsangebot einer Jugendhilfeeinrichtung gegenüber anderen Leistungsangeboten besser gestellt ist. Das heißt, der Erfolg der Verhandlungen zwischen den durch Unterricht informierten Bürgern und den Leistungsträgern ist von der materialisierten Infrastruktur abhängig (vgl. Stöver 2005: 301)[199]. Je weiter die Infrastruktur differenziert ist und je flexibler die Organisationen sind, desto wahrscheinlicher ist, dass ein je individuelles Passungsverhältnis hergestellt werden kann (vgl. Klatetzki 1994: 18; Rose 1994: 24; Haferkamp 1994: 102). An Stelle der autonomen Wohlfahrtsverbände, die immer größer und schwerfälliger werden[200] (vgl. Wolff 2000: 33) und sich eher selbst reproduzieren, als dass sie den Adressaten gerecht werden, geht es auf der Grundlage des nachfrageorientierten Wettbewerbs um eine Neuordnung der Leistungsangebote, um ein Passungsverhältnis zur Nachfrage herzustellen. Die Hilfeplanung in der Form der Intervention zeichnet sich durch die aktive Produktion der historischen und sozialen Bedingungen des „Quasi-Marktes" aus, welche zur Leistungsgerechtigkeit beitragen soll (vgl. Opielka 2003: 549). Der „Markt" der Leistungsträger ist keine natürliche ökonomische Realität, denn er findet im Hilfe- und nicht im Wirtschaftssystem statt. Die Konkurrenz wird durch das Kontraktmanagement als Garant für Effektivität und Effizienz hergestellt (vgl. Bröckling 2000: 133). Dabei bezieht sich Effektivität auf die fachliche Optimierung, d.h. den „gerechten Zugang" für potentielle Adressaten zu den als Bedarf ermittelten Leistungs-

---

[199] Pies/Schrapper zeigen auf, dass ein Drittel der Fachkräfte der Meinung sind, dass die Angebotsstruktur die Auswahl der Hilfemaßnahmen beschränkt (vgl. Pies/Schrapper 2003: 588). Neuberger weist auf das Problem hin, dass die „konzeptionelle Nichtzuständigkeit von Einrichtungen" (Neuberger 2004: 31) dazu führe, dass bestimmte Kinder und Jugendliche aus dem Hilfesystem ausgegrenzt werden.

[200] Ziel ist eine Adressatenorientierung, die die „Durchlässigkeit der Hilfeformen" ermöglicht und sich an Prinzipien wie der Sozialraum- und Lebensweltorientierung ausrichtet. „Unterstützungs- und Hilfeleistungen sollen nicht nach Paragraphen getrennt und ‚versäult' konzeptioniert, gewährt und durchgeführt werden. Das Hilfearrangement orientiert sich nicht an vorgehaltenen Hilfearten und Einrichtungsformen, sondern an dem Bedarf, den Potentialen der AdressatInnen sowie an den Ressourcen im Sozialraum" (Koch 1999: 39; vgl. Wohlfahrt 1996: 98). Der Schwerpunkt wird auf deroutinierte Organisationen gelegt, welche „Unterstützungsangebote immer wieder neu für den Menschen entwickeln" (Koch 1999: 311).

angeboten einerseits und Effizienz als Kosten-Nutzen-Kalkulation andererseits (vgl. Rauschenbach 1999: 235; Müller 1998: 20). Die Organisation, die Leistungsangebote bereitstellt, muss zeigen, dass sie die Leistungserbringung in besserer Qualität schneller und günstiger leisten kann als die anderen vergleichbaren Organisationen, die ebenfalls Leistungen anbieten (vgl. Bröckling 2000: 134)[201].

*Exkurs: Neue Steuerung und Wettbewerb*

Der Wettbewerb ist eine neue Steuerungsform im Hilfesystem, die mit der Einführung des KJHGs und den Vorschlägen der KGSt (1993) zu Beginn der 1990er Jahre eingeführt wurde. Im Kontext der Neuen Steuerung wird nicht der nachfrageorientierte Wettbewerb thematisiert, sondern vielmehr der Wettbewerb zwischen den Leistungsträgern und den Kostenträgern (vgl. Beckmann/Otto/ Richter/Schrödter 2004: 17). Hintergrund ist, dass auch die privaten Träger als potentielle Leistungsträger zugelassen werden, die auf dem Quasi-Markt[202] durch Leistungsangebote konkurrieren können[203] (vgl. Olk 1995: 118; Bauer 2001: 204). Die Konkurrenz wird durch Qualitätsentwicklungsvereinbarungen (§78b, Abs. 1, Nr. 3 SGB VIII) als Garant für Effektivität und Effizienz hergestellt (vgl. Bröckling 2000: 133). Dabei bezieht sich Effektivität auf die fachliche Optimierung, d.h. den „gerechten Zugang" für potentielle Adressaten zu den als Bedarf ermittelten Leistungsangeboten, dem „Schutz von Schwachen" (Wohl des Adressaten) einerseits und Effizienz als Kosten-Nutzen-Kalkulation andererseits (vgl. Rauschenbach 1999: 235; Müller 1998: 20). Durch den Quasi-Markt wird Kontingenz entfaltet und nutzbar gemacht. „Ungewissheit erscheint nicht mehr ausschließlich als Bedrohung, die mittels rationaler Planung, minutiöser Reglementierung und umfassender Kontrolle des Verhaltens auszuschalten ist, sondern als Freiheitsspielraum und damit als Ressource, die es zu erschließen gilt" (Bröckling 2000: 33).

Der Quasi-Markt befindet darüber, wie ein Leistungsangebot als ein Ereignis des Marktes selektiert wird oder als potentielle Möglichkeit im Hintergrund

---

[201] Differenzen zwischen der Nachfrage und der vorhandenen Infrastruktur können als Grundlage für die Jugendhilfeplanung (§ 80 SGB VIII), als Voraussetzung für die Infrastrukturentwicklung genommen werden.

[202] Ich spreche von Quasi-Markt, da der Adressat nicht durch sein privates Kapital Leistungen einkauft, sondern durch das Kapital, das ihm indirekt, d.h. durch Leistungsansprüche zur Verfügung steht. Dadurch weist der Quasi-Markt ordoliberalitische Züge auf, da der Staat reguliert, welche Leistungsansprüche geltend gemacht werden können.

[203] In der Jugendhilfe spielt die Privatisierung allerdings eine untergeordnete Rolle. Der Anteil der privaten Träger lag 1998 in den alten Bundesländern bei 8,1 % und in den neuen bei 3,7 % (vgl. Janze/Pothmann 2002).

verbleibt. Die Selektion informiert darüber, wie der Markt selektiert, wie er zwischen Angeboten, die passend, da nachfrageorientiert, erscheinen, und solchen, die nicht passend erscheinen, diskriminiert. Die Organisation, die Leistungsangebote bereitstellt, muss zeigen, dass sie ihre Leistungen in besserer Qualität, schneller und günstiger erbringen kann als die anderen vergleichbaren leistungsanbietenden Organisationen (vgl. Bröckling 2000: 134). Dabei geht es immer nur um eines: die Verbesserung der Position im Feld des Quasi-Marktes der Leistungsträger. Es geht um ein ständiges Streben nach Optimierung, um sich gegenüber den anderen behaupten zu können. Es handelt sich um keine Beschreibung der Wirklichkeit von Sozialverwaltung, Leistungsträgern und Adressaten, sondern um die Beschreibung, wie eine neue Relationierung[204] zwischen diesen Akteuren hergestellt werden kann (vgl. Bröckling 2003: 135).

Der Quasi-Markt als Verfahren, welches durch die Qualitätsentwicklung[205] im Kontext der Hilfeplanung erst hervorgebracht wird, wird zu einem Reflexi-

---

[204] Wir haben es bei dieser Form der Steuerung des sozialpolitischen Systems mit einer unter anderen möglichen Formen der sozialpolitischen Steuerung zu tun. Wenn die Steuerung eine programmatisch-institutionelle Gesamtheit ist, dann muss man in dieses Ensemble eingreifen können, indem man den bürokratischen, kameralistischen Wohlfahrtsstaat verändert und dabei zugleich einen neuen „erfindet". Dabei wird nicht die alte Form der kameralistischen Steuerung übernommen, sondern eine neue Form entworfen.

[205] Bei den erneuten Aushandlungen über die Fortführung der Intervention kann das Ergebnis der Evaluation eine entscheidende Rolle spielen, da diejenigen Leistungsangebote benutzt werden, die ihrem Anspruch nicht gerecht geworden sind. Dadurch kann das symbolisch generalisierte Kommunikationsmedium der Macht wirksam werden, indem die Leistungsträger mit der Drohung durch Sanktion in Form der Nicht-Inanspruchnahme der Leistung irritiert werden können.
Diese Form der Steuerung trägt zu einer Selbstpräsentation der Leistungsträger bei, in der sich das Image eines erfolgreichen Risikomanagements widerspiegelt. Der Staat übernimmt insoweit die Kontrolle, als er den externen Auditprozess zertifiziert und dadurch die Bedingungen (Spielregeln) konditioniert, unter denen die Akteure an der Oberfläche des Marktes in Erscheinung treten. Es bleibt nichts anderes übrig, als das Spiel mitzuspielen und aus der Perspektive der Sozialen Arbeit darauf zu achten, dass Fachlichkeit in diesem Spiel relevant wird (vgl. Müller 1998: 19f.).
Auf diese Weise wird eine Qualitätsentwicklung vollzogen, durch die eine Autopoiesis des Quasi-Marktes möglich ist. Es geht darum, Leistungsträgern und Organisationen auf eine Art und Weise sichtbar zu machen, dass sie den Anforderungen des Quasi-Marktes, „angepasst" bzw. durch diese hervorgebracht werden, indem sie zur Selbstbeobachtung in Bezug auf diese Kriterien aufgefordert sind (vgl. Merchel 1995: 301).
Es handelt sich aber nicht, wie diese Darstellung nahe legen könnte, um ein hierarchisches Prinzip von Hilfeplanung und Leistungserbringern, auch wenn eine Hierarchie nicht ganz geleugnet werden kann, da Leistungsträger sanktioniert werden, wenn sie sich den Spielregeln des Quasi-Marktes nicht unterwerfen. Unterwerfen sie sich also nicht den Verfahrensbedingungen, werden sie von der Möglichkeit ausgeschlossen, Leistungen für einzelne Fälle zu erbringen (vgl. Hellmann 2003: 193). Jedes nichtnegierte Leistungsangebot vergrößert die Reichweite und Exaktheit der Anwendung des Quasi-Marktes und damit dessen Möglichkeitsraum, indem das relational beste Angebot ausgesucht werden kann (vgl. Hellmann 2003: 194).

onszentrum der Einheit der Differenz von Effektivität und Effizienz[206]. Es entsteht ein selbstregulierendes Prinzip. Dabei bekommt das Dritte – der Markt der Leistungsangebote – eine gewisse Eigenständigkeit. Die Sozialverwaltung wird dadurch zum operativen Ort, an dem die Entscheidung, wer welches Geld für welche Leistungserbringung erhält, in rekursiver Vernetzung mit den aus der Qualitätsentwicklung resultierenden Entscheidungsprämissen vorbereitet und hergestellt wird. Die Aushandlungen qua Quasi-Markt sind dann Episoden des politischen Systems, in denen die Durchsetzungsfähigkeit der Absichtsbekundungen der Leistungsträger getestet wird, d.h. im Schema der Regierung als Selbstregierung des Adressaten und Opposition der Leistungsträger, die auf die organisatorischen Grenzen hinweisen, geprüft werden (vgl. Kneer 2003: 159). Diese autopoietische Operationsweise des Interventionssystems blockiert „jeden hierarchischen Steuerungsversuch" (Görlitz/Adam 2003: 273).

Durch den Quasi-Markt wird versucht, den Umfang der Leistungserfüllung im Sozialstaat, aufgrund des finanziellen Mangels zu verkleinern. Luhmann hat gezeigt, dass mit Verkleinerung nicht unbedingt Leistungsverschlechterung einhergehen muss (vgl. Merchel 1996: 303), sondern auch Leistungsverbesserung erwartet werden kann (vgl. OuE: 310). Gerade wenn der Quasi-Markt nicht nur durch die Neue Steuerung als die Aushandlung zwischen den Leistungsträgern und den Kostenträgern reguliert wird, sondern die Hilfeplanung die Nachfrageorientierung stärkt, kann mehr „Flexibilität" als im kameralistischen Modell der Steuerung gewährleistet werden. Dadurch wird vom Umfang der Leistungserfüllung (Sachdimension) auf die Zeitdimension umgestellt (vgl. OuE: 311), und es werden wichtige „Umweltvariablen wie Nachfrage, Konkurrenzlage, Technologien" (OuE: 311) verändert[207]. Wenn sich wie aktuell keine Verknüpfung mit der Hilfeplanung und der mit ihr einhergehenden Qualitätsentwicklung vollzieht, besteht die Gefahr, dass die Effizienz vor der Effektivität Vorrang hat, obwohl dieses der Verwaltungslogik des Jugendamtes widerspricht (vgl. Luthe 2003: 15ff).

---

[206] Voraussetzung ist, dass die Qualitätsentwicklungsvereinbarungen nicht von den Leistungsvereinbarungen und den Entgeltvereinbarungen abgekoppelt werden. Aufgrund dessen, dass die Qualitätsvereinbarungen kommunal vollzogen werden, die Leistungsvereinbarungen und Entgeltvereinbarungen aber regional bzw. landesweit festgelegt sind, ist die Gefahr, dass diese Dimensionen nicht aufeinander bezogen werden, hoch (vgl. Merchel 2003b: 109).

[207] Auch wenn es durch den Quasi-Markt-Jargon so erscheinen kann, als ob es sich um eine konsumeristisch-manageralistische Form der Adressatenbeteiligung handle, der es um eine Anbieterorientierung geht, ohne die bestehenden Machtverhältnisse in Frage zu stellen, so muss letztlich doch konstatiert werden, dass der Quasi-Markt genauso gut für den Aufbau stärker adressatenkontrollierter Organisationen verwendet werden kann. Mit Letzterem ginge eine Umverteilung der Macht von den Leistungsträgern zu den Adressaten einher, um deren Lebensbedingungen zu verbessern (vgl. Beresford 2005: 346). Die Formel der Einheit der Differenz von Effektivität und Effizienz bringt diese Adressatenorientierung zum Ausdruck.

## X.3.4 Evaluation zur Restabilisierung sozialpädagogischer Wirklichkeit

In der Evaluation spätestens drei bis sechs Monate nach dem Beginn der Hilfemaßnahmen wird regelmäßig eine Reflexion der Hilfe durchgeführt (§ 36 Abs. 2, 3 SGB VIII; vgl. Neuberger 2004: 14). Dabei wird der Kontrakt zu Grunde gelegt. Es wird die Frage gestellt, inwieweit die Ziele erreicht wurden und inwieweit sich die beteiligten Adressaten und professionellen Helfer bei der Durchführung der Hilfe an die Erwartungen gehalten haben. Da die Adressaten die Regeln mitgestaltet haben, wird es wahrscheinlicher, dass sie sich an der Evaluation genauso beteiligen wie an der Bildungs- und Hilfewirklichkeit der Hilfeplanung. Im Unterschied zu den vorherigen Phasen werden die Adressaten daran gemessen, wie sie sich an die von ihnen mitgeschaffenen Regeln halten, so wie sie auch von den professionellen Helfern erwarten, dass sie sich daran halten, d.h. den Einsichten aus der Bildungswirklichkeit und dem Kontraktmanagement folgen. Dadurch kann eine einseitige Konzentration auf Verhaltenssymptome der Jugendlichen und eine Immunisierung der Professionellen gegen eine selbstkritische Prüfung verhindert werden (vgl. Freigang 1986: 142), die im Wesentlichen dazu beitragen, dass sich eine Verlaufskurve der Abweichung konstituiert.

Grundlage für die Evaluation ist ein kooperatives und kein hierarchisch-bürokratisches Verhältnis. Das heißt, Fehler dürfen gemacht werden, so lange sie eingestanden werden und Verantwortung dafür getragen wird. Es geht darum, die eigenen Fehler und die der anderen aufzudecken und sich ihnen zu stellen, um die Koproduktion der Hilfe zu ermöglichen (vgl. Sennett 1998: 152). Sennett weist auf die Gefahr hin, dass, wenn die Verantwortung beim „Wandel" liege, und jeder ein „Opfer" sei, die Autorität verschwinde, da niemand verantwortlich gemacht werden könne (Sennett 1998: 153). Da jeder versucht, dass an ihm nichts hängen bleibt, wird entweder nichts gesagt, um selbst nicht in die Lage zu kommen, sich Fehlern stellen zu müssen, oder es werden nur die Fehler des anderen aufgedeckt. Je nachdem, wie die Beteiligten das „Arbeitsklima" in der Hilfeplanung einschätzen, d.h. erwarten, dass es anwaltschaftlich adressatenorientiert oder helferorientiert ist, wird derjenige sich zurückhalten der antizipiert, isoliert zu werden. Nimmt z.B. der Adressat bei seiner Umweltbeobachtung wahr, dass der Hilfeplaner seine Position gelten lässt, dann erhöht sich die Wahrscheinlichkeit seines öffentlichen Bekenntnisses. Wenn der Adressat hingegen feststellt, dass seine Meinung auf keine Resonanz stößt, wird er verunsichert und verfällt in Schweigen (vgl. Noelle-Neumann 1989). Das heißt, dass der Adressat in der Hilfeplanung gewissermaßen in einen Spiegel schaut und erkennt, wie er selbst in der öffentlichen Meinung der Hilfeplanung abgebildet wird. Darüber hinaus sieht er „die quertreibenden Bestrebungen, die Möglichkeiten, die nicht für ihn, aber für andere attraktiv sein könnten" (Luhmann 1990: 181). Der Adressat beobachtet, welche Chance er hat, dass seine Meinung angehört und berücksichtigt wird, bevor er seine Kritik an der vollzogenen Hilfe äußert.

Eine Maske der Kooperativität und damit eine Imagination, dass alle an einem Strang ziehen, kann, wenn es mehr als ein Oberflächenspiel sein soll, nur wahrscheinlich werden, wenn sie trotz Konflikten aufrechterhalten werden kann. Erst durch die Austragung von Dissens kann sich professionelles Handeln und Individualisierung vollziehen, da gerade dann Verantwortung für das, was schief gelaufen ist, übernommen wird (vgl. Klatetzki 1993)[208]. Abweichungen von Erwartungen ist somit eine soziale Bedingung der Möglichkeit zur Individualisierung der Hilfe und kann damit zur Herstellung einer „passgenauen" Hilfe beitragen (vgl. Abeling/ Bollweg/Flösser 2003: 241).

Das setzt voraus, dass in der Evaluation des Hilfeprozesses zwischen dem Sozialpädagogen, dem Adressaten und den Leistungsträgern bzw. -rollen Abweichungen von den im Kontrakt festgelegten Erwartungen als Sachthema und nicht als Frage nach einem sozialpathologischen Verhalten kommuniziert werden (vgl. Marcinkowski 1993: 118). Dieses geschieht durch die in der Evaluation thematisierte Einheit der Differenz zwischen thematischer Sinngebung in der Hilfeplanung und dem darauf aufbauenden Kontrakt und der Anwendung als notwendigerweise differenter Umsetzung, die wiederum im Kontext der Hilfeplanung thematisiert wird.

---

[208] Klatetzki weist zwar auch auf das Potential des Dissens und der sich darauf ergebenden Möglichkeit des Diskurses hin, aber er bezieht sich dabei nicht auf die Systemtheorie Luhmanns, sondern vielmehr auf Habermas' „Theorie kommunikativen Handelns". Diese beiden Theorien unterscheiden sich aber systematisch:
Während es bei Habermas um die idealisierten Bedingungen eines universalen Diskurses, d.h. ein formales Ideal sprachlicher Verständigung geht, der als Leitfaden für die „Einrichtung von Diskursen" gilt (vgl. Habermas 1988: 145ff.), geht es in der Systemtheorie um den kommunikativen Vollzug des Diskurses in der öffentlichen Meinungsbildung, in der die Umwelt des Hilfesystems durch Anhörung in die Entscheidungsfindung mit einbezogen wird. Durch die öffentliche Anhörung wird Variation bereitgestellt, welches die Grundlage für die Selektion des Hilfesystems ist.
Das heißt, während bei Habermas die Legitimität des Rechts durch eine öffentliche Klärung ermöglicht wird, die auf der Rationalität des Arguments basiert, (welches auf den Verweisungszusammenhang der grammatisch geregelten Beziehungen zwischen Elementen „eines sprachlich organisierten Wissensvorrats geht" (Habermas 1988), geht es im systemtheoretischen Kontext öffentlicher Meinungsbildung, welche für jedes Funktionssystem spezifisch ist, darum, dass in dem „Spiegel" der Öffentlichkeit alle Akteure und Meinungen vor allem auch die der Peripherie des Hilfesystems (wie Eltern, Schule, Psychiatrie etc.) adäquat abgebildet werden, und dadurch reflektierte Fremdreferenz auf das eigene System möglich wird.
Darüber hinaus geht es Habermas um das „moralisch urteilsfähige Subjekt", das nicht je für sich allein, sondern nur in der Gemeinschaft mit allen übrigen Betroffenen prüfen kann, „ob eine bestehende oder eine empfohlene Norm im allgemeinen Interesse ist und gegebenenfalls soziale Geltung haben soll" (Habermas 1988: 145). In der Systemtheorie hingegen wird das moralisch urteilsfähige Subjekt erst im Diskurs konstituiert, anstatt ihm vorauszugehen.

Die Wiederholung der Thematisierung der Differenz zwischen Hilfeplanung und Anwendung ist als Evaluation selbst Intervention, die zu einer schrittweisen Annäherung zur Lösung beiträgt. Dadurch wird der Hilfeverlauf historisiert und in sich reflexiv. Man kann dann jeweils das, was in der Vergangenheit passiert ist, auf den „sozialgeschichtlichen" Kontext hin relativieren, d.h. darauf, dass man in der Interaktion damals noch nicht gewusst hat, was man heute weiß, und wenn man es gewusst hätte, anderes reagiert hätte, als man es getan hat. Das heißt, nicht die Gewohnheit, sondern das Lernen, dass man Gewohnheiten lernt und sie dadurch verbessern kann (vgl. Heyting 1992: 137), steht im Vordergrund der Evaluation in der Hilfeplanung. Dadurch schleicht sich eine sozialpädagogische Semantik „als eine der Ausdrucksformen dieser Reflexivität" (Heyting 1992: 140) des Hilfesystems ein. In dieser Semantik wird gezeigt, dass es auch anders möglich ist – dass Gewohnheiten also Gewohnheiten sind. Diese Reflexivität wird produktiv, da man in der Evaluation Gewohnheiten anhand von Kriterien für „besser" oder „schlechter", d.h. im Hinblick auf Wertzuschreibungen zu beurteilen beginnt. Dabei geht es um die Frage, ob das bewirkt wurde, was aufgrund des Hilfeplans erwartet wurde (vgl. Honig/Neumann 2005: 257). Diese Repräsentation idealer sozialer Partizipation bildet eine wichtige Quelle der Flexibilität des Hilfesystems in einer sich verändernden Wirklichkeit. „Innerhalb systemstrukturell festgelegter Grenzen entsteht so ein funktionaler Spielraum für legitime Devianz" (Heyting 1992: 144).

Widersprüche werden in der Zeit aufgelöst. Geltungen pädagogischen Wissens werden mit einem „Zeitindex" versehen und in eine Verlaufskurve überführt (vgl. WdG: 158), in der sich die Hilfeplanung und der Vollzug der Hilfe wechselseitig interpunktieren, wodurch sich Soziale Arbeit als Einheit der Differenz zwischen Sozialpädagogik als Hilfeplanung und Sozialarbeit als reflexive Durchführung der Sozialarbeit vollzieht. Das bedeutet, dass von einem Perfektionsmodell auf eine gute Näherung umgestellt wird.

Diese sozialpädagogische Form der antitechnischen „Arbeitsführungs- bzw. Lebensführungstechnologie" ermöglicht, dass die Autonomie des Jugendlichen als Bürger[209], aber auch das professionelle, am Einzelfall ausgerichtete Handeln sukzessiv hergestellt, aber nicht vorausgesetzt wird. Dabei wirkt die Rede von der Autonomie ironisch, da die Herstellung von Autonomie in sich paradox ist[210]. Systemtheoretisch wird dieses Problem durch Paradoxieentfaltung gelöst.

---

[209] Dadurch schwankt die Hilfeplanung zwischen einer „Partizipationstechnokratie" (Pfaffenberger 1997: 692) und einer demokratischen Emanzipation.

[210] Das Verfahren kann als Antwort auf die kantsche Frage gesehen werden, wie die Freiheit bei dem Zwange kultiviert werden könne (Kant 1978b: 711). Die sozialpädagogische Methode ist selbst heteronom, da sie Selbststeuerung durch Fremdsteuerung ermöglicht, wobei sich dieses auf eine Art und Weise vollzieht, dass Erstere sich verselbständigen kann (vgl. Helsper 1997: 535f.).

Das heißt, dass es darauf ankommt, „Selbstreferenz als Prinzip der Formengenerierung zu benutzen" (KdG: 484). Dabei geht es nicht um Subsumption unter die Regel, wie Autonomie herzustellen ist, sondern um Entdeckung. „Die sachlich invariante Reproduktion einer Regel muß als idealisierter Grenzfall eines nie definitiv stillzustellenden Transformationsprozesses vorgestellt werden, in dem jede neue Applikation der Regel modifizierende Auswirkungen auf die Regel selbst hat bzw. haben kann" (Schneider 1994: 198)[211].

Auf diese Art und Weise wird eine sozialpädagogische Ordnung im Hilfesystem generiert (vgl. Tenorth 1992: 211 ff.). Sie wirkt selbsterzieherisch (zivilisierend) und hat damit einen funktionalen Einfluss auf den Hilfeplaner, die professionellen Helfer und den Adressaten. Die damit einhergehende Individualisierung der Hilfe bedeutet dabei, nicht den spontanen „Gefühlsregungen" des Jugendlichen bzw. des Sozialarbeiters/Erziehers oder des Hilfeplaners nachzugehen, sondern vielmehr, dass der Jugendliche und der Sozialarbeiter sich an der durch die Bildungswirklichkeit konstituierten Individualität als Einheit der Differenz von Wille und Wohl und dem darauf aufbauenden Kontraktmanagement in der Hilfewirklichkeit sowie den Darstellungen in der Evaluation messen lassen.

Die Hilfeplanung trägt zur Ausbildung einer bürgerlichen Tugend bei, die den Schwerpunkt auf das richtige *Tun* und nicht auf das *richtige* Tun legt (vgl. Brumlik 2001: 96). Das heißt, dass die bürgerliche Tugend seitens der Adressaten nicht vorausgesetzt wird, sondern es stattdessen um eine Credibility als einer Investition in die Zukunft geht, die nicht gesichert sondern ungewiss ist. Durch wechselseitige Limitierung der an der Hilfeplanung Beteiligten wird die bürgerliche Tugend (inhaltliche Sinndimension) sukzessiv von der Anamnese bis zur Evaluation (zeitliche Sinndimension) hergestellt, um eine soziale Teilhabe durch Inklusion im Hilfesystem (soziale Sinndimension) zu ermöglichen. Die Hilfeplanung transformiert lebensweltlich geprägte Personen in soziale Adressen des Hilfesystems. Dabei handelt es sich um eine „doppelte Modalisierung: die Erzeugung der Möglichkeit für eine Möglichkeit" (Fuchs 2000: 161). Das Interventionssystem der Hilfeplanung trägt zur Re-organisierung von Adressabilität im Hilfesystem bei (vgl. Fuchs 2000: 163). Anschlussfähig ist im Hilfesystem nur das, was intern durch die Hilfeplanung nach Maßgabe eigener Kriterien als Einheit der Differenz von Humanisierung und Zivilisierung ermöglicht wird. Da davon auszugehen ist, dass die Hilfeplanung nur hilfeplanerisch aber nicht für das Hilfesystem sozialisiert, stellt sich die Frage, wie das Hilfesystem als gesell-

---

[211] Dadurch können die Bewegungen des widerständigen Subjekts genauer beobachtet und besser beschrieben werden, da Autonomie als ein relationaler Begriff zu konzipieren ist, „der das Zugleich von Abhängigkeit und Widerstand, von Disziplinierung und Aufbegehren, von Unterwerfung und Kritik betont und das Streben nach Überschreitung der existierenden Grenzen bezeichnet" (Rieger-Ladich 2002: 441).

schaftliche Umwelt der Hilfeplanung die spezifische Sozialisation in der Hilfeplanung verkraftet und welche Rückwirkungen und Gegenbewegungen im Hilfesystem entstehen.

# XI. Schlussfolgerungen

Um die Fragen zu beantworten, was der klinische Blick in der Sozialen Arbeit leistet, ist kurz und bündig zu antworten, dass er zur Autonomie des Hilfesystems beiträgt. Ich werde im Folgenden die Leistung des klinischen Blicks zusammenfassend begründen. Die Hilfeplanung hat die Funktion, ein klinischer Ort als „Immunsystem" des Hilfesystems, zu sein, an dem systematisch die Reflexionstheorie der Sozialpädagogik mit einer Organisationspraxis vermittelt werden kann. Sie trägt potenziell dazu bei, dass Erwartungen an die Sozialpädagogik gerichtet werden, so dass sie zur Konstituierung von Sprecherpositionen in Organisationen beiträgt. Es geht um die Erwartung der Möglichkeit von Autonomie trotz der Inspruchnahme von Hilfen zur Erziehung, um die juristische Zuweisung von Verantwortlichkeiten und um die sozialpädagogische Begleitung der Suche nach Selbstbestimmung. Insofern kommt der gesundheitsfördernden Bildungsperspektive gegenüber der präventiven, sozialarbeiterischen Perspektive eine eigene Realität zu. Der Diskurs über die Hilfeplanung beschäftigt sich mit der Frage der „Implementierung von Organisationspraktiken" (Saake/Nassehi 2004: 127), um den Willen des Adressaten und dessen Selbstbestimmung zu institutionalisieren. Die Hilfeplanung kann somit als eine organisierte Form der Selbstverwirklichung (vgl. Honneth 2002: 141) bezeichnet werden, die es ermöglicht, dass diejenigen, die die Hilfen zur Erziehung annehmen, als „Bürger" Zugang zum Hilfesystem haben, indem sie wohlfahrtstaatliche Leistungen, sowie die Möglichkeit, ihren Willen zu äußern, in Anspruch nehmen. Sie trägt dazu bei, dass es so erscheint, als ob sich das Hilfesystem vorrangig durch Hilfe und nicht durch Kontrolle auszeichnet. Dadurch trägt sie zur Autonomie des Hilfesystems bei. Die Leistung der Hilfeplanung liegt potenziell darin, dass das Publikum nicht zu einem passiven Publikum wird, sondern dass das Publikum (Eltern als Leistungsberechtigte und Kinder bzw. Jugendliche als Adressaten) aber auch die hilfeleistenden Organisationen, wenn es um die Ausführung der Hilfe (Exekutive) geht, die Verantwortung übernehmen, die ihnen durch Anhörung im Kontext der Hilfeplanung gegeben wurde. Diese Erwartungen sind vor dem Hintergrund der gesellschaftlichen Funktion der Sozialpädagogik zu verstehen. Das bedeutet, dass weil die Sozialpädagogik Chancen für die Möglichkeit der Inklusion schaffen soll, sie sich von den anderen Funktionssystemen durch einen anderen Umgang mit Abweichung unterscheiden muss. Dieses ist aber strukturell nur auf der Ebene eines „Kultursystems" möglich. Es entsteht potentiell eine Realität, in der die Adressaten der Hilfen zur Erziehung als Sprecher sichtbar werden, von denen man nun erwarten kann, dass das, was sie tun als Kultur erscheint (vgl. Saake/Nassehi 2004: 128). Die Sprecherposition wird dieser Erwartung „kultureller" Auskünfte subordiniert. Dadurch, dass die Auskünfte sensibel und angemessen angehört werden, werden die Adressaten sichtbar und zugleich in einer Sprecherposition erzeugt. „Das Medium, indem jene Kulturalisierung auftritt, ist das Medium des Ethischen" (Saake/Nasshi 2004: 129). Damit ist ein spezieller kommunikativer Erwartungsstil gemeint, „der weder kognitiv noch normativ strukturiert ist, also nicht unbedingt lernen will, aber auch nicht immer schon weiß, wie es sich verhält" (Saake/Nassehi 2004: 129). Kontingenz wird mit dem authentischen Anspruch auf Geltung bearbeitbar gemacht. Da man es nicht wirklich verstehen kann, ist das Andere als Kultur ansprechbar. Das heißt Unterschiede zwischen verschiedenen Adressaten werden dadurch nivelliert, da es nur um eines jeweils geht, Sprecherpositionen zu akzeptieren (vgl. Saake/Nassehi 2004: 130). Der angemessene Umgang mit dem abweichendem Verhalten, das auf den sozialen Tod zugeht, ist an gutes Leben als die Form der selbstbestimmten Gestaltung des Lebens gebunden, welches durch die Hilfeplanung als „Bildungssystem" im Hilfesystem konstituiert wird. Zwar sind die Hilfeplaner ebenfalls in einer solchen kulturellen Sprecherposition, aber sie sind mit der Kontrolle über nicht-diskursive Praxisformen, dem organisatorischen Arrangement der Hilfeplanung ausgestattet (vgl. Saake/Nassehi 2004: 130). Die Hilfeplaner werden zu organisatorischem Personal, wodurch die Gefahr der Deprofessionalisierung besteht, da sie nicht mehr im engeren Sinne auf die Interaktion bezogen ist. Hilfeplaner werden zum Träger von Steuerungs- und damit von Managementwissen (vgl. Tacke 2005: 174). Sie können daraufhin kontrolliert werden, inwieweit sie die Verfahrensregeln der Hilfeplanung einhalten.

Strukturell bedeutsame Unterschiede von Interaktion und Organisation sind in der Semantik der Hilfeplanung als Verfahren fast verschwunden. Hilfeplanung als Verfahren erscheint als eine „organisierte Interaktion" (Kieserling 1999). Trotz aller Konditionierung und Respezifizierung durch das Verfahren bleibt aber die Hilfeplanung Interaktion sui generis, da immer wieder durch abweichendes Verhalten seitens der Adressaten Irritationen auftreten. Die professionelle Form der Spezifikation individueller Hilfeplanung bleibt interaktionsabhängig und kann nicht durch organisatorische Spezifikation in Form des Verfahrens ersetzt werden. Eine Bürokratisierung der Hilfeplanung kann somit durch Professionalisierung verhindert werden und dementsprechend als Reflexion des Interventionssystems der Hilfeplanung konstituiert werden. Die Kontrolle der Hilfeplanung auf der Ebene der Interaktion sui generis kann durch die rekonstruktive Sozialforschung als wissenschaftlicher Praxis vollzogen werden (vgl.

Luhmann/Schorr 1988: 125ff.). Es geht um die Frage, ob und inwieweit die Sozialpädagogik den an sie gerichteten Erwartungen gerecht wird, ohne der Sozialpädagogik als Profession selbst die alleinige Verantwortung zuzuschreiben. Dazu wird die operative Kopplung, als der kommunikative Vollzug wechselseitiger Beobachtung in den Aushandlungen, und damit die „Erfahrungsbildung" in den Blick genommen. Die rekonstruktive Sozialforschung kann als „Reaktion" auf das Technologiedefizit auf der Ebene der Interaktion in der Hilfeplanung bezeichnet werden. Während die Reflexionstheorie der Sozialpädagogik zur Simplifikation neigt, kann durch rekonstruktive Sozialforschung diese Simplifikation aufbrechen und zu einem „vertieften" Verständnis beitragen. Das bedeutet zu rekonstruieren, wie die Widerstände der Adressaten aber auch der Repräsentanten der Leistungsträger und des Jugendamtes in den Blick genommen werden. Es wird beobachtet wie sich trotz der Krise ein sozialpädagogisches Arbeitsbündnis etabliert. Das heißt, es wird zwischen der professionellen sozialpädagogischen Praxis (Interaktion sui generis) als dem Eigenem und der Durchführung der Hilfeplanung (Organisationspraxis) als dem Fremden ein methodenbewusster Vergleich durchgeführt. Die „eigene" sozialpädagogische Kultur wird durch die „fremde" Kultur der Hilfeplanung als organisierter Praxis mitbestimmt, da Autonomie als Problem erst aus dem Kontrast zum Fremden entsteht. Da es unmöglich ist, das Fremde als Anlaß der Behauptung des Eigenen aus dieser Behauptung wieder herauszustreichen, kann das Eigene der professionellen sozialpädagogischen Praxis als Eigenes nicht existieren (vgl. Baecker 2003: 16f.). Der sozialpädagogische Blick ermöglicht, dass das, was in der Hilfeplanung als organisierte Praxis im Vordergrund steht in den Hintergrund gestellt wird, und das, was im Hintergrund steht, die Teilhabe der psychischen Systeme an der Kommunikation (sozialpädagogisches Arbeitsbündnis), durch die strukturelle Kopplung in den Vordergrund gehoben, d.h. die Personenkonstitution beobachtet wird (Nassehi 1997b: 159). Es kommt somit insbesondere auf den „heimlichen" Lehrplan und damit auf die latenten Sinnstrukturen an (vgl. Kapitel VII.2). Durch die mit dem Konflikt einhergehende Abgrenzung von der Leistungs- und der Publikumsrolle, weist das, was zum Thema genommen wird, stets und zwangsläufig zwei Horizonte auf, die an der sachlichen Konstitution von Sinn mitwirken. Während der eine Horizont sich auch auf die Organisationspraxis und damit auf die Leistungs- und die Publikumsrolle der Hilfeplanung bezieht, ist der Fokus des anderen Horizonts auf die professionelle Praxis als Überschreitung der an die jeweilige Rolle verknüpften sozialen Erwartungen gerichtet. Wird das „Neue" wiederum zur sozialen Erwartung, geht es in die Organisationspraxis ein. Es entsteht eine ‚gleitende' Hierarchie, die als Chiasmus-Unterscheidung sich rekursiv auf beiden Seiten ihrer selbst wiederholt, mithin immer wieder auf die Unterscheidung stößt, die vorausgesetzt wird" (Fuchs 1994: 23).

Stabilität sozialpädagogischer Wirklichkeit entsteht, wenn zwischen dem sozialpädagogischen Blick als Medium und der Form des kommunikativen Vollzugs der Hilfeplanung zwischen dem Hilfeplaner und dem Adressaten bzw. dem Leistungsberechtigten ein Passungsverhältnis hergestellt wird. Ereignisse werden daraufhin vom Medium abgetastet, inwieweit sie als Form zum Medium passend sind (vgl. Oelkers 1982: 147). Sie beruhen auf ‚ästhetischen Werturteilen', die zwischen richtig und falsch unterscheiden (vgl. Oelkers 1982: 149). Dadurch können Medien Formen „‚ausflocken', die sich den Eigenschaft des Mediums anschmiegen müssen, weil sie sich in diesem Medium mit den Elementen des Mediums konstituieren und dabei nichts hinzufügen nichts wegnehmen" (Fuchs 1994: 23). Das Medium als ästhetisches Urteil könnte als eine ‚Hintergrundaktivität' bezeichnet werden. „Wenn die Form bezeichnet wird, invisibilisiert sich das Medium, aber ist so da, dass in ihm vielerlei geschieht, das sich im Moment nicht (nicht simultan) sehen lässt, aber auf die fixierte Form wirkt: durch Kontextverschiebungen, Horizontveränderungen, durch Formeneinschreibungen an benachbarter Stelle [...] oder durch Veränderungen auf der Ebene, auf der das Medium seinerseits als Form beobachtet werden könnte" (Fuchs 1994: 24). Das „re-entry der Beschreibung in das Beschriebene und erst die damit organisierte Selbstbeobachtung" (SozSys: 547) ermöglicht, das bisher Geschehene zu verstärken. Dadurch findet eine Umstellung von strukturabhängigen Widerständen in der organisierten Praxis der Hilfeplanung zur „Selbstorganisation ad hoc operierender Verfahren" (vgl. SozSys: 548) in der professionellen Praxis statt. Durch diese Reflexionstheorie als „gegenstandsverankerte Theoriebildung" der Reflexionstheorie als organisierter Praxis, wird die Hilfeplanung zu einem selbstreferentiellen System. Die „Qualität" der Hilfeplanung bleibt an das gebunden, was sozialpädagogische Wirklichkeit kennzeichnet. Die Wertung ist nicht normativ, sondern baut auf einer sozialpädagogischen Semantisierung der Wirklichkeit auf (vgl. Honig/Neumann 2005: 263), die Strukturwert erlangen kann, da sie das operative Prozessieren von sozialen Systemen mit bestimmten kommunikativen Schemata versorgt (vgl. Stichweh 2000a). Dadurch weist der „Qualitätsbegriff drei Dimensionen auf: Eine deskriptiv-analytische, die sich auf die Beschreibung der Beschaffenheit eines Sachverhalts bezieht [Reflexionstheorie als organisierter Praxis; B.H.], eine evaluative, die sich auf die kriterienabhängige Bewertung eines Gegenstandes bezieht [Reflexionstheorie der Reflexionstheorie als rekonstruktive Sozialforschung professioneller Praxis; B.H.] und eine operative Dimension, die sich auf die Herstellung und Veränderung oder Optimierung eines Sachverhalts bezieht [professionelle Praxis; B.H.]. Diese drei Dimensionen fungieren als prozessuale Einheit in einer zirkulären und weitgehend bruchlosen Struktur der Beschreibung, Bewertung und Optimierung von Sachverhalten" (Köpp/Neumann 2003: 138). Da Qualität gegenstandskonstitutiv ist, handelt es sich „um eine dauerhaft implementierte Anwendung und fortlaufende Evolution von Gegenstandseigenschaften, Bewertungskriterien und Optimierungsmaßnahmen, die sich wechselseitig bedingen und gegenseitig transformieren" (Köpp/Neumann 2003: 138). Dadurch wird Professionalismus möglich, welcher existiert, „when an organized occupation gains the power to determine who is qualified to perform a defined set of tasks, to prevent all others form performing that work, and to control the criteria by which to evaluate performance" (Freidson 2001: 12).

Der Klinische Blick stellt somit Reflexionsleistungen als Systemleistungen bereit, die über eine Theoriegeschichte hinausgehen und als Systemgeschichte gelesen werden können. Es entsteht eine Theorie des Systems im System mit dem Status einer „Innensicht" auf die Hilfeplanung als Interventionssystem (vgl. Kade 1999: 537). Was als zu erkämpfender Freiheitsraum und als Wert erscheint, ist zugleich auch strukturell auferlegter Zwang. Es ist die notwendige Bedingung der Ausdifferenzierung des Hilfsystems, welches unabhängig vom sozialpolitischen System ist. Dabei wird Autonomie nicht für das Hilfesystem als Ganzes vertreten, sondern nur für die Hilfeplanung als Interventionssystem in der Umwelt des Hilfesystems.

Das heißt, dass die Hilfeplanung gegenüber den leistungsanbietenden Organisationen einen strategischen, oder anders ausgedrückt einen reflektierenden und keinen operativen Charakter hat. Es wird suggeriert, dass die Hilfeplanung die Hilfen zur Erziehung steuern könnte, was, wenn man von der Autopoiesis der sozialen Systeme ausgeht, nicht möglich ist. Stattdessen stellen sich durch die Hilfeplanung bestenfalls Irritationen ein. Hilfeplanung bekommt einen „spielerischen" Charakter. Sie ist ein Spiel – eine soziale Praxis –, das aufzeigt, dass es auch immer anders möglich ist. Das bedeutet aber zugleich, dass die Hilfeplanung als Kultur(kritik) an den durch die Infrastruktur bereit gestellten Hilfen fungiert. Die Wirklichkeit der organisierten Hilfen hat die in der Hilfeplanung gegebene Möglichkeit zur Voraussetzung und ist dadurch eben nur eine neben anderen möglichen Wirklichkeiten (vgl. Rustemeyer 2004: 81). Die Hilfeplanung generiert Symbole als Kennzeichen der Selbstkontrolle des Verfahrens, welche mehr Regulation anzeigen, als sie eigentlich ausführen. Dadurch generiert die Hilfeplanung politisch relevante Zeichen, so dass es erscheint als ob sich der Hilfeprozess kontrolliert vollzieht und zugleich mit der Compliance der Umwelt des Hilfesystems zurechnen ist (vgl. Power 1997).

Durch den öffentlich gemachten Widerstand in der Hilfeplanung geht ein Eigensinn aus, „der sich schließlich auch in der Umwelt strukturell wiederfindet" (Fuhse 2003: 141). Dadurch entsteht „ein Widerstand in der Entwicklung des jeweils anderen Systems, wodurch es zur „Ko-Evolution" (Fuhse 2003: 142) von Hilfeplanung und der Flexibilisierung der Hilfen zur Erziehung kommen kann.

Ob die Semantik der Hilfeplanung strukturgenerierend im Hilfesystem sein wird, oder ob sie wieder an Bedeutung verlieren wird, ist eine Frage der Evolution. Dennoch ist es wahrscheinlich, dass im Kontext der Wissensgesellschaft der Hilfeplanung eine besondere Bedeutung bekommt, da in der Wissensgesellschaft das Wissen gegenüber der „Produktion" der Hilfe höher bewertet wird (vgl. Kurtz 2004: 249). Wissen wird in der Wissensgesellschaft kontinuierlich revidiert, permanent als verbesserungsfähig angesehen, prinzipiell nicht als Wahrheit, sondern als Ressource betrachtet und untrennbar mit Nichtwissen gekoppelt, wodurch das Wissen riskant wird (vgl. Wilke 1998: 21). Professionelle als Wissensarbeiter sind „Symbolanalytiker", da sie Probleme durch die Manipulation von Symbolen lösen, indem sie „symbolische Konstrukte" schaffen, die für Kunden oder Klienten einen realen Nutzen erzeugen (vgl. Wilke 2002: 214f.). Die Effektivität der Hilfeplanung als ein organisiertes Verfahren, liegt somit weniger auf der Effektivität ihrer Leistungen als auf einen gezielten facework gegenüber ihrer Umwelt, durch welche sie Legitimität erhält.

# Literatur

Abeling, Melanie/Bollweg, Petra/Flösser, Gaby/Schmidt, Matthias/Wagner, Melissa (2003): Partizipation in der Kinder- und Jugendhilfe. In: Sachverständigenkommistion Elfter Kinder- und Jugendbericht (Hrsg.): Kinder- und Jugendhilfe im Reformprozess (Materialen zum elften Kinder- und Jugendbericht Bd. 2). München: DJI, S. 226-308.
Ader, Sabine (2006): Was leitet den Blick? Wahrnehmung, Deutung und Intervention in der Jugendhilfe. Weinheim: Juventa.
Adler, Helmut (1998): Fallanalyse beim Hilfeplan nach § 36 KJHG. Frankfurt am Main: Lang.
Adler, Patricia A./Adler, Peter (1994): Observational Techniques. In: Denzin, Norman/Lincoln, Yvonna S. (Hrsg.): Handbook of Qualitative Research. Newbury: Sage, S. 377-392.
Amann, Klaus, Hirschauer, Stefan (1997): Die Befremdung der eigenen Kultur. Ein Programm. In: Hirschauer, Stefan/Amann, Klaus (Hrsg.): Die Befremdung der eigenen Kultur. Zur ethnographischen Herausforderung soziologischer Empirie. Frankfurt am Main: Suhrkamp, S. 7-52.
Ansen, Harald (2000): Klinische Sozialarbeit und methodisches Handeln. In: Sozialmagazin. Jg. 25, H. 2, S. 16-26.
Arnold, Rolf (1999): Konstruktivistische Ermöglichungsdidaktik. In: Arnold, Rolf/Giesecke, Wiltrud/Nuissl, Ekkehard (Hrsg.): Erwachsenenpädagogik. Baltmannsweiler: Schneider Verlag Hohengehren, S. 18-28.
Atkinson, Paul (1992): Understanding Ethnographic Texts. Newbury Park: Sage.
Bachmann, Ingeborg (1978): Die Wahrheit ist dem Menschen zumutbar. Rede zur Verleihung des Hörspielpreises. In: Dies.: Werke. Bd. 4. München: Piper, S. 275-277.
Backhaus, Maul, Holger/Olk, Thomas: Von Subsidiarität zu "outcontracting" : zum Wandel der Beziehungen zwischen Staat und Wohlfahrtsverbänden in der Sozialpolitik. Berlin: Bank für Sozialwirtschaft.
Baecker, Dirk (1993): Das Spiel mit der Form. In: Ders. (Hrsg.): Probleme der Form. Frankfurt am Main: Suhrkamp, S. 148-158.
Baecker, Dirk (1994): Soziale Hilfe als Funktionssystem der Gesellschaft. In: Zeitschrift für Soziologie. Jg. 23, H. 2, S. 93-110.
Baecker, Dirk (1999): Organisation als System. Frankfurt am Main: Suhrkamp.
Baecker, Dirk (2003): Wozu Kultur? 3. Aufl. Berlin: Kulturverlag Kadmos.
Baecker, Dirk (2005): Form und Formen der Kommunikation. Frankfurt a. Main: Suhrkamp.
Barthes, Roland (1988): Das Semiologische Abenteuer. Frankfurt am Main: Suhrkamp.

Bateson, Gregory (1992): Eine Theorie des Spiels und der Phantasie. In: Ders.: Ökologie des Körpers. Frankfurt am Main: Suhrkamp, S. 241-261.
Bauer, Rudolph (2001): Personenbezogene soziale Dienstleistungen. Begriff, Qualität und Zukunft. Wiesbaden: Westdeutscher Verlag.
Becker, Howard S. (1967): Whose Side are We on? In: Social Problems. Jg. 14, H. 3, S. 239-247.
Beckmann, Christof/Otto, Hans-Uwe/Richter, Martina/Schrödter, Mark (2004): Negotiating Qualities – Ist Qualität eine Verhandlungssache? In: Dies. (Hrsg.): Qualität in der Sozialen Arbeit. Wiesbaden: Verlag für Sozialwissenschaften, S. 9-34.
Beer, Bettina (2002): Systematische Beobachtung. In: Dies. (Hrsg.): Methoden und Techniken der Feldforschung. Berlin: Dietrich Reimer Verlag, S. 119-42.
Beetz, Michael (2003): Organisation und Öffentlichkeit als Mechanismen politischer Koordination. In: Bluhm, Harald/Fischer, Karsten/ Hellmann, Kai-Uwe (Hrsg.): Das System der Politik. Niklas Luhmanns politische Theorie. Wiesbaden: Westdeutscher Verlag, S. 108-120.
Benjamin, Walter (1987): Berliner Kindheit um Neunzehnhundert . Frankfurt am Main: Suhrkamp.
Benner, Dietrich (1972): Pädagogisches Experiment zwischen Technologie und Praxeologie. In: Pädagogische Rundschau. Jg. 26, H. 1, S. 25-53.
Benjamin, Walter (1997): Gesammelte Schriften Bd 1, 2, hrsg. v. Tiedemann, Rolf/ Schweppenhäuser, Hermann . Frankfurt am Main: Suhrkamp.
Benner, Dietrich (2001): Allgemeine Pädagogik. Eine systematisch-problemgeschichtliche Einführung in die Grundstruktur pädagogischen Denkens und Handelns. Weinheim: Juventa.
Benner, Patricia E./Wrubel, Judith (1989): The Primacy of Caring. Stress and Coping in Health and Illness. Menlo Park: Addison-Wesley Publishing Company.
Benner, Patricia E./Tanner, Christine A./Chesla, Catherine A. (1996): Expertise in Nursing Practice. Caring, Clinical Judgement, and Ethics. New York: Springer.
Beresford, Peter (2005): Qualität sozialer Dienstleistungen. Zur zunehmenden Bedeutung von Nutzerbeteiligung. In: Beckmann, Christof/Otto, Hans-Uwe/Richter, Martina/Schrödter, Mark (Hrsg.): Qualität in der Sozialen Arbeit. Zwischen Nutzerinteresse und Kostenkontrolle. Wiesbaden: VS-Verlag für Sozialwissenschaften S. 340-347.
Berg, Eberhard/Fuchs, Martin (1999): Die Krise der ethnographischen Repräsentation. Frankfurt am Main: Suhrkamp.
Bergmann, Werner (1994): Der externalisierte Mensch. Zur Funktion des „Menschen" für die Gesellschaft. In: Fuchs, Peter/Göbel, Andreas (Hrsg.): Der Mensch – das Medium der Gesellschaft? Frankfurt am Main: Suhrkamp, S. 92-102.
Bernard, Russell, H (2002): Research Methods in Anthropology. Qualitative and Quantitative Methods. Walnut Creek: Altamira Press.
Bernfeld, Siegfried (1973): Sisyphos oder die Grenzen der Erziehung. Frankfurt am Main: Suhrkamp.
Bernfeld, Siegfried (1996): Kinderheim Baumgarten – Bericht über einen ernsthaften Versuch mit neuer Erziehung [1921]. In: Ders.: Sämtliche Werke. Bd. 11. Weinheim: Beltz, S. 9-156.

Bilstein, Johannes (1999): Bilder-Hygiene. In: Schäfer, Gerd/Wulf, Christoph (Hrsg.): Bild – Bilder – Bildung. Weinheim: Deutscher Studien Verlag, S. 89-115.

Blankertz, Herwig (1959): Der Begriff der Pädagogik im Neukantianismus. Weinheim, Berlin: Beltz.

BMFSFJ (2002): Elfter Kinder- und Jugendbericht. Bericht über die Lebenssituation junger Menschen und die Leistungen der Kinder- und Jugendhilfe in Deutschland. Bonn.

Böhnisch, Lothar (1982): Der Sozialstaat und seine Pädagogik. Sozialpolitische Anleitungen zur Sozialarbeit. Neuwied: Luchterhand.

Böhnisch, Lothar (1994): Gespaltene Normalität. Lebensbewältigung und Sozialpädagogik an den Grenzen der Wohlfahrtsgesellschaft. Weinheim: Juventa.

Böhnisch, Lothar (1997): Sozialpädagogik der Lebensalter. Eine Einführung. Weinheim: Juventa.

Böhnisch, Lothar (1998): Abweichendes Verhalten. Eine pädagogische Soziologie. Weinheim: Juventa.

Böllert, Karin (2001): Prävention und Intervention. In: Otto, Hans-Uwe/Thiersch, Hans (Hrsg.): Handbuch Sozialarbeit/Sozialpädagogik. Luchterhand: Neuwied, S. 1394-1398.

Bommes, Michael (1999): Migration und nationaler Wohlfahrtsstaat. Ein differenzierungstheoretischer Entwurf. Opladen, Wiesbaden: Westdeutscher Verlag.

Bommes, Michael/Scherr, Albert (1996): Exklusionsvermeidung, Inklusionsvermittlung und/oder Exklusionsverwaltung. In: Neue Praxis. Jg. 26, H. 2, S. 107-123.

Bommes, Michael/Scherr, Albert (2000): Soziologie der Sozialen Arbeit. Eine Einführung in Formen und Funktionen organisierter Hilfe. Weinheim: Juventa.

Bonacker, Thorsten (2003): Die Gemeinschaft als Entscheider. Zur symbolischen Integration im politischen System. In: Bluhm, Harald/Fischer, Karsten/Hellmann, Kai-Uwe (Hrsg.): Das System der Politik. Niklas Luhmanns politische Theorie. Wiesbaden: Westdeutscher Verlag, S. 62-79.

Bröckling, Ulrich (2000): Totale Mobilmachung. Menschenführung im Qualitäts- und Selbstmanagement. In: Ders./Krasmann, Susanne/Lemke, Thomas (Hrsg.): Gouvernementalität der Gegenwart. Frankfurt am Main: Suhrkamp, S. 131-167.

Bröckling, Ulrich (2003): Das demokratisierte Panopticon. Subjektivierung und Kontrolle im 360°-Feedback. In: Honneth, Axel/Saar, Martin (Hrsg.): Michel Foucault. Zwischenbilanz einer Rezeption. Frankfurter Foucault-Konferenz 2001. Frankfurt am Main: Suhrkamp, S. 77-93.

Brumlik, Micha (2001): Auf dem Weg zu einer Pädagogischen Theorie der Tugenden - ‚Education Sentimentale'. In: Liebau, Eckart (Hrsg.): Die Bildung des Subjekts. Weinheim: München, S. 73-100.

Brumlik, Micha (2004): Advokatorische Ethik. Zur Legitimation Pädagogischer Eingriffe [1992]. Berlin: Philo Verlag.

Brumlik, Micha/Keckweisen, Werner (1976): Etwas fehlt. Zur Kritik und Bestimmung von Hilfsbedürftigkeit für die Sozialpädagogik. In: Kriminologisches Journal. Jg. 8, H. 4, S. 241-262.

Bublitz, Hannelore (2003): Politik und Macht in den Theorien von Foucault und Luhmann. In: Bluhm, Harald/Fischer, Karsten/ Hellmann, Kai-Uwe (Hrsg.): Das System der Politik. Niklas Luhmanns politische Theorie. Wiesbaden: Westdeutscher Verlag, S. 314-325.

Bundesjugendkuratorium (2001): Zukunftsfähigkeit sichern! Für ein neues Verhältnis von Bildung und Jugendhilfe. Bonn, Berlin.

Burkart, Günter (2004): Niklas Luhmann: Ein Theoretiker der Kultur? In: Burkart, Günter/Runkel, Gunter (Hrsg.): Luhmann und die Kulturtheorie. Frankfurt am Main: Suhrkamp, S. 11-39.

Butler, Judith (1998): Hass spricht. Zur Politik des Performativen. Berlin: Berlin-Verlag.

Christians, Heiko (1999): Über den Schmerz. Eine Untersuchung von Gemeinplätzen. Berlin: Akademie Verlag.

Cleppien, Georg (2000): Selbstbeschreibung und Sozialpädagogik. In: Merten, Roland (Hrsg.): Systemtheorie Sozialer Arbeit. Neue Ansätze und veränderte Perspektiven. Opladen: Leske + Budrich, S. 137-156.

Corsi, Giancarlo (2001): 'Geräuschlos und unbemerkt: Zur Paradoxie struktureller Kopplung.In: Soziale Systeme, Jg. 7, H. 2, 253 - 266.

Crefeld, Wolf (1996): Zur Einführung. Warum eine Psychiatrietagung zum Betreuungsgesetz? In: Crefeld, Wolf/Jagoda, Bernhard/Kunze, Heinrich (Hrsg.): Das Betreuungswesen für die Gemeindepsychiatrische Versorgung. Köln: Rheinland-Verlag, S. 19-29.

Crefeld, Wolf (2002): Klinische Sozialarbeit – Nur des Kaisers neue Kleider? In: Dörr, Margret (Hrsg.): Klinische Sozialarbeit – Eine notwendige Kontroverse. Baltmannsweiler: Schneider-Hohengehren, S. 23-38.

de Wolfe, Patricia (1996): A World without Illness? The ‚Thinking Away' of the Chronically Sick. In: Perry, Abbie (Hrsg.): Sociology. Insights in Health Care. London, u.a.: Arnold, S. 107-132.

Dewe, Bernd (2002): Handlungslogische Probleme klinischer Sozialarbeit und professionstheoretische Perspektiven für ein praktizierbares Handlungsmuster. In: Dörr, Margret (Hrsg.): Klinische Sozialarbeit – Eine notwendige Kontroverse. Baltmannsweiler: Schneider Hohengehren, S. 104-119.

Donabedian, Avedis (1980): The Definition of Quality and Approaches to its Assessment. Ann Arbor: Health Adminstration Press.

Dörr, Margret (2002): Zur triangulären Struktur des Arbeitsbündnisses einer klinischen Praxis Sozialer Arbeit. In: Dies. (Hrsg.): Klinische Sozialarbeit – Eine Notwendige Kontroverse, Baltmannsweiler: Schneider-Hohengehren, S. 143-163.

Dräger, Horst (2000): Morphologie des Lernens. In: Arbeitsgemeinschaft QUEM (Hrsg.): Kompetenzentwicklung. Lernen im Wandel – Wandel durch Lernen. Münster: Waxmann, S. 71-131.

Dreyfus, Hubert L./Dreyfus, Stuart E./Benner, Patricia (1996): Implications of the Phenomenology of Expertise for Teaching and Learning Everyday Skillful Ethical Comportment. In: Benner, Patricia E./Tanner, Christine A./Chesla, Catherine A. (Hrsg.): Expertise in Nursing. Caring, Clinical Judgment, and Ethics. New York: Springer Publishing Company, S. 258-279.

Düppe, Wolfgang (2004): Fallverstehen und Diagnostik im Alltag der Jugendhilfe – Eindrücke und Hinweise zu sozialpädagogischen Einschätzungen im ASD einer Großstadt. In: Schrapper, Christian (Hrsg.): Sozialpädagogische Diagnostik und Fallver-

stehen in der Jugendhilfe. Anforderungen, Konzepte, Perspektiven. Weinheim: Juventa, S. 187-194.
Eckart, Wolfgang U. (1998): Die Vision vom ‚Gesunden Volkskörper'. Seuchenprophylaxe, Sozial- und Rassenhygiene in Deutschland zwischen Kaiserreich und Nationalsozialismus. In: Roeßiger, Susanne/Merk, Heidrun (Hrsg.): Hauptsache Gesund! Gesundheitsaufklärung zwischen Disziplinierung und Emanzipation. Eine Publikation des Deutschen Hygiene-Museums, Dresden und der Bundeszentrale für gesundheitliche Aufklärung, Köln. Marburg: Jonas Verlag, S. 34-47.
Elias, Norbert (1969a): Über den Prozeß der Zivilisation. Soziogenetische und psychogenetische Untersuchungen Bd 1. Wandlungen in den weltlichen Oberschichten des Abendlandes. Frankfurt am Main: Suhrkamp.
Elias, Norbert (1969b): Über den Prozeß der Zivilisation. Soziogenetische und psychogenetische Untersuchungen. Bd 2. Wandlungen der Gesellschaft. Entwurf zu einer Theorie der Zivilisation. Frankfurt am Main: Suhrkamp.
Emerson, Robert M./Fretz, Rachel I./Shaw, Linda L. (1996): Writing Ethnographic Fieldnotes. Chicago: The University of Chicago Press.
Emerson, Robert M./Fretz, Rachel I./Shaw, Linda L. (2001): Participant Observation. In: Atkinson, Paul/Coffey, Amanda/Delamont, Sara/Lofland, John/Lofland, Lyn: Handbook of Ethnography. London: Sage, S. 352-368.
Ehlich, Konrad (1980): Der Alltag des Erzählens. In. Ehlich, Konrad (Hrsg): Erzählen im Alltag. Frankfurt am Main: Suhrkamp, S. 11-27.
Ewald, Francois (1999): Die Rückkkehr des Genius Malignus. Entwurf zu einer Philosophie der Vorbeugung. In: Soziale Welt. Jg. 49, H. 1, S. 5-23.
Fatke, Reinhard (1997): Das Allgemeine und das Besondere in pädagogischen Fallgeschichten. In: Binneberg, Karl (Hrsg.): Pädagogische Fallstudien. Frankfurt am Main: Lang, S. 217-235.
Faulstich, Werner (2002): Die Entstehung von ‚Liebe' als Kulturmedium im 18. Jahrhundert. In: Ders./Glasenapp, Jörn (Hrsg.): Liebe als Kulturmedium. München: Wilhelm Fink Verlag, S. 23-56.
Fehlemann, Silke (2001): Die Entwicklung der öffentlichen Gesundheitsfürsorge in der Weimarer Republik. Das Beispiel der Kinder und Jugendlichen. In: Woelk, Wolfgang/Vögele, Jörg (Hrsg.): Gesundheitspolitik in Deutschland von der Weimarer Republik bis in die Frühgeschichte der 'Doppelten Staatsgründung'. Berlin: Duncker & Humblot, S. 67-82.
Fischer, Hans (2003): Ethnologie als wissenschaftliche Disziplin. In: Ders./Beer, Bettina (Hrsg.): Ethnologie. Einführung und Überblick. Berlin: Dietrich Reimer Verlag, S. 13-32.
Fischer, Wolfram (1986): Soziale Konstitution von Zeit in biographischen Texten und Kontexten. In: Heinemann, Gottfried (Hrsg.): Zeitbegriffe. Ergebnisse des interdisziplinären Symposiums ‚Zeitbegriffe der Naturwissenschaften, Zeiterfahrung und Zeitbewusstsein' (Kassel 1983). Freiburg: Alber, S. 355-377.
Fischer, Wolfram/Golirsch, Martina (2004): Narrativ-Biographische Diagnostik in der Jugendhilfe. Fallrekonstruktion im Spannungsfeld von wissenschaftlicher Analyse und professioneller Handlungspraxis. In: Heiner, Maja (Hrsg.): Diagnostik und Di-

agnosen in der Sozialen Arbeit – Ein Überblick. Frankfurt am Main: Deutscher Verein für öffentliche und private Fürsorge e.V., S. 127-140.

Flickinger, Hans-Georg (1991): Prinzipienkonflikte des Politischen. Folgen für die Sozialarbeit aus dem Vergleich BRD/Brasilien. In: Sauerwald, Gregor (Hrsg.): Soziale Arbeit und internationale Entwicklung. Gesundheit und Umwelt – Kultur und Technik – Wirtschaft und Verwaltung – Ethik und Politik. Münster u.a.: Lit-Verlag, S. 301-308.

Flitner, Wilhelm (1933): Systematische Pädagogik. Versuch eines Grundrisses zur Allgemeinen Erziehungswissenschaft. Breslau: Ferdinand Hirt.

Flitner, Wilhlem (1956): Allgemeine Pädagogik. Stuttgart: Klett-Cotta

Flösser, Gaby (1994): Soziale Arbeit jenseits der Bürokratie. Neuwied: Luchterhand.

Forneck, Hermann (2002): Selbstgesteuertes Lernen und Modernisierungsimperative in der Erwachsenen- und Weiterbildung. In: Zeitschrift für Pädagogik. Jg. 48, H. 2, S. 242-261.

Foucault, Michel (1986): Sexualität und Wahrheit. Der Wille zum Wissen. Frankfurt am Main: Suhrkamp.

Foucault, Michel (1991): Die Sorge um sich. Sexualität und Wahrheit. Bd. 3. 2. Aufl. Frankfurt am Main: Suhrkamp.

Foucault, Michel (1994): Überwachen und Strafen. Die Geburt des Gefängnisses [1976]. Frankfurt am Main: Suhrkamp.

Foucault, Michel (1995): Der Gebrauch der Lüste. Sexualität und Wahrheit Bd 2. Frankfurt am Main: Suhrkamp.

Foucault, Michel (1997): Technologies of the Self. In: Ders.: Ethics, Subjectivity and Truth. New York: The Press, S. 223-252.

Foucault, Michel (1999): Die Geburt der Klinik. Eine Archäologie des ärztlichen Blicks. 5. Aufl. Frankfurt am Main: Fischer.

Foucault, Michel (2004): Zusammenfassung der Vorlesung u. Situierung der Vorlesung. Sicherheit, Territorium, Bevölkerung. Geschichte der Gouvernementalität I. Frankfurt a. Main: Suhrkamp.

Frehsee, Detlev (2001): Korrumpierung der Jugendarbeit durch Kriminalprävention. Prävention als Leitprinzip der Sicherheitsgesellschaft. In: Freund, Thomas/Lindner, Werner (Hrsg.): Prävention. Opladen: Leske + Budrich, S. 51-67.

Freidson, Eliot: Professionalism. The third logic. On the practice of knowledge. Chicago: The University of Chicago Press 2001.

Freigang, Werner (1986): Verlegen und Abschieben. Zur Erziehungspraxis im Heim. Weinheim: Juventa.

Freud, Sigmund (1981): Über libidinöse Typen [1931]. In: Ders.: Beiträge zur Psychologie des Liebeslebens und andere Schriften. Frankfurt am Main: Fischer, S. 157-60.

Frey, Manuel (1997): Der reinliche Bürger. Entstehung und Verbreitung bürgerlicher Tugenden in Deutschland, 1760 - 1860. Göttingen: Vandenhoeck & Ruprecht.

Frey, Manuel (1998): ‚Bürger riechen nicht'. Die Hygienisierung des bürgerlichen Alltags durch Wasser und Seife im achtzehnten und frühen Neunzehnten Jahrhundert. In: Roeßiger, Susanne/Merk, Heidrun (Hrsg.): Hauptsache Gesund! Gesundheitsaufklärung zwischen Disziplinierung und Emanzipation. Eine Publikation des Deutschen

Hygiene-Museums, Dresden und der Bundeszentrale für gesundheitliche Aufklärung, Köln. Marburg: Jonas Verlag, S. 9-21.

Frommann, Anne/Schramm, Dietrich/Thiersch, Hans (1977): Sozialpädagogische Beratung. In: Thiersch, Hans (Hrsg.): Kritik und Handeln: Neuwied: Luchterhand, S. 95-130.

Früchtl, Josef (1996): Ästhetische Erfahrung und moralisches Urteil. Frankfurt am Main: Suhrkamp.

Fuchs, Peter (1994): Der Mensch – Das Medium der Gesellschaft? In: Ders. (Hrsg.): Der Mensch – Das Medium der Gesellschaft? Frankfurt am Main: Suhrkamp, S. 15-39.

Fuchs, Peter (1999): Intervention und Erfahrung. Frankfurt am Main: Suhrkamp.

Fuchs, Peter (2000): Systemtheorie und Soziale Arbeit. In: Merten, Roland (Hrsg.): Systemtheorie Sozialer Arbeit. Neue Ansätze und veränderte Perspektiven. Opladen: Leske & Budrich, S. 157-175.

Fuchs, Peter (2004a): Die Moral des Systems Sozialer Arbeit – Systematisch. In: Merten, Roland/Scherr, Albert (Hrsg.): Inklusion und Exklusion in der Sozialen Arbeit. Wiesbaden: Verlag für Sozialwissenschaften, S. 17-32.

Fuchs, Peter (2004b): Wer hat wozu und wieso überhaupt Gefühle? In: Soziale Systeme. Jg. 10, H. 4, S. 89-110.

Fuhse, Jan (2003): Das widerständige Publikum. Zur Relevanz von alltagsweltlichen Kommunikationsstrukturen für die politische Meinungsbildung. In: Bluhm, Harald/Fischer, Karsten/ Hellmann, Kai-Uwe (Hrsg.): Das System der Politik. Niklas Luhmanns politische Theorie. Wiesbaden: Westdeutscher Verlag, S. 137-149.

Galuske, Michael/Thole, Werner/Gängler, Hans (1998): Klassikerinnen der Sozialen Arbeit – Einleitung. In: Dies. (Hrsg.): Klassikerinnen der Sozialen Arbeit. Neuwied: Luchterhand, S. 11-33.

Gängler, Hans (2003): Die Ausdehnung der Pädagogik wahrnehmen. In: Neue Sammlung. Jg. 43, H. 3, S. 331-345.

Geertz, Clifford (1987): Dichte Beschreibung. Frankfurt am Main: Suhrkamp.

Geertz, Clifford (1993): Ethos, World View, and the Analysis of Sacred Symbols. In: Ders.: The Interpretation of Cultures. London: Fontana Press, S. 126-141.

Gehrmann, Gerd/Müller, Klaus D. (1993): Management in sozialen Organisationen. Ein Handbuch für die Praxis Sozialer Arbeit. Berlin: Walhalla.

Giesecke, Hermann (1990): Einführung in die Pädagogik. Weinheim: Juventa.

Gildemeister, Regine (1992): Heilen – Helfen – Kontrollieren. Über die Veränderung ihrer Relationen im Zuge von Modernisierungsprozessen. In: Hirschauer, Paul/Thiersch, Hans (Hrsg.): Zeit-Zeichen sozialer Arbeit. Entwürfe einer neuen Praxis. Newied: Luchterhand 1992.

Girtler, Roland (1992): Methoden der Qualitativen Forschung. Anleitung zur Feldarbeit. 3. Aufl. Wien: Böhlau Verlag.

Göbbel, Inge/Kühn, Martin/Thiel, Eckhard (2000): Hilfeplanung auf dem Prüfstand. Erfahrungen aus dem Hilfeverbund SOS-Kinderdorf Worpswede. In: SOS Dialog. Fachmagazin des SOS-Kinderdorfs e.V., Hilfeplanung, S. 18-25. Becker-Textor, Ingeborg; Textor, Martin R.) SGB VIII - Online-Handbuch. 19.9.2005.

Göckenjahn, Gerd (1991): Über den Schmutz. Überlegungen zur Konzeptionierung von Gesundheitsgefahren. In: Reulecke, Jürgen/Castell Rüdenhausen, Adelheid Gräfin zu (Hrsg.): Stadt und Gesundheit. Zum Wandel von 'Volksgesundheit' und kommunaler Gesundheitspolitik im 19. und frühen 20. Jahrhundert. Nassauer Gespräche der Freiherr-vom-Stein-Gesellschaft. Stuttgart: Franz Steiner, S. 115-128.

Goffman, Erving (1996): Über Feldforschung. In: Knoblauch, Hubert (Hrsg.): Kommunikative Lebenswelten. Zur Ethnographie einer geschwätzigen Gesellschaft. Konstanz: Universitätsverlag Konstanz, S. 261-269.

Goffman, Erving (1997): The Self and Social Roles. In: Lemert, Charles/ Branaman, Ann (Hrsg.): The Goffman Reader. Malden: Blackwell Publisher, S. 35-41.

Gottstein (1913): Aufgaben der Gemeinde- und der privten Fürsorge.In: Mosse, Max; Tugendreich, Gustav (Hrsg.): Krankheit und soziale Lage. München: Lehmann, S. 766 ff.

Görlitz, Axel/Adam, Silke (2003): ‚Strukturelle Kopplung' als Steuerungstheorie. Rekonstruktion und Kritik. In: Bluhm, Harald/Fischer, Karsten/ Hellmann, Kai-Uwe (Hrsg.): Das System der Politik. Niklas Luhmanns politische Theorie. Wiesbaden: Westdeutscher Verlag, S. 271-289.

Gragert, Nicola (2004): Das Arbeitsfeld Jugendamt. In: Beher, Karin/Gragert, Nicola (Hrsg.): Aufgabenprofile und Qualifikationsanforderungen in den Arbeitsfeldern der Kinder- und Jugendhilfe. Tageseinrichtungen für Kinder, Hilfen zur Erziehung, Kinder- und Jugendarbeit, Jugendamt. Abschlussbericht Bd 2. Dortmund/München: DJI, S. 343-447.

Gredig, Daniel (2000): Tuberkulosefürsorge in der Schweiz. Bern: Haupt.

Greffrath, Christa R. (1981): Metaphorischer Materialismus. Untersuchungen zum Geschichtsbegriff Walter Benjamins. München: Wilhelm Fink Verlag.

Grunow, Dieter (1996): Auf dem Weg zur ‚Neuen Fehlsteuerung'? Bürgernähe und Kundenorientierung in der Sozialverwaltung. In: Merchel, Joachim/Schrapper, Christian (Hrsg.): Neue Steuerung. Tendenzen der Organisationsentwicklung in der Sozialverwaltung. Münster: Votum, S. 32-60.

Grunwald, Klaus/Thiersch, Hans (2001): Lebensweltorientierung. In: Otto, Hans-Uwe/Thiersch, Hans (Hrsg.): Handbuch Sozialarbeit/Sozialpädagogik. Luchterhand: Neuwied, S. 1136-1148.

Gurlitt, Ludwig (1961): Wandervogel. In: Flitner, Wilhelm/Kudritzki, Gerhard (Hrsg.): Die deutsche Reformpädagogik Bd 1. Die Pioniere der pädagogischen Bewegung. Düsseldorf: Küpper, S. 273-274.

Habermas, Jürgen: Theorie des kommunikativen Handelns Bd.2. Zur Kritik der funktionalistischen Vernunft. Frankfurt a. Main: Suhrkamp

Haferkamp, Rainer (1994): Ohne Preis kein Fleiß? Die Fachleistungsstunde als Steuerungsinstrument flexibel organisierter Erziehungshilfen im Finanzierungssystem der Jugendhilfe. In: Klatetzki, Thomas (Hrsg.): Flexible Erziehungshilfen. Ein Organisationskonzept in der Diskussion. Münster: Votum, S. 101-117.

Hamburger, Franz (2007): "Ich werde Dir helfen". - Über Macht und Ohnmacht von Pädagogen in den alltäglichen Auseinandersetzungen der „Hilfen zur Erziehung". In: Brumlik, Micha/Merkens, Hans (Hrsg.): Bildung - Macht - Gesellschaft. Beiträge zum 20. Kongress der Deutschen Gesellschaft für Erziehungswissenschaft. Opladen: Leske + Budrich, S. 59-76.

Hammersley, Martyn (2004): Should Ethnographers Be against Inequality? On Becker, Value Neutrality, and Researcher Partisanhip. In: Jeffrey, Bob/Walford, Geoffrey (Hrsg.): Ethnographies of Educational and Cultural Conflicts. Strategies and Resolutions. Amsterdam: Elsevier, S. 25-44.

Hammersley, Martyn/Atkinson, Paul (1983): Ethnography. Principles in Practice. London: Routledge.

Hansbauer, Peter (1995): Fortschritt durch Verfahren oder Innovation durch Irritation? organisationssoziologische Überlegungen zu den Schwierigkeiten einer organisatorischen Neugestaltung von Hilfeentscheidungen in Jugendämtern. In: Neue Praxis. Jg. 25, H. 1, S. 12-32.

Hanses, Andreas (2000): Biographische Diagnostik in der Sozialen Arbeit. Über die Notwendigkeit und Möglichkeit eines hermeneutischen Fallverstehens im institutionellen Kontext. In: Neue Praxis. Jg. 30, H. 4, S. 357-379.

Harnack-Beck, Viola (1995): Psychosoziale Diagnostik in der Jugendhilfe –Grundlagen und Methoden für Hilfeplan, Bericht und Stellungnahme. Weinheim: Juventa 1995.

Hauser-Schäublin, Brigitta (2003): Teilnehmende Beobachtung. In: Beer, Bettina (Hrsg.): Methoden und Techniken der Feldforschung. Berlin: Dietrich Reimer Verlag, S. 33-54.

Heidegger, Martin (1993): Sein und Zeit. 17. Aufl. Tübingen: Niemeyer.

Heiner, Maja (2001): Diagnostik: Psychosoziale. In: Otto, Hans-Uwe/Thiersch, Hans (Hrsg.): Handbuch Sozialarbeit/Sozialpädagogik. Luchterhand: Neuwied, S. 253-265.

Heiner, Maja/Schrapper, Christian (2004): Diagnostisches Fallverstehen in der Sozialen Arbeit. Ein Rahmenkonzept. In: Schrapper, Christian (Hrsg.): Sozialpädagogische Diagnostik und Fallverstehen in der Jugendhilfe. Anforderungen, Konzepte, Perspektiven. Weinheim: Juventa, S. 201-222.

Hellmann, Kai-Uwe (2003): Demokratie und Evolution. In: Bluhm, Harald/Fischer, Karsten/ Hellmann, Kai-Uwe (Hrsg.): Das System der Politik. Niklas Luhmanns politische Theorie. Wiesbaden: Westdeutscher Verlag, S. 179-212.

Helsper, Werner/Keuffer, Josef (1995): Unterricht. In: Krüger, Heinz-Hermann/Helsper, Werner (Hrsg.): Einführung in Grundbegriffe und Grundfragen der Erziehungswissenschaft. Opladen: Leske + Budrich, S. 81-92.

Herbart, Johann Friedrich (1957): Umriß pädagogischer Vorlesungen; Rede bei Eröffnung der Vorlesungen über Pädagogik (1802); Aphorismen zur Pädagogik, S. 143-153, hrsg. von . Josef Esterhues. Paderborn: Schöningh.

Harnach-Beck, Viola (2000): Psychosoziale Diagnostik in der Jugendhilfe. Grundlagen und Methoden für den Hilfeplan, Bericht und Stellungnahme. 3. überarb. und erw. Aufl. Weinheim: Juventa.

Harvey, Lee/Green, Diana (2000): Qualität definieren. Fünf unterschiedliche Ansätze. In: Zeitschrift für Pädagogik. Jg. 41. Beiheft, S. 17-40.

Haupert, Bernhard (2002): Klinische Sozialarbeit aus professionstheoretischer Perspektive oder von der theoretischen und professionellen Fremdbestimmung Sozialer Arbeit zur Selbstbestimmung. In: Dörr, Margret (Hrsg.): Klinische Sozialarbeit – Eine notwendige Kontroverse. Baltmannsweiler: Schneider-Hohengehren, S. 65-85.

Heid, Helmut (2000): Qualität. Überlegungen zur Begründung einer pädagogischen Beurteilungskategorie. In: Zeitschrift für Pädagogik. Jg. 41. Beiheft, S. 41-51.

Helsper, Werner (1997): Antinomien des Lehrerhandelns in modernisierten Kulturen. Paradoxe Verwendungsweisen von Autonomie und Selbstverantwortlichkeit. In: Combe, Arno/Helsper, Werner (Hrsg.): Pädagogische Professionalität. Untersuchungen zum Typus pädagogischen Handelns. Frankfurt am Main: Suhrkamp, S. 521-569.

Hering, Sabine/Münchmeier, Richard (2003): Geschichte der Sozialen Arbeit. Eine Einführung. Weinheim: Juventa.

Herriger, Norbert (2001): Prävention und Empowerment. In: Freund, Thomas/Lindner, Werner (Hrsg.): Prävention. Opladen: Leske + Budrich, S. 97-111.

Heyting, Frieda (1992): Pädagogische Intention und pädagogische Effektivität. Beschreibungsformen und Perspektiven der Pädagogik. In: Luhmann, Niklas/Schorr, Karl Eberhard (Hrsg.): Zwischen Absicht und Person. Fragen an die Pädagogik, Frankfurt am Main: Suhrkamp, S. 125-154.

Heyting, Frieda (2004): Pragmatische Präsuppositionen als Indikatoren pädagogischer Reflexion. In: Lenzen, Dieter (Hrsg.): Irritationen des Erziehungssystems. Pädagogische Resonanzen auf Niklas Luhmann. Frankfurt am Main: Suhrkamp, S. 88-122.

Honer, Anne (1993): Lebensweltliche Ethnographie. Ein explorativ-interpretativer Forschungsansatz am Beispiel von Heimwerker-Wissen. Wiesbaden: DUV.

Honig, Michael-Sebastian (1999): Entwurf einer Theorie der Kindheit. Frankfurt am Main: Suhrkamp.

Honig, Michael-Sebastian/Neumann, Sascha (2005): Wie ist, gute Praxis' möglich? Pädagogische Qualität als Gegenstand erziehungswissenschaftlicher Forschung. In: Beckmann, Christof/Otto, Hans-Uwe/Richter, Martina (Hrsg.): Qualität in der Sozialen Arbeit. Zwischen Nutzerinteresse und Kostenkontrolle. Wiesbaden: VS-Verlag für Sozialwissenschaften, S. 251-281.

Honneth, Axel. (2002): Organisierte Selbstverwirklichung. Paradoxien der Individualisierung. In: Ders.: Befreiung aus der Mündigkeit. Paradoxien des gegenwärtigen Kapitalismus. Frankfurt am Main, Suhrkamp, S. 141-158.

Hornstein, Walter (1997): Jugendhilferecht und Sozialpädagogik. Das KJHG, oder: Vom unaufhaltsamen Eindringen der Sozialpädagogik in das Jugendhilferecht. In: Recht der Jugend und das Bildungswesen. Nr. 1, S. 26-34.

Hörster, Reinhard (2003): Fallverstehen. Zur Entwicklung kasuistischer Produktivität. In: Helsper, Werner/Hörster, Reinhard/Kade, Jochen (Hrsg.): Ungewissheit. Pädagogische Felder im Modernisierungsprozeß. Weilerwist: Velbrück Wissenschaft, S. 318-344.

Hörster, Reinhard/Müller, Burkhard (1997): Zur Struktur sozialpädagogischer Kompetenz. Oder: Wo bleibt das Pädagogische der Sozialpädagogik? In: Combe, Arno/Helsper, Werner (Hrsg.): Pädagogische Professionalität. Untersuchungen zum Typus pädagogischen Handelns. Frankfurt am Main: Suhrkamp, S. 614-648.

Hünersdorf, Bettina (2000): Reflexive Pädagogisierung. Ein phänomenologischer Entwurf. Wiesbaden: Deutscher Universitäts-Verlag.

Hünersdorf, Bettina (2004): Die Bedeutung der Familie für die Soziale Arbeit als autopoietisches Funktionssystem. In: Merten, Roland, Scherr, Albert (Hrsg.): Inklusion und

Exklusion in der Sozialen Arbeit. Wiesbaden: Verlag für Sozialwissenschaften, S. 33-52.

Hünersdorf, Bettina (2005): Der sozialpädagogische Blick auf die Altenpflege. In: Schweppe, Cornelia (Hrsg.): Alter und Soziale Arbeit. Theoretische Zusammenhänge, Aufgaben- und Arbeitsfelder. Baltmannsweiler: Schneider Verlag Hohengehren, S. 109-130.

Hueppe, Ferdinand (1925): Zur Geschichte von Sozialhygiene. In: Gottstein, Adoph/Schlossmann, A./ Teleky, L (Hrsg.): Handbuch der Sozialen Hygiene und Gesundheitsfürsorge, Bd 1. Berlin: Verlag von Julius Springer, S. 1-60.

Hurrelmann, Klaus (1991): Sozialisation und Gesundheit. Somatische, psychische und soziale Risikofaktoren im Lebenslauf. 2. Aufl. Weinheim: Juventa.

(IGfH), Internationale Gesellschaft für erzieherische Hilfen (2003): Abschlussbericht zum Modellprojekt „Integra"-, Implementierung und Qualifizierung integrierter, regionalisierter Angebotsstrukturen in der Jugendhilfe am Beispiel von fünf Regionen. Frankfurt am Main.

Igl, Gerhard/Klie, Thomas (2002): Die jüngere Entwicklung der Qualitätsdiskussion in der Versorgung Pflegebedürftiger im Rahmen des SGB XI und in der häuslichen Krankenpflege. In: Igl, Gerhard/Schiemann, Doris/Gerste, Bettina/Klose, Joachim (Hrsg.): Qualität in der Pflege. Betreuung und Versorgung von pflegebedürftigen alten Menschen in der stationären und ambulanten Altenhilfe. Stuttgart: Schattauer, S. 3-17.

Illich, Ivan (1995): Die Nemesis der Medizin. Die Kritik der Medikalisierung des Lebens [1976]. 4. überarb. und erg. Aufl. München: Beck.

Iványi, Nathalie/Reichertz, Jo (2002): Einleitung: Liebe (wie) im Fernsehen. In: Dies. (Hrsg.): Liebe (wie) im Fernsehen. Opladen: Leske + Budrich, S. 9-21.

Jantsch, Erich (1992): Die Selbstorganisation des Universums. Vom Urknall zum menschlichen Geist. München: Hanser.

Janze, Nicole/Pothmann, Jens (2002): Modernisierung der Heimerziehung. Mythos oder Realität? Entwicklungen in der Heimerziehung im Spiegel statistischer Befunde. In: Struck, Norbert/Galuske, Michael/Thole, Werner (Hrsg.): Reform der Heimerziehung. Eine Bilanz. Opladen: Verlag für Sozialwissenschaft.

Jordan, Erwin (2001): Jugendhilfeplanung. In: Otto, Hans-Uwe/Thiersch, Hans (Hrsg.): Handbuch Sozialarbeit/Sozialpädagogik. Luchterhand: Neuwied, 874-880.

Jorgensen, Danny L. (1989): Participant Observation. A Methodology for Human Studies. Newbury Park: Sage.

Jüttemann, Gerd (1990): Komparative Kasuistik als Strategie psychologischer Forschung. In: Ders. (Hrsg.): Komparative Kasuistik. Heidelberg: Asanger, S. 21-41.

Kade, Jochen (1997): Vermittelbar/Nicht-Vermittelbar: Vermitteln: Aneignen. Im Prozeß der Systembildung des Pädagogischen. In: Luhmann, Niklas/Lenzen, Dieter: Bildung und Weiterbildung im Erziehungssystem. Lebenslauf und Humanontogenese als Medium und Form. Frankfurt am Main: Suhrkamp, S. 30-70.

Kade, Jochen (1999): System, Protest und Reflexion. Gesellschaftliche Referenzen und theoretischer Status der Erziehungswissenschaft/Erwachsenenbildung. In: Zeitschrift für Erziehungswissenschaft. Jg. 2, H. 4, S. 527-544.

Kade, Jochen (2004): Erziehung als pädagogische Kommunikation. In: Lenzen, Dieter (Hrsg.): Irritationen des Erziehungssystems. Pädagogische Resonanzen auf Niklas Luhmann. Frankfurt a. Main: Suhrkamp, S. 199-232.
Kalthoff, Herbert (2003): Beobachtende Differenz. Instrumente der ethnografisch-soziologischen Forschung. In: Zeitschrift für Soziologie, S. 70-90.
Kant, Immanuel (1978): Kritik der Praktischen Vernunft. Werkausgabe VII. Frankfurt am Main: Suhrkamp.
Kant, Immanuel (1978b): Über Pädagogik. In: Ders.: Schriften zur Anthropologie, Geschichtsphilosophie, Politik und Pädagogik. Werkausgabe XII. Frankfurt am Main: Suhrkamp, S. 695-767.
Kant, Immanuel (1990): Kritik der Urteilskraft. Werkausgabe X. Frankfurt am Main: Suhrkamp.
Keiner, Edwin (2005): Stichwort: Unsicherheit - Ungewissheit - Entscheidungen. In: Zeitschrift für Erziehungswissenschaft. Jg. 8, H. 2, S. 155-172.
Kessl, Fabian (2005): Der Gebrauch der eigenen Kräfte. Eine Gouvernementalität Sozialer Arbeit. Weinheim: Juventa.
(KGSt), Kommunale Gemeinschaftsstelle für Verwaltungsvereinfachung (1993): Das neue Steuerungsmodell. Begründung, Konturen, Umsetzung. Bericht Nr. 5. Köln: KGSt.
(KGSt), Kommunale Gemeinschaftsstelle für Verwaltungsvereinfachung (1998): „Ziele, Leistungen und Steuerung des kommunalen Gesundheitsdienstes. Bericht Nr. 11. Köln: KGSt.
Kieserling, André (1999): Interaktion in Organisationen: In: Kieserling, André (Hrsg.): Kommunikation unter Anwesenden. Studien über Interaktionssysteme. Frankfurt a. Main: Suhrkamp, S. 335-387.
Klatetzki, Thomas (1993): Wissen, was man tut. Professionalität als organisationskulturelles System. Bielefeld: KT-Verlag.
Klatetzki, Thomas (1994): Innovative Organisationen in der Jugendhilfe. Kollektive Repräsentationen und Handlungsstrukturen am Beispiel der Hilfen zur Erziehung. In: Ders. (Hrsg.): Flexible Erziehungshilfen. Ein Organisationskonzept in der Diskussion. Münster: Votum, S. 11-22.
Klatetzki, Thomas (2005): Professionelle Arbeit und kollegiale Organisation. Eine symbolisch interpretative Perspektive. In: Dies. (Hrsg.): Organisation und Profession. Wiesbaden: Verlag für Sozialwissenschaften, S. 253-284.
Klatetzki, Thomas/Tacke, Veronika (2005): Einleitung. In: Dies. (Hrsg.): Organisation und Profession. Wiesbaden: Verlag für Sozialwissenschaften, S. 7-30.
Kleve, Heiko (1997): Soziale Arbeit zwischen Inklusion und Exklusion. In: Neue Praxis. Jg. 27, H. 5, S. 412-432.
Kneer, Georg (2001): Organisation und Gesellschaft. In: Zeitschrift für Soziologie. Jg. 30, Nr. 6, S. 407-428.
Kneer, Georg (2003): Politische Inklusion korporativer Personen. In: Bluhm, Harald/Fischer, Karsten/ Hellmann, Kai-Uwe (Hrsg.): Das System der Politik. Niklas Luhmanns politische Theorie. Wiesbaden: Westdeutscher Verlag, S. 150-162.
Knoblauch, Hubert (2001): Fokussierte Ethnographie. In: Sozialer Sinn, Jg. 2, H. 1, S. 123-141.

Koch, Josef (1999): Gegen Ausgrenzung und Abschottung. Zielperspektiven integrierter und flexibler Hilfen. In: Ders./Lenz, Stefan (Hrsg.): Integrierte Hilfen und sozialräumliche Finanzierungsformen. Zum Stand und den Perspektiven einer Diskussion. Frankfurt am Main: Selbstverlag, S. 33-47.

Koch, Robert (1882): Die Aetiologie der Tuberculose. In: Berliner Klinische Wochenschrift. 19. Jg., H. 5, S. 221-230.

Koller, Hans-Christoph (2001): Bildung und die Dezentrierung des Subjekts. In Frizsche, Bettia/Hartmann, Jutta/ Schmidt, Andrea/Tervooren, Anja (Hrsg.): Dekonstruktive Pädagogik. Erziehungswissenschaftliche Debatten unter poststrukturalistischen Perspektiven. Opladen: Leske + Budrich, S. 35 - 48.

Köpp, Christina/Neumann, Sascha (2003): Sozialpädagogische Qualität. Problembezogene Analysen – Zur Konzeptualisierung eines Modells. München: Juventa.

Körner, Jürgen (2001): Die Fiktionalität des psychoanalytischen und des sozialpädagogischen Dialogs. In: Schmid, Volker (Hrsg.): Verwahrlosung – Devianz – antisoziale Tendenz. Stränge zwischen Sozial- und Sonderpädagogik. Freiburg im Breisgau: Lambertus, S. 49-59.

Körner, Jürgen/Müller, Burkhard (2004): Chancen der Virtualisierung – Entwurf einer Typologie psychoanalytisch-pädagogischer Arbeit. In: Datler, Wilfried/Müller, Burkhard/Finger-Trescher, Urte (Hrsg.): Sie sind wie Novellen zu lesen... Zur Bedeutung von Falldarstellungen in der psychoanalytischen Pädagogik. Jahrbuch für psychoanalytische Pädagogik 14. Gießen: Psychosozial Verlag, S. 132-151.

Koselleck, Reinhart (1992): Volk, Nation. Einleitung. In: Brunner, Otto/Conze, Werner/Koselleck, Reinhart (Hrsg.): Geschichtliche Grundbegriffe, Historisches Lexikon Zur Politisch-Sozialen Sprache in Deutschland. Stuttgart: Klett-Cotta, S. 142-149.

Kraimer, Klaus (2002): Klinische Praxis im Fadenkreuz von Disziplin und Profession. Die Methode der Maieutik in Gespräch und Erzählung. In: Dörr, Margret (Hrsg.): Klinische Sozialarbeit – Eine notwendige Kontroverse. Baltmannsweiler: Schneider-Hohengehren, S. 120-142.

Krause, Detlef (1999): Luhmann-Lexikon. Eine Einführung in das Gesamtwerk von Niklas Luhmann. 2. vollst. überarb., erw. und akt. Auflage. Stuttgart: Ferdinand Enke Verlag.

Krieger, David J./Belliger, Andréa (1999): Einführung. In: Dies. (Hrsg): Ritualtheorien. Opladen: Westdeutscher Verlag, S. 7-36.

Krohn, Wolfgang (1999): Funktionen der Moralkommunikation. In: Soziale Systeme. Jg. 5, H. 2, S. 313-338.

Krüger, Heinz-Hermann (2002): Erziehungswissenschaft und Sozialpädagogik. Kooperation auf getrennten Wegen. In: Thole, Werner (Hrsg.): Grundriss in der Sozialen Arbeit. Opladen: Leske + Budrich, S. 273-283.

Kühn, Dietrich (1994): Jugendamt – Sozialamt – Gesundheitsamt. Neuwied: Luchterhand.

Kunstreich, Timm (2003): Neo-Diagnostik – Modernisierung klinischer Professionalität? In: Widersprüche. Jg. 23, H. 88, S. 7-10.

Kunstreich, Timm/Langhanky, Michael/Lindenberger, Michael/May, Michael (2004): Dialog statt Diagnose. In: Heiner, Maja (Hrsg.): Diagnostik und Diagnosen in der

Sozialen Arbeit - Ein Handbuch. Frankfurt a. Main: Eigenverlag des Deutschen Vereins für öffentiche und private Fürsorge 2004, S. 26 – 39.

Kuper, Harm (2004): Das Thema „Organisation" in den Arbeiten Luhmanns über das Erziehungssystem. In: Lenzen, Dieter (Hrsg.): Irritationen des Erziehungssystems. Pädagogische Resonanzen auf Niklas Luhmann. Frankfurt am Main: Suhrkamp, S. 122-141.

Kurtz, Thomas (2000): Moderne Professionen und gesellschaftliche Kommunikation. Soziale Systeme. Jg. 6, H. 1, S. 169-194.

Kurtz, Thomas (2004): Zur Respezifikation der pädagogischen Einheitsformel. In: Lenzen, Dieter (Hrsg.): Irritationen des Erziehungssystems. Pädagogische Resonanzen auf Niklas Luhmann. Frankfurt am Main: Suhrkamp, S.12-36.

Labisch, Alfons (1989): Gesundheitskonzepte und Medizin im Prozeß der Zivilisation. In: Ders./Spree, Reinhard (Hrsg.): Medizinische Deutungsmacht im sozialen Wandel des 19. und frühen 20. Jahrhunderts. Bonn: Psychiatrieverlag, S. 15-36.

Labisch, Alfons (1992): Homo Hygienicus. Gesundheit und Medizin in der Neuzeit. Frankfurt am Main: Campus.

Labisch, Alfons/Tennstedt, Florian (1988): Gesellschaftliche Bedingungen öffentlicher Gesundheitsvorsorge. Problemsichten und Problemlösungen kommunaler und staatlicher Formen der Gesundheitsvorsorge, dargestellt am Beispiel des öffentlichen Gesundheitsdienstes. Frankfurt am Main: Deutsche Zentrale der Volksgesundheitspflege.

Lacan, Jacques (1949): Das Spiegelstadium als Bildner der Ichfunktion wie sie uns in der psychoanalytischen Erfahrung erscheint. Bericht über den 16. Internationalen Kongreß für Psychoanalyse in Zürich am 17. Juli 1949. In: Ders.: Schriften I, S. 63-70.

Lambers, Helmut (1996): Heimerziehung als kritisches Lebensereignis. Münster: Votum.

Lange, Stefan (2003): Niklas Luhmanns Theorie der Politik. Wiesbaden: Westdeutscher Verlag.

Langer, Andreas (2005): Professionsethik, Effizienz und professionelle Organisationen. Kontroll- und Steuerungsmodi professionellen Handelns. In: Pfadenhauer, Michaela (Hrsg.): Professionelles Handeln. Wiesbaden: Verlag für Sozialwissenschaften, 165-178.

Lenz, Karl (2003): Soziologie der Zweierbeziehung. Eine Einführung. 2. Aufl. Wiesbaden: Westdeutscher Verlag.

Lenzen, Dieter (1999): Jenseits von Inklusion und Exklusion. Disklusion durch Entdifferenzierung der Systemcodes. In: Zeitschrift für Erziehungswissenschaft. Jg. 4, H. 2, S. 85-95.

Lévy-Bruhl, Lucien (1978): Das Gesetz der Teilhabe. In: Petzoldt, Leander (Hrsg.): Magie und Religion. Beiträge zu einer Theorie der Magie. Darmstadt: Wissenschaftliche Buchgesellschaft, S. 1-26.

Littek, Wolfgang/Heisig, Ulrich/Lane, Christel (2005): Die Organisation professioneller Arbeit in Deutschland. Ein Vergleich mit England. In: Klatetzki, Thomas/Tacke, Veronika (Hrsg.): Organisation und Profession. Wiesbaden: Verlag für Sozialwissenschaften, S. 73-118.

Lorenzer, Alfred (1993): Die Analyse der subjektiven Struktur von Lebensläufen und das gesellschaftlich Objektive. In: Baake, Dieter/Schulze, Theodor (Hrsg.): Aus Ge-

schichten lernen. Zur Einübung pädagogischen Verstehens. Weinheim: Juventa, S. 239-255.
Lüders, Christian (2000): Beobachten im Feld und Ethnographie. In: Flick, Uwe/von Kardorff, Ernst/Steineke, Ines (Hrsg.): Qualitative Forschung. Ein Handbuch. Reinbek bei Hamburg: Rowohlt Taschenbuch Verlag, S. 384-401.
Luhmann, Niklas (1965): Grundrechte als Institution. Ein Beitrag zur politischen Soziologie. Berlin: Duncker & Humblot.
Luhmann, Niklas (1973): Vertrauen. Ein Mechanismus der Reduktion sozialer Komplexität. Stuttgart: Ferdinand Enke Verlag.
Luhmann, Niklas (1975): Legitimation durch Verfahren. Darmstadt, Neuwied: Luchterhand.
Luhmann, Niklas (1980): Gesellschaftliche Struktur und semantische Tradition. In: Ders.: Gesellschaftsstruktur und Semantik. Studien zur Wissenssoziologie der modernen Gesellschaft. Bd. 1. Frankfurt am Main: Suhrkamp, S. 9-71.
Luhmann, Niklas (1981): Grundwerte als Zivilreligion. In: Ders.: Soziologische Aufklärung 3. Opladen: Westdeutscher Verlag, S. 293-308.
Luhmann, Niklas (1981): Organisationstheorie. In: Ders.: Soziologische Aufklärung 3. Opladen: Westdeutscher Verlag, S. 335-389.
Luhmann, Niklas (1981): Politische Theorie im Wohlfahrtsstaat. München, Wien: Olzog.
Luhmann, Niklas (1981): Schematismen der Interaktion. In: Ders.: Soziologische Aufklärung 3. Opladen: Westdeutscher Verlag, S. 81-100.
Luhmann, Niklas (1981): Temporalstrukturen des Handlungssystems. Zum Zusammenhang von Handlungs- und Systemtheorie. In: Ders.: Soziologische Aufklärung 3. Opladen: Westdeutscher Verlag, S. 126-150.
Luhmann, Niklas (1981): Interpenetration – Zum Verhältnis personaler und sozialer Systeme. In: Ders.: Soziologische Aufklärung 3. Opladen: Westdeutscher Verlag, S. 151-169.
Luhmann, Niklas (1981a): Symbiotische Mechanismen. In: Ders.: Soziologische Aufklärung 3. Opladen: Westdeutscher Verlag, S. 228-244.
Luhmann, Niklas (1981b): Erleben und Handeln. In: Ders.: Soziologische Aufklärung Bd. 3. Opladen: Westdeutscher Verlag, S. 67-80.
Luhmann, Niklas (1983): Der Wohlfahrtsstaat zwischen Evolution und Rationalität. In: Ders.: Soziologische Aufklärung Bd. 4. Opladen: Westdeutscher Verlag, S. 104-116.
Luhmann, Niklas (1987): Soziologische Aufklärung Bd 4. Opladen: Westdeutscher Verlag.
Luhmann, Niklas (1989): Individuum, Individualität, Individualismus. In: Ders.: Gesellschaftsstruktur und Semantik. Studien zur Wissenssoziologie der modernen Gesellschaft. Bd. 3. Frankfurt am Main: Suhrkamp, S. 149-258.
Luhmann, Niklas (1990): Gesellschaftliche Komplexität und öffentliche Meinung. In: Ders.: Soziologische Aufklärung Bd.5. Opladen: Westdeutscher Verlag, S. 170-182.
Luhmann, Niklas (1990a): Sozialsystem Familie. In: Ders.: Soziologische Aufklärung 5. Opladen: Westdeutscher Verlag, S. 196-217.
Luhmann, Niklas (1990b): Glück und Unglück der Kommunikation in Familien. Zur Genese von Pathologien. In: Ders.: Soziologische Aufklärung 5. Opladen: Westdeutscher Verlag, S. 218-228.

Luhmann, Niklas (1990c): Ökologische Kommunikation. Kann die moderne Gesellschaft sich auf ökologische Gefährdungen einstellen? 3. Aufl. Opladen: Westdeutscher Verlag.

Luhmann, Niklas (1991): Soziologie des Risikos. Berlin: Walter de Gruyter.

Luhmann, Niklas (1991a): Wie lassen sich latente Strukturen beobachten? In: Watzlawick, Paul; Krieg, Peter (Hrsg.): Das Auge des Betrachters. Beiträge zum Konstruktivismus. München: Carl-Auer-Systeme Verlag, S. 61-74.

Luhmann, Niklas (1991): Soziale Systeme. 4. Aufl. Frankfurt am Main: Suhrkamp.

Luhmann, Niklas (1992a): System und Absicht der Erziehung. In: Ders./Schorr, Karl Eberhard (Hrsg.): Zwischen Absicht und Person. Fragen an die Pädagogik. Frankfurt am Main: Suhrkamp, S. 102-124.

Luhmann, Niklas (1992b): Die Moderne der modernen Gesellschaft. In: Ders.: Beobachtungen der Moderne. Opladen: Westdeutscher Verlag, S. 11-49.

Luhmann, Niklas (1993): Selbstreferenz und Teleologie in gesellschaftstheoretischer Perspektive. In: Ders.: Gesellschaftsstruktur und Semantik. Studien zur Wissenssoziologie der Modernen Gesellschaft. Bd. 2. Frankfurt am Main: Suhrkamp, S. 9-41.

Luhmann, Niklas (1993): Zeichen als Form. In: Baecker, Dirk (Hrsg.): Probleme der Form. Frankfurt am Main: Suhrkamp, S. 45-69.

Luhmann, Niklas (1993): Das Recht der Gesellschaft. Frankfurt am Main: Suhrkamp.

Luhmann, Niklas (1993a): Wie ist soziale Ordnung möglich? In: Ders.: Gesellschaftsstruktur und Semantik. Studien zur Wissenssoziologie. Bd. 3. Frankfurt am Main: Suhrkamp, S. 195-286.

Luhmann, Niklas (1993b): Ethik als Reflexionstheorie der Moral. In: Ders.: Gesellschaftsstruktur und Semantik. Studien zur Wissenssoziologie der modernen Gesellschaft Bd. 3. Frankfurt am Main: Suhrkamp, S. 358-447.

Luhmann, Niklas (1994): Copierte Existenz und Karriere. Zur Herstellung von Individualität. In: Beck, Ulrich/Beck-Gernsheim, Elisabeth (Hrsg.): Riskante Freiheiten. Individualisierung in modernen Gesellschaften. Frankfurt am Main: Suhrkamp, S. 191-200.

Luhmann, Niklas (1995): Soziologische Aufklärung Bd. 6. Die Soziologie und der Mensch Opladen: Westdeutscher Verlag.

Luhmann, Niklas (1995): Kultur als historischer Begriff. In: Ders.: Gesellschaftsstruktur und Semantik. Studien zur Wissenssoziologie der modernen Gesellschaft. Bd. 4. Frankfurt am Main: Suhrkamp, S. 31-54.

Luhmann, Niklas (1996): Zeit und Gedächtnis. In: Soziale Systeme. Jg. 2, H. 2, S.307-322.

Luhmann, Niklas (1996a): Liebe als Passion. Zur Codierung von Intimität. Frankfurt am Main: Suhrkamp.

Luhmann, Niklas (1997): Umweltrisiko und Politik. In: Ders.: Protest. Systemtheorie und soziale Bewegungen [1990]. Frankfurt am Main: Suhrkamp, S. 160-174.

Luhmann, Niklas (1997): Die Gesellschaft der Gesellschaft. Frankfurt am Main: Suhrkamp.

Luhmann, Niklas (1997): Die Kunst Der Gesellschaft. Frankfurt am Main: Suhrkamp.

Luhmann, Niklas (1998): Die Wissenschaft der Gesellschaft. 3. Aufl. Frankfurt am Main: Suhrkamp.

Luhmann, Niklas (1999): Funktionen und Folgen formaler Organisationen. 5. Aufl. Berlin: Duncker und Humblot.
Luhmann, Niklas (1999): Ausdifferenzierung des Rechts. Frankfurt am Main: Suhrkamp.
Luhmann, Niklas (2000): Die Politik der Gesellschaft. Frankfurt am Main: Suhrkamp.
Luhmann, Niklas (2000): Die Religion der Gesellschaft. Frankfurt am Main: Suhrkamp.
Luhmann, Niklas (2000): Organisation und Entscheidung. Opladen: Westdeutscher Verlag.
Luhmann, Niklas (2002): Einführung in die Systemtheorie. Heidelberg: Carl-Auer-Systeme-Verlag.
Luhmann, Niklas (2002): Das Erziehungssystem der Gesellschaft. Frankfurt am Main: Suhrkamp.
Luhmann, Niklas (2003): Macht [1975]. Stuttgart: Lucius & Lucius.
Luhmann, Niklas (2004a): Erziehender Unterricht als Interaktionssystem. In: Luhmann, Niklas: Schriften zur Pädagogik [1985], hrsg. von Dietrich Lenzen. Frankfurt a. Main: Suhrkamp, S. 11-22.
Luhmann, Niklas (2004b): Erziehung als Formung des Lebenslaufs. In: Luhmann, Niklas: Schriften zur Pädagogik [1997], hrsg. von Dietrich Lenzen. Frankfurt a. Main: Suhrkamp, S. 260-277.
Luhmann, Niklas/Fuchs, Peter (1989): Reden und Schweigen. Frankfurt am Main: Suhrkamp.
Luhmann, Niklas/Schorr, Karl Eberhard (1982): Das Technologiedefizit der Erziehung und die Pädagogik. In: Dies.: (Hrsg.): Zwischen Technologie und Selbstreferenz. Fragen an die Pädagogik. Frankfurt am Main: Suhrkamp, S. 11-40.
Luhmann, Niklas/Schorr, Karl Eberhard (1992): Einleitung. In: Dies. (Hrsg.): Zwischen Absicht und Person. Fragen an die Pädagogik. Frankfurt am Main: Suhrkamp, S. 7-9.
Luhmann, Niklas/Schorr, Karl Eberhard (1988): Reflexionsprobleme im Erziehungssystem. Frankfurt am Main: Suhrkamp.
Luthe, Ernst-Wilhelm (2003): Der Aktivierende Sozialstaat im Recht. In: NDV (Nachrichtendienst des Deutschen Vereins). http://www.fh-wolfenbüttel.de/fb/s/irs/luthe.htm. [22.7.2005], S. 1-22.
Maas, Udo (1992): Soziale Arbeit als Verwaltungshandeln. Systematische Grundlegung für Studium und Praxis. Weinheim: Juventa.
Marcinkowski, Frank (1993): Publizistik als autopoietisches System. Opladen: Westdeutscher Verlag.
Marotzki, Winfried (2004): Allgemeine Erziehungswissenschaft. Wissenslagerung und professionstheoretische Bezüge. In: BuE. Jg. 57, H. 4, S. 403-414.
Mauss, Marcel (1978): Soziologie und Anthropologie Bd. I. Theorie der Magie, Soziale Morphologie. Frankfurt am Main: Ullstein.
Meinhold, Marianne (1987): Hilfsangebote für Klienten der Familienfürsorge. In: Karsten, Maria-Eleonora/Otto, Hans-Uwe (Hrsg.): Die sozialpädagogische Ordnung der Familie. Weinheim: Juventa, S. 197 - 220.
Merchel, Joachim (1995): Sozialmanagement: „Problembewältigung mit Placebo-Effekt oder Strategie zur Reorganisation der Wohlfahrtsverbände?" In: Rauschenbach, Thomas/Sachße, Christoph/Olk, Thomas (Hrsg.): Von der Wertgemeinschaft zum

Dienstleistungsunternehmen. Jugend- und Wohlfahrtsverbände im Umbruch. Frankfurt am Main: Suhrkamp, S. 297-320.

Merchel, Joachim (1996): Wohlfahrtsverbände auf dem Weg zum Versorgungsbetrieb? Auswirkungen der Modernisierung öffentlicher Verwaltung auf Funktionen und Kooperationsformen der Wohlfahrtsverbände. In: Ders./Schrapper, Christoph (Hrsg.): Neue Steuerung. Tendenzen der Organisationsentwicklung in der Sozialverwaltung. Münster: Votum, S. 296-312.

Merchel, Joachim (1998a): „Hilfen aus einer Hand" – Ein Traum sozialpädagogisch ambitionierter Reformer? Von den Schwierigkeiten eines seine Realisierungsbedingungen nicht ausreichend reflektierenden Reformkonzeptes. In: Peters, Friedhelm/Trede, Wolfgang/Winkler, Michael (Hrsg.): Integrierte Erziehungshilfen. Qualifizierung der Jugendhilfe durch Flexibilität und Integration? Frankfurt am Main: Internationale Gesellschaft für erzieherische Hilfen, S. 297-321.

Merchel, Joachim (1998b): Hilfeplanung bei den Hilfen zur Erziehung § 36 SGB VII. Stuttgart: Boorberg.

Merchel, Joachim (2001): Planung. In: Otto, Hans-Uwe/Thiersch, Hans (Hrsg.): Handbuch Sozialarbeit/Sozialpädagogik. Luchterhand: Neuwied, S. 1364-1374.

Merchel, Joachim (2003a): „Diagnose" in der Hilfeplanung. Anforderungen und Problemstellungen. In: Neue Praxis, Jg. 33, H. 6, S. 527-541.

Merchel, Joachim (2003b): Zehn Jahre Kinder- und Jugendhilfegesetz. Zwischenbilanz zur Reform der Jugendhilfe. In: Sachverständigenkommission 11. Kinder- und Jugendbericht (Hrsg.): Kinder- und Jugendhilfe im Reformprozess. Bd. 2. München: DJI, S. 9-142.

Merchel, Joachim/Reismann, Hendrik (2004): Der Jugendhilfeausschuss. Eine Untersuchung über seine fachliche und jugendhilfepolitische Bedeutung am Beispiel NRW. Weinheim: Juventa.

Merkens, Hans (1992): Teilnehmende Beobachtung. Analyse von Protokollen teilnehmender Beobachtung. In: Hoffmeyer-Zlotnik, Jürgen H.P. (Hrsg.): Analyse verbaler Daten. Opladen: Westdeutscher Verlag, S. 216-247.

Merleau-Ponty, Maurice (1986). Das Sichtbare und das Unsichtbare. Berlin: Walter de Gruyter.

Merten, Roland (1997): Autonomie der Sozialen Arbeit. Zur Funktionsbestimmung als Disziplin und Profession. Weinheim, München: Juventa.

Merten, Roland (2001): Differenzierungsgewinne? Zum Verhältnis von Allgemeiner Pädagogik und Sozialpädagogik. In: Zeitschrift für Pädagogik. Jg. 47, H. 5, S. 661-674.

Merten, Roland (2002a): Anmerkungen zur Vermittlung des Unvermittelbaren. Oder: Von der Unmöglichkeit, Theorie(n) in der Praxis anwenden zu können! In: Schulze-Krüdener, Jörgen/Schulz, Wolfgang/Hünersdorf, Bettina (Hrsg.): Grenzen ziehen – Grenzen überschreiten. Baltmannsweiler: Schneider Verlag Hohengehren, S. 180-195.

Merten, Roland (2002b): Sozialarbeit/Sozialpädagogik als Disziplin und Profession. In: Schulze-Krüdener, Jörgen/Homfeldt, Hans G./Merten, Roland (Hrsg.): Mehr Wissen - Mehr Können? Baltmannsweiler: Schneider Hohengehren, S. 29-87.

Merten, Roland (2004): Inklusion/Exklusion und Soziale Arbeit. Überlegungen zur aktuellen Theoriedebatte zwischen Bestimmung und Destruktion. In: Ders./ Scherr, Albert (Hrsg.): Inklusion und Exklusion in der Sozialen Arbeit. Wiesbaden: Verlag für Sozialwissenschaften, S. 99-118.

Messmer, Heinz (2003): Form und Codierung des sozialen Konflikts. In: Soziale Systeme. Jg. 9, H. 2, S. 335-369.

Messmer, Heinz (2004): Hilfeplanung. In: Sozialwissenschaftliche Literaturrundschau. Jg. 27, H. 1, S. 73-93.

Meysen, Thomas (2007): Herrschaft des Volkes über den Kinderschutz - ein Risiko. In: Forum Erziehungshilfe, Jg. 13, H. 3, S. 140-144

Modellprogramm Fortentwicklung des Hilfeplanverfahrens (2003) (Hg): Hilfeplanung als Kontraktmanagement? Erster Zwischenbericht des Forschungs- und Entwicklungsprojektes „Hilfeplanung als Kontraktmanagement?", Koblenz/München: Deutsches Jugendinstitut München.

Mollenhauer, Klaus (1978): Funktionsbestimmung der Sozialpädagogik. In: Wollenweber, Horst (Hrsg.): Sozialpädagogik in Wissenschaft und Unterricht. Paderborn: Schöningh, S. 49-59.

Mollenhauer, Klaus (1968): Erziehungswirklichkeit. In: Dahmer, Ilse/Klafki, Wolfgang (Hrsg.), Geisteswissenschaftliche Pädagogik am Anfang ihrer Epoche - Erich Weniger. Weinheim: Beltz, S. S. 223-230

Mollenhauer, Klaus (1988a): Einführung in die Sozialpädagogik. Probleme und Begriffe der Jugendhilfe [1964]. 8. erw. Auflage. Weinheim: Belz.

Mollenhauer, Klaus (1988b): Erziehungswissenschaft und Sozialpädagogik/Sozialarbeit oder ‚Das Pädagogische' in der Sozialarbeit/Sozialpädagogik. In: Sozialwissenschaftliche Literaturrundschau. Jg. 11, H. 17, S. 53-58.

Mollenhauer, Klaus (1997a): Methoden erziehungswissenschaftlicher Bildinterpretation. In: Friebertshäuser, Barbara/Prengel, Annedore (Hrsg.): Handbuch Qualitative Forschungsmethoden in der Erziehungswissenschaft. Weinheim: Juventa, 247-263.

Mollenhauer, Klaus (1997b): Sozialpädagogische Praxis, Forschung und Theorie – Drei einführende Versuche. Göttingen: Göttinger Beiträge zur erziehungswissenschaftlichen Forschung.

Mollenhauer, Klaus/Uhlendorff, Uwe (1995): Sozialpädagogische Diagnosen. 2. Aufl. Weinheim: Juventa.

Mühlum, Albert (2002): Gesundheitsförderung und klinische Fachlichkeit. Auf dem Weg zur klinischen Sozialarbeit. In: Dörr, Margret (Hrsg.): Klinische Sozialarbeit – Eine notwendige Kontroverse. Baltmannsweiler: Schneider-Hohengehren, S. 10-22.

Müller, Burkhard (1985): Die Last der großen Hoffnungen. Methodisches Handeln und Selbstkontrolle in sozialen Berufen. Weinheim: Juventa.

Müller, Burkhard (1992): Soziale Arbeit und die sieben Schwestern. Eine Ortsbestimmung im Kontext der Dienstleistungsgesellschaft. In: Otto, Hans-Uwe/Hirschauer, Paul/Thiersch, Hans (Hrsg.): Zeit-Zeichen sozialer Arbeit. Entwürfe einer neuen Praxis. Neuwied: Luchterhand, S. 101-110.

Müller, Burkhard (1993): Wissenschaftlich Denken – laienhaft Handeln? Zum Stellenwert der Diskussion über sozialpädagogische Methoden. In: Rauschenbach, Thomas/Ortmann, Friedrich/Karsten, Maria-Eleonora (Hrsg.): Der sozialpädagogische

Blick. Lebensweltorientierte Methoden in der Sozialen Arbeit. Weinheim: Juventa, S. 45-66.

Müller, Burkhard (1997): Sozialpädagogisches Können. Ein Lehrbuch zur multiperspektivischen Fallarbeit. 2. Aufl. Freiburg im Breisgau: Lambertus.

Müller, Burkhard (1998): Qualitätsprodukt Jugendhilfe. Kritische Thesen und praktische Vorschläge. 2. verb. Aufl. Freiburg im Breisgau: Lambertus.

Müller, Burkhard (2002): Professionalisierung. In: Thole, Werner (Hrsg.): Grundriss Soziale Arbeit. Ein einführendes Handbuch. Opladen: Leske + Budrich, S. 725-744.

Müller, Burkhard (2005): Was heißt soziale Diagnose? In: sozialmagazin. Jg. 30, H. 1, S. 21-32.

Münchmeier, Richard (1981): Zugänge zur Geschichte der Sozialarbeit. Weinheim: Juventa.

Münder, Johannes (1995): Die massgeblichen gesetzlichen Stellwerke für Jugendhilfe als Dienstleistung. In: Jugendhilfe. Jg. 33, H. 4, S. 212-217.

Münder, Johannes (2000): 10 Jahre Kinder- Und Jugendhilfegesetz. Renovierungs-, Modernisierungs-, Reformbedarf. In: Recht der Jugend und das Bildungswesen. Nr. 2, S. 123-132.

Münder, Johannes/Baltz, Jochem/Jordan, Erwin/Kreft, Dieter/Lakies, Thomas/Proksch, Roland/Schäfer, Klaus/Tammen, Britta/Trenczek, Thomas (2003): Frankfurter Kommentar zum SGB VIII: Kinder- und Jugendhilfe. Stand 1.1. 2003. München: Juventa Verlag.

Münder, Johannes/Mutke, Barbara/Schone, Reinhold (2000): Kindeswohl zwischen Jugenhilfe und Justiz. Professionelles Handeln in Kindeswohlverfahren. Münster: Votum.

Nassehi, Armin (1995): Die Deportation als biographisches Ereignis. Eine biographieanalytische Untersuchung. In: Weber, Georg (Hrsg.): Die Deportation von Siebenbürger Sachsen in die Sowjetunion 1945 - 1949. Köln: Böhlau Verlag, S. 5-412.

Nassehi, Armin (1997a): Die Zeit des Textes. Zum Verhältnis von Kommunikation und Text. In: de Berg, Hank/Prengel, Matthias (Hrsg.): Systemtheorie und Hermeneutik. Tübingen: Francke Verlag, S. 47-68.

Nassehi, Armin (1997b): Kommunikation verstehen. Einige Überlegungen zur empirischen Anwendbarkeit einer systemtheoretisch informierten Hermeneutik. In: Sutter, Tilmann (Hrsg.): Beobachtung verstehen. Opladen: Westdeutscher Verlag, S. 134-163.

Nassehi, Armin (1999): Inklusion, Exklusion – Integration, Desintegration. Die Theorie funktionaler Differenzierung und die Desintegrationsthese. In: Ders.: Differenzierungsfolgen. Beiträge Zur Soziologie Der Moderne. Opladen: Leske + Budrich, S. 106-131.

Nassehi, Armin (2000): Theorie und Methode. Keine Replik auf, sondern eine Ergänzung zu C. Besio und A. Pronzini. In: Soziale Systeme. Jg. 6, H. 1, S. 195-201.

Nassehi, Armin (2003): ‚Zutritt verboten!' Über die Formierung privater Räume und die Politik des Unpolitischen. In: Lamnek, Siegfried/Tinnefeld, Marie-Theres (Hrsg.): Privatheit, Garten und politische Kultur. Von kommunikativen Zwischenräumen. Opladen: Leske + Budrich, S. 26 - 39.

Nassehi, Armin (2004): Die Theorie funktionaler Differenzierung im Horizont ihrer Kritik. In: Zeitschrift für Soziologie. Jg. 33, H. 2, S. 98-118.
Nassehi, Armin/Saake, Irmhild (2002): Kontingenz: Methodisch verhindert oder beobachtet? Ein Beitrag zur Methodologie der Qualitativen Sozialforschung. In: Zeitschrift für Soziologie. Jg. 31, H. 1, S. 66-86.
Natorp, Paul (1899): Sozialpädagogik. Theorie der Willenserziehung auf der Grundlage der Gemeinschaft. Stuttgart: Fr. Frommanns Verlag.
Natorp, Paul (1908): Religion innerhalb der Grenzen der Humanität. Ein Kapitel zur Grundlegung der Sozialpädagogik [1894]. 2. durchges. Aufl. Tübingen: Verlag von J.C.B. Mohr
Natorp, Paul (1918): Deutscher Weltberuf. Geschichtsphilosophische Richtlinien Bd 2: Die Seele Des Deutschen. Jena: Eugen Diedrichs.
Natorp, Paul (1925): Vorlesungen über praktische Philosophie. Erlangen: Verlag der Philosophischen Akademie.
Natorp, Paul (2000): Philosophische Systematik [1958]. Hamburg: Meiner.
Neuberger, Christa (2004): Fallarbeit im Kontext flexibler Hilfen zur Erziehung. Sozialpädagogische Analysen und Perspektiven. Wiesbaden: Deutscher Universitätsverlag.
Nittel, Dieter (2004): Die ‚Veralltäglichung' pädagogischen Wissens – Im Horizont von Profession, Professionalisierung und Professionalität. In: Zeitschrift für Pädagogik. Jg. 50, H. 3, S. 342-357.
Noelle-Neumann, Elisabeth (1989): Die Theorie der Schweigespirale als Instrument der Medienwirkungsforschung. Sonderheft 30 der KZfSS. In: Kaase, Max/Schulz, Winfried (Hrsg): Massenkommunikation. Opladen: Westdeutscher Verlag, S. 418-440.
Nohl, Hermann (1965a): Die Pädagogische Idee in der öffentlichen Jugendhilfe [1928]. In: Ders.: Aufgaben und Wege der Sozialpädagogik. Weinheim: Beltz, S. 45-50.
Nohl, Hermann (1965b): Gedanken für die Erziehungstätigkeit des Einzelnen. Mit besonderer Berücksichtigung der Erfahrungen von Freud und Adler [1926]. In: Ders.: Aufgaben und Wege der Sozialpädagogik. Weinheim: Beltz, S. 28-35.
Nohl, Hermann (1970): Die Pädagogische Bewegung in Deutschland und ihre Theorie [1933]. 7. Aufl. Frankfurt am Main: Verlag G. Schulte-Bulmke.
Normann, Edina (2003): Erziehungshilfen in biographischen Reflexionen. Heimkinder erinnern sich. Münster: Votum.
Nüßle, Werner (2000): Qualität für wen? Zur Angemessenheit des Kundenbegriffs in der Sozialen Arbeit. In: Zeitschrift für Pädagogik. Jg. 46, H. 6, S. 831-850.
Oelkers, Jürgen (1982): Intention und Wirkung. Vorüberlegungen zu einer Theorie pädagogischen Handelns. In: Luhmann, Niklas/Schorr, Karl Eberhard (Hrsg.): Zwischen Technologie und Selbstreferenz. Fragen an die Pädagogik. Frankfurt a. Main: Suhrkamp, S. 139-194.
Oevermann, Ulrich (1997): Theoretische Skizze einer revidierten Theorie professionalisierten Handelns. In: Combe, Arno/Helsper, Werner (Hrsg.): Pädagogische Professionalität. Untersuchungen zum Typus pädagogischen Handelns. Frankfurt am Main: Suhrkamp, S. 70-183.
Olk, Thomas (1986): Abschied vom Experten. Sozialarbeit auf dem Weg zu einer alternativen Professionalität. Weinheim: Juventa.

Olk, Thomas (1995): Zwischen Korporatismus und Pluralismus. Zur Zukunft der freien Wohlfahrtspflege im bundesdeutschen Sozialstaat. In: Rauschenbach, Thomas/Sachße, Christoph/Olk, Thomas (Hrsg.): Von der Wertgemeinschaft zum Dienstleistungsunternehmen. Jugend- und Wohlfahrtsverbände im Umbruch. Frankfurt am Main: Suhrkamp, S. 98-122.

Online-Verwaltungslexikon – Definitionen und Materialien. http://www.olev.de.

Opielka, Michael (2003): Was spricht gegen die Idee des aktivieren Sozialstaats zur Neubestimmung von Sozialpädagogik und Sozialpolitik. In: Neue Praxis. Jg. 33, H. 6, S. 556-570.

Ortmann, Friedrich (2004): Veränderung in der kommunalen Dienstleistungsproduktion durch ökonomische Steuerung. In: Hörster, Reihard/Küster, Ernst-Uwe/Wolff, Stephan (Hrsg.): Orte der Verständigung. Beiträge zum sozialpädagogischen Argumentieren. Burkhard Müller zum 65. Geburtstag gewidmet. Freiburg im Breisgau: Lambertus, S. 247-261.

Otto, Hans-Uwe/Ziegler, Holger (2005): Sozialraum und sozialer Ausschluss. Die analytische Ordnung neo-sozialer Integrationsrationalitäten in der Sozialen Arbeit. In: Anhorn, Roland/Bettinger, Frank (Hrsg.): Sozialer Ausschluss und Soziale Arbeit. Positionsbestimmungen einer kritischen Theorie und Praxis Sozialer Arbeit. Wiesbaden: Verlag für Sozialwissenschaften, S. 115-146.

Pankoke, Eckart (1995): Subsidiäre Solidarität und freies Engagement. Zur ‚anderen' Moderne der Wohlfahrtsverbände. In: Rauschenbach, Thomas/Sachße, Christoph/Olk, Thomas (Hrsg.): Von der Wertgemeinschaft zum Dienstleistungsunternehmen. Jugend- und Wohlfahrtsverbände im Umbruch. Frankfurt am Main: Suhrkamp, S. 54-83.

Parsons, Talcott (1968): Professions. In: International Encyclopedia of the Social Sciences. Bd. 12. New York: The Macmilian Company & The Free Press, S. 536-547.

Peller, Lili E (1971): Das Spiel im Zusammenhang der Trieb- und Ichentwicklung. In: Bittner, Günther/Schmid-Cords, Edda (Hrsg.): Erziehung in früher Kindheit. Pädagogische, psychologische und psychoanalytische Texte. München: R. Piper & Co Verlag, S. 195-219.

Petermann, Franz/Schmidt, Martin (1995): Der Hilfeplan Nach § 36 KJHG. Eine empirische Studie über Vorgehen und Kriterien seiner Erstellung. 2. erw. Aufl. Freiburg im Breisgau: Lambertus.

Peukert, Detlev (1986): Grenzen der Sozialdisziplinierung. Aufstieg und Krise der deutschen Jugendfürsorge von 1878 bis 1932. Köln: Bund-Verlag.

Pfaffenberger, Hans (1997): Partizipation. In: Deutscher Verein für öffentliche und private Fürsorge (Hrsg.): Fachlexikon der Sozialen Arbeit. Frankfurt am Main: Eigenverlag des Vereins für öffentliche und private Fürsorge, S. 691-692.

Pfütze, Hermann (1998): ‚Ohne Rand und Band'. Zur nachlassenden Bestätigungskraft von Ritualen. In: Schäfer, Alfred/Wimmer, Michael (Hrsg.): Rituale und Ritualisierungen. Opladen: Leske + Budrich, S. 165-181.

Pies, Silke/Schrapper, Christian (2003): Hilfeplanung als Kontraktmanagement? Konzepte und erste Befunde eines Bundesmodellprojektes. In: Neue Praxis. Jg. 33, H. 6, S. 585-593.

Plessner, Helmuth (1980): Gesammelte Schriften III. Anthropologie der Sinne. Frankfurt am Main: Suhrkamp.
Pluto, Liane/Mamier, Jasmin/van Santen, Eric/Seckinger, Mike/Zink, Gabriela (2003): Partizipation im Kontext erzieherischer Hilfen – Anspruch und Wirklichkeit. Eine empirische Studie. München: DJI 2003.
Power, Michael (1997): From Risk Society to Aid Society. In: Soziale Systeme. Jg. 3, H. 1, S. 3-21.
Prange, Klaus (2003): ‚Alltag' und ‚Lebenswelt' im pädagogischen Diskurs. Zur aporetischen Struktur der lebensweltorientierten Pädagogik. In: Zeitschrift für Sozialpädagogik. Jg. 1, H. 3, S. 296-314.
Rappaport, Roy A. (1999): Ritual und performative Sprache. In: Belliger, Andrea/Krieger, David J. (Hrsg.): Ritualtheorien. Opladen: Westdeutscher Verlag, S. 191-211.
Rauschenbach, Thomas (1999): Grenzen der Lebensweltorientierung – Sozialpädagogik auf dem Weg zu systemischer Effizienz. Überlegungen zu den Folgen der Ökonomisierung Sozialer Arbeit. In: Zeitschrift für Pädagogik. Beiheft 39, S. 223-244.
Rauschenbach, Thomas/Ortmann, Friedrich/Karsten, Marie Eleonora (1993): Zur Einführung. In: Dies./Otto, Hans-Uwe: Der sozialpädagogische Blick. Lebensweltorientierte Methoden in der Sozialen Arbeit. Weinheim: Juventa, S. 7-10.
Reichenbach, Roland (2000): Die Tiefe der Oberfläche. Michel Foucault zur Selbstsorge und über die Ethik der Transformation. In: Vierteljahreszeitschrift für wissenschaftliche Pädagogik. Jg. 76, H. 2, S. 177-189.
Reichenbach, Roland (2005): ‚La Fatigue De Soi'. Bemerkungen zu einer Pädagogik der Selbstsorge. In: Ricken, Norbert/Rieger-Ladich, Markus (Hrsg.): Michel Foucault. Pädagogische Lektüren. Wiesbaden: Verlag für Sozialwissenschaften, S. 187-202.
Reyer, Jürgen (1999): Von Paul Natorp zu Herman Nohl. Anmerkungen zu Christian Niemeyers Engführung der Begriffsgeschichte. In: Neue Praxis, Jg. 29, H. 1, 23-43.
Reichertz, Jo (2000): Abduktion, Deduktion und Induktion in der Qualitativen Forschung. In: Flick, Uwe/Kardoff, Ernst von/Steinke, Ines (Hrsg.): Qualitative Forschung. Ein Handbuch. Reibek bei Hamburg: Rowohlt Taschenbuchverlag, S. 276-286.
Reinl, Heidi/Stumpp, Gabriele (2001): Drogentherapie. In: Otto, Hans-Uwe/Thiersch, Hans (Hrsg.): Handbuch Sozialarbeit/Sozialpädagogik. Luchterhand: Neuwied, S. 301-314.
Ricken, Norbert (1999): Subjektivität und Kontingenz. Pädagogische Anmerkungen zum Diskurs menschlicher Selbstbeschreibungen. In: Vierteljahresschrift für wissenschaftliche Pädagogik. Jg. 75, H. 2, S. 208-237.
Rieger-Ladich, Markus (2002): Mündigkeit als Pathosformel. Beobachtungen zur pädagogischen Semantik. Konstanz: Universitätsverlag Konstanz.
Rose, Barbara (1994): Flexibel organisierte Erziehungshilfen. Ein Konzept und seine Risiken. Oder: Vom Lob des Patchworking. In: Klatetzki, Thomas (Hrsg): Flexible Erziehungshilfen. Ein Organisationskonzept in Der Diskussion. Münster: Votum, S. 23-33.
Rustemeyer, Dirk (2004): Unmöglich wirklich. In: Ricken, Norbert/Rieger-Ladich, Markus (Hrsg.): Michel Foucault. Pädagogische Lektüren. Wiesbaden: Verlag für Sozialwissenschaften, S. 77-94.

Saake, Irmhild (2003): Die Performanz des Medizinischen. In: Soziale Welt. Jg. 54, H. 4, S. 429-460.

Saake, Irmhild/Nassehi, Armin (2004): Die Kulturalisierung der Ethik. Eine zeitdiagnostische Anwendung des Luhmannschen Kulturbegriffs. In: Burkart, Günter/Runkel, Gunter (Hrsg.): Luhmann und die Kulturtheorie. Frankfurt am Main: Suhrkamp, S. 102-135.

Sachße, Christoph (1994a): Die freie Wohlfahrtspflege im System kommunaler Sozialpolitik. Aktuelle Probleme aus historischer Perspektive. In: Ders. (Hrsg.): Wohlfahrtsverbände im Wohlfahrtsstaat. Historische und theoretische Beiträge zur Funktion von Verbänden im modernen Wohlfahrtsstaat. Kassel: Universität-Gesamthochschule Kassel, S. 11-34.

Sachße, Christoph (1994b): Mütterlichkeit als Beruf. 2. überarb. Aufl. Opladen: Westdeutscher Verlag.

Sachße, Christoph (2003): Subsidiarität – Leitidee des Sozialen. In: Hammerschmidt, Peter/Uhlendorff, Uwe (Hrsg.): Wohlfahrtsverbände zwischen Subsidiaritätsprinzip und EU-Wettbewerbsrecht. Veröffentlichung aus dem Forschungsschwerpunkt Historische Sozialpolitik, Bd. 5. Kassel: Universität Kassel, S. 15-38.

Salomon, Alice (1997): Die soziale Ausbildung in der ‚Frauenschule' [1908]. In: Dies.: Frauenemanzipation und soziale Verantwortung. Neuwied: Luchterhand.

Salomon, Alice (2004): Soziale Diagnose [1926]. In: Dies.: Frauenemanzipation und soziale Verantwortung. München: Luchterhand, 255-300.

Sarasin, Philipp (2003): Die Rationalisierung des Körpers. Über ‚Scientific Management' und ‚Biologische Rationalisierung'. In: Dies.: Geschichtswissenschaft und Diskursanalyse. Frankfurt am Main: Suhrkamp, S. 61-99.

Schaarschuch, Andreas/Flösser, Gaby/Otto, Hans-Uwe (2001): Dienstleistung. In: Otto, Hans-Uwe/Thiersch, Hans (Hrsg.): Handbuch Sozialarbeit/Sozialpädagogik. Luchterhand: Neuwied, 266-274.

Schäffter, Ortfried (1999): Lebensweltliche Institutionalisierungen von Lernkontexten. In: Arnold, Rolf/Gieseke, Wilturd/Nuissl, Ekkehard (Hrsg.): Erwachsenenpädagogik - zur Konstitution eines Faches. Festschrift für Horst Siebert zum 60. Geburtstag. Baltmannsweiler: Schneider-Verlag Hohengehren, S. 89-102.

Schäfer, Alfred (1998): Rituelle Subjektivierungen. In: Schäfer, Alfred/Wimmer, Michael (Hrsg.): Rituale und Ritualisierungen. Opladen: Leske + Budrich, S. 165-181.

Schefold, Werner (1993): Ansätze zu einer Theorie der Jugendhilfe. In: Diskurs, Jg.3, H. 2, S. 20-26.

Schefold, Werner (1999): Sozialstaatliche Hilfen als ‚Verfahren'. Pädagogisierung der Sozialpolitik – Politisierung Sozialer Arbeit? In: Zeitschrift für Pädagogik. Jg. 39, Beiheft, S. 277-290.

Schefold, Werner (2002): Hilfeprozesse und Hilfeverfahren. In: Schröer, Wolfgang/Struck, Norbert/Wolff, Mechthild (Hrsg.): Handbuch Kinder- und Jugendhilfe. Weinheim: Juventa, S. 1085-1111.

Schefold, Werner/Glinka, Hans, J./Neuberger, Christa/Tilemann, Friederike (1998): Hilfeplanverfahren und Elternbeteiligung. Frankfurt: Deutscher Verein für öffentliche und private Fürsorge.

Scherr, Albert (2001): Strukturelle Koppelungen und symbiotische Mechanismen. Das Problem der nicht-kommunikativen Bezüge, Voraussetzungen und Folgen der Kommunikation (unveröffentlichtes Manuskript), S. 1-11.

Scherr, Albert (2004): Exklusionsindividualität, Lebensführung und Soziale Arbeit. In: Ders./Merten, Roland: Inklusion und Exklusion in der Sozialen Arbeit. Wiesbaden: Verlag für Sozialwissenschaften, S. 55-74.

Schrapper, Christian: Sozialpädagogische Diagnostik zwischen Durchblick und Verständigung. In: Heiner, Maja (Hrsg.): Diagnostik und Diagnosen in der Sozialen Arbeit - Ein Handbuch. Frankfurt a. Main: Eigenverlag des Deutschen Vereins für öffentiche und private Fürsorge 2004, S. 40-55.

Scheunenpflug, Annette (2004): Das Technologiedefizit – Nachdenken über Unterricht aus systemtheoretischer Perspektive. In: Lenzen, Dieter (Hrsg.): Irritationen des Erziehungssystems. Pädagogische Resonanzen auf Niklas Luhmann. Frankfurt am Main: Suhrkamp, S. 65-88.

Schmidt, Martin (2002): Abbrüche: Begleitumstände und Hintergründe. In: BMFSFJ (Hrsg.): Effekte erzieherischer Hilfen und ihre Hintergründe. Schriftenreihe des BMFSFJ, Bd 219. Stuttgart: Kohlhammer, S. 516-546.

Schmidt, Martin/Schneider, Karsten/Hohm, Erika/Pickartz, Andrea/Macsenarere, Michael/Petermann, Franz/Folsdorf, Peter/Hölzl, Heinrich/Knab, Eckart (2002). Effekte erzieherischer Hilfen und ihre Hintergründe. Schriftenreihe des BMFSFJ, Bd 219. Stuttgart: Kohlhammer.

Schnurr, Stefan (1998): Jugendamtsakteure im Steuerungsdiskurs. In: Neue Praxis. Jg. 28, H. 4, S. 362-382.

Schorr, Karl Eberhard (1992): Erziehung. Zwischen Unruhe und Absicht. In: Luhmann, Niklas/Ders. (Hrsg.): Zwischen Absicht und Person. Fragen an die Pädagogik. Frankfurt am Main: Suhrkamp, S. 155-175.

Schrapper, Christian (1994): Der Hilfeplanungsprozeß – Grundsätze, Arbeitsformen und methodische Umsetzung. In: Institut für Soziale Arbeit (Hrsg.): Hilfeplanung und Betroffenheitsbeteiligung. Soziale Praxis Heft 15. Münster: Votum, S. 64-78.

Schrapper, Christian (2004): Sozialpädagogische Diagnostik zwischen Durchblick und Verständigung. In: Heiner, Maja (Hrsg.): Diagnostik und Diagnosen in der Sozialen Arbeit. Ein Handbuch. Berlin: Eigenverlag des Deutschen Vereins für öffentliche und private Fürsorge, s. 40 – 54.

Schulze, Theodor (1999): Bilder zur Erziehung. Annäherungen an eine pädagogische Ikonologie. In: Schäfer, Gerd/Wulf, Christoph (Hrsg.): Bild – Bilder – Bildung. Weinheim: Deutscher Studien Verlag, S. 59-87.

Schütze, Fritz (1995): Verlaufskurven des Erleidens als Forschungsgegenstand der interpretativen Soziologie. In: Krüger, Heinz-Hermann/Marotzki, Winfried (Hrsg.): Erziehungswissenschaftliche Biographieforschung. Opladen: Leske + Budrich, S. 116-157.

Schütze, Fritz (1997): Organisationszwänge und hoheitsstaatliche Rahmenbedingungen im Sozialwesen. Ihre Auswirkungen auf die Paradoxien des professionellen Handelns. In: Combe, Arno/Helsper, Werner (Hrsg.): Pädagogische Professionalität. Untersuchungen zum Typus pädagogischen Handelns. Frankfurt am Main: Suhrkamp, S. 183-275.

Schütze, Fritz (2000): Schwierigkeiten bei der Arbeit und Paradoxien des professionellen Handelns. Ein grundlagentheoretischer Aufriß. In: Zeitschrift für qualitative Bildungs-, Beratungs- und Sozialforschung (ZBBS). Jg.1, H. 1, S. 48-96.

Schwabe, Mathias (1996): Eskalation und De-Eskalation in Einrichtungen der Jugendhilfe. Konstruktiver Umgang mit Agression und Gewalt in Arbeitsfeldern der Jugendhilfe. Frankfurt a. Main: IGFH.

Seel, Martin (1991): Eine Ästhetik der Natur. Frankfurt am Main: Suhrkamp.

Sennelart, Michel (2004): Zusammenfassung der Vorlesung u. Situierung der Vorlesung. In: Foucault, Michel (Hrsg.), Sicherheit, Territorium, Bevölkerung. Geschichte der Gouvernementalität I. Frankfurt a. Main: Suhrkamp, S. 520 – 571.

Sennett, Richard (1998): Der flexible Mensch. Die Kultur des neuen Kapitalismus. Berlin: Berlin-Verlag.

Spradley, James, P. (1979): The Ethnographic Interview. New York: Harcourt Brace Jovanovich College Publishers.

Spradley, James, P. (1980): Participant Observation. New York: Macalester College.

Staub-Bernasconi, Silvia (2003): Diagnostizieren tun wir alle – Nur nennen wir es anders. In: Widersprüche. Jg. 23, H. 6, S. 33-40.

Staub-Bernasconi, Silvia (2005): Diagnose als unverzichtbares Element von Professionalität. In: Neue Praxis. Jg. 35, H. 5, S. 530-534.

Stagl, Justin (2003): Die Entwicklung der Ethnologie. In: Fischer, Hans/Beer, Bettina (Hrsg.): Ethnologie. Einführung und Überblick. Berlin: Dietrich Reimer Verlag, S. 33-52.

Stäheli, Urs (2004): Semanitk und/oder Diskurs: ‚Updating' Luhmann mit Foucault? KultuRRevolution, Jg. 47, H. 1, 14 - 19.

Stichweh, Rudolf (1997): Professionen in einer funktional differenzierten Gesellschaft. In: Combe, Arno/Helsper, Werner (Hrsg.): Pädagogische Professionalität. Untersuchungen zum Typus pädagogischen Handelns. 2. Aufl. Frankfurt am Main: Suhrkamp, S. 49-69.

Stichweh, Rudolf (1998): Migration, nationale Wohlfahrtsstaaten und die Entstehung der Weltgesellschaft. In: Bommes, Michael/Halfmann, Jost (Hrsg.): Migration in nationalen Wohlfahrtsstaaten. Theoretische und vergleichende Untersuchungen. Osnabrück: Universitäts-Verlag Rasch, S. 49-61.

Stichweh, Rudolf (2000a): Professionen im System. In: Merten, Roland (Hrsg.): Systemtheorie Sozialer Arbeit. Neue Ansätze und veränderte Perspektiven. Opladen: Leske + Budrich, S. 29-38.

Stichweh, Rudolf (2000b): Semantik und Sozialstruktur. Zur Logik einer systemtheoretischen Unterscheidung. In: Soziale Systeme. Jg. 6, H. 2, S. 237-250.

Stichweh, Rudolf (2005): Wissen und die Professionen in einer Organisationsgesellschaft. In: Klatetzki, Thomas/Tacke, Veronika (Hrsg.): Organisation und Profession. Wiesbaden: Verlag für Sozialwissenschaften, S. 31-44.

Sting, Stephan (2000): Gesundheit als Aufgabenfeld sozialer Bildung. In: Ders./ Zurhorst, Günter (Hrsg.): Gesundheit und Soziale Arbeit. Gesundheit und Gesundheitsförderung in den Praxisfeldern Sozialer Arbeit. Weinheim: Juventa, S. 55-68.

Stöver, Heino (2005): Sozialer Ausschluss, Drogenpolitik und Drogenarbeit – Bedingungen und Möglichkeiten akzeptanz- und integrationsorientierter Strategien. In: Bettinger, Frank/Anhorn, Roland (Hrsg.): Sozialer Ausschluss und Soziale Arbeit. Wiesbaden: Westdeutscher Verlag für Sozialwissenschaften, S. 289-306.

Tacke, Veronika (2005): Schulreform als aktive Deprofessionalisierung? Zur Semantik der Lernenden Organisation im Kontext der Erziehung. In: Klatetzki, Thomas/Tacke, Veronika (Hrsg.): Organisation und Profession. Wiesbaden: Verlag für Sozialwissenschaften, S. 165-198.

Tambiah, Stanley J. (1999): Eine performative Theorie des Rituals. In: Krieger, David J./Belliger, Andréa (Hrsg.): Ritualtheorien. Opladen: Westdeutscher Verlag, S. 227-250.

Tenorth, Heinz-Elmar (1992): Intention – Funktion – Zwischenreich. Probleme von Überschneidungen. In: Luhmann, Niklas/Schorr, Karl Eberhard (Hrsg.): Zwischen Absicht und Person. Fragen an die Pädagogik. Frankfurt am Main: Suhrkamp, S. 194-217.

Terhart, Ewald (2000): Unterricht. In: Lenzen, Dieter (Hrsg.): Erziehungswissenschaft. Ein Grundkurs. Reinbek bei Hamburg: Rowohlt Taschenbuch, S. 133-158.

Thiersch, Hans/Grunwald, Klaus/Köngeter, Stefan (2002): Lebensweltorientierte Soziale Arbeit. In: Thole, Werner (Hrsg.): Grundriss Soziale Arbeit. Ein einführendes Handbuch. Opladen: Leske + Budrich, S. 161-178.

Trenczek, Thomas (2005): Handlungsmaximen der Jugendhilfe nach dem SGB VIII. Becker-Textor, Ingeborg/Textor, Martin R. (Hrsg.): SGB VIII - Online-Handbuch. http://www.sgbviii.de/S111.html [27.7.2005].

Treptow, Rainer (1985): Raub der Utopie. Zukunftskonzepte bei Schütz und Bloch. Kritik der Alltagspädagogik. Bielefeld: KT-Verlag.

Uhlendorff, Uwe (2002): Hilfeplanung. In: Schröer, Wolfgang/Struck, Norbert/Wolff, Mechthild (Hrsg.): Handbuch Kinder- und Jugendhilfe. Weinheim: Juventa, S. 847-868.

Uhlendorff, Uwe (2003): Geschichte des Jugendamtes. Entwicklungslinien der öffentlichen Jugendhilfe, 1871 - 1929. Weinheim: Beltz.

Urban, Hans-Jürgen (2004): Eigenverantwortung und Aktivierung – Stützpfeiler einer neuen Wohlfahrtsarchitektur. In: Wirtschafts- und Sozialwissenschaftliche Institut (WSI). Jg. 57, H.9, S. 467-473.

Urban, Ulrike (2004): Professionelles Handeln zwischen Hilfe und Kontrolle. Sozialpädagogische Entscheidungsfindung in der Hilfeplanung. Weinheim: Juventa.

van Santen, Eric/Mamier, Jasmin/Pluto, Liane/Sickinger, Mike/Zink, Gabriela (2003): Kinder- und Jugendhilfe in Bewegung – Aktion oder Reaktion? Eine empirische Analyse. München: DJI.

von Soest, George (2000): Der Hilfeplan im Rahmen einer partizipativen Jugendhilfe. Geschichte, Rahmenbedingungen und Partizipationsversuche. Baltmannsweiler: Schneider Verlag Hohengehren.

von Weizsäcker, Viktor (1986): Der Gestaltkreis. Theorie der Einheit von Wahrnehmen und Bewegen. 5. Aufl. Stuttgart: Georg Thieme Verlag.

Waldenfels, Bernhard (1999): Sinnesschwellen. Studien zur Phänomenologie des Fremden. Teil 3. Frankfurt am Main: Suhrkamp.

Walper, Sabine (2004): Wandel von Familien als Sozialisationsinstanz. In: Geulen, Dieter/Veith, Hermann (Hrsg.): Sozialisationstheorie interdisziplinär. Aktuelle Perspektiven, S. 217-252.

Weber, Georg/Hillebrandt, Frank (1999): Soziale Hilfe – Ein Teilsystem der Gesellschaft? Wissenssoziologische und systemtheoretische Überlegungen. Opladen: Westdeutscher Verlag.

Weinbach, Christine (2004): ...und gemeinsam zeugen sie geistige Kinder: Erotische Phantasien um Niklas Luhmann und Pierre Bourdieu. In: Nassehi, Armin/Nollmann, Gerd (Hrsg.): Bourdieu und Luhmann. Ein Theorievergleich. Frankfurt am Main: Suhrkamp, S. 57-84.

Weindling, Paul (1989): Hygienepolitik als sozialintegrative Strategie im späten Deutschen Kaiserreich. In: Labisch, Alfons/Spree, Reinhard (Hrsg.): Medizinische Deutungsmacht im sozialen Wandel des 19. und frühen 20. Jahrhunderts. Bonn: Psychiatrieverlag, S. 37-56.

Wendt, Rainer (1995): Hilfe nach Plan. Fortschritte im Verfahren: Case-Management – Unterstützungsmanagement als angemessene Methode Sozialer Arbeit in der Bürgergesellschaft und Marktwirtschaft. In: Blätter der Wohlfahrtspflege. Jg. 142, H. 5, S. 101-105.

Wendt, Rainer (2000): Zukunftsperspektiven für die klinische Sozialarbeit an der Schwelle zum nächsten Jahrtausend. In: DVSK: Krankenhaussozialarbeit - Forum 1, S. 4-17.

Weniger, Erich (1926): Die Grundlagen des Geschichtsunterrichts. Untersuchungen zur Geisteswissenschaftlichen Didaktik. Leipzig, Berlin: Teubner.

Weniger, Erich (1975): Theorie und Praxis in der Erziehung [1929]. In: Ders.: Ausgewählte Schriften zur Geisteswissenschaftlichen Pädagogik. Weinheim: Beltz, S. 29-44.

Wiesner, Reinhard (2000): § 36 Mitwirkung, Hilfeplan. In: SGB VIII – Kinder- und Jugendhilfegesetz, München: Beck, S. 533-571.

Wilhelm, Evena (2002): Die Herausbildung neuer Steuerungsformen des Sozialen in der Jugendhilfe des beginnenden 20. Jahrhunderts. Eine Revision sozialpädagogischer Thesen und Begriffe. In: Andresen, Sabine/Tröhler, Daniel (Hrsg.): Gesellschaftlicher Wandel und Pädagogik. Studien zur historischen Sozialpädagogik. Zürich: Verlag Pestalozzianum, S. 38-51.

Wilke, Helmut (1998): Systemisches Wissensmanagement. Stuttgart: Lucius & Lucius.

Wilke, Helmut (1999): Systemtheorie II. Interventionstheorie. 3. Aufl. Stuttgart: Lucius & Lucius.

Wilke, Helmut (2002): Dystopia. Studium des Wissens in der modernen Gesellschaft. Frankfurt am Main: Suhrkamp.

Wimmer, Michael/Schäfer, Alfred (1998): Einleitung: Zur Aktualität des Ritualbegriffs. In: Dies. (Hrsg.): Rituale und Ritualisierungen. Opladen: Leske + Budrich, S. 9-47.

Wimmer, Michael/Schäfer, Alfred (2000): Einleitung: Zwischen Maskierungen und Obszönität. Bemerkungen zur Spur der Masken in der Moderne. In: Dies. (Hrsg.): Masken und Maskierungen. Opladen: Leske + Budrich, S. 9-32.

Winkler, Michael (1988): ‚Ideen braucht man nur, wenn man nichts erlebt'. Sieben Notizen zur alltagsorientierten Pädagogik. In: Neue Praxis. Jg. 18, H. 5, S. 386-401.

Winkler, Michael (2000): Heimerziehung heute – Ein Rückblick auf den Fortschritt. In: Bundesministerium für Familie, Senioren, Frauen und Jugend (Hrsg.): Mehr Chancen für Kinder und Jugendliche. Stand und Perspektiven der Jugendhilfe in Deutschland. Münster, S. 202-229.

Winkler, Michael (2003): Übersehene Aufgaben der Heimerziehungsforschung. In: Gabriel, Thomas/Ders. (Hrsg.): Heimerziehung. Kontexte und Perspektiven. München: Ernst Reinhard Verlag, S. 148-166.

Wohlfahrt, Norbert (1996): Steuerungsprobleme ‚Neuer Steuerungsmodelle'. Welche Rolle spielt die kommunale Politik bei der Modernisierung der Verwaltung? In: Merchel, Joachim/Schrapper, Christian (Hrsg.): Neue Steuerung. Tendenzen der Organisationsentwicklung in der Sozialverwaltung. Münster: Votum, S. 90-107.

Wohlfahrt, Norbert/Breitkopf, Helmut (1995): Selbsthilfegruppen und Soziale Arbeit. Freiburg: Lambertus.

Wolff, Mechthild (2000): Integrierte Erziehungshilfen. Eine exemplarische Studie über neue Konzepte in der Jugendhilfe. Weinheim: Juventa.

# Anhang

**Untersuchungsdesign des Forschungsprojekts: Ethnographische Forschung in der Altenpflege: eine sozialpädagogische Perspektive**

*Thema:* Analyse ‚lebensweltlicher Momente' in der Organisation des Altenpflegeheims aus sozialpädagogischer Perspektive

*Fragestellung:* In welcher Weise tragen ‚lebensweltliche Momente', die dadurch gekennzeichnet sind, dass die Kommunikation reziprok verläuft, in einer Organisation des Altenpflegeheims zur Lebenszufriedenheit demenzkranker Bewohner/innen bei?

*Ziel:* Die Studie verfolgt das Ziel, mittels ethnographischer Forschung zur gegenstandsverankerten Theoriebildung über die Möglichkeit von Sozialpädagogik als Gemeinschaftsbildung durch reziproke Kommunikation in der stationären Altenhilfe beizutragen.

Sie sucht nach Momenten reziproker Kommunikation in der Interaktion zwischen Pflegekraft und Bewohner/in, obwohl diese unwahrscheinlich ist, weil die Kommunikation von Hilfsbedürftigkeit sich normalerweise asymmetrisch vollzieht. Darüber hinaus wird beobachtet, wie diese reziproke Kommunikation in der Organisation informell und formell kommuniziert wird.

Schließlich geht es um die Frage, wie Bewohner/innen untereinander und mit ihren Angehörigen kommunizieren und inwieweit dies von der Kommunikation mit den Pflegekräften im Altenpflegeheim abhängt. Dabei berücksichtigt die Untersuchung die Bedeutsamkeit der reziproken Kommunikation im Altenpflegeheim für die Lebensqualität der demenzkranken Bewohner/innen.

*Theoretische Rahmung:* Die Untersuchung basiert auf einem systemtheoretischen Ansatz, was zur Folge hat, dass das, was in der sozialpädagogischen Literatur unter Lebenswelt verstanden wird, transformiert werden muss. Der Vorteil der Transformation liegt darin, dass Interaktion, Organisation und Gesellschaft in einer Begrifflichkeit gefasst werden können, die zum einen Differenzen und zum anderen den Zusammenhang dieser drei Ebenen deutlich machen kann.

Aus systemtheoretischer Perspektive muss zwischen der sozialen Interpenetration und der interpersonalen Interpenetration unterschieden werden. Soziale Interpenetration bedeutet, dass Bewohner/innen, als Fälle von Hilfsbedürftigkeit in die Organisation des Altenpflegeheims inkludiert werden. Interpersonale Interpenetration bedeutet, dass Kommunikation zwischen Pflegekräften und Bewohner/innen reziprok verläuft, obwohl dieses in der Organisation des Pflegeheims unwahrscheinlich ist. Sie vollzieht sich zumeist dann, wenn bestimmte Skripts, wie Pflegekräfte in einer Situation kommunizieren, nicht benutzt werden können, da sich in der Interaktion mit den Bewohner/innen eine andere Kommunikation vollzieht als es von den Pflegekräften erwartet wurde. In solchen Momenten geht die Pflegekraft häufig auf die spezifische Person in der Situation ein, was als moralische Kommunikation bezeichnet werden kann, da sich die Pflegekraft auf die Besonderheit der Bewohnerin einlässt. Das Eingehen auf die spezifischen Relevanzsysteme des Anderen kann als lebensweltlich bezeichnet werden. Im systemtheoretischen Kontext geht es aber nicht darum, was die Bewohnerin als relevant ansieht, sondern es geht darum, wie die Differenz zwischen Erwartung der Pflegekraft, was der/die Bewohner/in tut, und der Mitteilung kommuniziert wird. In meinen vorherigen ethnographischen Studien zeigte sich reziproke Kommunikation z.B. darin, dass Bewohner/innen, anstatt sich auf eine Kommunikation ihrer Hilfsbedürftigkeit einzulassen, die Pflegekräfte nach deren Wohlbefinden fragten und ihnen ‚mütterliche' Ratschläge gaben, wie sie Probleme bewältigen können. Für Pflegekräfte kam das zwar einem Gesichtsverlust, professionell zu sein, gleich, aber wenn sie sich darauf eingelassen haben, konnte die Zufriedenheit der Bewohner/innen wesentlich gesteigert werden. Sie bekamen das Gefühl eines freundschaftlichen Austausches, das vorübergehend das Wissen um die strukturelle Voraussetzung dieser Interaktion ausblenden konnte.

Auf diesem Hintergrund aufbauend stellt sich die Frage, wie Pflegekräfte mit solchen Situationen reziproker Kommunikation umgehen und ob bzw., wenn ja, wie sie sie in der Organisation kommunizieren. Zum anderen geht es um die Kommunikation der Bewohner/innen untereinander und mit ihren Angehörigen. Auch Bewohner/innen untereinander können Hilfsbedürftigkeit kommunizieren. So z.B. wenn eine Bewohnerin einen anderen als „Kleckerfritze" bezeichnet. Diejenige, die die Äußerung „Kleckerfritze" vollzieht und damit Hilfsbedürftigkeit kommuniziert, wiederholt nur, was für das Altenpflegeheim konstitutiv ist. Wenn die Pflegerin diese Äußerung aufgreift und den ‚Kleckerfritzen' in einen anderen Raum bringt, in dem er essen soll, wird der Äußerung ‚Kleckerfritze' und damit der beurteilenden Bewohnerin eine entsprechende Autorität als Leistungsrolle semantisch zugeschrieben, die es der Bewohnerin ermöglicht sich über andere zu stellen, da sie selbst, obwohl es ihrer strukturell vorgegebenen

Publikumsrolle nicht entspricht, Hilfsbedürftigkeit kommuniziert. Damit reproduziert die Bewohnerin als „verlängerter Arm der Organisation" Erwartungsstrukturen der Organisation (vgl. Butler 1998: 34). Dieses ist aber nicht so gemeint, dass die Kommunikation durch eine Absicht kontrolliert wird, sondern nur dass in dieser Kommunikation frühere Semantiken aus Kommunikationen nachhallen und sich mit autoritativer Kraft anreichern.

Es gilt zu untersuchen, ob Bewohner/innen selbst hauptsächlich Hilfsbedürftigkeit kommunizieren, öffentliche Gespräche wie: ‚oh ist das Wetter heute schön', oder intime Kommunikation als interpersonale Interpenetration vollziehen, indem sie sich über die Bewältigung ihres Lebens austauschen. Es wird also danach gefragt, welche Form von Kommunikation sich unter welchen Bedingungen vollzieht, welche Zufriedenheit sich bei den demenzkranken Bewohner/innen jeweils einstellt und inwieweit die Pflegekräfte Einfluss auf die Kommunikations,kultur' haben.

Zum Schluss geht es anlog zur Kommunikation der Bewohner/innen untereinander darum, die Kommunikationsformen, zwischen Angehörigen und Bewohner/innen zu beobachten.

Aus der Perspektive des Hilfesystems ist interpersonale Interpenetration als Irritation zur sozialen Interpenetration wahrnehmbar. Indem aber der sozialpädagogische Blick gerade dieses zu seinem Gegenstand macht, weist er bezüglich des Hilfesystems einen de-konstruktiven Charakter auf. Zugleich stellt er aber jenen Motor dar, der „Organisationswandel, Selbstanpassung der Organisation und ihre Dynamik ausmacht" (Nassehi/Nollmann 1999: 143). In dem aber die Sozialpädagogik als Disziplin interpersonale Interpenetration sichtbar macht, die als Widerstand erscheint, neigt sie dazu, zur Protestmoral zu werden. Sie hat aber zugleich die Chance, auf eine semantische Erfindung aufmerksam zu machen, die vorläufig in ein Sozialsystem eingepasst ist, aber der zu einem späteren Zeitpunkt eine soziale Funktion zuwachsen kann, die es noch nicht gab, als diese (semantische) Erfindung auftrat (vgl. Stichweh 2000b: 244).

Dazu ist es aber notwendig, dass sie die Blindheit für ihre eigene Perspektive im Kontext einer Verfahrensmoral überwindet (vgl. Krohn 1999: 334). Der Diskurs kann in Organisationsentwicklungszirkeln institutionalisiert werden, in der die Ergebnisse in Form eines ethnographischen Berichts diskutiert werden (vgl. Nassehi/Nollmann 1999: 141). Der Bericht, der das Widerstandspotential der interpersonalen Interpenetration fokussiert, wird mit der sozialen Interpenetration konfrontiert. Während erstere, d.h. die interpersonale Interpenetration, das Eingehen auf die Besonderheit in einer Situation durch reziproke Kommunikation in den Vordergrund stellt, repräsentiert die soziale Interpenetration institutionelle Moral, die auf die Beschränkung der Hilfsbedürftigkeit bedacht ist, aber dafür jeden, unabhängig von Status, Herkunft etc. berücksichtigt. Bei dieser

Konfrontation wird die Moral des Verfahrens ins Spiel gebracht. „Der Zentralwert ist der der ‚Fairness', der eine eigentümliche Zwitterstellung einnimmt. Fairness operiert damit, dass prinzipiell die Berechtigung divergierender Interessen und heterogener Werte anerkannt werden muss (Differenztheorie), aber substantiell die universelle Anerkennung von Verfahrensregeln des Diskurses begründet werden kann (Identitätstheorie)" (Krohn 1999, 334f.). Das heißt die Verfahrensmoral ergänzt den Konflikt zwischen interpersonaler Interpenetration und sozialer Interpenetration (vgl. Krohn 1999: 335). Dadurch entsteht Achtungskommunikation, die die Differenz der beiden ‚prozedualisieren' kann (vgl. Krohn 1999: 335 f.). Dadurch kann das, was zufällig passiert ist, zu einem ‚Dispositiv' werden, sofern es für die Strukturbildung ausschlaggebend wird (vgl. Stichweh 2000b: 243). Das erfordet (a.) Organisationsentwicklung und (b.) Professionalisierung durch Weiterbildung. Das, was im Diskurs aufgetreten ist und für sachlich notwendig erklärt werden kann, kann in Entscheidungen, Anordnungen etc. münden, die die Übersetzungsleistungen durch professionelle Weiterbildung stützen. Dadurch kann eine Handlungspraxis entstehen, die auch in ihren einzelnen Handlungsvollzügen semantisch instruiert wird (Stichweh 2000b: 243). Erwartungen, die aus der sozialpädagogischen Semantik abgeleitet werden, werden in diesem Kontext so kommuniziert als ob es sich bei diesen um Instruktionen handelt (vgl. Stichweh 2000b: 243).

*Methodische Umsetzung:* Da die Studie den Konflikt zwischen sozialer und interpersonaler Interpenetration in einem Altenpflegeheim rekonstruieren will, ist es notwendig, ein Altenpflegeheim anzufragen, das sich als ambivalenzfreundlich erweist. Ziel ist, eine spannungsvolle, widerspruchstaugliche und fehlerfreundliche Organisation zu finden, in der „Ambivalenzen nicht als Managementversagen, sondern Motivationsressourcen bewertet werden" (Baecker 1999: 118). Das heißt, dass
a.  das Altenpflegeheim selbst an der Steigerung von Kontingenz durch die Einführung des sozialpädagogischen Blicks Interesse haben sollte.
b.  das Altenpflegeheim die Möglichkeit der Organisationsentwicklung bieten sollte, indem z.B. Organisationsentwicklungszirkel oder Qualitätszirkel existieren, sofern diese offen sind, etwas anderes zu kommunizieren als es durch das Pflegequalitätssicherungsgesetz operationalisiert und durch die Qualitätsprüfungen des Medizinischen Dienst der Krankenkassen und der Heimaufsichtsbehörde vorgegeben ist.
c.  das Altenpflegeheim die Möglichkeit der hausinternen professionellen Weiterbildung bieten sollte, die bereit ist, die ethnographischen Berichte als Grundlage zur professionellen Weiterbildung zu nehmen.
1. Operationalisierung der sozialer Interpenetration

d. Analyse der formalen Struktur einer Organisation durch Aktenanalyse, welche sich aus folgenden Elementen zusammensetzt:
- Mitgliedschafts- und Zuständigkeitsrollen,
- Differenzierung und Integration von Abläufen,
- der Institutionalisierung von Entscheidungsroutinen und
- interne und externe Repräsentierbarkeit von Entscheidungen herausbilden (vgl. Nassehi/Nollmann 1999: 140).

e. Durch teilnehmende Beobachtung soll eine Beschreibung
- des typischen Ablaufs der Arbeitswoche
- der Unterteilung der Tagesstruktur in Szenen unter
- Hervorhebung der Szenen, in der die Pflegekräfte in der Interaktion mit Bewohner/innen Hilfsbedürftigkeit kommunizieren und der Szenen in denen die Pflegekräfte mit Kollegen/innen oder Angehörigen die Hilfsbedürftigkeit der Bewohner/innen kommunizieren

2. Operationalisierung der Differenz zwischen sozialer und interpersonaler Interpenetration

Da eine Organisation nicht nur ein System ist, das nur nach strategisch strukturellen Vorgaben funktioniert, „sondern ein eigenes soziales Gleichgewicht (und Ungleichgewicht) im Umgang mit diesen Vorgaben und den diesen Vorgaben entsprechenden und widersprechenden Entscheidungen sucht" (Baecker 1999: 119), gilt es, diese Organisationsschemata zu beschreiben, die die Wirklichkeit der Organisation laufend neu erfinden und bestätigen. Wie werden neue Umstände, die sich aus der Differenz zwischen Fallkonstruktion und Bedürfnis der Bewohner/innen ergeben, hereingeholt oder herausgehalten?

f. Beobachtung und Aufzeichnung der Gespräche typischer Situationsskripts von Pflegekräften in der Interaktion mit hilfsbedürftigen Bewohner/innen,

g. Beobachtung und Aufzeichnung der Gespräche, was passiert, wenn diese in der Anschlusskommunikation scheitern und wie diese Situationen im Team, bzw. in zufälligen Begegnungen mit Kollegen/innen und Angehörigen kommuniziert werden.Dabei kommt es darauf an, wie die Pflegekräfte sich in den Interaktionen selbst darstellen und weniger, was sie über ihre Absichten erzählen (vgl. Oelkers 1992).

h. Darüber hinaus geht es um teilnehmende Beobachtung der informellen Organisation. Wer ist Schlüsselfigur in dem Sinne, dass er/sie Geschichten über Interaktionen mit Bewohnern/innen erfolgreich, d.h. anschlussfähig für Kommunikation, erzählt. Wer übernimmt auf welche Weise welche Aufgaben zur Entwicklung bzw. Verhinderung einer ‚sozialpädagogischen Organisationskultur'.

i. Zum Schluss geht es um die Besprechung der Interaktionen mit Bewohner/innen in der formellen Organisation, d.h. in Teamsitzungen, die aufgezeichnet werden sollen, sofern die Interaktion mit den Bewohnern/innen thematisiert wird.

3. Beschreibung der Lebensführung der Bewohner/innen durch teilnehmende Beobachtung

a. formale Strukturen
   - Beschreibung des typischen Ablaufs der Woche
   - die Unterteilung der Tagesstruktur in Szenen unter Hervorhebung der Szenen, in der die Bewohner/innen in der Interaktion mit Pflegekräften, mit anderen Bewohnern/innen oder mit Angehörigen kommunizieren
b. Beschreibung der darin vorkommenden ‚Akteure', Kommunikationsorte und Zeitstrukturen
c. informelle Strukturen
   - Beobachtung und Aufzeichnung typischer Situationsskripte einzelner Bewohner/innen in der Interaktion mit Pflegekräften, anderen Bewohner/innen und Angehörigen
   - Beobachtung und Aufzeichnung wie Bewohner/innen damit umgehen, wenn die Anschlusskommunikation sich nicht so einstellt wie es zu erwarten war
   - Beobachtung und Aufzeichnung der Individualisierungsprozesse der Bewohner/innen in Interaktion mit den Pflegekräften, aber auch mit anderen Bewohnern/innen und Angehörigen verstanden als coping von sozialen Erwartungen hilfsbedürftig zu sein (vgl. Nassehi 2002: 127, 130ff.). Dabei wird Individualisierung verstanden als Umgang mit der Differenz zwischen Exklusionsindividualität und „Dividualität", welche Zugang zum Funktionssystem hat (vgl. Nassehi 2002: 128). Die Exklusionsindividualität gibt eine strukturelle Verortung wieder, aber kann in Differenz zur Semantik der Selbstbeschreibung stehen und vice versa (vgl. Nassehi 2002: 129f.). Es kommt mehr darauf an wie die Individuen sich in den Interaktionen selbst darstellen als darauf, was sie über sich erzählen (vgl. Nassehi 2002: 134).

4. Analyse des Diskurses über den ethnographischen Bericht in den Organisations- bzw. Qualitätsentwicklungszirkeln durch Aufzeichnung der ‚Gruppendiskussion'. Die Gespräche werden nur nach vorherigem Einverständnis aufgenommen und transkribiert.

Bei der Beschreibung und Analyse der Situationskripte werde ich mich analog zu der Untersuchung von Sachweh (1999), der Angewandten Gesprächsforschung (Becker-Mortzek 1990; Brünner (1987)) und der Ethnographie des Sprechens bedienen. Im Unterschied zu Sachweh, die entsprechend einer lebensweltlichen Methodologie die Authentizität der Gespräche unterstellt und der es um die Herstellung einer gemeinsamen Welt geht, steht bei mir im Vordergrund der Betrachtung, wie der Forscher von der Pflegekraft als „Bestandteil eines virtuellen Publikums in eine virtuelle Welt eingepasst wird" (Nassehi/Saake 2002: 77). Diese Situation lässt sich nicht kontrollieren, da es „die Kommunikation selbst ist, die die beiden Rollen des Forschers und des Beforschten konstituiert und in deren Möglichkeitsraum diese erscheinen" (Nassehi/Saake 2002: 77). Interaktionen sind selbst kontingent und schränken Bedeutungsgehalte ein. In diesen kann es nur um die Simulation von Verstehen gehen, was voraussetzt, dass der Forscher sich von seinem Gegenüber benutzen lässt (vgl. Nassehi/Saake 2002: 77), d.h. im Vordergrund steht nicht Kontingenzkontrolle, sondern wie Kontingenz bearbeitet und entfaltet wird (vgl. Nassehi/Saake 2002: 71). Dabei stellt sich die Frage wie Einzelbeobachtungen in den Horizont von Strukturen des Gesellschaftssystems gestellt werden können, d.h. als Folgen und Folgeprobleme gesellschaftlicher Kontexte oder besser Kontexturen dargestellt werden (vgl. Nassehi/Saake 2002: 81). Methodische Kontrolle bedeutet dann die Einsicht in die Verschlingung von Forschung und Gegenstand (vgl. Nassehi/Saake 2002: 81).

**Literatur**

Baecker, Dirk (1999): Organisation als System: Frankfurt a. Main: Suhrkamp
Butler, Judith (1998): Hass spricht. Zur Politik des Performativen. Berlin: Berlin-Verlag.
Becker-Mrotzek, Michael (1990): Kommunikation und Sprache in Institutionen: ein Forschungsbericht zur Analyse institutioneller Kommunikation. In: Deutsche Sprache Jg. 18, H. 2, S. 158-190.
Brünner, Gisela (1977): Kommunikation in Lehr-Lern-Prozessen. Diskursanalytische Untersuchungen zu Instruktionen in der betrieblichen Ausbildung. Tübingen: Niemeyer.
Krohn, Wolfgang (2000): Funktionen der Moralkommunikation. In: Soziale Systeme Jg. 5, H. 2, S. 313-338.
Luhmann, Niklas: Wie ist soziale Ordnung möglich? In: Luhmann, Niklas: Gesellschaftsstruktur und Semantik: Studien zur Wissenssoziologie. Frankfurt am Main: Suhrkamp 1993, S. 195 - 286.
Nassehi, Armin (2002): Exclusion Individuality or Individualization by Inclusion? In: Soziale Systeme Jg. 8, H. 1, S. 124-135.
Nassehi, Armin/Saake, Irmhild (2002): Kontingenz: Methodisch verhindert oder beobachtet? Ein Beitrag zur Methodologie der qualitativen Sozialforschung. In: Zeitschrift für Soziologie Jg. 31, H. 1, S. 66-86.
Nassehi, Armin/Nollmann, Gerd: Organisationssoziologische Ergänzungen der Inklusions/-Exklusionstheorie. In: Nassehi, A.: Differenzierungsfolgen. Beiträge zur Soziologie der Moderne. Opladen: Westdeutscher Verlag 1999, S. 133-150.

Oelkers, Jürgen (1992): Seele und Demiurg. Zur historischen Genesis pädagogischer Wirkungsannahmen. In: Luhmann, Niklas/Schorr, Eberhard (Hrsg.): Zwischen Absicht und Person. Fragen an die Pädagogik. Frankfurt a. Main: Suhrkamp, S. 11-58.

Sachweh, Svenja (1999): „Schätzle hinsitze!" Kommunikation in der Altenpflege. Frankfurt a. Main: Europäischer Verlag Lang.

Stichweh, Rudolf (2000): Semantik und Sozialstruktur. Zur Logik einer systemtheoretischen Unterscheidung. In: Soziale Systeme Jg. 6, H. 2, S. 237-250.

MIX
Papier aus verantwortungsvollen Quellen
Paper from responsible sources
FSC® C105338

If you have any concerns about our products,
you can contact us on
**ProductSafety@springernature.com**

In case Publisher is established outside the EU,
the EU authorized representative is:
**Springer Nature Customer Service Center GmbH
Europaplatz 3, 69115 Heidelberg, Germany**

Printed by Libri Plureos GmbH
in Hamburg, Germany